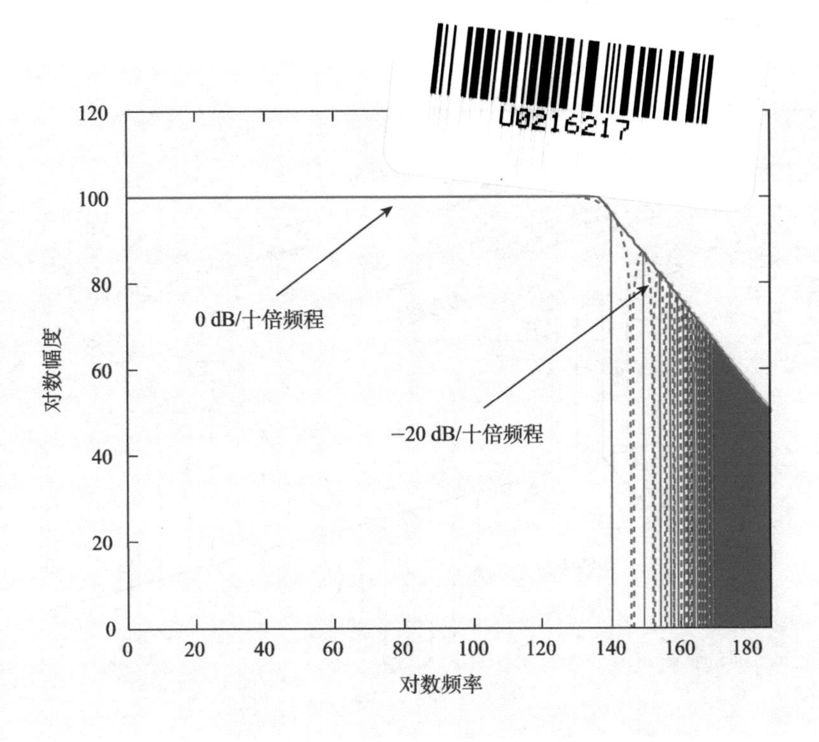

▲ 图 2.8　占空比50%方波频谱即包络线

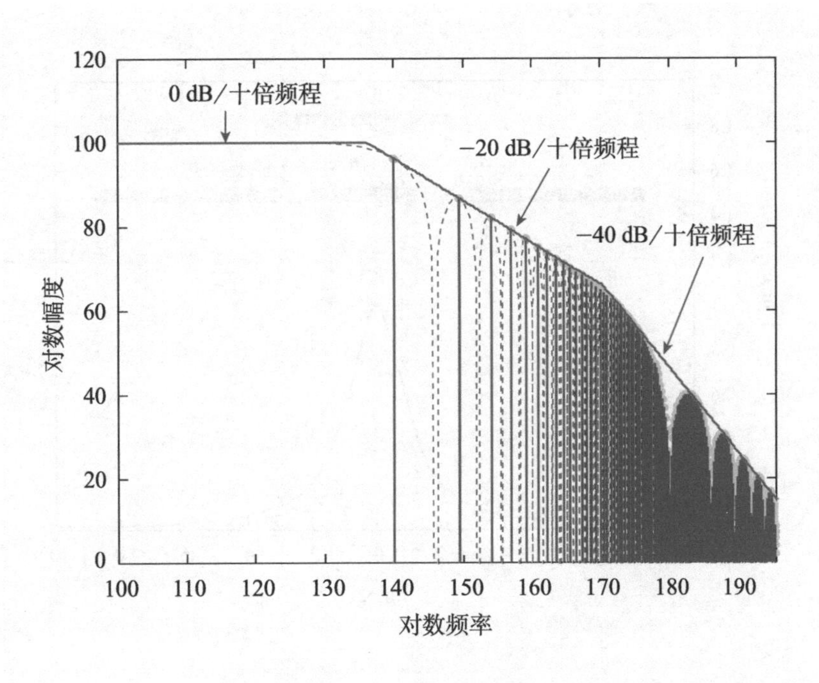

▲ 图 2.17　梯形波频谱仿真结果

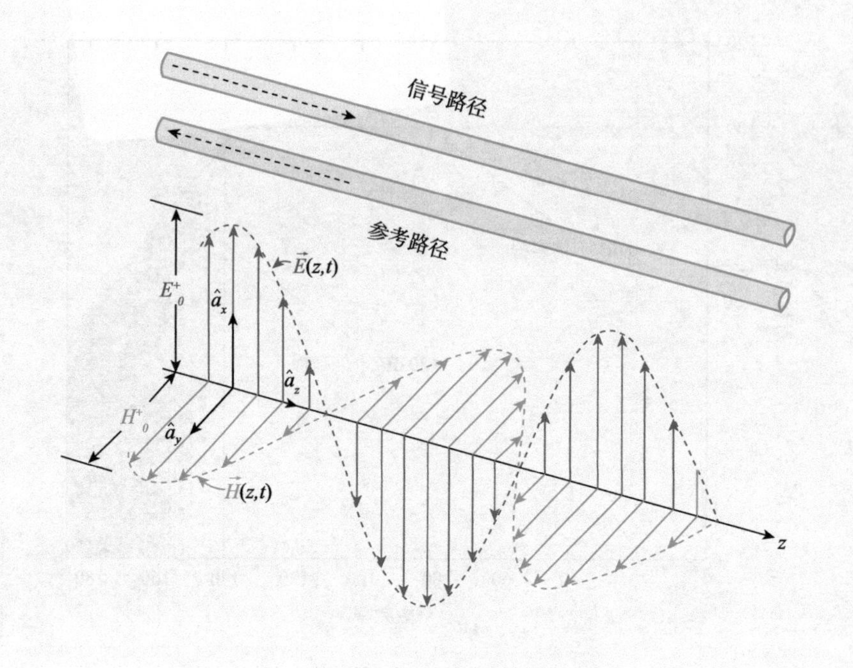

▲ 图 3.1 传输线示意图

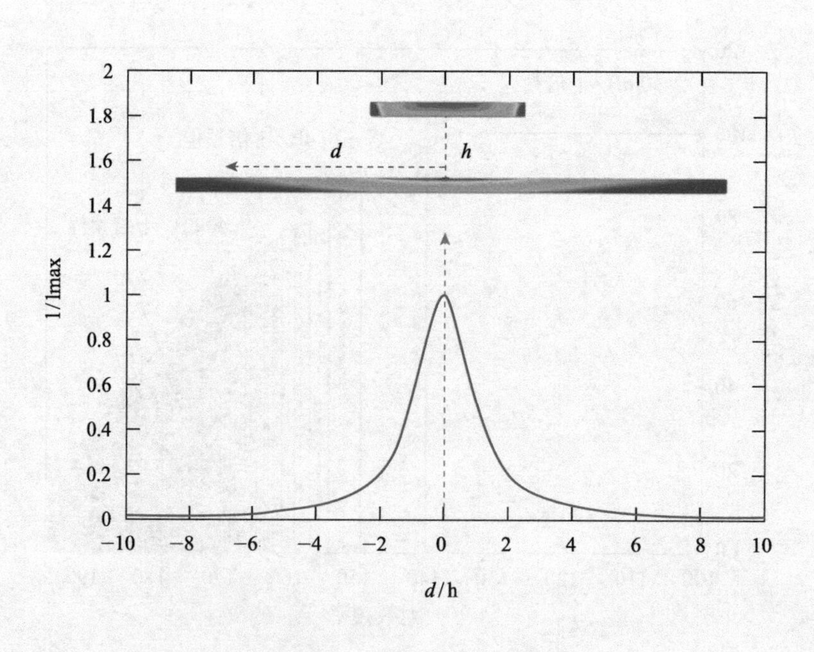

▲ 图 3.26 微带线返回电流分布

▲ 图 3.38　趋肤效应

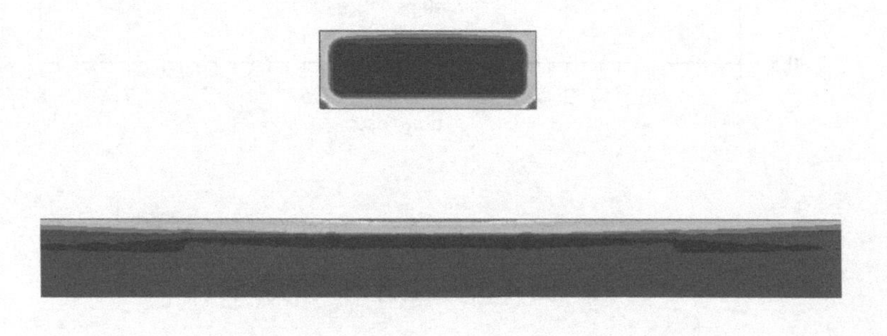

▲ 图 3.42　邻近效应

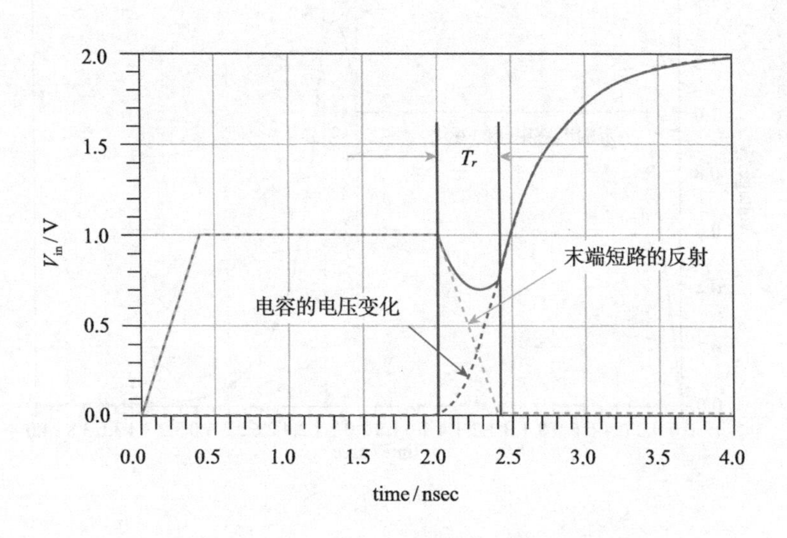

▲ 图 4.28　末端电容反射导致的发送端波形

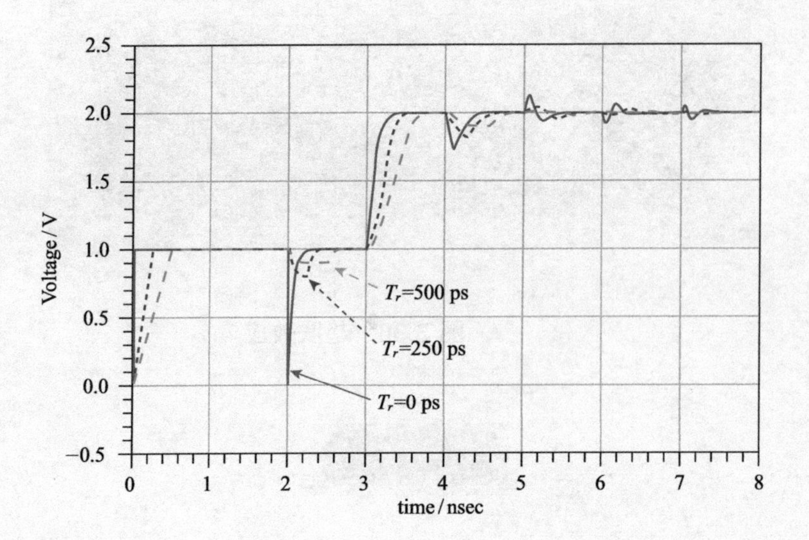

▲ 图 4.37　上升时间的影响

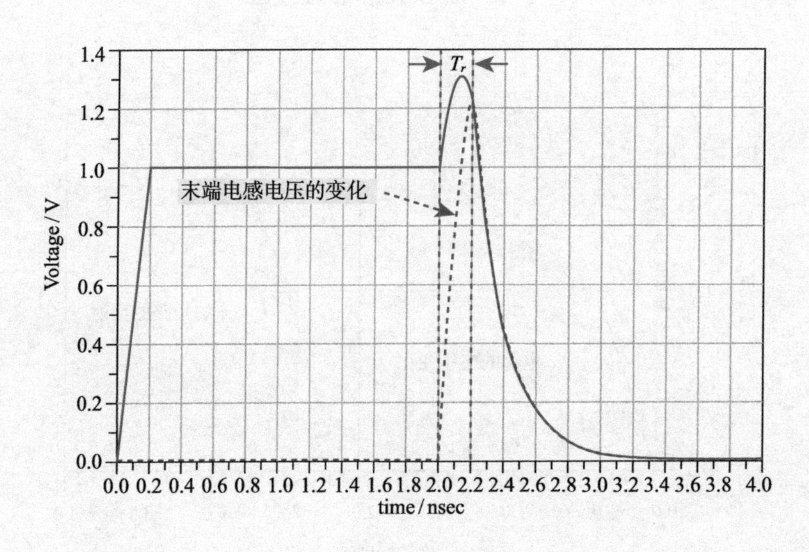

▲ 图 4.51　上升时间不为0的信号

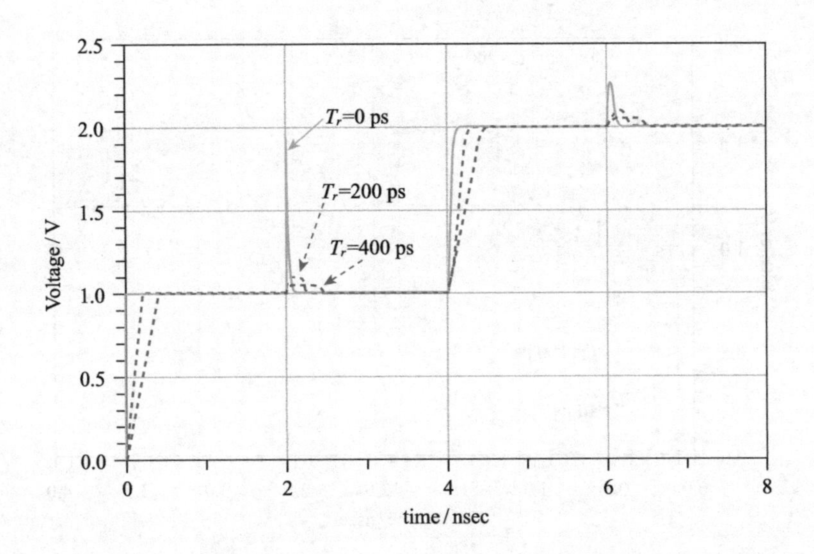

▲ 图 4.57　上升时间的影响

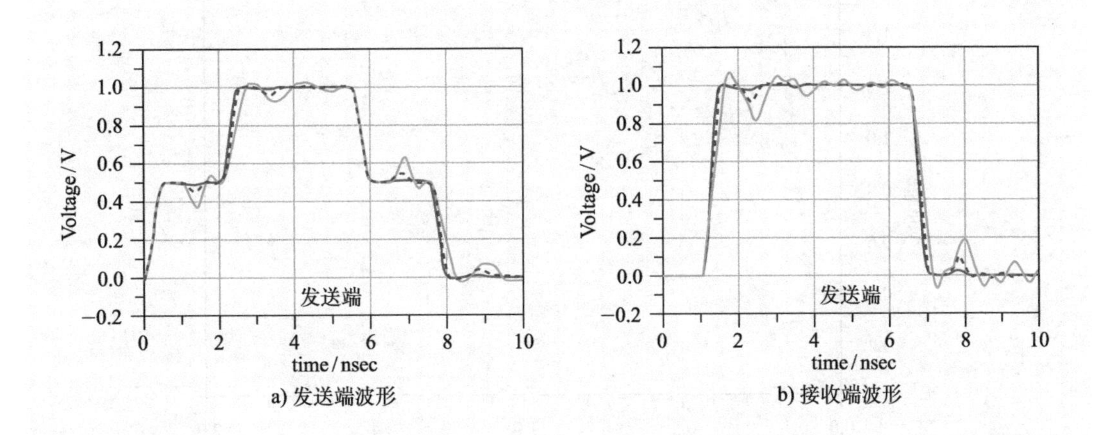

a) 发送端波形　　b) 接收端波形

▲ 图 4.62　分支长度的影响

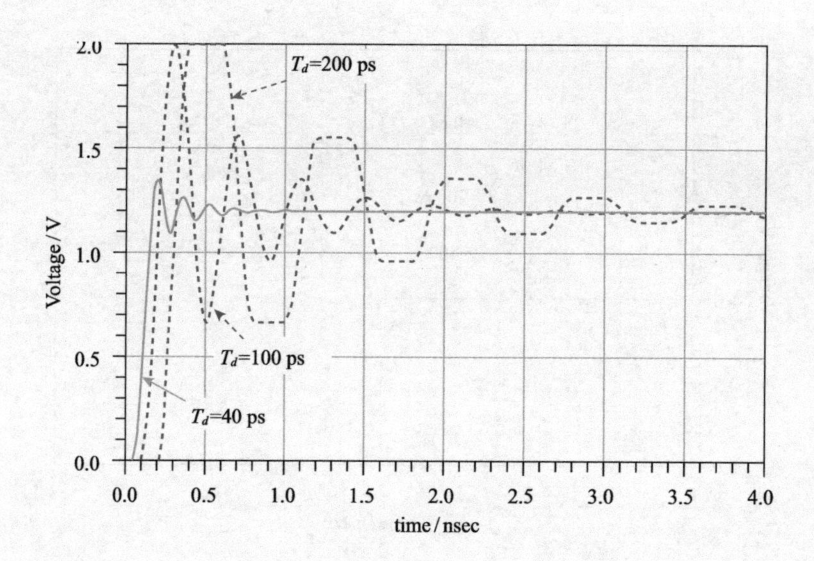

▲ 图 4.64　不同传输线长度时的B点波形

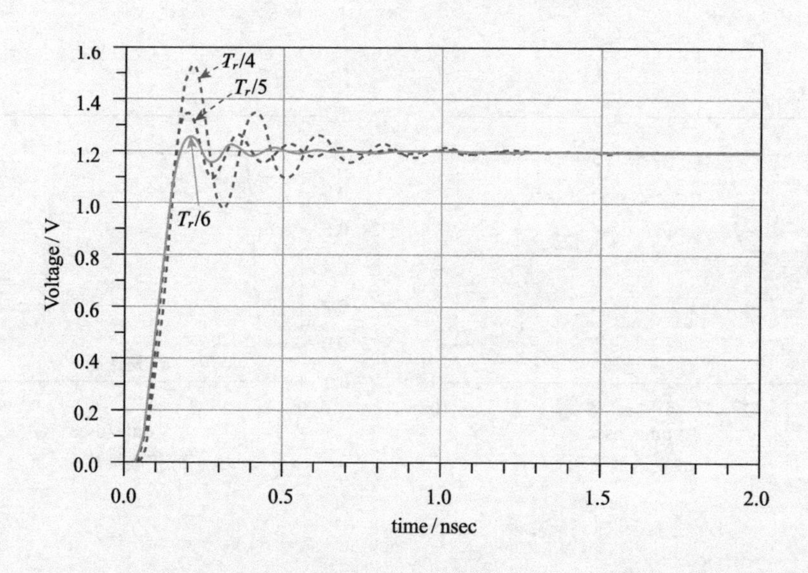

▲ 图 4.65　不同长度下接收端波形

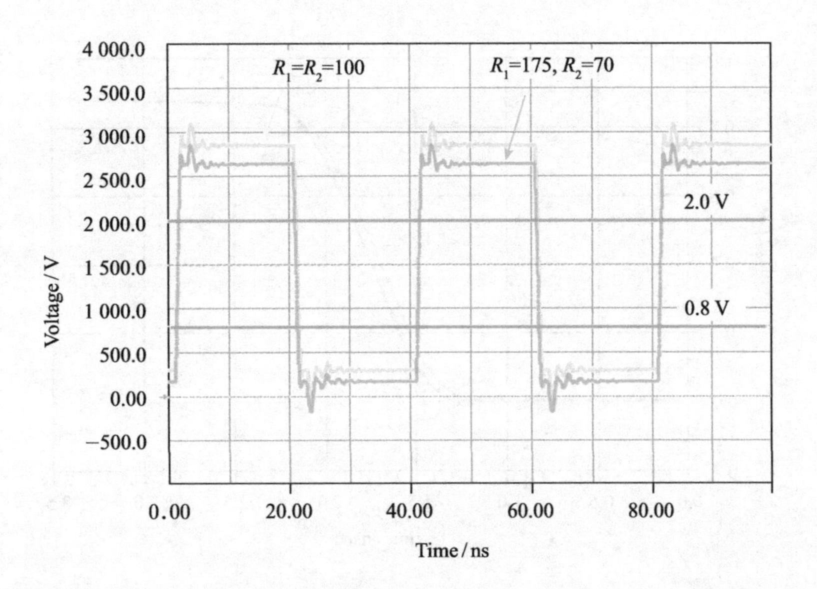

▲ 图 4.81 不同电阻组合的影响

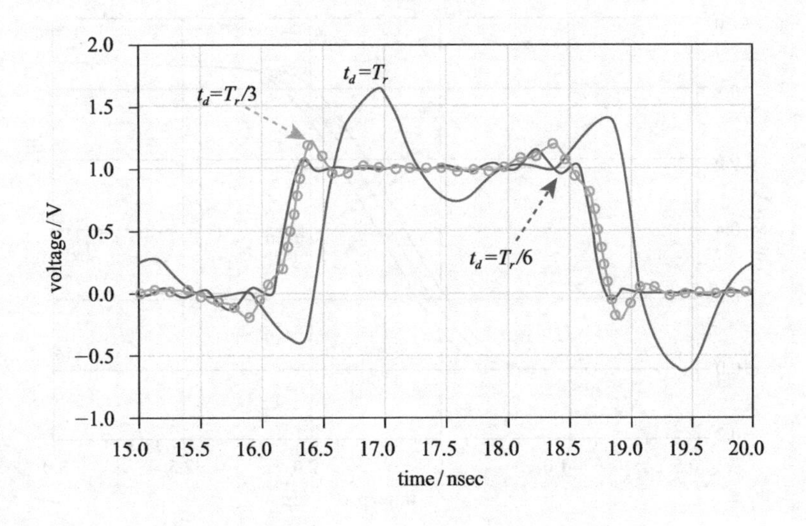

▲ 图 4.98 桩线长度的影响

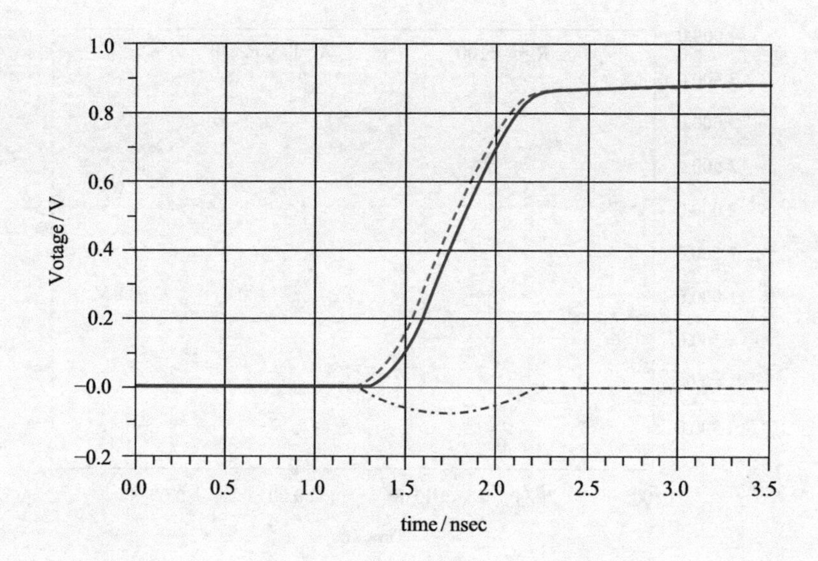

▲ 图 5.47　串扰噪声叠加影响边沿

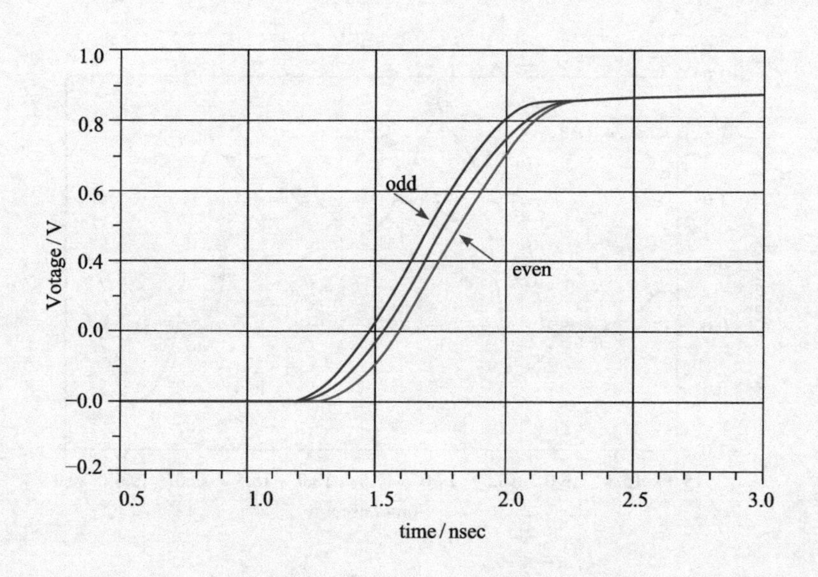

▲ 图 5.48　模态的影响

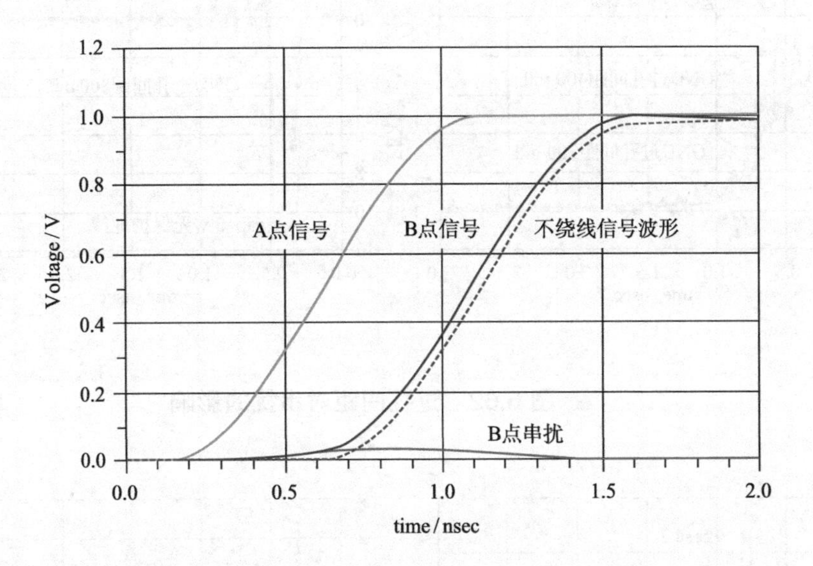

▲ 图 5.52　蛇形线内串扰对信号延迟的影响

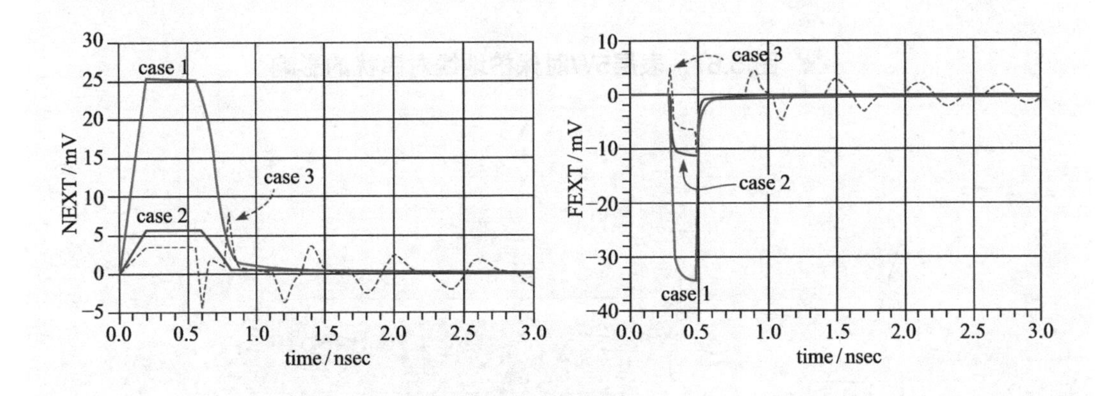

▲ 图 5.60　三种情况下串扰噪声比较

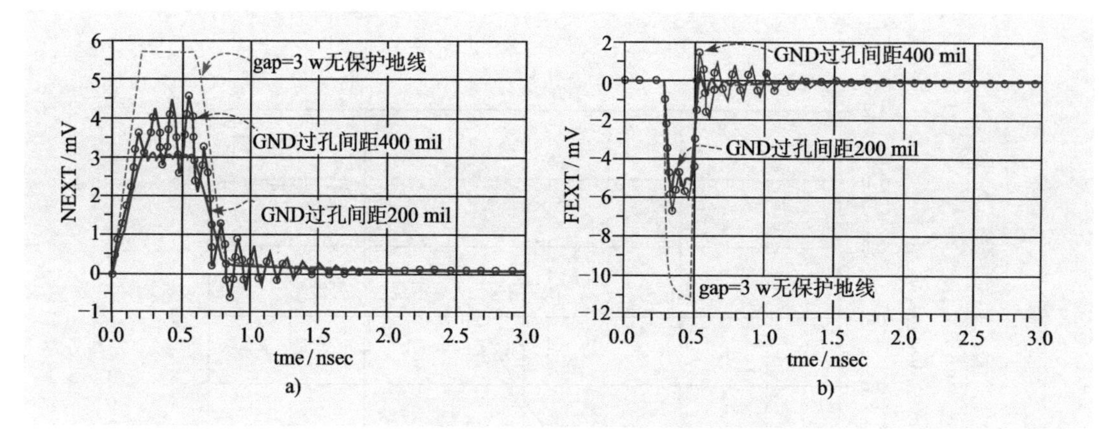

▲ 图 5.62 过孔间距对串扰的影响

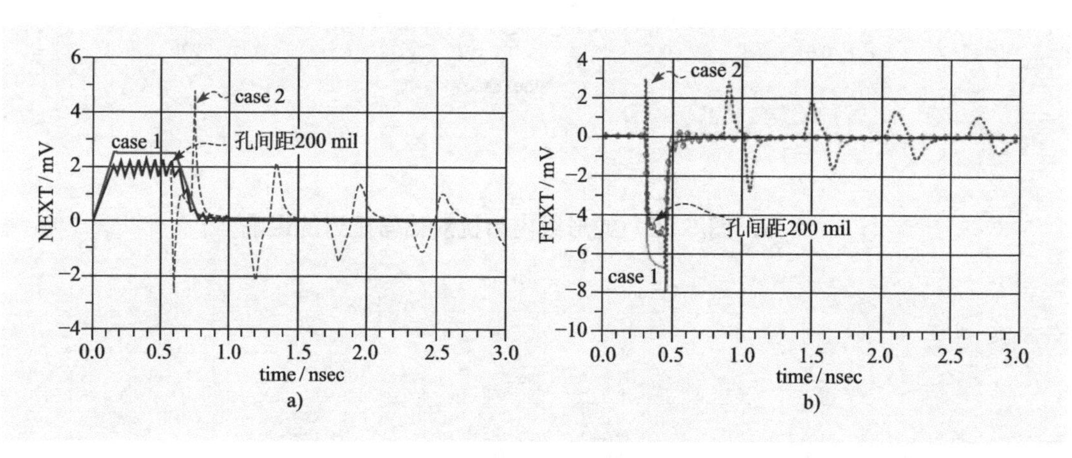

▲ 图 5.67 表层5W时保护地线对串扰的影响

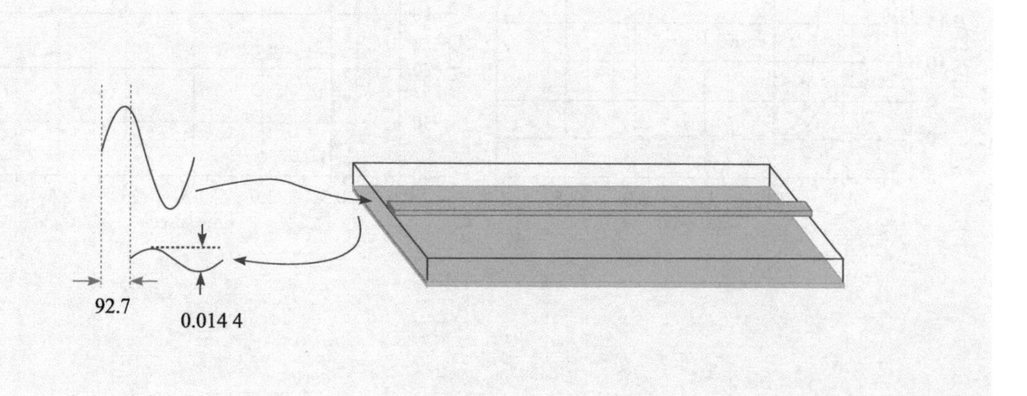

▲ 图 6.6 S参数与入射信号和反射信号关系

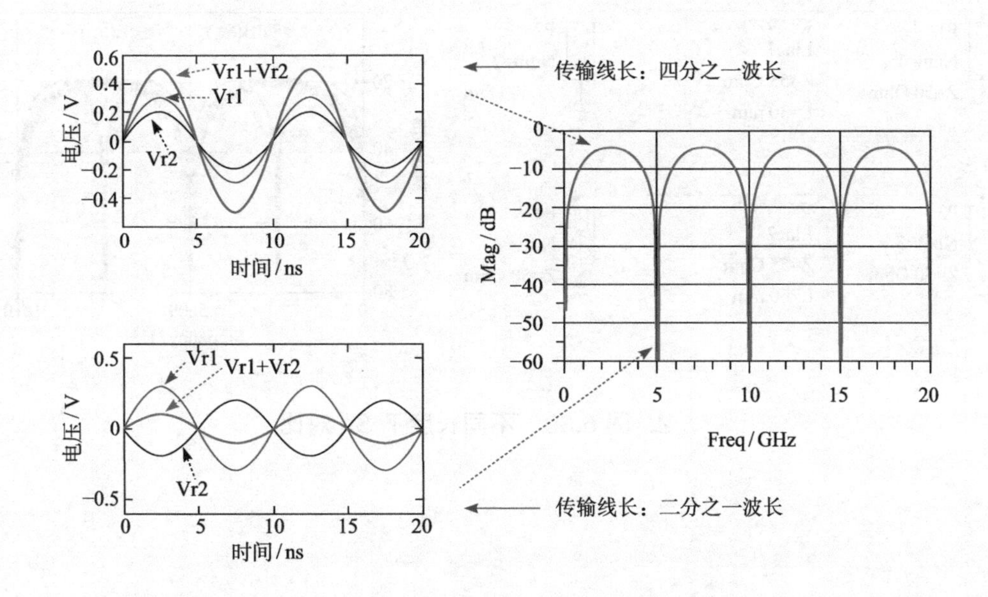

▲ 图 6.37　信号频率、传输线延迟与S参数

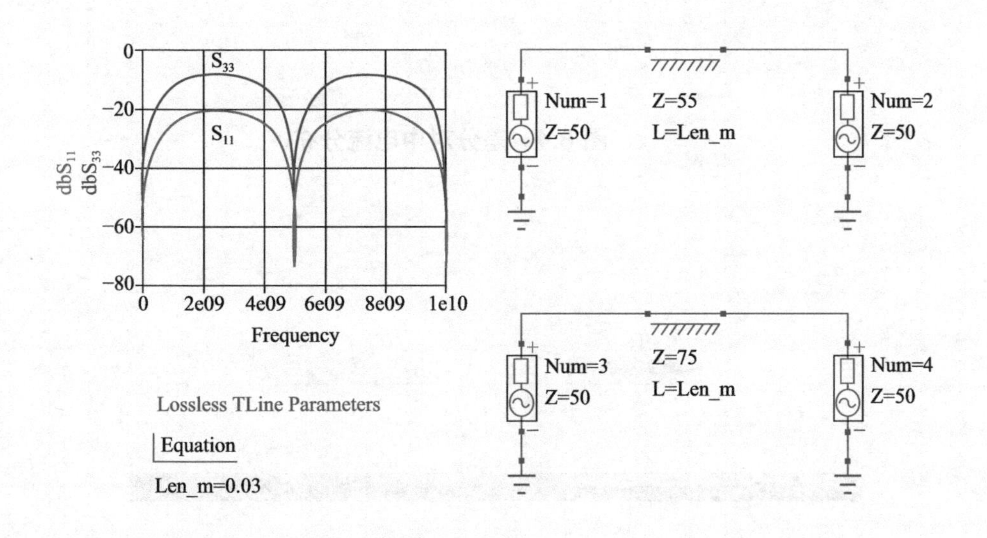

▲ 图 6.38　阻抗与 S_{11}

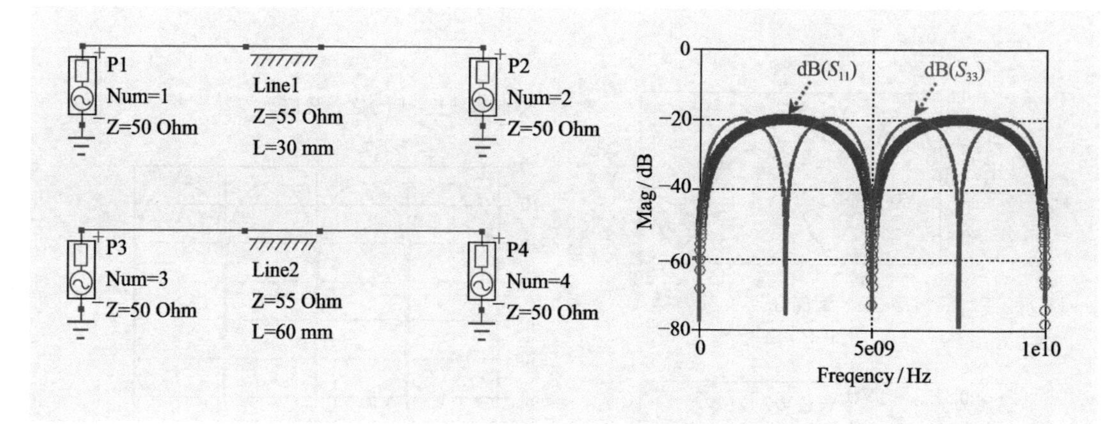

▲ 图 6.39　不同长度下 S_{11} 对比

▲ 图 8.4　差分对中电流分布

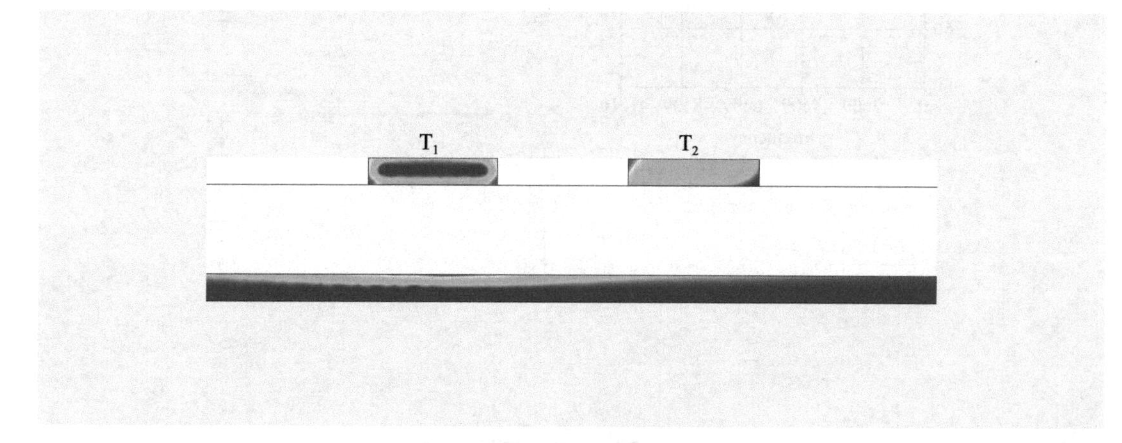

▲ 图 8.6　返回电流分布

▲ 图 8.10　共模电流回路

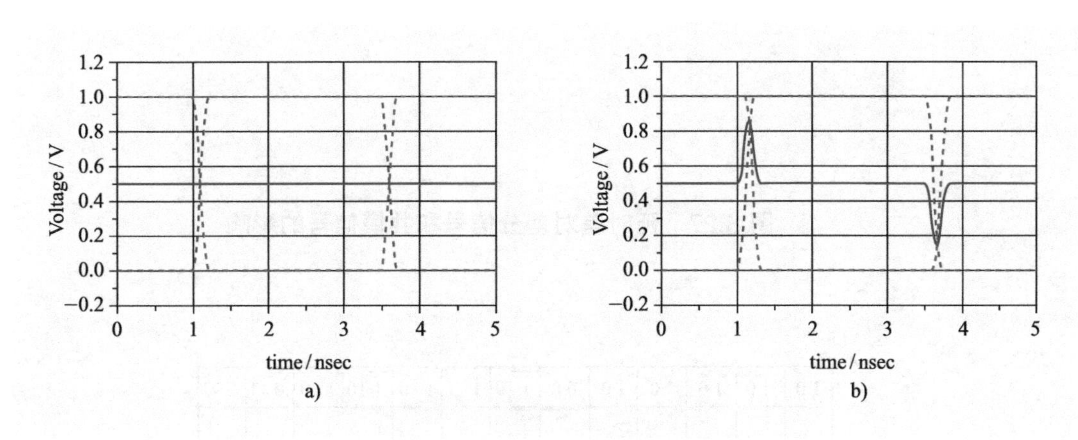

▲ 图 8.21　共模信号和信号错位

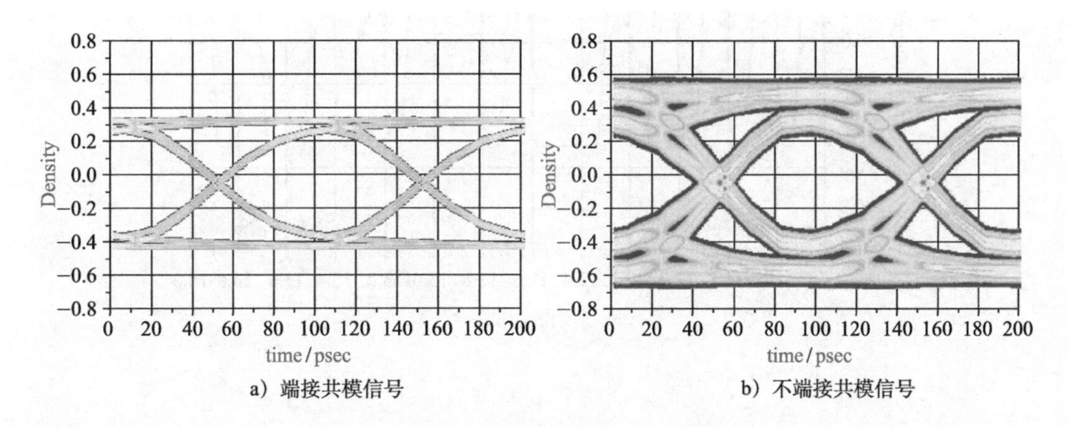

▲ 图 8.23　共模信号对眼图影响

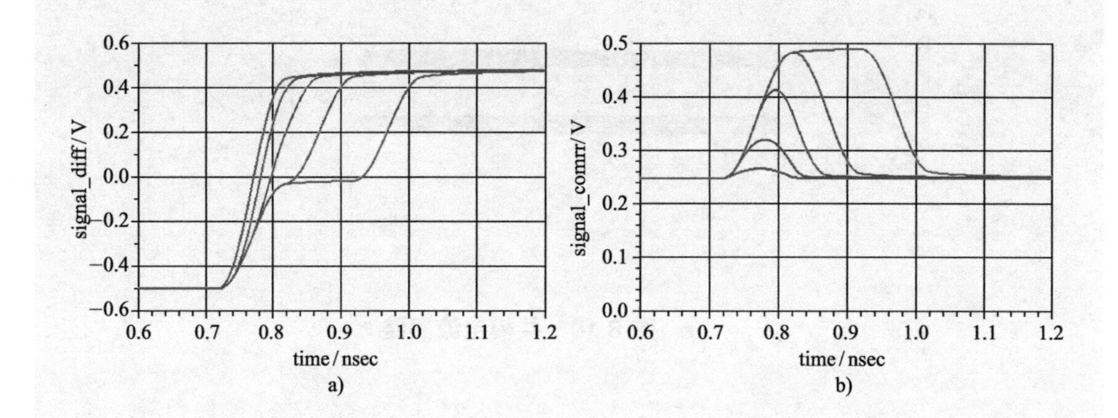

▲ 图 8.27 延时差对差分信号和共模信号的影响

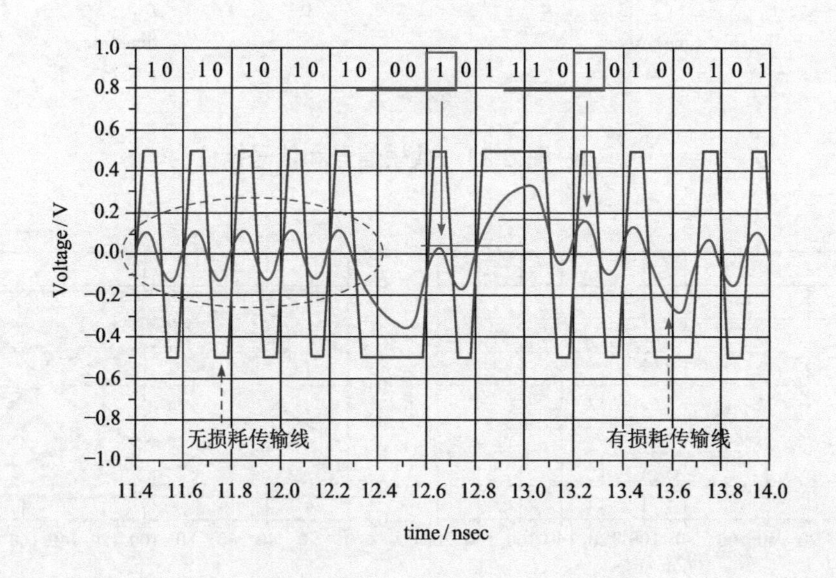

▲ 图 10.3 损耗与信号畸变

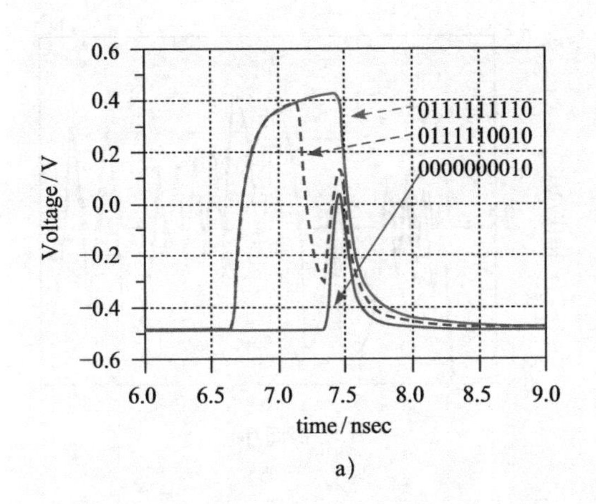

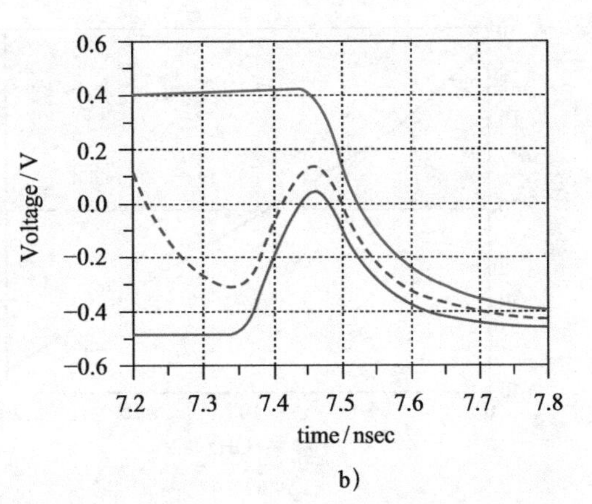

▲ 图 10.4 信号的幅度与边沿

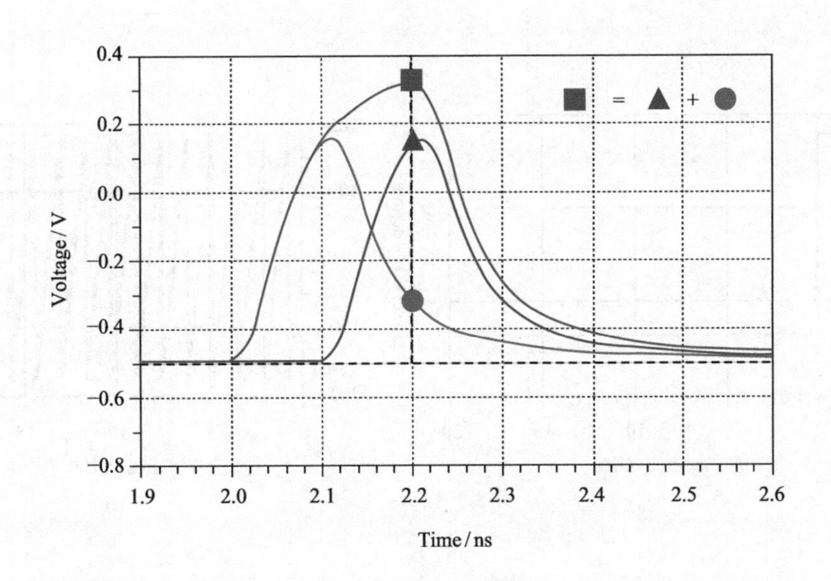

▲ 图 10.6 码间干扰

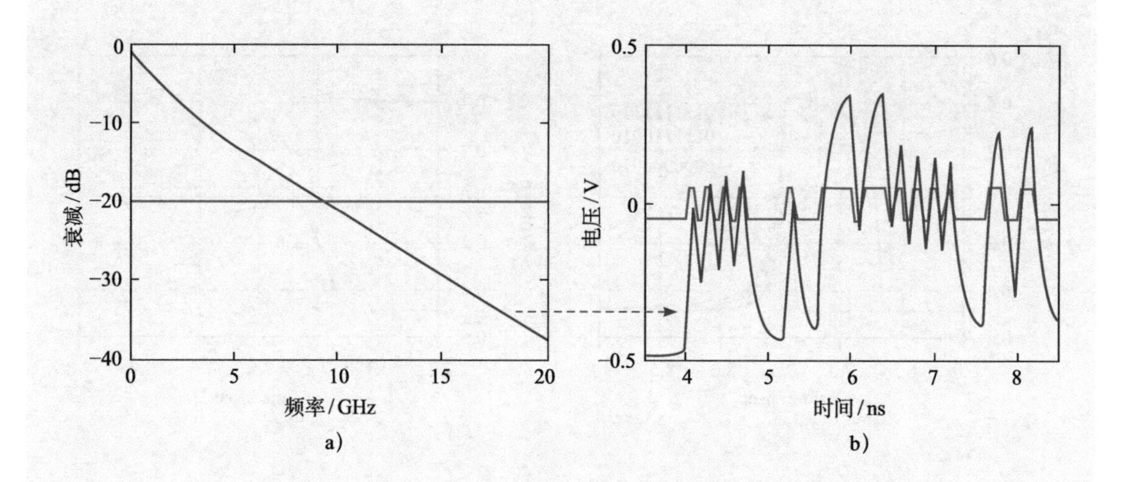

▲ 图 10.7　衰减与码间干扰

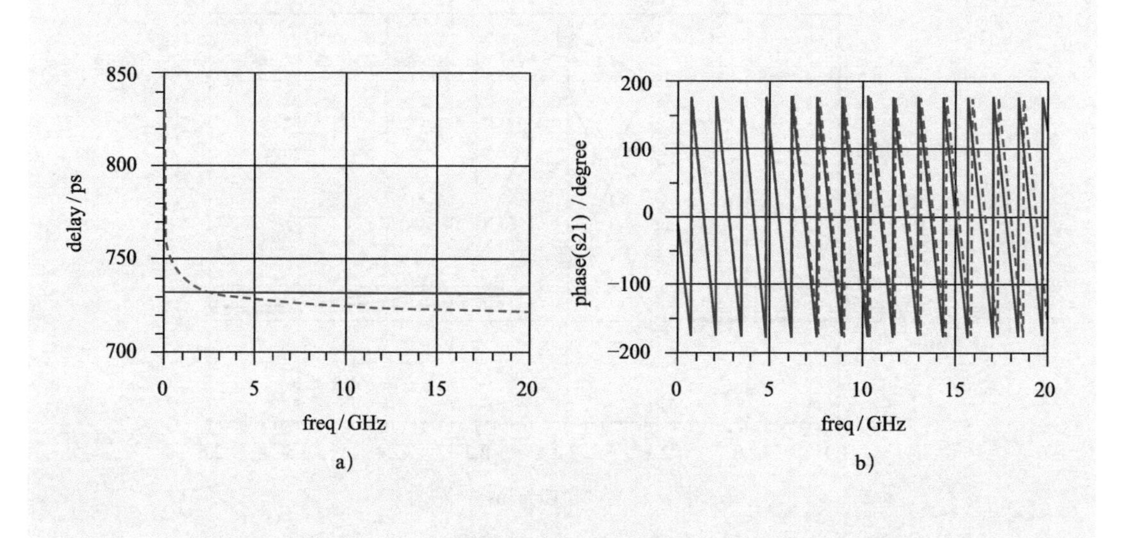

▲ 图 10.8　信号速度的频率相关性

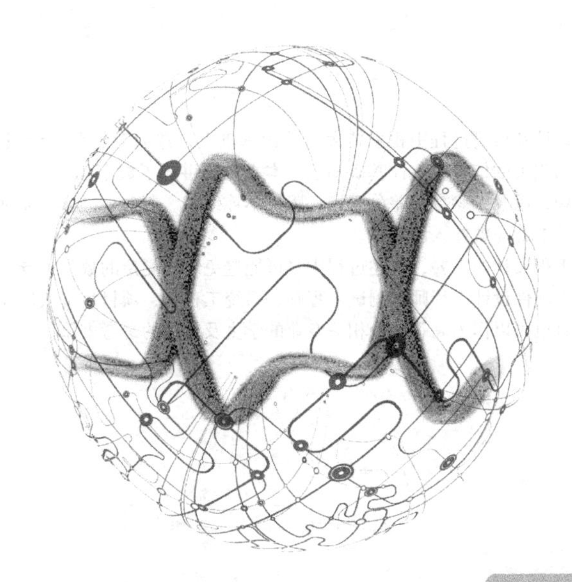

SI

信号完整性揭秘

于博士SI设计手记

于争 著

图书在版编目（CIP）数据

信号完整性揭秘：于博士SI设计手记/于争著．—北京：机械工业出版社，2013.9（2025.4重印）

ISBN 978-7-111-43842-7

Ⅰ.信…　Ⅱ.于…　Ⅲ.信号设计　Ⅳ.TN911.2

中国版本图书馆CIP数据核字（2013）第203756号

本书是在作者多年工程设计和科研过程中积累的大量笔记基础上，选取对工程设计极其重要的部分内容整理而成的，着重阐述与工程设计密切相关的信号完整性基础知识。本书主要讲述了数字信号特征、传输线等理论基础，反射、串扰等基本的信号完整性问题，以及*S*参数、差分互连、阻抗不连续性、抖动、均衡等高速串行互连设计的必备知识，最后介绍了工程设计中必备的电源完整性入门知识。

本书内容选择源于实际工程设计的需要，论述过程中尽可能避免烦琐复杂的数学推导，侧重于直观形象的讲解，符合工程师的学习习惯，可作为硬件设计工程师、测试工程师、系统工程师、项目负责人以及其他相关技术工作者的培训教材及工程设计参考书，同时也可以作为高等院校相关专业的学生及教师的参考书籍。

机械工业出版社（北京市西城区百万庄大街22号　　邮政编码100037）
责任编辑：张国强　　陈佳媛
北京捷迅佳彩印刷有限公司印刷
2025年4月第1版第22次印刷
186mm×240mm·21.25印张　　插　　页：8
标准书号：ISBN 978-7-111-43842-7
定　　价：59.00元

客服电话：（010）88361066　68326294

前　言

数字化技术大大提高了电子产品的抗噪声能力，很长一段时期，电路设计工程师可以集中精力于电路的功能逻辑设计，互连通道被认为是理想的，不必考虑信号传输问题。随着电路速率的不断提高，芯片加工工艺的改进，互连通道对信号的影响越来越明显，信号的畸变已经到了影响电路功能实现的程度，工程师不得不面对严重的信号完整性（SI）问题。今天，数字电路设计已经进入一个新的领域，必须理解信号完整性原理，使用融入信号完整性设计的新设计方法才能保证电路功能的正常实现，这对硬件设计工程师提出了更高的要求。

信号完整性（SI）是一门年轻的科学分支，涉及物理、电磁、微波、电路、通信、信号处理、算法、滤波电路、通信电路等众多的理论知识。理解和掌握信号完整性知识需要深厚的基础理论作为支撑，也因此使众多的工程师难于入门。

本书的目的就是为了降低入门门槛，尽量避免使用烦琐的数学推导来说明问题，用直观、易于接受的方式来阐述 SI 中的各种基础性问题，帮助广大工程师快速形成对 SI 问题直观的理解。为了把问题讲清楚，不可避免会出现少量的数学推演，但所用的数学知识都会尽量采用最简单易懂的。

对于信号完整性设计，笔者在科研和工程设计过程中深深体会到，基础知识才是 SI 设计的“灵魂”。不进行深入剖析，囫囵吞枣式的经验积累存在巨大的风险。因此本书没有选择基于案例的讲解方式，更侧重于基础知识的阐述。

信号完整性是一个内容繁杂的知识体系，至今仍然处于快速发展阶段。本书内容的选取主要考虑工程设计中经常面临的一些基本问题，着重阐述与工程设计密切相关的必备基础知识。

全书内容组织如下：

第 1 章简单介绍了信号完整性的基本概念，阐述了一些广泛存在的认识误区，并总结了作者在信号完整性设计方面的观点和设计理念。

第 2 章简单介绍了数字信号的频谱特征和带宽概念等信号完整性理论的预备知识。

第 3 章阐述了传输线基本概念和基本参数，着重以直观且易于理解的方式介绍传输线的重要特性，强调培养对传输线行为方式直觉的认识。本章是信号完整性理论的基础。

第4章详细论述了反射这一基本的信号完整性问题，主要包括反射形成的机理、如何正确理解反射现象、容性阻抗不连续和感性阻抗不连续的行为特征、拓扑结构和端接方法、不同端接方法的行为特征以及端接应该注意的事项。同时也介绍了临界长度和驱动器的输出阻抗等重要概念。

第5章介绍串扰。串扰是信号完整性中另一个基本的问题。本章详细论述了串扰产生的根源、串扰的噪声的特征、串扰的分析方法、影响串扰的因素、串扰对信号的几个典型影响等基本内容。其中影响串扰的因素和串扰对信号的影响两个方面与工程设计密切相关。最后介绍了减小串扰的常用方法。

第6章介绍了S参数这一分析信号完整性问题的必备工具。本章没有对S参数进行过多的理论分析，而是从应用的角度以直观形象的方法解释S参数的含义，同时介绍了几个使用S参数提取信息的应用范例，以便加深读者对S参数的认识。

第7章简单介绍了几种容易被忽视的引起互连通道阻抗不连续的结构。

第8章详细介绍了差分信号传输原理、差分互连中的模态及阻抗等重要概念，从反射、串扰、模态转换等几个方面介绍了差分互连的行为特征，简单介绍了差分通道的S参数的表示方式。最后介绍了差分对设计中应注意的几个关键问题。

第9章简要地介绍了抖动、眼图、误码率等工程中经常用到的一些基本知识、基本概念，定性地分析抖动的来源，作为工程应用中分析问题的背景知识。

第10章重点介绍了通道衰减产生码间干扰的根本原因，以及均衡器的工作原理，介绍了常见的几种均衡器及其响应特性，并阐述了几种均衡器能够改善信号质量的原因。

第11章重点介绍了去耦电容减小电源噪声的原理、去耦电容网络的行为特征、去耦频带、去耦网络的设计方法以及设计原则、去耦电容的摆放和安装等每个工程中都会遇到的基本问题。

本书是在作者多年工程设计和科研过程中积累的大量笔记基础上，选取对工程设计极其重要的部分内容整理而成的。由于作者时间和水平有限，书中难免会有错误及不妥之处，敬请广大读者批评指正，如有问题，可登录于博士信号完整性研究网 www.sig007.com 或通过邮箱 yu@sig007.com 和作者联系。

本书在编写和出版过程中得到了机械工业出版社编辑们的热情帮助和大力支持，在此表示感谢。

于　争

2013年4月于北京

目　录

前言

第 1 章　概述 / 1

1.1　什么是信号完整性 / 1
1.2　SI 问题的根源 / 3
1.3　新的设计方法 / 4
1.4　SI 设计的难点 / 5
1.5　SI 设计的误区 / 5
1.6　关于经验法则 / 7
1.7　SI 设计与 SI 仿真 / 8
1.8　SI 设计的特点 / 9
1.9　基础的重要性 / 10
1.10　小结 / 11

第 2 章　数字信号频谱与带宽 / 12

2.1　周期信号的单边谱 / 12
2.2　周期信号的双边谱 / 14
2.3　单边谱与双边谱的关系 / 15
2.4　理想方波信号的频谱 / 17
2.5　方波信号的频谱特征 / 20
2.6　信号带宽与上升时间的关系 / 23
2.7　梯形波的频谱特征 / 25
2.8　信号带宽 $0.35/T_r$ 是如何得到的 / 28
2.9　信号带宽 $0.5/T_r$ 指的是什么 / 31
2.10　关于信号带宽的补充说明 / 33
2.11　小结 / 34

第 3 章　传输线 / 35

3.1　什么是传输线 / 35
3.2　信号的传输方式 / 36
3.3　传输线的返回电流 / 38
3.4　传输线的分布电容 / 39
3.5　单位长度电容 / 40
3.6　介电常数、等效介电常数 / 41
3.7　传输线的分布电感 / 42
3.8　回路电感 / 44
3.9　单位长度电感 / 45
3.10　波传播的 LC 参数表示 / 46
3.11　瞬态阻抗与特性阻抗 / 48
3.12　影响特性阻抗的因素 / 49
3.13　参考平面 / 53
3.14　返回电流的分布 / 55
3.15　传输线的延时 / 57
3.16　理想传输线的集总参数模型 / 58
3.17　耦合传输线模态分析 / 60
3.18　模态对阻抗的影响 / 62
3.19　线间距对阻抗的影响 / 63
3.20　有损传输线 / 64
3.21　趋肤效应 / 65
3.22　直流电阻、交流电阻、传导损耗 / 66
3.23　邻近效应 / 68
3.24　表面粗糙度 / 68
3.25　介质损耗 / 70

3.26 复介电常数 / 72
3.27 有损传输线的特性阻抗与延时 / 72
3.28 小结 / 74

第4章 信号的反射与端接 / 75

4.1 反射是怎么形成的 / 76
4.2 使用反弹图计算反射波形 / 79
4.3 正反射和负反射的含义 / 82
4.4 有限上升时间信号的反射波形 / 86
4.5 容性阻抗不连续 / 87
4.6 互连线末端容性负载的反射 / 89
4.7 互连线中间容性负载的反射 / 93
4.8 容性负载对时间延迟的影响 / 98
4.9 容性负载对传输线阻抗的影响 / 100
4.10 感性阻抗不连续 / 101
4.11 互连线末端感性负载的反射 / 103
4.12 互连线中间感性负载的反射 / 106
4.13 感性负载对时间延迟的影响 / 109
4.14 残桩与分支的影响 / 110
4.15 临界长度 / 111
4.16 多长的走线需要端接 / 113
4.17 如何估计驱动器的输出阻抗 / 114
4.18 端接方法 / 117
4.19 拓扑结构 / 126
4.20 串联端接中的桩线 / 130
4.21 并联端接位置 / 131
4.22 分支结构中阻尼电阻的应用 / 132
4.23 TDR 阻抗测量 / 133
4.24 小结 / 134
附录 4.1 线路末端的电容 / 134
附录 4.2 线路中间的电容 / 136
附录 4.3 线路末端的电感 / 137
附录 4.4 线路中间的电感 / 139

第5章 串扰 / 141

5.1 串扰形成的根源 / 142
5.2 耦合长度 / 145
5.3 容性串扰 / 146
5.4 感性串扰 / 148
5.5 近端串扰和远端串扰 / 149
5.6 近端串扰的饱和 / 151
5.7 远端串扰的饱和与模态分解 / 155
5.8 边沿耦合与宽边耦合的串扰 / 160
5.9 影响串扰的因素 / 161
5.10 串扰对信号的影响 / 167
5.11 串扰与时序 / 169
5.12 蛇形走线与信号的延迟 / 170
5.13 保护地线 / 173
5.14 端接与串扰 / 179
5.15 减小串扰的常用方法 / 180
5.16 小结 / 180
附录 远端串扰两种解释的等效性证明 / 181

第6章 *S* 参数 / 183

6.1 网络分析基础 / 184
6.2 *S* 参数定义 / 185
6.3 从频域的角度理解 *S* 参数 / 186
6.4 S_{11} 的含义 / 188
6.5 S_{11} 与输入阻抗 / 191
6.6 使用 S_{11} 提取特性阻抗 / 192
6.7 S_{11} 与瞬时阻抗 / 193
6.8 S_{21} 的含义 / 195
6.9 S_{21} 相位与传输延时 / 196
6.10 S_{21} 与通道响应 / 199
6.11 *S* 参数对称性及能量守恒 / 199
6.12 *S* 参数中的纹波 / 202
6.13 多端口 *S* 参数 / 206

6.14 S参数与串扰 / 207
6.15 小结 / 209

第7章 互连线中的阻抗不连续 / 210

7.1 分支结构 / 210
7.2 参考平面的宽度 / 211
7.3 互连线跨分割 / 213
7.4 过孔 / 215
7.5 小结 / 218

第8章 差分互连 / 219

8.1 差分传输 / 219
8.2 差分对的返回电流 / 221
8.3 差分信号抗噪声原理 / 223
8.4 差分互连中的阻抗参数 / 224
8.5 差分互连的反射与端接 / 226
8.6 差分互连的串扰 / 229
8.7 差分与共模的相互转化 / 231
8.8 差分S参数 / 233
8.9 差分对的等长等距 / 237
8.10 松耦合还是紧耦合 / 241
8.11 小结 / 245

第9章 抖动 / 246

9.1 抖动的含义 / 246
9.2 Jitter描述方法 / 247
9.3 Jitter统计特性 / 249
9.4 Jitter、BER、眼图之间关系 / 252
9.5 Jitter分类及产生原因 / 255
9.6 Jitter分离 / 262
9.7 Clock Jitter与相噪 / 267
9.8 小结 / 269

第10章 均衡 / 270

10.1 互连中的信号畸变 / 270
10.2 码间干扰 / 273
10.3 码间干扰与带宽 / 275
10.4 离散系统的码间干扰 / 277
10.5 均衡原理 / 278
10.6 均衡分类 / 280
10.7 无源CTLE / 280
10.8 有源CTLE / 284
10.9 离散时间线性均衡 / 287
10.10 使用ZFS算法确定FFE抽头系数 / 288
10.11 使用MMSE算法确定FFE抽头系数 / 293
10.12 反馈判决均衡 / 295
10.13 小结 / 298

第11章 电源完整性 / 299

11.1 为什么要重视电源噪声问题 / 300
11.2 PDN系统的噪声来源 / 300
11.3 电容去耦的两种解释 / 302
11.4 理想情况的去耦电容量 / 304
11.5 实际电容的特性 / 305
11.6 安装电感与自谐振频率 / 308
11.7 目标阻抗的设计方法 / 309
11.8 相同容值电容的并联 / 311
11.9 不同容值电容的并联 / 313
11.10 容值差对谐振峰的影响 / 314
11.11 ESR对谐振峰的影响 / 315
11.12 安装电感对谐振峰的影响 / 317
11.13 去耦网络电容的配置方法 / 318
11.14 阻抗曲线形状与电源噪声 / 320
11.15 在多大频率范围内去耦 / 323
11.16 去耦电容的摆放 / 325
11.17 去耦电容的安装 / 327
11.18 PDN系统的直流压降 / 328
11.19 小结 / 330

第1章 概 述

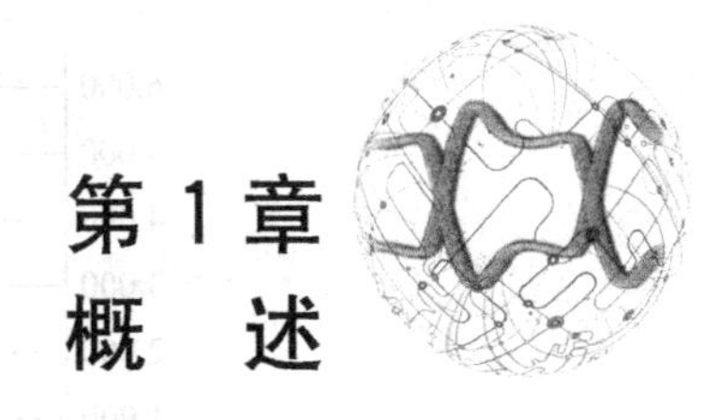

1.1 什么是信号完整性

在数字电路出现之前，使用电阻、电容、电感、晶体管等模拟元器件搭建电路，那时的电路非常容易受干扰，电路设计难度也很大。随着数字信号处理理论的发展和数字电路的出现，广泛使用数字电路来实现各种功能，设计出的产品不再像模拟产品那样易受干扰，电路的设计难度也大大下降。数字化产品中，使用“0”、“1”构成的二进制码流来传递信息，二进制代码“0”和“1”通过高低电平来表示，这种方式极大地提高了产品的抗噪声性能。在时钟频率为 kHz 或仅有几十 MHz 的低速时代，工程师的主要精力集中在电路功能和逻辑的设计上，不再考虑噪声的影响，认为“0”、“1”码流能准确无误地传输到接收端，并被接收端准确无误地判断出来。相当长的一段时期内，电路设计工程师在这种“假设前提”下都能很好地完成设计工作。

随着电路工作频率不断提高，使用同样的设计方法设计出的产品却出现很多问题。电路设计工程师不得不去考虑“0”、“1”码流是否被准确无误地传输到接收端，接收端是否能准确无误地判断出来。当电路工作频率很高时，“假设前提”崩溃了。“0”、“1”码是通过电压或电流波形来传递的，尽管信息是数字的，但是承载这些信息的电压或电流波形却是模拟的，噪声、损耗、供电的不稳定等多种因素都会使电压或电流波形发生畸变，如果畸变严重到一定程度，接收器就可能错误判断发送器输出的“0”、“1”码，这就是信号完整性问题。

广义上讲，信号完整性（Signal Integrity，SI）包括由于互连、电源、器件等引起的所有信号质量及延时等问题。图 1-1 是一个一发多收互连结构中一个接收器接收到的信号波形，尽管还能大致看出哪个是“0”哪个是“1”，但是信号波形有很严重的畸变，信号边沿不单调使信号超过高电平门限的时间窗口减小，在信号速率很高时可能产生时序问题。图 1-2 是一个点对点时钟信号经过 5 英寸长互连线后，接收芯片接收到的时钟波形，上升边沿不单调，对于上升沿触发采样的电路来说，这个时钟信号波形有可能导致对同一个数据的二次采样，最终可能造成电路逻辑功能的混乱。图 1-3 是一个 3.25G 差分信号由于电源不稳定而引起的接收端眼图模糊，这会造成信号传输的误码率大大增加。这些例子都是信号

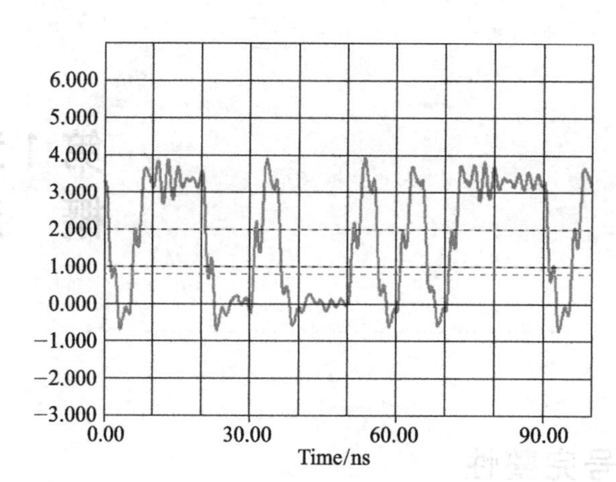

图 1-1　数据波形畸变

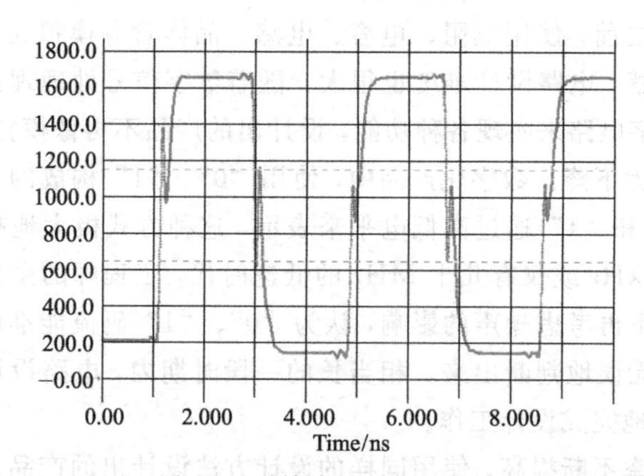

图 1-2　时钟波形边沿不单调

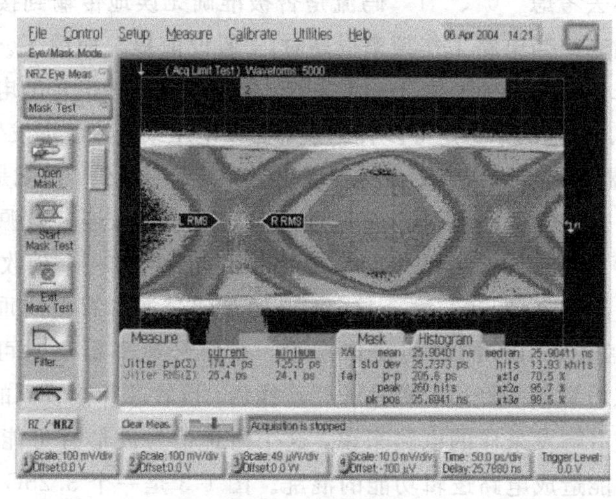

图 1-3　眼图模糊

完整性问题，实际的电路设计中，类似这些现象随处可见，如果不采取适当的改进措施，可能导致电路无法正常工作。高速电路中，低速时代的“假设前提”不再适用，信号完整性问题必须受到足够的重视，否则，失效的风险将大大增加。

1.2　SI 问题的根源

信号完整性问题和很多因素有关，频率提高、上升时间减小、摆幅降低、互连通道不理想、供电环境恶劣、通道之间延时不一致等都可能导致信号完整性问题。但究其根源，主要是信号上升时间减小了。上升时间越小，信号中包含的高频成分就越多，高频分量和通道间相互作用就可能使信号产生严重的畸变。图 1-4 比较了相同的互连电路中上升时间分别为 500 ps 和 2 ns 时的信号波形，500 ps 上升时间的信号振铃更加严重。图 1-5 比较了两种上升时间情况下来自于邻近线的干扰，上升时间为 500 ps 时干扰更大。

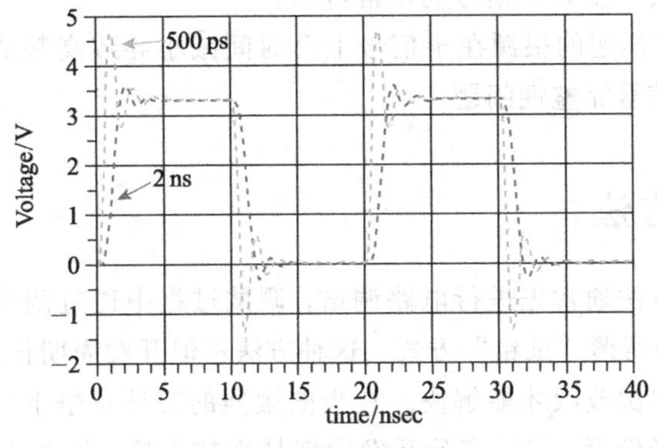

图 1-4　信号的振铃

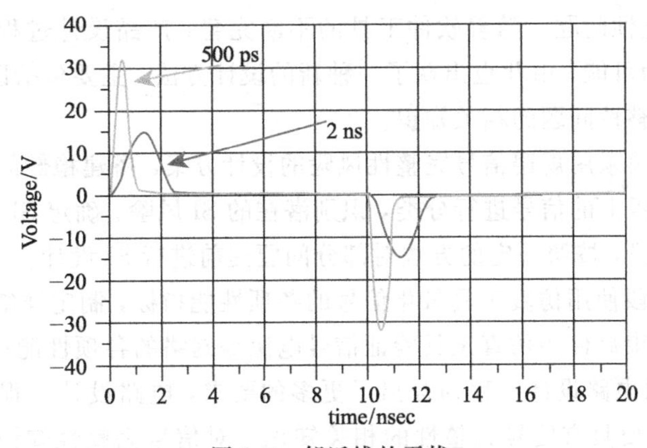

图 1-5　邻近线的干扰

一方面，陡峭的上升沿使信号完整性问题更加严重，另一方面，芯片生产工艺的改进使信号的上升时间越来越短，也导致信号完整性问题更加突出。目前已经出现了28 nm工艺，晶体管沟道长度大大缩短，晶体管开关时间更短，这也意味着信号上升时间的缩短。芯片制造厂商为了降低成本、提高产量，采用标准化的生产方法，即使是时钟速率很低的器件也可能采用先进的生产工艺加工，这直接导致了低速的信号也可能产生严重的信号完整性问题。

电路时钟频率提高，要求信号上升时间缩短，客观上导致信号完整性问题更加严重。时钟频率的提高使可用时间窗口缩短，对噪声的容忍度下降，同样的噪声在低速电路中可能不会出现问题，但在高速电路中可能就会产生很大影响，信号完整性问题就更容易突显出来。时钟频率提高还伴随着信号摆幅的下降，噪声余量也会因此减小。低速时代常见的信号摆幅是5 V和3.3 V，而目前的10G高速互连中，信号摆幅已降低到800 mV左右，信号对噪声更加敏感，信号完整性问题也变得尤其明显。互连通道、芯片接口电路、电源等工作环境稍有瑕疵就会严重影响信号的正常传输。

总之，信号完整性问题的根源在于信号上升时间减小导致高频成分增多，而其他众多的影响因素则加剧了信号完整性问题。

1.3　新的设计方法

传统的电路设计方法通常先进行电路调试，调试过程中通过测试发现问题，然后重新改版再次加工调试，即所谓“试错”方式。这种方法不但开发周期长，而且成本很高，有时出现的问题可能需要多次改版才能解决。在当前激烈的市场竞争下，先上市的产品有更多的机会获得更大的市场份额，缩短产品开发周期越来越重要，设备生产商都在努力提高一版成功率。因而需要一种新的设计方法来大幅度地加快开发进度，尽可能早地预见并消除可能出现的信号完整性问题。随着软件工具的不断完善，产品设计过程中提前对信号完整性问题进行预防成为可能，由此也出现了一种新的设计方法，主要包括以下几个步骤：

- 掌握信号完整性问题的相关知识。
- 系统设计阶段采用规避信号完整性风险的设计方案，搭建稳健的系统构架。
- 对目标电路板上的信号进行分类，识别潜在的SI风险，确定SI设计的总体原则。
- 在原理图阶段，按照一定的方法对部分问题提前进行SI设计。
- PCB布线阶段使用仿真工具量化信号的各项性能指标，制定详细SI设计规则。
- PCB布线结束后使用仿真工具验证信号电源等网络的各项性能指标，并适当修改。

新的设计方法对电路设计工程师提出了更多的要求，电路设计工程师不但要掌握电路原理及逻辑功能，还要具有信号完整性的相关知识。对信号完整性知识掌握得越多，设计的风险就越小，一次成功的可能性就越大。新的设计方法中，各个阶段都包含了SI设计环节，经过几个设计周期的循环后，这种方法的优势就会极大地体现出来。尤其是在产品升级换代的过程中，由于产品设计的继承性，很多SI问题以及解决方案都已经有了一定的积累，以此为基础，一板成功率可以得到极大的提高。

1.4　SI设计的难点

很多因素都会影响信号质量中的各种特性：幅度、噪声、边沿、延时等。SI设计的任务就是识别出这些因素，减轻这些因素的影响，尽可能地保证信号特性满足工程要求。

SI设计的难点之一在于影响信号质量的因素非常多，这些因素有时又互相依赖、互相影响、交叉在一起，抑制了某一因素的影响可能又导致了其他方面因素的恶化，很多时候让工程师处于左右为难、进退维谷的困境。因此，需要对各种因素反复权衡，做出系统化的综合考虑，这需要大量的SI知识作为支撑。

另一方面，有些影响信号传输的因素是可控的，而有些是不可控的。比如，板级设计中，工程师对所用芯片的具体性能并不完全了解，对芯片能够承受多大的环境压力并不清楚，一般情况下也不具备条件对芯片的各方面性能全面摸底测试。以目前工业界的发展来看，对设计的支持还有待进一步完善，仿真模型有时仅仅反映芯片的某一方面性能，并不能完全反映芯片的整体性能，这就给SI设计决策带来一定的困难。对有些问题（比如，同步开关噪声），很难得到芯片级的仿真模型，导致无法评估，这种情况下如何权衡决策也是SI设计的难点之一。

1.5　SI设计的误区

有一些广泛存在的关于SI设计的认识误区，这些误区往往导致方向性的错误，在错误观念的指引下，尽管很努力，但成效甚微，事倍功半。接下来简单说明几个共性的问题。

1. 误区1：认为只要跟着设计流程做，就可以做好SI设计

对于企业来说，为了规范产品开发活动，流程的确很重要。但是流程无法解决SI设计中的具体技术问题。下面从技术角度给出一个简单的板级SI设计流程。

1）普查单板中有哪些关键信号及各个信号的性质。

2）识别并确定容易出问题的信号。

3）确定改进信号质量的方向。

4）了解IO BUFFER的特点。

5）SI前仿真确定总体设计方案。

6）PCB布局布线。

7）SI后仿真进行问题评估。

8）调整设计方案及设计参数，进一步仿真优化。

上述流程约束了设计的大体步骤，把 SI 设计渗透到开发的各个环节，这的确可以降低单板开发的风险，但是无法涵盖 SI 设计中的众多细节问题，细节问题该如何解决是流程无法规定的。了解信号的性质、确定敏感信号、确定改进信号质量的方向等，需要了解不同性质信号的要求，关键点在于分清是“电平”有效信号还是“边沿”有效信号。对于电平有效信号（如地址数据等）我们关注的是时间窗口的宽度，可以容忍适度的幅度噪声，边沿是否单调不是关注的重点。而对于边沿有效信号（时钟或其他触发信号等）我们关注的是边沿的单调性，高低电平处的噪声不是关注的重点。当然幅度噪声也不能太大，以免损坏器件。其他诸如：前仿真确定互连方案，那么多信号，前仿真该关注哪个？后仿真验证信号质量，哪些要严格看管，哪些大概看看就可以？调整设计方案和设计参数，根据什么调整，优化哪个指标，采取什么措施？所有这些都需要具体的 SI 知识来解决，流程是无法涵盖的。SI 设计非常灵活，具体的 SI 措施体现了工程师的智慧，充满了创造性。SI 设计更像一种“理性的艺术”，硬性的规定无法得到好的 SI 设计。

2. 误区 2：没有针对性，不分轻重

有一部分人认为，无论是什么样的电路板，只要把能想到的全都做了，就不会有问题。问题是：有可能把涵盖所有问题的解决方法都用在一块电路板上吗？SI 问题纷繁复杂，到哪里去找这样一个庞大的库，即使有，又有多大的适应性？不同性质的信号关注的重点不一样，对于吉赫以上的高速串行信号非常关注通道中的互连线、过孔、连接器等结构的优化，这些措施用在只有几兆赫的普通信号上就完全没有必要。时钟信号由于要考虑频谱和相噪，非常关注电源的质量，要求也会很严格，如此严格的要求用在普通的局部总线上同样没必要。产品设计不但要考虑性能，成本和可实现性也同样重要，要求过严可能最终无法实现或成本过高，要求过松可能达不到性能要求。因此，要根据信号性质进行有针对性的 SI 设计。

3. 误区 3：盲从于设计规则

很容易就可以找到一大堆的设计规则：高速信号串接 33 Ω 的电阻、时钟信号走内层、避免直角走线、间距满足 3 W 原则、使用 20 H 原则处理电地平面、芯片每个电源引脚加一个 0.1 μF 电容等，这类规则数不胜数。有些人热衷于搜集这些规则，然后在设计电路时逐条检查应用。但是常常发现不少规则相互冲突，或者在当前设计中无法实现，最后只能随便处理一下，不了了之。结果 SI 设计处于失控状态，很难解决根本问题。SI 设计是为了解决特定工程遇到的问题，当前遇到的问题是什么？各种规则是解决什么问题的？哪些规则能解决当前的问题？能在多大程度上解决？这些问题不搞清楚，盲目地强行应用规则，没有多大意义，很多时候也行不通。

4. 误区 4：不重视量化评估

的确，不是所有的问题都能量化评估。但是以目前仿真软件的发展，大部分问题都能得到一个量化的结果，有些问题即使不能直接得到量化评估结果，也能使用仿真软件间接得到一些有用的信息来帮助设计决策。如果仿真软件的确解决不了，还可以从基础理论入手结合以前的经验推演出风险更小的方案。这些工作需要花费相当大的精力。

经常有人提出这样的要求："直接告诉我怎么做能解决这样的问题就可以了。"这种想法是基于这样一种观念上的认识：用一种固定的方法一定可以解决一类问题。举一个简单的例子——磁珠滤波电路的设计问题。经常有人问电容该选多大的，磁珠选哪种阻抗的。对这个问题负责任的回答一定是"看情况而定"。具体问题要具体分析，不同的应用对电源需求是不一样的，没有通用的磁珠滤波设计。有些电路的电流需求几乎可以认为是恒定的，没有高频电流需求，只需要把电源中的高频成分衰减到一定程度就可以了，这时我们只需要关注滤波电路的频响特性。但在有些设计中，不但需要抑制外部电源噪声，电路本身也有瞬态电流需求，也会产生瞬态噪声，这时对电源系统的阻抗也有要求，需要把滤波电路的频响特性和电源系统的阻抗特性联合起来设计。没有针对性的量化评估是不可能完成的。

在SI设计中量化评估非常重要，仿真应该成为一种习惯，融入到电路设计中。

5. 误区5：片面追求解决个别问题，忽视其他问题

这种现象也非常普遍，究其原因是对SI各种问题的平衡把握不好。时序设计中的等长问题是一个典型的例子，如果对等长要求过于严格，布线的时候必须反复绕线才能满足等长要求。结果走线非常密集，增加了很多可以避免的串扰风险。在一些低成本的电路板上，很多信号线都走在表层，远端串扰非常大，串扰带来的延时不确定性远高于走线不等长的影响，这种做法可能得不偿失。走线等长要求最终还是为了调整信号的延时，所有影响信号延时的因素要放在一起综合考虑，不能只关注走线长度这一个因素。

SI设计是系统工程，需要综合权衡，不能因为对某一个问题的强求而恶化其他问题。

1.6 关于经验法则

经验法则（rule of thumb）是一种可以广泛应用于多种情况下的原则或方法。在SI设计中，经验法则用于粗略估计某种参数或指定设计中应该遵循的原则。比如，FR4板材上信号的衰减大约为0.1 dB/inch/GHz，这种经验法则可以在设计之前快速粗略地估计信号可能有多大的衰减。再比如，走线之间间距应满足3 W原则，这是一种设计原则。

从表面来看，似乎经验法则具有普适性，在工程师中也很流行。但必须清楚，经验法则并不是放之四海而皆准的。经验法则并不能为所有情况提供准确可靠的结果或方法，它唯一的好处是易用和快速，在特定情况下很有用，但不能完全依赖它。

有一些经验法则在过去可能很有用，但随着技术的发展，现在已经不再适用了。比如，众所周知的0.1 μF去耦电容的问题，过去的低速时代通用的做法是在芯片的每一个电源引脚加上一个0.1 μF电容，那时这样做没有问题。但是随着信号速率越来越高，对电源的要求也越来越苛刻，这种方法就会导致极大的设计风险，甚至电路完全无法工作。

在硬件设计领域，由于缺乏对 SI 知识的深入了解，很多经验法则在设计过程中被不加评估地使用。在不清楚经验法则背后的机理和使用该法则的前提条件的情况下，往往导致不稳健的设计。其结果往往是要么起不到多大作用，要么不但没起作用，反而引起其他方面更加恶化，可谓得不偿失。更危险的是，很多人有这样的想法：按照法则做了，在这个问题上就没事了，不用再考虑。在这种观念的指导下，很多关键的问题被设计者“信心满满”地忽略掉，人为地增加了设计风险。而一旦这个方面出现问题，由于思维惯性和“自信地首先排除”，可能会迟迟找不到问题的症结所在。

应该指出，大多数经验法则经过不断的检验，的确非常有用。关键在于怎么用，用好了对设计很有帮助，用不好可能反而有害。要想正确使用经验法则，必须了解其背后的机理、影响、前提条件等。

经验法则应该是工程师的得力助手，而不应该成为强制措施。

1.7　SI 设计与 SI 仿真

在工程师中广泛存在这样一种错误观念：SI 设计就是 SI 仿真。产生这种想法的根本原因在于缺乏对 SI 设计的深入了解。

SI 仿真是 SI 设计必不可少的手段，可以说没有 SI 仿真就没有可靠的 SI 设计。但问题是：通过 SI 仿真去评估什么？有哪些因素要评估？如何综合解读仿真的结果？怎样去做最终的决策？仿真结果如果不理想，该采用什么措施来解决问题？

从目前的发展情况来看，仿真软件还无法把电路板上所有的因素都考虑进来进行整板的仿真，因为这需要非常庞大的计算量、非常长的仿真时间、庞大的硬件资源，在绝大多数情况下是无法实现的。另外，仿真模型也不能反映芯片的所有性能。尽管情况在不断地改善，仿真软件功能越来越强大，模型越来越完善，但是至少目前还无法完全依赖仿真。SI 仿真可以对一个或几个影响因素进行评估，然后得到这几个因素的综合影响结果。而要想评估其他因素的影响，可能需要另外的仿真。这就需要 SI 设计者利用所掌握的 SI 知识来判断有哪些因素需要评估，使用哪种方法来评估。如果仿真结果不理想，也需要 SI 设计者首先给出可能的解决方案，然后有针对性地进行仿真。整个设计过程的主体仍然是设计者，仿真工具可以代替人来完成庞大计算工作，但无法替代人来完成所有的决策工作。

SI 设计需要在掌握的 SI 知识的基础上，识别出哪些因素可能影响较大，怎样去做仿真评估，综合多项仿真结果制定决策，找出解决方案，对互相冲突的问题进行平衡。SI 仿真尽管很重要，但也仅仅是 SI 设计中的一个环节和手段。SI 设计中最重要的是对 SI 基础理论的理解和掌握，以及以此为基础结合仿真结果的决策。

以下是一些有用的观点：

- 仿真可以降低设计风险，前提是正确仿真并正确解读仿真结果。
- 错误解读仿真结果会带来更大的“有意识犯错”的风险。
- 仿真应该变成一种习惯，但应清楚它只是设计手段的一种，而不是全部。
- 不要把仿真变成简单的软件操作，要用 SI 设计的思想赋予仿真更多的内涵。
- 仿真的关键在于仿什么、怎样仿。
- 仿真应建立在对 SI 理论深入理解的基础上，理论基础越扎实，仿真效果就越好，误用仿真结果的风险就越小。
- 去支配仿真工具，不要被仿真工具支配。

1.8　SI 设计的特点

SI 设计中需要考虑的影响因素众多，解决不同的问题时关注的侧重点也不一样，针对不同案例的 SI 设计重点也不同。因此，SI 设计有其固有的特点。

1. SI 设计是个性化的

不同的工程有不同的设计重点，要根据具体的工程进行有针对性的 SI 设计，所以 SI 设计是个性化的。比如，对于局部总线，关注的仅仅是信号本身的质量，对反射、串扰、电源滤波等几个方面简单的设计就能让电路正常工作。在高速同步总线（如 DDR）中，只关注反射串扰电源等基本问题还不够。信号波形本身质量好，不能保证电路正常工作，还需要满足时序要求。时钟频率很高时，设计的重点应落在总线的时序上，改善信号本身质量的目的最终还是为了满足时序要求。在时钟电路中，设计的重点在于保证时钟边沿的单调性、时钟频谱的纯净度、时钟的抖动等性能指标，所采取的措施都应该为这些目的服务。在 GHz 高速串行互连中，通道的影响至关重要，通道损耗和阻抗连续性是设计重点之一。除此之外，参考时钟、电源质量也必须认真设计以达到要求。预加重和均衡参数的调整和优化是另外一项必须认真考虑的因素。

SI 设计要适应不同工程的要求，进行个案设计。没有包治百病的药方，即使同一性质的电路，遇到的问题也可能不同，也需要进行个案处理。

2. SI 设计是系统工程

对很多 SI 问题，无法使用单一措施进行解决，需要多种措施相互辅佐共同起作用才能成功。比如，简单的点对多点拓扑互连，可能会有几个接收端的信号波形很差，单一的末端并联端接无法解决这个问题，还需要结合线长和线宽调整、拓扑调整或者使用阻尼电阻等措施，才能最终解决信号质量的问题。

从整板 SI 设计的角度来说，仍然需要系统的考虑，对单个信号采取的措施再完善，没有可靠的供电，同样不会有好的性能表现。

SI 设计不能片面地追求某一方面的指标，而弱化其他潜在风险。有些低成本的包含同步总线的电路板，走线的等长约束如果过于严格，由于绕线较长，走线就会很密，可能串扰噪声就无法控制，串扰产生的时序不确定性在有些设计中会更大，可能导致整体设计的失败。

因此，SI 设计必须从整体上进行系统化的考虑，一套好的 SI 设计规则就像一个好的中医药方，各种措施均衡、相互配合才能最终起到作用，任何一味药下得过猛都可能适得其反。

3. **SI 设计是平衡的艺术**

很多 SI 规则会互相冲突，必须懂得平衡。比如，小的去耦电容要尽量靠近芯片的引脚放置，另一方面，信号线的串联端接电阻也要求尽量靠近驱动器放置，但是往往芯片周边的空间非常拥挤，无法同时让这两个要求都达到最优，这就需要找到折中方案。通常使用多个信号层和平面层可以更好地改善 SI 性能，但是目前电子产品的成本压力比较大，这就需要在性能和成本之间进行平衡，寻找折中方案。实际工程中，类似冲突比比皆是，设计过程中充满了对各种要求的平衡，可以说 SI 设计是“平衡的艺术”。设计的最终目标是得到稳定可用的产品，为了达到这个要求，设计过程中的各项措施都要有适当的弹性。

总之，SI 设计不是简单地解决孤立的问题，众多问题及其影响相互纠缠在一起，需要系统化的设计，反复权衡，平衡各种要求，找到可行的解决方案。“头疼医头、脚疼医脚”式的解决方法最终会陷入困境。SI 设计应该像中医一样标本兼治、系统化的调理，才能得到一个“健康”的工程设计结果。

1.9　基础的重要性

信号完整性中，描述各种现象的名词很多，如振铃、上冲、下冲、过冲、串扰、共阻抗、共模、电感、回路电感、单位长度电感、回路面积、容性负载、寄生电容、衰减、损耗、谐振、反射、地弹、阻抗突变、残桩、模态转换、抖动、误码率等。这种信息的“轰炸”让很多工程师感到困惑和茫然。遇到这些问题时，有些人喜欢应急式的解决方法，查找对这些问题的最直接的说明，慢慢积累。但往往发现，即使经过很长时间的积累，得到的还是一些支离破碎、似是而非的印象，对 SI 问题总有一种“雾里看花”的感觉。问题的关键在于一些最基本的知识没有掌握，SI 问题看似繁杂，但是只要有了坚实的基础知识，这些问题就会有一个清晰的脉络，遇到问题时就不会无所适从。

从 SI 设计角度来说，影响 SI 问题的因素众多，很多因素互相影响纠缠在一起，造成设计的困难。而大多数情况下，产品开发周期很短，可能没有充足的时间去仿真，这就需要快速地找到解决方案，使仿真更有效率。因此，“直觉”对 SI 设计非常重要。直觉的形成需要坚实的理论作为基础，没有坚实的基础，仿真可能会变成盲目的试验，费时费力，而且还可能找不到最佳的解决方案。一旦仿真无法解决问题，决策就会演变为盲目的“拍脑门”。理论基础越扎实，直觉就可能越准，越能快速地找到可能的解决方案。目前工业界对 SI 设计的支持还不完善，有时候即使得到仿真结果，解读也需要很慎重。SI 设计有些地方还要靠“直觉”，理论基础越雄厚，对各种因素的影响越了解，做出正确判断的可能性就越高。基于“直觉”的判断，SI 基础非常重要。即使有仿真工具，也需要 SI 基础来指导仿真，基础理论掌握得越好，仿真效果就会越好。

因此，无论对于知识的积累还是 SI 工程设计与测试，打好理论基础都非常重要。SI 设计是一门“理性的艺术”，设计方案的好坏直接取决于对基础理论的掌握程度。

1.10　小结

本章简单地介绍了信号完整性的基本概念以及产生的原因。重点介绍了 SI 设计的特点以及一些常见的认识误区，理解这些内容有助于把握正确的方向，避免在学习 SI 知识以及进行工程设计的过程中走弯路。

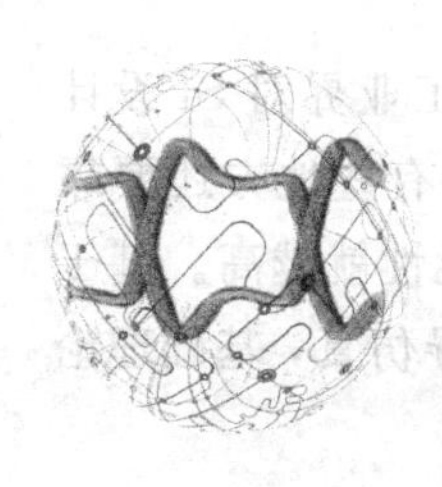

第2章 数字信号频谱与带宽

信号完整性研究的一个重要内容就是互连通道对信号的影响，因此，有必要了解一下信号本身的特点。互连通道对不同频率的信号响应不同，因此对于信号分析，我们关注的是其频域特性。本章重点分析数字信号的频域特征，其中所涉及的数学知识非常简单，所以也会给出具体的推导过程。

2.1 周期信号的单边谱

周期信号可表示为

$$x(t+nT)=x(t) \qquad n=0,\pm 1,\pm 2,\dots \tag{2-1}$$

T 称为信号周期，周期 T 的倒数为该信号的基频，记为 f_0：

$$f_0=\frac{1}{T} \tag{2-2}$$

对应基频的角频率为

$$\omega_0=2\pi f_0=\frac{2\pi}{T} \tag{2-3}$$

由数学分析可知，任何周期信号都可以表示成无穷多个正弦函数和余弦函数之和，称为傅里叶级数或傅里叶展开。周期函数 $x(t)$ 可表示为

$$\begin{aligned}x(t)=&a_0+a_1\cos(\omega_0 t)+b_1\sin(\omega_0 t)\\&+a_2\cos(2\omega_0 t)+b_2\sin(2\omega_0 t)\\&+\cdots\\&+a_n\cos(n\omega_0 t)+b_n\sin(n\omega_0 t)\\=&a_0+\sum_{n=1}^{\infty}[a_n\cos(n\omega_0 t)+b_n\sin(n\omega_0 t)]\end{aligned} \tag{2-4}$$

其中，

$$\begin{aligned}a_0&=\frac{1}{T}\int_0^T x(t)\mathrm{d}t\\a_n&=\frac{2}{T}\int_0^T x(t)\cos(n\omega_0 t)\mathrm{d}t\\b_n&=\frac{2}{T}\int_0^T x(t)\sin(n\omega_0 t)\mathrm{d}t\end{aligned} \tag{2-5}$$

为了更清楚地表示周期信号的频谱特性，把式（2-5）中的同频率项合并，改写为

$$x(t) = a_0 + \sum_{n=1}^{\infty}\left\{\sqrt{a_n^2+b_n^2}\left[\frac{a_n}{\sqrt{a_n^2+b_n^2}}\cos(n\omega_0 t) - \frac{-b_n}{\sqrt{a_n^2+b_n^2}}\sin(n\omega_0 t)\right]\right\} \tag{2-6}$$

对式（2-6）做变量代换，令

$$\begin{aligned} c_0 &= a_0 \\ c_n &= \sqrt{a_n^2+b_n^2} \\ \phi_n &= \arctan\left(\frac{-b_n}{a_n}\right) \end{aligned} \tag{2-7}$$

带入式（2-6）得

$$\begin{aligned} x(t) &= c_0 + \sum_{n=1}^{\infty}\left\{c_n[\cos(\phi_n)\cos(n\omega_0 t) - \sin(\phi_n)\sin(n\omega_0 t)]\right\} \\ &= c_0 + \sum_{n=1}^{\infty}[c_n\cos(n\omega_0 t + \phi_n)] \end{aligned} \tag{2-8}$$

其中，$c_0 = a_0$ 为周期函数的直流分量，$c_n\cos(n\omega_0 t + \phi_n)$ 称为谐波分量。$n = 1$ 时谐波分量称为基波，n 取其他值时谐波分量分别称为二次谐波、三次谐波等。显然 a_n 、b_n 、c_n 以及 ϕ_n 都是频率 $n\omega_0$ 的函数，c_n 表示信号中各次谐波分量的摆幅，如果将 c_n 与频率 $n\omega_0$ 的关系在直角坐标系画出来，就得到周期信号的幅度频谱或简称幅度谱，如图 2-1 所示。同样还可画出各分量的相位角 ϕ_n 与频率 $n\omega_0$ 的关系图，称为相位频谱或简称相位谱。这种频谱的特点是只包含正的频率分量，称为单边谱。因为现实中的单频信号一定是正频率的，所以单边谱能直观地显示实际信号的频谱特性，工程中使用得也最多。使用单边谱来研究信号的带宽，物理含义更清晰。

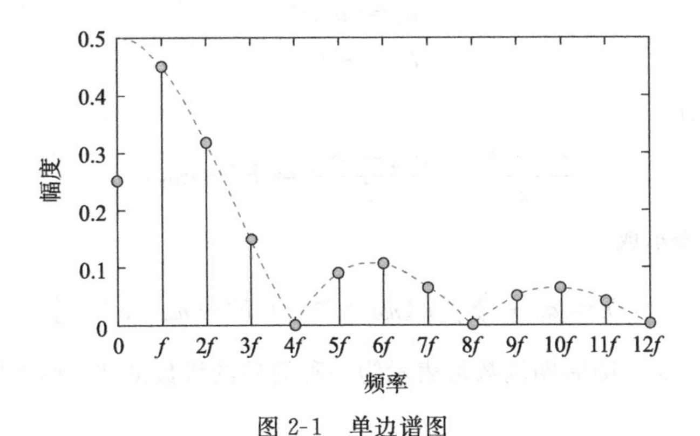

图 2-1　单边谱图

注意，在单边谱中，傅里叶系数 c_n 是实数，其与频率 $n\omega_0$ 的关系代表的是幅度谱。相位 ϕ_n 包含在 $\cos(n\omega_0 t + \phi_n)$ 中，也就是说这种表示方式中幅度与相位是分离的，在表达式中能

直观地看到。

2.2 周期信号的双边谱

周期信号傅里叶展开也可以表示成指数形式，指数形式的傅里叶展开系数更容易计算，也是常用的形式。本节利用傅里叶展开的基本形式推导指数形式的级数表达式，并得到两种展开方式的关系。

重写傅里叶级数表达式如下：

$$x(t)=a_0+\sum_{n=1}^{\infty}\left[a_n\cos(n\omega_0 t)+b_n\sin(n\omega_0 t)\right] \tag{2-9}$$

根据欧拉公式：

$$\cos(n\omega_0 t)=\frac{1}{2}\left(e^{jn\omega_0 t}+e^{-jn\omega_0 t}\right)$$
$$\sin(n\omega_0 t)=\frac{1}{2j}\left(e^{jn\omega_0 t}-e^{-jn\omega_0 t}\right) \tag{2-10}$$

将式（2-10）代入式（2-9）中并合并相同指数项的系数得到

$$x(t)=a_0+\sum_{n=1}^{\infty}\left[\frac{a_n-jb_n}{2}e^{jn\omega_0 t}+\frac{a_n+jb_n}{2}e^{-jn\omega_0 t}\right] \tag{2-11}$$

考察指数项的系数，令

$$F(n\omega_0)=\frac{a_n-jb_n}{2} \tag{2-12}$$

根据式（2-5）可知 a_n 是关于 n 的偶函数，b_n 是关于 n 的奇函数，即

$$a_n=a_{-n}$$
$$b_n=-b_{-n} \tag{2-13}$$

代入 $e^{-jn\omega_0 t}$ 系数中有

$$\frac{a_n+jb_n}{2}=\frac{a_{-n}-jb_{-n}}{2}=F(-n\omega_0) \tag{2-14}$$

因此，周期函数可表示成

$$x(t)=a_0+\sum_{n=1}^{\infty}\left[F(n\omega_0)e^{jn\omega_0 t}+F(-n\omega_0)e^{-jn\omega_0 t}\right] \tag{2-15}$$

如果令 $F(0\cdot\omega_0)=a_0$，则周期函数可表示为一种简单的级数形式，称为周期函数的指数形式傅里叶展开。

$$x(t)=\sum_{n=-\infty}^{\infty}F(n\omega_0)e^{jn\omega_0 t} \tag{2-16}$$

其中，

$$
\begin{aligned}
F(n\omega_0) &= \frac{a_n - \mathrm{j}b_n}{2} \\
&= \frac{1}{2}\left[\frac{2}{T}\int_0^T x(t)\cos(n\omega_0 t)\mathrm{d}t - \mathrm{j}\frac{2}{T}\int_0^T x(t)\sin(n\omega_0 t)\mathrm{d}t\right] \\
&= \frac{1}{T}\int_0^T x(t)[\cos(n\omega_0 t) - \mathrm{j}\sin(n\omega_0 t)]\mathrm{d}t \\
&= \frac{1}{T}\int_0^T x(t)\mathrm{e}^{-\mathrm{j}n\omega_0 t}\mathrm{d}t
\end{aligned}
\tag{2-17}
$$

$$
F(0\cdot\omega_0) = a_0 = \frac{1}{T}\int_0^T x(t)\mathrm{d}t
$$

由于这种指数形式的表达式中，傅里叶系数的计算相对简单，因此，理论分析中经常用到这种形式的傅里叶展开方式。

指数形式的傅里叶展开中，系数 $F(n\omega_0)$ 是复数，与频率有关。在直角坐标系中画出 $|F(n\omega_0)|$ 与频率 $n\omega_0$ 的关系，就得到另一种形式的幅度频谱。n 既可以取正值，也可以取负值，因此，幅度频谱中包含负的频率成分，这种频谱图称作双边谱，如图 2-2 所示。$F(n\omega_0)$ 的相位与频率 $n\omega_0$ 的关系，同样包含正负两种频率，称为双边相位谱。

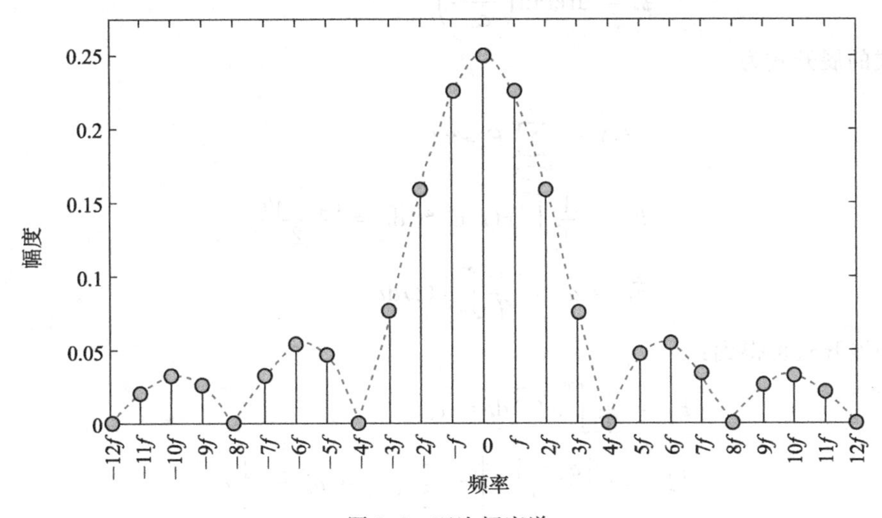

图 2-2 双边幅度谱

在复数形式的展开式中，指数项 $\mathrm{e}^{-\mathrm{j}n\omega_0 t}$ 仅代表谐波的频率，频谱的幅度和相位信息都包含在系数 $F(n\omega_0)$ 中。

2.3 单边谱与双边谱的关系

不论是单边谱还是双边谱，代表的是同一个函数的频谱特性，因此，两种频谱图之间必然存在某种联系。

对于周期信号，三角函数形式的傅里叶展开式中，系数为实数，而且只包含正的频率分量，其物理含义很明显，能清晰地看到包含哪些频率分量，各个频率分量的幅度有多大，相位有多大。而复指数形式傅里叶级数的表示式中，除了包含正的频率分量 ω_0，$2\omega_0$，$3\omega_0$ 等外，还包含 $-\omega_0$，$-2\omega_0$，$-3\omega_0$ 等负频率分量，系数 $F(n\omega_0)$ 为复数，各频率分量的相位信息也不明显，似乎傅里叶级数的物理含义已经丢失，但事实并非如此。实际上，两种形式的展开式中，各个频率分量的幅度和相角存在着固定的关系。

为了方便起见，下面的讨论中把 $F(n\omega_0)$ 记为 F_n，把 $F(0\cdot\omega_0)$ 记为 F_0。两种展开式归纳起来，三角函数展开式为

$$
\begin{aligned}
x(t) &= c_0 + \sum_{n=1}^{\infty}[c_n\cos(n\omega_0 t + \phi_n)] \\
c_0 &= \frac{1}{T}\int_0^T x(t)\,\mathrm{d}t \\
c_n &= \sqrt{a_n^2 + b_n^2} \\
\phi_n &= \arctan\left(\frac{-b_n}{a_n}\right)
\end{aligned}
\tag{2-18}
$$

指数形式的展开式为

$$
\begin{aligned}
x(t) &= \sum_{n=-\infty}^{\infty} F_n \mathrm{e}^{\mathrm{j}n\omega_0 t} \\
F_n &= \frac{1}{T}\int_0^T x(t)\mathrm{e}^{-\mathrm{j}n\omega_0 t}\,\mathrm{d}t = \frac{a_n - \mathrm{j}b_n}{2} \\
F_0 &= a_0 = \frac{1}{T}\int_0^T x(t)\,\mathrm{d}t
\end{aligned}
\tag{2-19}
$$

比较两种展开式可得到：

$$
\begin{aligned}
F_0 &= \frac{1}{T}\int_0^T x(t)\,\mathrm{d}t = c_0 \\
|F_n| &= \left|\frac{a_n - \mathrm{j}b_n}{2}\right| = \frac{1}{2}\sqrt{a_n^2 + b_n^2} = \frac{1}{2}c_n \\
\angle F_n &= \arctan\left(\frac{-b_n}{a_n}\right) = \phi_n\,(n > 0)
\end{aligned}
\tag{2-20}
$$

由此我们可以得到这样的结论：

- 单边谱和双边谱中直流分量的幅度相等。
- 单边谱中某一个频率分量的幅度是双边谱中对应频率分量幅度的 2 倍。
- 单边谱中某一个频率分量的相位与双边谱中对应的正频率分量相位相同。

实际上，单边谱中每根谱线代表一个频率分量，该频率分量具有真实的物理意义。而

双边谱中，把每一个具有物理意义的频率分量用两根谱线表示出来，其中一个是正频率分量，一个是负频率分量。只有把正负频率上的两根谱线矢量相加才能得到一个具有物理意义的频率分量。

另外在双边谱中，正负频率分量之间也存在固定的关系，正负两个频率分量幅度相等。相位关系可根据 a_n 、b_n 的奇偶特性得到：

$$\angle F_{-n} = \arctan\left(\frac{-b_{-n}}{a_{-n}}\right) = -\arctan\left(\frac{-b_n}{a_n}\right) = -\phi_n = -\angle F_n \tag{2-21}$$

即正负两个频率分量的相位符号相反。由双边谱来求得单边谱时，单边谱的相位应根据双边谱的正频率分量部分得到。

有了两种频谱之间的关系，就可以通过求解双边谱来得到单边谱，进而得到具有实际物理意义的傅里叶级数表达式。

2.4 理想方波信号的频谱

假设 $x(t)$ 为理想方波信号，脉宽为 τ，周期为 T，占空比为 $D = \frac{\tau}{T}$，方波幅度为 1，如图 2-3 所示。

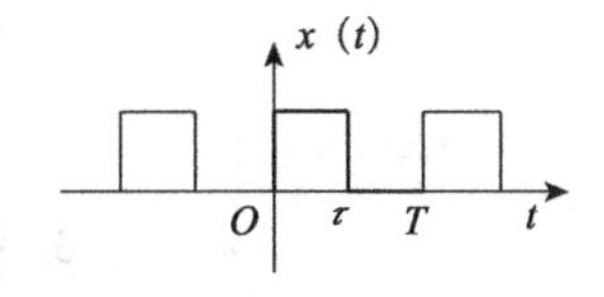

图 2-3 理想方波信号

为了得到理想方波信号的单边谱，将该信号展开成三角函数形式的傅里叶级数：

$$x(t) = c_0 + \sum_{n=1}^{\infty}[c_n\cos(n\omega_0 t + \phi_n)] \tag{2-22}$$

其中，基波频率 $f_0 = \frac{1}{T}$，对应的基波角频率 $\omega_0 = 2\pi f_0 = \frac{2\pi}{T}$。系数 c_0 可直接计算得到

$$c_0 = \frac{1}{T}\int_0^T x(t)\mathrm{d}t = \frac{1}{T}\int_0^\tau 1\cdot\mathrm{d}t + \frac{1}{T}\int_\tau^T 0\cdot\mathrm{d}t = \frac{\tau}{T} \tag{2-23}$$

为了求解各次谐波的系数 c_n 和相角 ϕ_n，首先计算指数形式展开式的系数 F_n

$$\begin{aligned}F_n &= \frac{1}{T}\int_0^T x(t)\mathrm{e}^{-\mathrm{j}n\omega_0 t}\mathrm{d}t \\ &= \frac{1}{T}\int_0^\tau 1\cdot\mathrm{e}^{-\mathrm{j}n\omega_0 t}\mathrm{d}t + \frac{1}{T}\int_\tau^T 0\cdot\mathrm{e}^{-\mathrm{j}n\omega_0 t}\mathrm{d}t \\ &= \frac{1}{T}\int_0^\tau \mathrm{e}^{-\mathrm{j}n\omega_0 t}\mathrm{d}t \\ &= \frac{1}{T}\left[\frac{1}{\mathrm{j}n\omega_0}\left(1 - \mathrm{e}^{-\mathrm{j}n\omega_0\tau}\right)\right]\end{aligned} \tag{2-24}$$

对上式进一步变换，将其变成包含幅度和相位的表达式

$$
\begin{aligned}
F_n &= \frac{1}{T}\left[\frac{1}{\mathrm{j}n\omega_0}\left(1-\mathrm{e}^{-\mathrm{j}n\omega_0\tau}\right)\right] \\
&= \frac{1}{T}\left[\frac{1}{\mathrm{j}n\omega_0}\mathrm{e}^{-\mathrm{j}\frac{n\omega_0\tau}{2}}\left(\mathrm{e}^{\mathrm{j}\frac{n\omega_0\tau}{2}}-\mathrm{e}^{-\mathrm{j}\frac{n\omega_0\tau}{2}}\right)\right] \\
&= \frac{1}{T}\left[\frac{1}{\mathrm{j}n\omega_0}\mathrm{e}^{-\mathrm{j}\frac{n\omega_0\tau}{2}}2\mathrm{j}\sin\left(\frac{n\omega_0\tau}{2}\right)\right] \\
&= \frac{1}{T}\left[\frac{\tau}{\frac{n\omega_0\tau}{2}}\mathrm{e}^{-\mathrm{j}\frac{n\omega_0\tau}{2}}\sin\left(\frac{n\omega_0\tau}{2}\right)\right] \\
&= \frac{\tau}{T}\cdot\frac{\sin\left(\frac{n\omega_0\tau}{2}\right)}{\frac{n\omega_0\tau}{2}}\mathrm{e}^{-\mathrm{j}\frac{n\omega_0\tau}{2}}
\end{aligned}
\tag{2-25}
$$

当 $n>0$ 时，F_n 的幅度和相位分别为

$$
\begin{gathered}
|F_n| = \frac{\tau}{T}\left|\frac{\sin\left(\frac{n\pi\tau}{T}\right)}{\frac{n\pi\tau}{T}}\right| \\
\phi_n = \angle F_n = \begin{cases}\left[-\frac{n\pi\tau}{T}\right]_{2\pi} & \text{当}\sin\left(\frac{n\pi\tau}{T}\right)>0 \\ \left[-\frac{n\pi\tau}{T}+\pi\right]_{2\pi} & \text{当}\sin\left(\frac{n\pi\tau}{T}\right)<0\end{cases}
\end{gathered}
\tag{2-26}
$$

$[\,]_{2\pi}$ 表示对 2π 求余。利用双边谱和单边谱的关系，可以得到三角函数展开式中第 n 个谐波系数与相位：

$$
c_n = 2|F_n| = \frac{2\tau}{T}\left|\frac{\sin\left(\frac{n\pi\tau}{T}\right)}{\frac{n\pi\tau}{T}}\right| \tag{2-27}
$$

$$
\phi_n = \angle F_n = \begin{cases}\left[-\frac{n\pi\tau}{T}\right]_{2\pi} & \text{当}\sin\left(\frac{n\pi\tau}{T}\right)>0 \\ \left[-\frac{n\pi\tau}{T}+\pi\right]_{2\pi} & \text{当}\sin\left(\frac{n\pi\tau}{T}\right)<0\end{cases} \tag{2-28}
$$

进一步，假设占空比 $D=\frac{\tau}{T}=50\%$，则系数与相位分别为

$$
c_0 = \frac{1}{2} \tag{2-29}
$$

$$
c_n = \begin{cases}\frac{2}{n\pi} & n=1,3,5,\ldots \\ 0 & n=2,4,6,\ldots\end{cases} \tag{2-30}
$$

$$
\phi_n = -\frac{\pi}{2} \quad n=1,3,5,\ldots \tag{2-31}
$$

将式（2-29）、式（2-30）、式（2-31）代入式（2-22）中得到 50%占空比的方波信号的级数表达式为

$$\begin{aligned} x(t) &= \frac{1}{2} + \frac{2}{\pi}\cos\left(\omega_0 t - \frac{\pi}{2}\right) + \frac{2}{3\pi}\cos\left(3\omega_0 t - \frac{\pi}{2}\right) + \frac{2}{5\pi}\cos\left(5\omega_0 t - \frac{\pi}{2}\right) + \cdots \\ &= \frac{1}{2} + \frac{2}{\pi}\sin(\omega_0 t) + \frac{2}{3\pi}\sin(3\omega_0 t) + \frac{2}{5\pi}\sin(5\omega_0 t) + \cdots \end{aligned} \tag{2-32}$$

占空比为 50%的方波信号可以表示成无穷多个正弦函数的叠加。其频谱中只包含奇次谐波，所有偶次谐波的幅度都为 0，即不含偶次谐波。周期性方波信号的离散频谱如图 2-4 所示。图中清晰地反映出了占空比为 50%的方波信号的频谱特征。

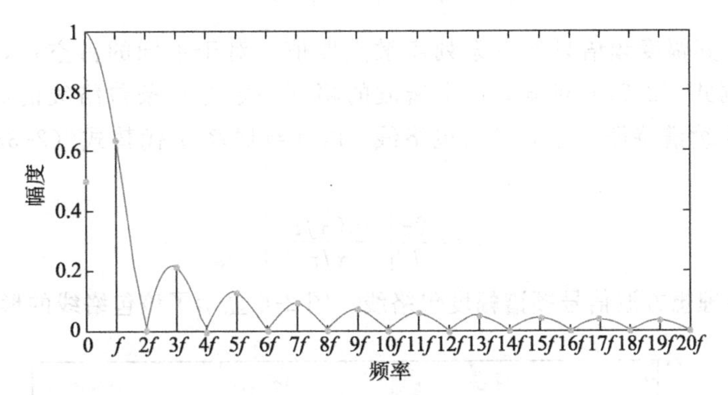

图 2-4　方波信号的频谱

得到理想方波信号的频谱后，根据级数的表达式，我们可以由频域信息来合成时域波形，进而观察各次谐波分量对信号时域波形的影响。根据式（2-32）合成的重复频率为 1 MHz 的方波信号如图 2-5 所示。方波的幅度为 1，占空比为 50%。为了演示合成效果，程序中包含了前 217 次谐波分量，带宽达到了 217 MHz。不要被不连续点的震荡所迷惑，那是著名的吉布斯现象。

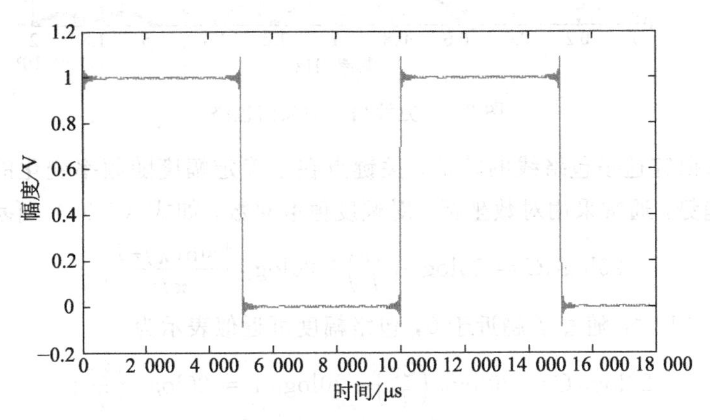

图 2-5　合成方波信号

2.5　方波信号的频谱特征

研究信号带宽时，我们关心的是信号幅度谱的特征，而方波信号的幅度谱作为一种参考具有特别的意义。本节详细研究方波信号的频谱特征。

由式（2-20）可知，方波信号的幅度谱可表示为

$$c_n = 2\left|F_n\right| = \frac{2\tau}{T}\left|\frac{\sin\left(\frac{n\omega\tau}{2}\right)}{\frac{n\omega\tau}{2}}\right| = \frac{2\tau}{T}\left|\frac{\sin(\pi n f_0 \tau)}{\pi n f_0 \tau}\right| \quad (n \neq 0) \tag{2-33}$$

对于周期信号，其幅度频谱只在一系列离散点取值。对于不同的占空比，各次谐波的幅值不同。但根据式（2-27）可知，各次谐波的幅度一定是一条包络线的离散取样，该包络线表现的是连续谱特征，为了得到包络线，以连续频率 f 代替式（2-33）中的离散频率值

$$c = \frac{2\tau}{T}\left|\frac{\sin(\pi f\tau)}{\pi f\tau}\right| \tag{2-34}$$

式（2-34）即为理想方波信号频谱幅度包络线。图2-6显示了该包络线的形状。

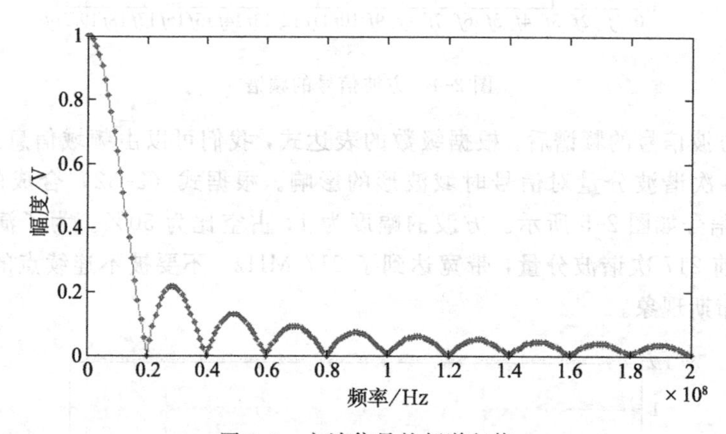

图2-6　方波信号的频谱包络

现在我们来研究这条包络线的特征，关键点在于确定幅度随频率变化的趋势。为了清晰地显示变化趋势，通常采用对数坐标，对幅度值取对数，如式（2-35）所示。

$$20\log_{10}C = 20\log_{10}\left(\frac{2\tau}{T}\right) + 20\log_{10}\left|\frac{\sin(\pi f\tau)}{\pi f\tau}\right| \tag{2-35}$$

1）当 $\pi f\tau \ll 1$ 时，随着 f 趋近于0，包络幅度可近似表示为

$$20\log_{10}C = 20\log_{10}\left(\frac{2\tau}{T}\right) + 20\log_{10}1 = 20\log_{10}\left(\frac{2\tau}{T}\right) \tag{2-36}$$

即随着 f 趋近于 0，包络幅度趋近于一个恒定值 $20\log_{10}\left(\frac{2\tau}{T}\right)$。若在幅度谱上画上一条水平直线

$$y=20\log_{10}\left(\frac{2\tau}{T}\right) \tag{2-37}$$

则该直线就是频率趋近于 0 时幅度谱的渐近线。

2）当 $\pi f\tau \gg 1$ 时，随着 f 趋近于无穷大，包络幅度可近似表示为

$$20\log_{10}C=20\log_{10}\left(\frac{2\tau}{T}\right)+20\log_{10}\left(\frac{1}{\pi f\tau}\right) \tag{2-38}$$

式（2-38）是频率趋于无穷大时幅度谱包络的渐近线。但这种形式的曲线还不能让我们对幅度谱的变化有一个直觉的认识。有趣的是，如果频率轴也采用对数坐标，这条渐近线会变成一条直线。为此，引入“十倍频程”概念，当频率从 f_1 变化到 f_2 且 $f_2=10f_1$ 时，我们说频率变化了一个十倍频程。现在我们来研究频率变化一个十倍频程时，这条渐近线的幅度变化量。

$$\begin{aligned}&\left[20\log_{10}\left(\frac{2\tau}{T}\right)+20\log_{10}\left(\frac{1}{\pi f_2\tau}\right)\right]-\left[20\log_{10}\left(\frac{2\tau}{T}\right)+20\log_{10}\left(\frac{1}{\pi f_1\tau}\right)\right]\\&=20\log_{10}\left(\frac{\pi f_1\tau}{\pi f_2\tau}\right)\\&=20\log_{10}\left(\frac{1}{10}\right)\\&=-20\text{ dB}\end{aligned} \tag{2-39}$$

注意，这里并没有指定频率 f_1 的具体值，只要满足 $\pi f\tau \gg 1$ 即可。这说明当频率增大时，每增加一个十倍频程，幅度下降 -20 dB。因此，当频率轴也采用对数坐标时，该渐近线变为一条斜率为 -20 dB/十倍频程的直线。

整个频谱包络可用两条渐近线来描述，第一条渐近线的斜率为 0 dB/十倍频程，第二条渐近线的斜率为 -20 dB/十倍频程，在两条渐近线的交点处有：

$$20\log_{10}\left(\frac{2\tau}{T}\right)=20\log_{10}\left(\frac{2\tau}{T}\right)+20\log_{10}\left(\frac{1}{\pi f\tau}\right) \tag{2-40}$$

交点频率为

$$f=\frac{1}{\pi\tau} \tag{2-41}$$

在该频率点之前，包络幅度基本不变，在该频率点之后，包络幅度以 -20 dB/十倍频程的斜率下降。图 2-7 显示了方波信号的频谱包络线及其渐近线，方波信号的频率为 10 MHz，占空比为 0.45。

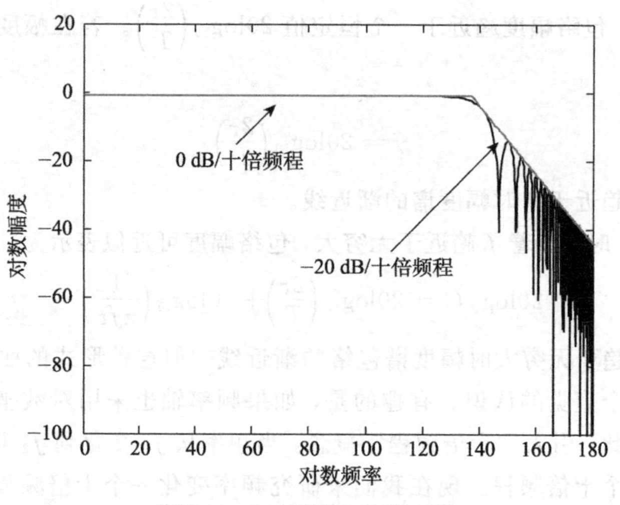

图 2-7　方波频谱包络渐近线

以上分析对所有周期性方波信号都有效。现在我们回到占空比为50%的理想方波信号这一特殊情况下，占空比为50%的理想方波信号频谱中所有偶次谐波分量都为0，只包含奇次谐波，并且包络曲线的每个旁瓣中刚好只包含一个奇次谐波分量，所以该频谱能清晰地反映出包络变化的特征。图2-8显示了各次谐波分量的幅度、包络线、两条渐近线的情况，横坐标和纵坐标分别采用对数坐标，各次谐波的幅度刚好在一条直线上。

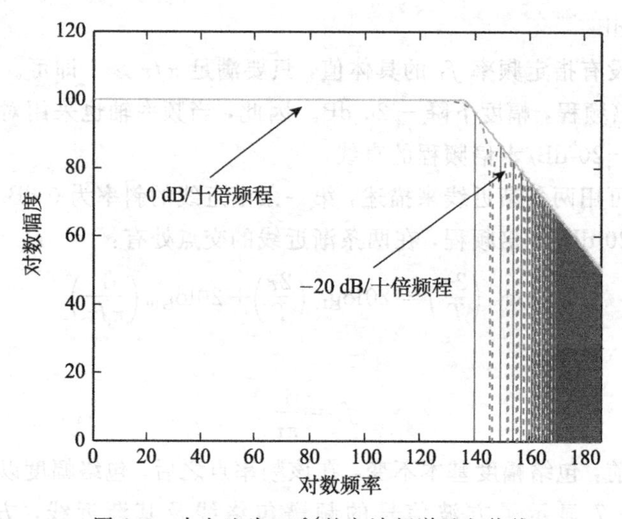

图 2-8　占空比为50%的方波频谱及包络线

2.6 信号带宽与上升时间的关系

2.4 节已经说明了由信号的频谱可以得到时域波形，实质上是傅里叶逆变换过程，只不过对于周期信号来说，这一傅里叶逆变换过程更明显地表现为一系列单频信号的加权和的形式。对于理想方波信号，上升时间为 0，每一个频率分量都是必需的，因此，理论上理想方波信号带宽是无穷大的。尽管如此，无穷大的带宽对实际工程应用没有什么实际意义，信号频谱中各个频率分量的贡献是不同的。我们已经知道了频率趋于无穷大时方波信号的频谱幅度以－20 dB/十倍频程的速度衰减，对于某个频率分量，如果其频谱幅度足够小，以至于我们可以把它对波形的贡献忽略掉，那么我们就可以不必考虑它的影响，这就是定义信号带宽的根本原因。使用有限带宽的频谱来代替无穷宽的频谱，进而得到一个对原信号的可接受的近似，对工程应用更具有实际意义。

现在的问题是信号频谱中各个频率分量是如何影响信号时域波形的。理解这一问题最直观、最有效的方法是仿真实验。要想在工程中应用某种知识，直觉非常重要，通过仿真实验可以让我们很容易地建立一种直觉的认识。图 2-9 显示了不同带宽下合成波形的情况，方波信号周期 T 为 1 μs，基波频率 $f_0=1$ MHz，占空比为 50%，幅度为 1。图中比较了只包含 1 次谐波（带宽 $BW=1$ MHz）、只包含前 3 次谐波（$BW=3$ MHz）、只包含前 9 次谐波（$BW=9$ MHz）、只包含前 17 次谐波（$BW=17$ MHz）4 种情况下的波形。所取的信号带宽越大，合成的波形越接近于理想方波波形，也就是说带宽越大，合成波形对理想方波的近似越好。近似的好坏表现之一就是信号的上升边沿随着带宽增大而变陡，换句话

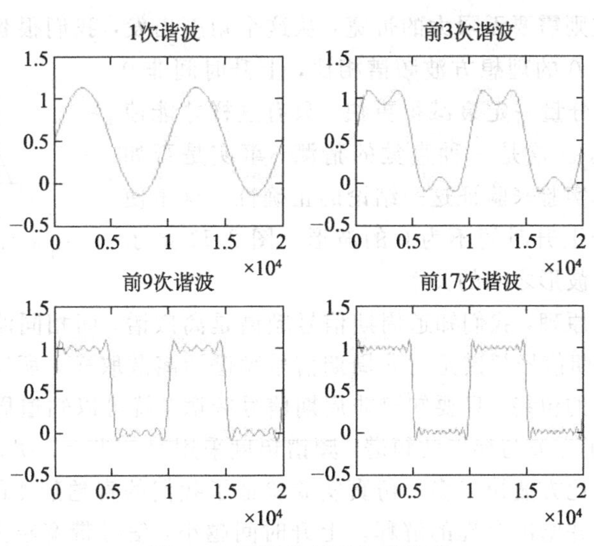

图 2-9　不同带宽下合成波形

说，带宽越大，合成波形上升时间越小。我们把这 4 种情况下的波形放在一张图中，并对上升边沿进行放大显示，得到图 2-10，该图直观地显示了带宽与波形上升时间的关系。从图中可以清晰地看到上升时间随带宽的变化情况。

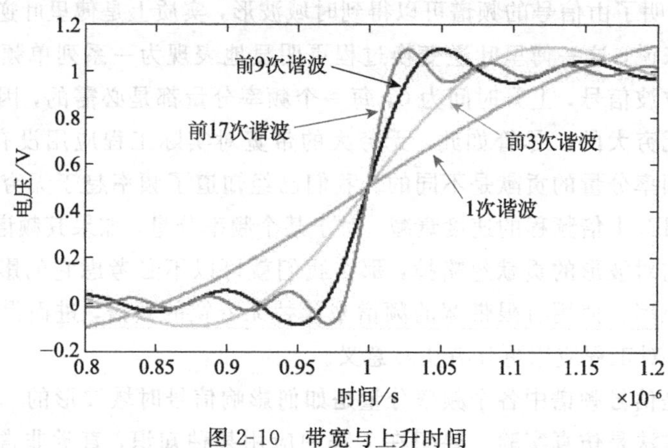

图 2-10　带宽与上升时间

至此，我们得到结论：所选信号带宽越大，波形上升时间越小。或者说，波形上升时间越小，信号带宽越大。信号带宽与上升时间的关系是信号完整性问题的基础和前提。要想理解信号完整性问题就必须对信号上升时间和带宽的关系有深刻的认识。

在上面的例子中，我们使用的是上升时间为 0 的理想方波。实际上，不论上升时间是 0 还是有限值（如 1 ns），信号频谱中所含的频率分量必然是无限多的。但是正如在仿真实验中所看到的，我们只需要相对小的带宽就可以合成一个上升时间非 0 的信号，而合成上升时间为 0 的理想方波则需要无限大的带宽，从这个角度出发，我们很容易形成一个直觉的认识：与上升时间为 0 的理想方波频谱相比，上升时间非 0 的信号频谱中，高频分量一定衰减得更快，只有这样才能使高频成分的贡献更小。这是一种直觉的猜测，事实是否如此？我们仍然用仿真实验来验证这一结论的正确性。这里使用梯形波来表示一个上升时间不为 0 的波形。图 2-11 显示出实验中使用的两个波形之间的关系。

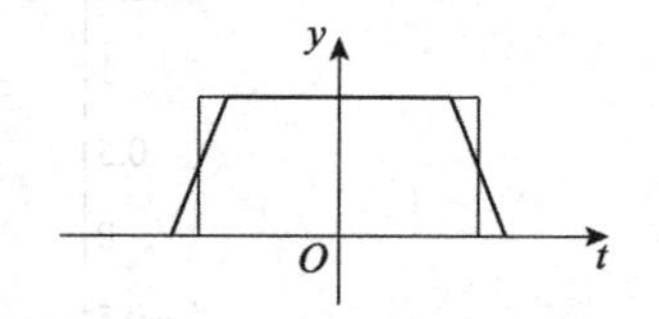

图 2-11　方波与梯形波对比

根据傅里叶分解原理，我们知道周期信号频谱是离散谱，而相同波形的非周期信号频谱是连续谱，而且周期信号频谱是对非周期信号频谱的离散取样。所以非周期信号频谱实际上是周期信号频谱的包络，只要知道非周期信号频谱，就可以知道周期信号频谱的变化趋势。图 2-12 对比了方波与梯形波频谱，频谱幅度采用对数坐标，明显可见，梯形波频谱中高频成分的衰减要比方波快得多。仿真实验验证了我们的直觉猜测的正确性，现在我们可以得到确切的结论并给出合理的解释。上升时间越小，信号带宽越大，说明高频成分对信号的贡献越大。如果信号上升时间较长，使用相对较小的带宽就可以合成信号波形，说明高频成分的贡献要小得多。反映在频谱上，高频成分的频谱幅度相对较小，因此，上升时间越长，频谱中高频成分衰减越快。

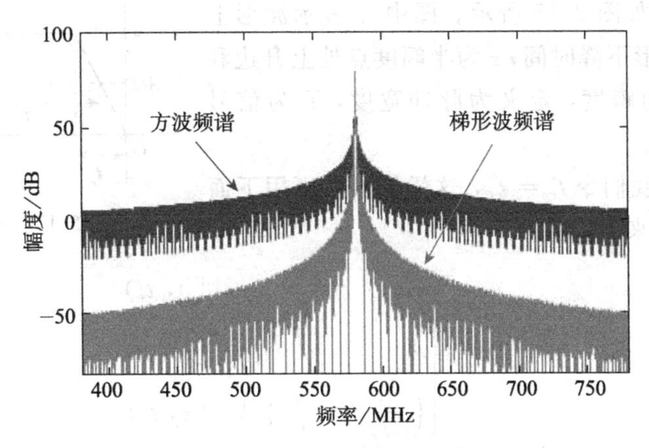

图 2-12　方波与梯形波频谱包络对比

2.7　梯形波的频谱特征

2.6 节我们只是粗略地验证了梯形波的频谱幅度比理想方波衰减更快，那么梯形波频谱幅度是如何变化的，有何特征，还需要更深入的研究。了解梯形波的频谱特征对确定梯形波信号带宽具有重要意义。

实际信号的上升时间不可能为 0。对于 CMOS 工艺的输出驱动器，不论是 PMOS 还是 NMOS 管，其状态转换都需要一定的时间。一个典型的输出门示意图如图 2-13 所示。在 out 点由 0 状态转换到 1 状态的过程中，NMOS 管截止而 PMOS 管导通，这一过程需要一定的时间。在过渡时间内，out 点的电压是逐渐上升的，这就使得输出波形具有一定的上升时间。同理，out 点由 1 状态转换到 0 状态也需要一定的时间。典型的输出波形如图 2-14 所示。

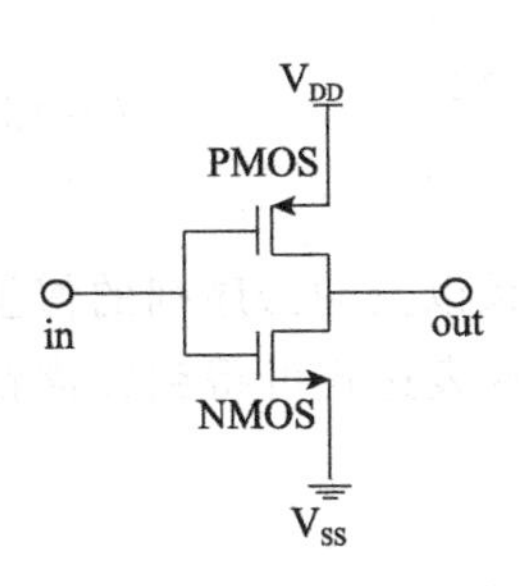

图 2-13　CMOS 输出驱动器

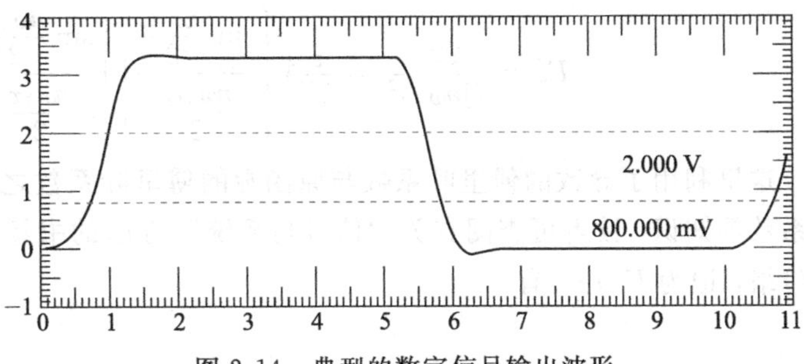

图 2-14　典型的数字信号输出波形

典型数字信号波形上升沿是非线性的，直接研究这个波形的频谱有一定的困难，通常把这一波形用梯形波近似，以方便使用简单的数学知识进行处理。梯形波如图 2-15 所示。图中 t_r 表示波形上升时间，t_f 表示波形下降时间，τ 为半幅度点处上升边和下降边之间的时间跨度，定义为脉冲宽度，T 为信号周期。

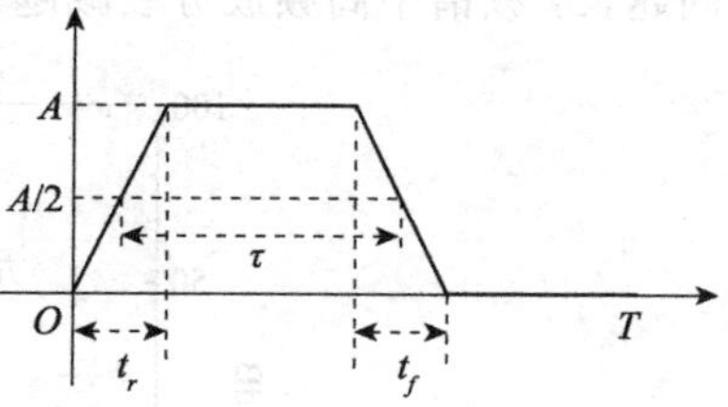

图 2-15　梯形波及其参数

为方便分析，我们令 $t_r = t_f$，这样梯形波可用下面的简单数学表达式来表示：

$$f(t)=\begin{cases}\dfrac{A}{t_r}t & [0,\ t_r)\\ A & [t_r,\ \tau)\\ \left(\dfrac{\tau+t_r}{t_r}-\dfrac{t}{t_r}\right)A & [\tau,\ t_r)\end{cases} \tag{2-42}$$

为求该波形的傅里叶系数，对该函数进行二阶求导

$$f''(t)=\frac{A}{t_r}\delta(t)-\frac{A}{t_r}\delta(t-t_r)-\frac{A}{t_r}\delta(t-\tau)+\frac{A}{t_r}\delta(t-(\tau+t_r)) \tag{2-43}$$

二阶导数代表的函数的傅里叶系数为

$$\begin{aligned}F_n^{(2)}&=\frac{1}{T}\frac{A}{t_r}-\frac{1}{T}\frac{A}{t_r}\mathrm{e}^{-\mathrm{j}n\omega_0 t_r}-\frac{1}{T}\frac{A}{t_r}\mathrm{e}^{-\mathrm{j}n\omega_0\tau}+\frac{1}{T}\frac{A}{t_r}\mathrm{e}^{-\mathrm{j}n\omega_0(\tau+t_r)}\\&=\frac{1}{T}\frac{A}{t_r}(1-\mathrm{e}^{-\mathrm{j}n\omega_0 t_r})\left(1-\mathrm{e}^{-\mathrm{j}n\omega_0\tau}\right)\\&=\frac{1}{T}\frac{A}{t_r}\mathrm{e}^{-\mathrm{j}\frac{n\omega_0(\tau+t_r)}{2}}\left(2\mathrm{j}\sin\frac{n\omega_0 t_r}{2}\right)\left(2\mathrm{j}\sin\frac{n\omega_0\tau}{2}\right)\\&=\frac{\tau}{T}A\ (\mathrm{j}n\omega_0)^2\left(\frac{\sin\frac{n\omega_0 t_r}{2}}{\frac{n\omega_0 t_r}{2}}\right)\left(\frac{\sin\frac{n\omega_0\tau}{2}}{\frac{n\omega_0\tau}{2}}\right)\mathrm{e}^{-\mathrm{j}\frac{n\omega_0(\tau+t_r)}{2}}\end{aligned} \tag{2-44}$$

因此，梯形波的傅里叶系数为

$$F_n=\frac{c_n^{(2)}}{(\mathrm{j}n\omega_0)^2}=\frac{\tau}{T}A\left(\frac{\sin\frac{n\omega_0 t_r}{2}}{\frac{n\omega_0 t_r}{2}}\right)\left(\frac{\sin\frac{n\omega_0\tau}{2}}{\frac{n\omega_0\tau}{2}}\right)\mathrm{e}^{-\mathrm{j}\frac{n\omega_0(\tau+t_r)}{2}} \tag{2-45}$$

这里利用了导数的傅里叶系数与原函数的傅里叶系数之间的关系以及冲击序列的傅里叶系数等知识，读者可查阅有关“信号与系统”方面的书籍。从系数表达式可得到频谱幅度包络，记为 $E(f)$，有：

$$E(f)=|c_n|=|2F_n|=\frac{2\tau}{T}A\left|\frac{\sin\frac{n\omega_0 t_r}{2}}{\frac{n\omega_0 t_r}{2}}\right|\left|\frac{\sin\frac{n\omega_0\tau}{2}}{\frac{n\omega_0\tau}{2}}\right| \tag{2-46}$$

与分析方波信号的频谱特征类似，我们用对数来表示该包络的幅度

$$20\log_{10}E(f)=20\log_{10}\left(\frac{2\tau}{T}A\right)+20\log_{10}\left|\frac{\sin\pi f\tau}{\pi f\tau}\right|+20\log_{10}\left|\frac{\sin\pi f t_r}{\pi f t_r}\right| \tag{2-47}$$

该包络在三个频率范围内各自具有不同的变化趋势，分别讨论如下：

1）当 $f\ll\frac{1}{\pi\tau}$ 且 f 趋近于 0 时，

$$20\log_{10}E(f)\approx 20\log_{10}\left(\frac{2\tau}{T}A\right) \tag{2-48}$$

此时渐近线为 $y_1(f)=20\log_{10}\left(\frac{2\tau}{T}A\right)$，斜率为 0，是一条水平直线，这是梯形波频谱的第一条渐近线。

2）当 $\frac{1}{\pi\tau}<f<\frac{1}{\pi t_r}$ 时，

$$20\log_{10}E(f)=20\log_{10}\left(\frac{2\tau}{T}A\right)+20\log_{10}\left(\frac{1}{\pi f\tau}\right) \tag{2-49}$$

此时渐近线为一条斜率为－20 dB/十倍频程的直线，这是梯形波频谱的第二条渐近线，记为 $y_2(f)$，与第一条渐近线 $y_1(f)$ 的交点为 $f=\frac{1}{\pi\tau}$。

3）当 $f\gg\frac{1}{\pi t_r}$ 时，

$$\begin{aligned}20\log_{10}E(f)&=20\log_{10}\left(\frac{2\tau}{T}A\right)+20\log_{10}\left(\frac{1}{\pi f\tau}\right)+20\log_{10}\left(\frac{1}{\pi f t_r}\right)\\&=20\log_{10}\left(\frac{2\tau}{T}A\right)+20\log_{10}\left(\frac{1}{\pi^2 f^2\tau t_r}\right)\end{aligned} \tag{2-50}$$

在此频率范围内，十倍频程包络幅度变化量为

$$\begin{aligned}&\left[20\log_{10}\left(\frac{2\tau}{T}A\right)+20\log_{10}\left(\frac{1}{\pi^2(10f)^2\tau t_r}\right)\right]-\left[20\log_{10}\left(\frac{2\tau}{T}A\right)+20\log_{10}\left(\frac{1}{\pi^2 f^2\tau t_r}\right)\right]\\&=20\log_{10}\left(\frac{\pi^2 f^2\tau t_r}{\pi^2(10f)^2\tau t_r}\right)\\&=-40\ \text{dB}\end{aligned} \tag{2-51}$$

因此，当频率 $f\gg\frac{1}{\pi t_r}$ 时，梯形波频谱幅度包络存在一条斜率为－40 dB/十倍频程的渐近线，记为 $y_3(f)$，与第二条渐近线 $y_2(f)$ 的交点横坐标为 $f=\frac{1}{\pi t_r}$。

至此，我们得到了梯形波频谱包络的特征。与理想方波不同的是，梯形波频谱包络存在三条渐近线（理想方波为两条），斜率分别为 0 dB/十倍频程、−20 dB/十倍频程、−40 dB/十倍频程，渐近线交点横坐标分别为 $f=\dfrac{1}{\pi\tau}$ 和 $f=\dfrac{1}{\pi t_r}$，如图 2-16 所示。

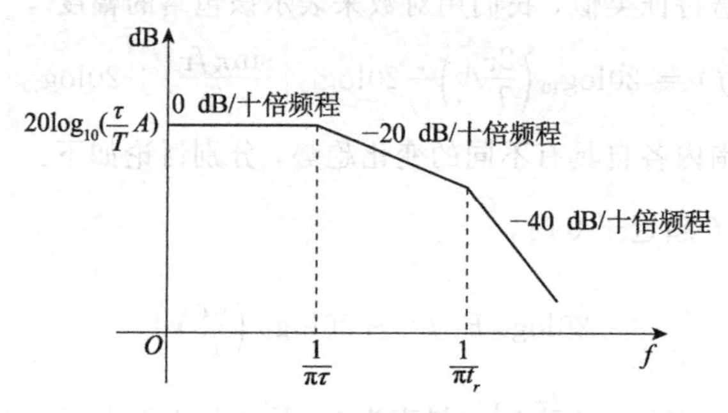

图 2-16　梯形波频谱包络渐近线示意图

图 2-17 为仿真得到的周期性梯形波的离散谱及其渐近线情况，梯形波的占空比 $\dfrac{\tau}{T}$ 为 50%，幅度 $A=1$，上升和下降时间均为 $T_r=1$ ns，基波频率为 10 MHz。图中可见三条明显的渐近线。

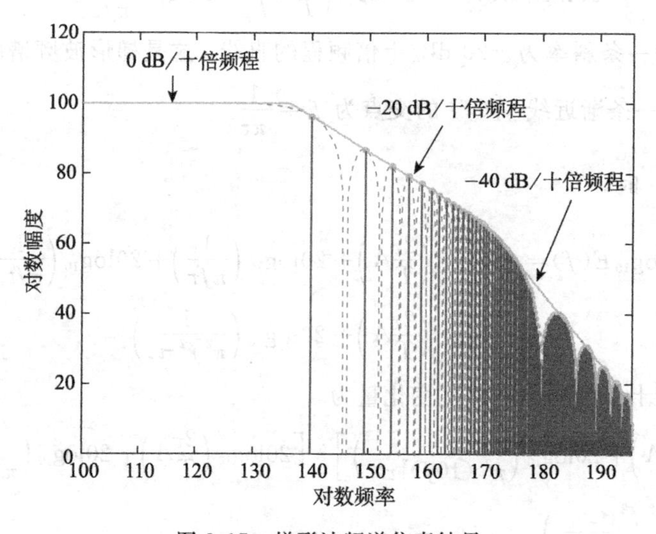

图 2-17　梯形波频谱仿真结果

2.8　信号带宽 $0.35/T_r$ 是如何得到的

对于信号带宽的定义方式多种多样，常见的有 $\dfrac{0.35}{T_r}$、$\dfrac{0.5}{T_r}$ 等，这是什么原因？各种定义方式代表的是什么意义？这几种定义方式是如何得到的？

对于工程应用来说，深入理解这一问题是非常重要的，因为这直接关系到设计中需要密切注意的频率范围有多大。“在感兴趣的频率范围内……”，我们经常听到这样的说法，但是“感兴趣的频率范围”究竟该取多大，这常常让很多人感到迷惑！本节从基础理论入手，一步一步探究 $\frac{0.35}{T_r}$ 这一定义的内涵。

在 2.6 节我们看到了梯形波的高频成分衰减比方波快得多，而且我们也知道了上升时间越小，带宽越大。上升时间为 1 ns 的信号带宽一定小于上升时间为 0.5 ns 的信号带宽。方波信号可以看成是上升时间是 0 的信号，从上升时间的角度来说，这是最小值，是极限。因此方波信号可以作为带宽问题的参考波形，比较梯形波的频谱和方波的频谱会给我们很大的启示。图 2-18 为方波和梯形波频谱包络渐近线的对比。图中虚线表示的是方波信号频谱包络的渐近线，实线表示的是梯形波频谱包络的渐近线。可以看到在 $f=\frac{1}{\pi t_r}$ 频率点之前，包络变化非常相似，而在该频率点之后，梯形波频谱表现为不同的特征，梯形波频谱包络开始以 −40 dB/十倍频程的速度下降，远远高于方波信号频谱包络的下降速度。这个频率点与梯形波信号上升时间有关。因此，我们可以合理地猜测，如果合成波形时所取的最高频率大于 $f=\frac{1}{\pi t_r}$ 点，即带宽大于 $\frac{1}{\pi t_r}$，那么合成的梯形波可能不会有太大的失真。剩下的问题是，最高频率应该取 $\frac{1}{\pi t_r}$ 后的哪个频率值？注意 $\frac{1}{\pi T_r}=\frac{0.3183}{T_r}$，$\frac{0.35}{T_r}$ 仅比 $\frac{1}{\pi t_r}$ 稍高一点，这个值是怎么得到的？

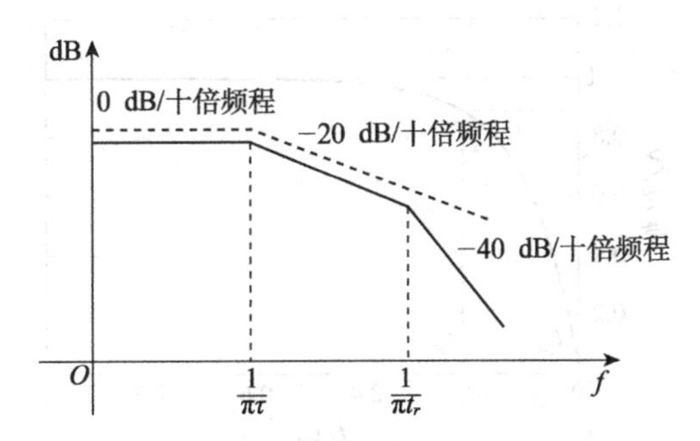

图 2-18 方波和梯形波频谱包络渐近线对比

现在我们换一种思维方式，从另一个角度研究方波与梯形波的关系。2.6 节我们看到，在方波频谱中取一部分谐波频率来合成信号，其结果为时域波形的上升时间不为 0，类似于梯形波。值得注意的是，只取一部分谐波分量这一过程相当于对方波信号进行滤波，频域上相当于对频谱进行矩形加窗，如图 2-19 所示。矩形窗之内所有频谱分量保持其原值，矩形窗之外所有频率分量强制为 0。频域上的窗函数实质是一个理想低通滤波器。

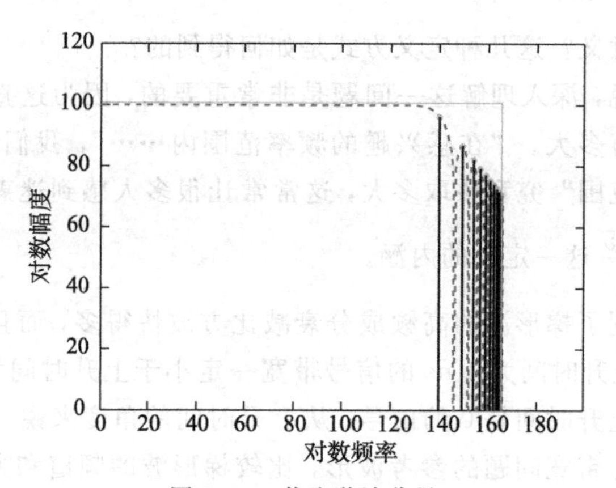

图 2-19　截取谐波分量

对方波信号进行滤波这一思维方式给我们研究上升时间提供了重要技术保证，只要建立起滤波器、方波频谱以及滤波后信号波形上升时间的关系，就能得到信号上升时间与带宽的关系。最简单的方式是使用一个单极型低通滤波器，例如 RC 网络，如图 2-20 所示。

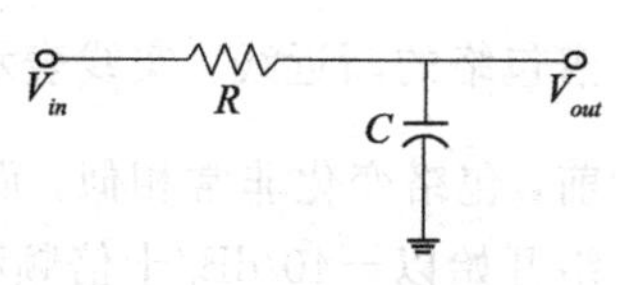

图 2-20　RC 低通滤波器

如果 V_{in} 是一个 0～1 V 的阶跃信号，则 V_{out} 就是该滤波网络的阶跃响应。根据电路理论可知

$$V_{out} = 1 - \mathrm{e}^{-\frac{t}{\tau_{RC}}} \tag{2-52}$$

其中，$\tau_{RC} = RC$ 为该网络的时间常数。阶跃响应如图 2-21 所示。

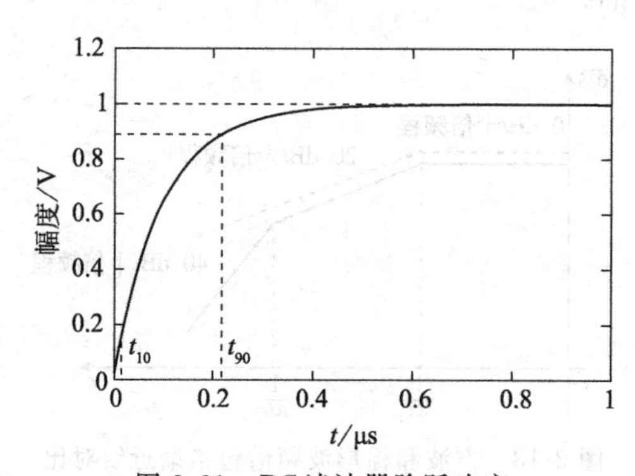

图 2-21　RC 滤波器阶跃响应

定义 T_r 为信号幅度的 10%～90%所对应的时间跨度，即 10%～90%上升时间，则 T_r 可以通过如下方式计算得到：

$$\begin{aligned} 0.9 = 1 - \mathrm{e}^{-\frac{t_{90}}{\tau_{RC}}} \Rightarrow t_{90} = -\ln 0.1 \cdot \tau_{RC} \\ 0.1 = 1 - \mathrm{e}^{-\frac{t_{10}}{\tau_{RC}}} \Rightarrow t_{10} = -\ln 0.9 \cdot \tau_{RC} \end{aligned} \tag{2-53}$$

进而得到 10%～90%上升时间与电路时间常数 τ_{RC} 的关系

$$T_r = t_{90} - t_{10} = \tau_{RC} \cdot \ln \frac{0.9}{0.1} = 2.1972\tau_{RC} \tag{2-54}$$

接下来看滤波器的频域特性，RC 网络的频域响应可表示为

$$H(f) = \frac{1}{1 + \mathrm{j}2\pi fRC} = \frac{1}{1 + \mathrm{j}2\pi f\tau_{RC}} \tag{2-55}$$

幅度为

$$|H(f)| = \frac{1}{\sqrt{1 + (2\pi f\tau_{RC})^2}} \tag{2-56}$$

其频率响应如图 2-22 所示。在响应幅度的 −3 dB 处，$|H(f)|$ 下降为最大值的 $\frac{1}{\sqrt{2}}$，此时有

$$2\pi f\tau_{RC} = 1 \tag{2-57}$$

即

$$f_{3\mathrm{dB}} = \frac{1}{2\pi\tau_{RC}} \tag{2-58}$$

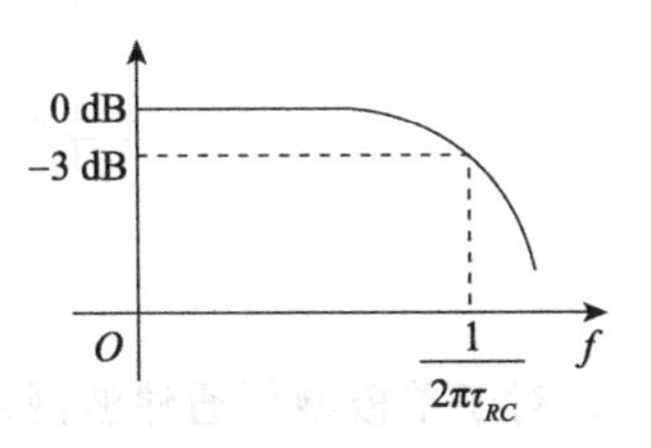

图 2-22　RC 滤波器的频域响应

将式（2-54）代入到式（2-58）中可得

$$f_{3\mathrm{dB}} = \frac{1}{2\pi}\frac{1}{\tau_{RC}} = \frac{1}{2\pi}\frac{2.1972}{T_r} = \frac{0.35}{T_r} \tag{2-59}$$

可见，$\frac{0.35}{T_r}$ 实质上是单极型低通滤波网络的 3 dB 带宽。需要特别说明的是，这种带宽定义方式中，T_r 指的是 10%～90%信号上升时间。

2.9　信号带宽 $0.5/T_r$ 指的是什么

我们已经知道了 $\frac{0.35}{T_r}$ 实质上是单极型低通滤波网络的 3 dB 带宽。除了这种定义方式外，常用的还有一种定义方式，即 $\frac{0.5}{T_r}$，那么这种定义方式代表的是什么含义？

定义一个系统带宽，可以使用 3 dB 带宽，也可以使用等效噪声带宽或称为均方差带宽，记为 f_{RMS}。对于单极型低通滤波网络，$\frac{0.5}{T_r}$ 与等效噪声带宽很接近。如果给定系统的频域传输函数为 $H(\omega)$，则等效噪声带宽 f_{RMS} 可表示为

$$f_{\mathrm{RMS}} = \frac{1}{2\pi}\int_0^{\infty}\left|\frac{H(\omega)}{H_{\max}}\right|^2 \mathrm{d}\omega \tag{2-60}$$

其中，$H_{\max}$ 为 $H(\omega)$ 的最大值。为了弄清楚 f_{RMS} 的含义，将定义变形

$$2\pi f_{\text{RMS}}\ |H_{\max}|^2=\int_0^{\infty}|H(\omega)|^2\mathrm{d}\omega \tag{2-61}$$

式（2-61）清楚地说明等效噪声带宽 f_{RMS} 是这样一种频带宽度：如果频谱在该带宽定义的频率范围内幅值不变，保持频域传输函数为 $H(\omega)$ 的最大值 $H_{\max}$，则该频带内 $|H_{\max}|^2$ 下所覆盖的矩形面积等于 $|H(\omega)|^2$ 在整个频率范围内覆盖的面积，图 2-23 直观地说明了这种关系。

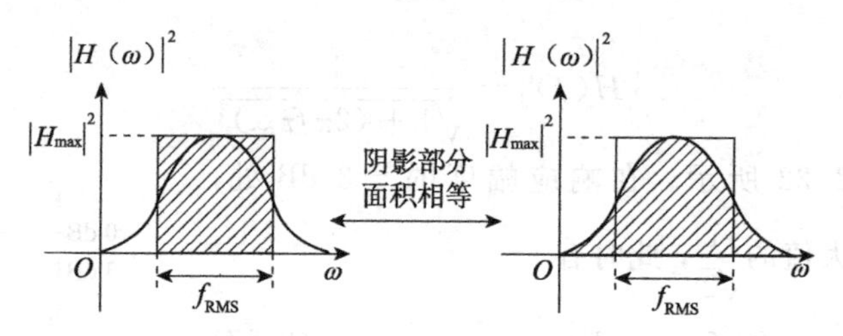

图 2-23　等效噪声带宽

对于单极型低通滤波网络，3 dB带宽 $f_{3\text{dB}}$ 与等效噪声带宽 f_{RMS} 之间有着确定的关系。下面我们通过简单的数学推导找出这种关系。将单极型 RC 滤波网络的传输函数写成如下形式：

$$H(\omega)=\frac{1}{1+\mathrm{j}\dfrac{\omega}{\omega_{3\text{dB}}}} \tag{2-62}$$

进一步有

$$|H(\omega)|=\frac{1}{\sqrt{1+\left(\dfrac{\omega}{\omega_{3\text{dB}}}\right)^2}}=\frac{\omega_{3\text{dB}}}{\sqrt{\omega^2+\omega_{3\text{dB}}^2}} \tag{2-63}$$

且有 $H_{\max}=1$，将式（2-63）代入式（2-60）中得

$$\begin{aligned}f_{\text{RMS}}&=\frac{1}{2\pi}\int_0^{\infty}\frac{\omega_{3\text{dB}}^2}{\omega^2+\omega_{3\text{dB}}^2}\mathrm{d}\omega=\frac{1}{2\pi}\omega_{3\text{dB}}^2\frac{1}{\omega_{3\text{dB}}}\arctan\left(\frac{\omega}{\omega_{3\text{dB}}}\right)\Bigg|_0^{\infty}\\&=\frac{\omega_{3\text{dB}}}{2\pi}\frac{\pi}{2}\\&=\frac{\pi}{2}f_{3\text{dB}}\end{aligned} \tag{2-64}$$

这样就可以把等效噪声带宽 f_{RMS} 与上升时间联系起来

$$f_{\text{RMS}}=\frac{\pi}{2}f_{3\text{dB}}=\frac{\pi}{2}\frac{0.35}{T_r}=\frac{0.55}{T_r} \tag{2-65}$$

可见，信号带宽的定义 $\dfrac{0.5}{T_r}$ 与单极型低通滤波网络的等效噪声带宽 f_{RMS} 非常接近，相当于等效噪声带宽 f_{RMS}。如果定义带宽所使用的滤波网络的响应和单极型低通滤波网络不同，

那么得到的带宽也不同。

2.10 关于信号带宽的补充说明

2.8 节和 2.9 节以单极型低通滤波网络为参考，分别定义了 3 dB 带宽 f_{3dB} 和等效噪声带宽 f_{RMS}。单极型低通滤波网络只是滤波器的一个特例。在输出门电平转换过程中，影响信号上升时间的因素是复杂的，如果将影响上升时间的所有因素看成是一个滤波器，那么该滤波器的阶跃响应未必是单极型网络的指数变化形式。复杂系统的响应常常是高斯型的响应，其 3 dB 带宽 f_{3dB} 和等效噪声带宽 f_{RMS} 分别为

$$f_{3dB} = \frac{0.338}{T_r}$$
$$f_{RMS} = \frac{0.36}{T_r} \tag{2-66}$$

这与单极型滤波器的带宽存在细微的差别。大体上来说，我们可以写出带宽与信号上升时间的一般形式表达式：

$$f_{3dB} = \frac{k_{3dB}}{T_r}$$
$$f_{RMS} = \frac{k_{RMS}}{T_r} \tag{2-67}$$

常数 k_{3dB} 与滤波器的响应波形有关，其变化范围在 0.338～0.35 。k_{RMS} 同样与滤波器的响应波形有关，其变化范围在 0.36 ～0.55 。由此可见，可以定义出很多种不同形式的带宽表达式。假设信号的上升时间为 $T_r = 1$ ns，根据不同的带宽表达式可以求出其带宽，可以是 338～550 MHz 的任意一个值。这就引出一个问题，我们该使用哪一个带宽数值？

解决这一问题最直接的办法就是弄清楚定义数字信号带宽的目的是什么。我们为什么要定义这一带宽？现实中的高速数字电路是非常复杂的，板级互连中的寄生电容、寄生电感、材料特性、连线长度、互连线拓扑、横截面结构、输出门特性、输入门特性、邻近线的影响、电地平面的腔体结构等一系列繁杂的因素与信号中的各种频率成分相互作用，从而产生各种信号完整性问题。研究信号完整性问题是为了更好地、稳健地、可靠地实现电路功能以及在电路出现问题时能准确定位问题的原因所在。应该注意这一要求本身就是一个模糊的概念。实际上不可能给出一个唯一且确定的衡量带宽定义是否合理的标准。我们所能做的只是在一定程度上消除可能出现的问题，或者将设计的危险减小到某种可接受的程度。因此，我们并不需要一个非常精确的带宽定义，更实际的做法是定义一种易于使用的、便于理解的带宽表示方式。定义这样一种带宽，只是给我们提供了一种参考标准：在该频率范围内的频率成分很可能会对最终的设计产生很大的影响，因此，必须认真考虑。稍高于这一频率点的频率成分，对设计可能会造成影响，也可能不会。远高于这一频率点

的频率成分不会对设计造成影响，可以安全地忽略掉。因此，带宽的定义只是将信号中的频率成分分成“完全无关紧要的、仅仅令人不安的、完全破坏性的”等几个级别。实际上信号带宽的这种定义方式只是给我们提供了一个模糊的界限。其最大的优点在于它在时间和频率之间建立了一种直接的关系，为设计提供了一种方便易用的工具。

正是因为带宽定义的这种模糊性，在研究信号完整性的文献资料中才会出现多种定义方式，当然最常用的有两种：

$$BW=\frac{0.35}{T_r} \tag{2-68}$$

$$BW=\frac{0.5}{T_r} \tag{2-69}$$

这两种方式都可以使用，使用后一种带宽定义时，对设计要求更严格一些。

2.11 小结

本章详细介绍了数字信号的频谱特征，以及时域、频域之间的转换关系。本章重点内容总结如下：

1）时域信号可看作由很多频谱分量叠加而形成，这种时频域之间的转换关系对于理解很多SI现象和SI解决措施非常有帮助。

2）理想方波和梯形波频谱包络典型区别在于梯形波频谱包络在特定频点后衰减特性变为−40 dB/十倍频程，第二个转折点和上升时间有关。

3）信号上升时间和带宽的关系。信号上升时间越小，带宽越大，包含的高频成分越多。

4）带宽的概念。定义带宽的方式有多种，带宽并不是“非黑即白”的分界线，信号中的频率分量对于信号作用大小是渐进变化的。

第3章 传输线

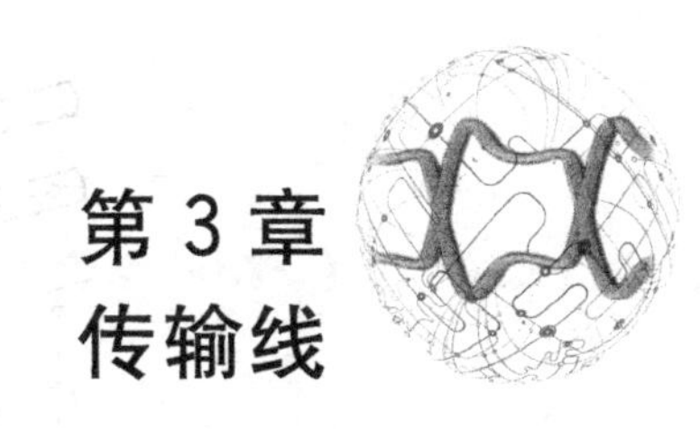

在低速时代，数字信号的边沿非常缓慢，带宽较小，数字电路工程师使用传统的电路理论来考虑PCB上信号互连问题。互连结构被当成集总元件对待，无需考虑信号从发送端到达接收端所需花费的时间；驱动器被当作理想的信号源，并认为接收端的信号波形和驱动端的完全相同。即使有很多个接收端，也认为每个接收端都会得到和驱动端完全相同的信号，工程所需要做的就是保证能够把发送端和接收端正常连通即可。信号的接地被认为是理想的，只需要保证有完整的电流回路即可。

但现今的高速时代，数字信号的边沿非常陡峭，信号中含有极高的频率成分，传统的“静态”思维方式已经无法解释和处理信号互连中出现的各种复杂问题。由于频率的大大提高，互连结构中的各种寄生参数效应表现得越来越明显，把互连结构作为集总元件已经无法反映出互连结构对信号的响应。要想解释和正确处理信号互连中的各种问题，必须使用“动态”的思维方式来考虑信号在互连结构中的传输问题。只有把信号从发送端到达接收端的传输看作是需要消耗一定时间的“动态”过程，研究这个过程中每一个瞬间发生了什么，才能得到问题的正确答案。因此，把高速电路中的互连结构当作传输线来对待，并从电磁波传播的角度来理解信号的传播，而不是仅仅考虑互连构成的“静态”电流回路。

3.1 什么是传输线

最简单的传输线由一对导体构成，把信号以电磁波的形式从一端送到另一端。构成传输线的形式多种多样，比如，PCB上的走线、双绞线、同轴电缆等。图3-1为传输线结构的简单示意图，两个导体中一个称为“信号路径”，另一个称为“参考路径”或“返回路径”。两个导体构成了电磁波能够向前传播的物理环境，图3-1中同时画出了某一特定时刻电场强度和磁场强度沿空间分布的情况。当传输线上施加信号时，随着信号向前传播，沿空间分布的电场和磁场也发生变化，信号能量以电磁波的形式传输到末端。变化的电场和磁场产生电流，外在的表现就像是电流在发送端从信号路径流入，然后从参考路径流回到发送端一样，这也是“参考路径”被称为“返回路径”的原因。

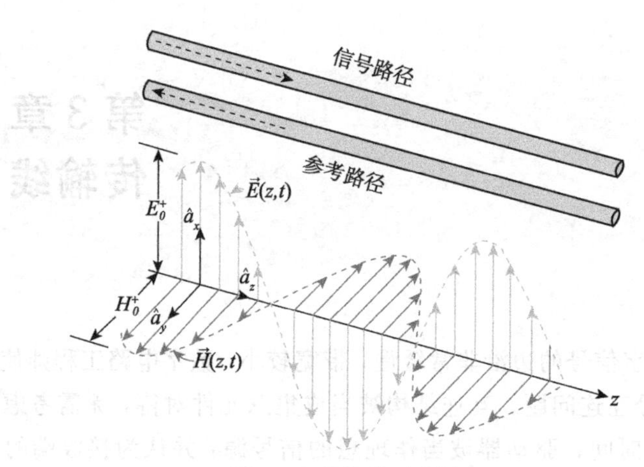

图 3-1　传输线示意图

传统的电路理论中，电流从一个导体流入，从地线或地平面流回，即认为电流回流的部分是接地的。但在传输线结构中，构成传输线参考路径的导体，并不一定是接地的，不论这个导体是接电源（VCC）、接地（GND）、是孤立的导体还是其他网络属性，都能构成信号传输（或者说电磁波传输）的环境。而对于电磁波，只要有适合传输的环境就能够传播，电磁波不会“考虑”金属导体是不是接“地”。

传输线的行为特征和电容、电感、电阻等集总元件有非常显著的区别，必须用“动态”的思维才能理解传输线的特性。传输线理论是信号完整性理论的重要基础，不了解传输线的特性，很难理解设计中遇到的信号完整性问题。

3.2　信号的传输方式

信号在传输线中的传输可以用麦克斯韦方程组精确描述的，但复杂抽象的数学表达式无助于直观的理解，用另外一种方式更容易形成直觉。想象我们向平静的水面投下一颗石子，石子落入水面的瞬间，水的局部被压缩，石子的动能传递给被压缩的水体，被压缩的水松弛，能量被释放并压缩周边水体，周边的水体重复这一过程。最终我们看到的是水在垂直方向上起落波动，这一过程向外扩散形成波纹。投入的石子仅仅是这一波动过程的激励源。数字信号的传输和这一过程非常类似，驱动器输出的信号是变化的电压（或电流）。当变化的电压（或电流）施加到传输线上的瞬间，构成传输线的两个导体之间形成变化的电场和磁场，以电磁波的形式向前传播。在传输线的各个局部位置出现电场和磁场的变化，并伴随着电荷积聚（压缩）和流动，将产生变化的电压和电流。这一过程沿传输线的“行进”速度是构成传输线的介质中的电磁波速度（介质中的光速），可以把传输线各点电压电流变化看成是电磁波传播的外在表现。

传输线上的信号电压就像是“浪头”一样，以介质中的光速快速向前传播，在信号传输的某一瞬间，传输线上只有某一区域内存在电压变化，随着时间的推移这一区域也向前推进，如图3-2所示。传输线上信号的传输是一个瞬态的过程，每一个瞬间信号电压的“浪头”所在位置不同，感受到的“环境”也可能不同，因此，传输线局部环境变化（如阻抗变化）会影响信号的行为，并最终反映到信号的电压波形中。

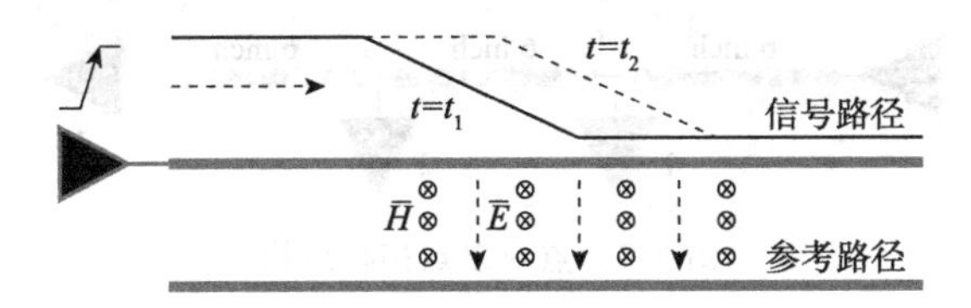

图3-2 传输线上的信号电压

信号向前传播的速度取决于电场和磁场建立的速度，这和传输线周围的介质特性有关，取决于介质的介电常数和磁导率，关系式为

$$v_p = \frac{1}{\sqrt{\mu_r \mu_0 \varepsilon_r \varepsilon_0}} \tag{3-1}$$

其中，$\mu_0 = 4\pi \times 10^{-7}$ H/m，为真空中的磁导率；μ_r 为介质的相对磁导率；$\varepsilon_0 = 8.854 \times 10^{-12}$ F/m，为真空的介电常数；ε_r 为介质的相对介电常数。而真空中的光速表示为

$$c = \frac{1}{\sqrt{\mu_0 \varepsilon_0}} \tag{3-2}$$

因此，介质中信号传播速度可表示为

$$v_p = \frac{c}{\sqrt{\mu_r \varepsilon_r}} \tag{3-3}$$

如果介质不是铁磁性材料，介质的磁导率 $\mu_r = 1$，介质中信号的速度简化为

$$\begin{aligned} v_p &= \frac{c}{\sqrt{\varepsilon_r}} \\ &= \frac{2.998 \times 10^8}{\sqrt{\varepsilon_r}} \text{ m/s} \\ &= \frac{11.8}{\sqrt{\varepsilon_r}} \text{ inch/ns} \end{aligned} \tag{3-4}$$

制造PCB的常用板材介电常数通常在4左右，比如，普通的FR4类板材介电常数介于4～5，高速板材介电常数介于3～4，这样可以得到一个很有用的近似估计，PCB上信号的传播速度约为

$$v_p \approx \frac{c}{\sqrt{4}} = \frac{c}{2} \approx 6 \text{ inch/ns} \tag{3-5}$$

如果传输线有18 inch长，那么信号需要3 ns才能传输到末端。图3-3所示的互连结构

中，每隔 6 inch 有一个接收端，驱动器发出信号后，经过 1 ns 信号传输到接收器 1，此时接收器 2 和 3 感觉不到信号的存在，经过 2 ns 接收器 2 才收到信号，而末端的接收器 3 仍然感觉不到信号的存在。所以信号的传输是一个“动态”的过程，本例中每隔 1 ns，信号才和一个接收器发生相互作用，只有搞清楚信号传输的每一个瞬间发生了什么，才能了解信号互连中的各种问题。

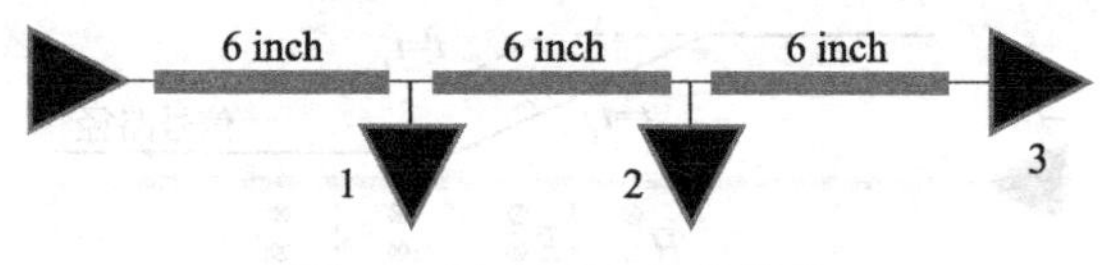

图 3-3　点对多点拓扑结构

3.3　传输线的返回电流

按照传统的电路理论，电流要流到互连线的末端，然后从另一条路径回流，才能形成电流回路。如果传输线无限长，信号电压施加到传输线上后，信号永远也不清楚传输线的末端是什么情况，那么是否会有电流回流呢？

在图 3-4 中，给一段传输线加载一个脉冲信号，传输线非常长，而且末端开路，我们测量加载信号之后，一小段时间内信号路径和返回路径的电流情况。图 3-5 显示了信号路径和返回路径上不同时刻的电流大小。当信号刚刚加载到传输线上的瞬间两条路径上就都产生了电流，但是此时信号刚刚进入传输线，尚未到达传输线末端，并不清楚传输线的末端是什么情况。因此，电流回路的建立并不是电流先流到末端通过末端的连接从返回路径流回。当信号电压施加在传输线入口的瞬间，信号路径和参考路径之间产生电位差，同时伴随着电荷的积聚，从而产生电流，这类似于电容的充电。在信号向前传播过程中，传输线上的各个位置依次重复这一过程，不断有电流产生。随着信号的传播，产生电流的位置不断前移。即使信号没有到达末端，或者即使末端开路，电流同样存在。

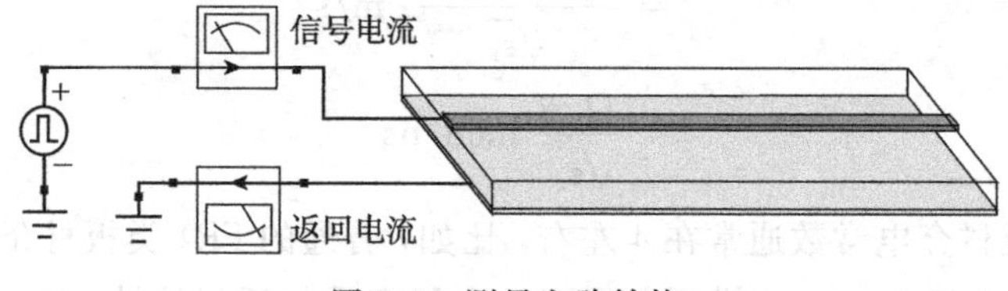

图 3-4　测量电路结构

返回电流的形成过程反映了传输线的典型特征，理解传输线的行为需要“动态”的思维。从这一过程也可以看出，返回路径是否为“地”无关紧要，即使是一段悬空的铜皮同样也会有电荷的积聚并产生电流。

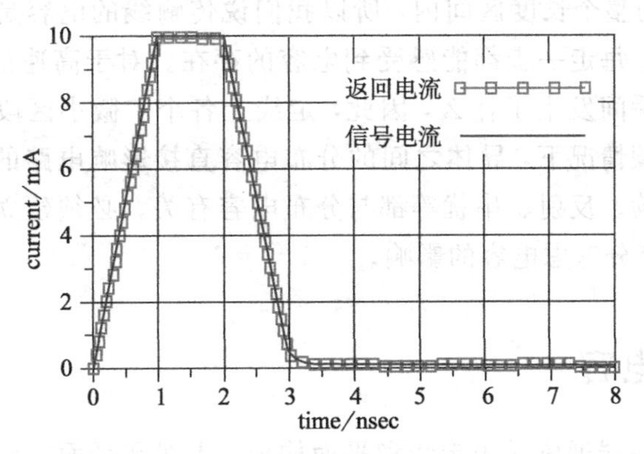

图 3-5　信号电流和返回电流

要想理解高速电路中的各种现象，必须理解传输线的行为特征，不要使用“接地”的概念。传统的“接地”概念无法解释高速电路中信号传输的行为方式，并且会造成很多困惑。

3.4　传输线的分布电容

被介质包围的任意两个导体，如果积聚不同极性的电荷，就会存在电位差。对于一定的电位差，两个导体能积聚电荷量的多少反映了导体系统存储电荷的能力。电容就是用于描述这一能力的参量，表示单位伏特电压情况下导体能存储多少库仑电荷，即

$$C = \frac{Q}{V} \tag{3-6}$$

其中，电容 C 单位法拉，电荷 Q 单位库仑，电压 V 单位伏特。电容仅仅与导体分布及周围介质特性有关，一旦导体系统结构确定了，电容也随之确定，电容反映的是导体系统本身固有的特性。不论导体是什么形状，都会存在电容，导体的形状可能会影响电容的大小，但并不决定电容的有无。

当存在多个导体时，两两之间都存在电容。图 3-6 显示的是 PCB 上两条走线的情况，电容 C_{10} 反映了线 1 和平面之间的存储电荷的能力，电容 C_{20} 反映了线 2 和平面之间的存储电荷的能力，电容 C_{12} 反映了两条线之间的存储电荷的能力。多导体之间的电容关系可以使用电容矩阵表示，图 3-6 所示的导体系统电容矩阵可表示为

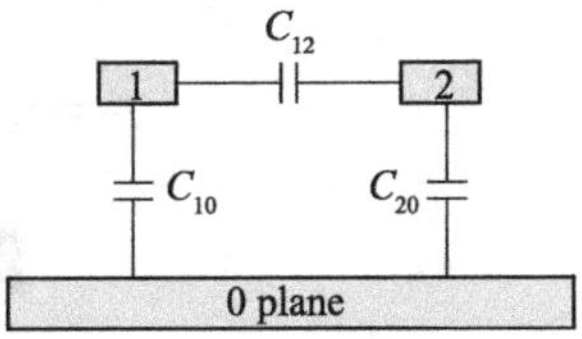

图 3-6　多导体间的电容

$$\begin{bmatrix} C_{10} & C_{12} \\ C_{21} & C_{20} \end{bmatrix}$$

对于 PCB 上的走线，由于空间结构较长，走线导体的每一部分与周围的导体之间都存

在电容，分布在走线的整个长度区间内，所以我们说传输线的电容是分布式的。当信号沿PCB走线向前行进时，每走一步都能感受到电容的存在。对于高速信号来说，我们必须关注信号传输的每一个瞬间发生了什么，因此，走线上各个“微小区段”的电容情况才是我们关心的对象。在高频情况下，导体之间的分布电容直接影响电路的行为。高速互连中的很多现象如阻抗不连续、反射、串扰等都与分布电容有关。必须建立起关于电容的基本概念，分析高速互连时充分考虑电容的影响。

3.5 单位长度电容

PCB上常见的传输线通常是由走线和平面构成，走线和平面之间存在电容。使用场求解器可以得到任意长度传输线走线和平面之间的电容，但是这个总的电容不便于使用。信号电压形成的“浪头斜坡”在空间上占据一定的长度，这个空间内电压是变化的，变化的电压在电容上会产生电流。如果传输线很长，“浪头”占据的空间长度只是整个传输线长度的一小部分，那么信号传输的每一个瞬间感受到的电容只是整个传输线电容的一小部分。因此，需要一种方法解决信号传输的“瞬态”过程所遇到的传输线电容问题。

这种PCB板上常见的传输线结构，如果横截面形状不变，可以使用单位长度电容来表示电容参数。这是由于这种特殊的传输线结构中，电磁波近似为均匀平面波，可以近似认为两个导体之间的电场和磁场沿传输线的方向没有分量，电场的方向由一个导体指向另一个导体，如图3-7所示。如果把传输线分成若干小段，每段长度为ΔZ，每个小段电容都相等，总的电容就是所有小段电容的叠加。这样总电容就和长度成比例，因此，可以使用单位长度电容来计算电容量。如果单位长度电容为C_{pul}，ΔZ长度的电容就等于$\Delta Z \cdot C_{pul}$。从电容角度来看，传输线可以等效为图3-8所示的模型。

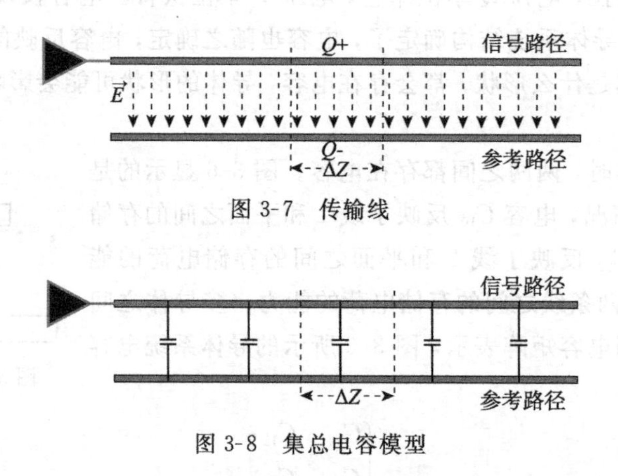

图3-7　传输线

图3-8　集总电容模型

对于常用的FR4板材，6 mil线宽，图3-9所示的层叠结构，阻抗约为50 Ω。表层走线

的单位长度电容 C_{pul} 约为每英寸 3 pF，内层走线的单位长度电容 C_{pul} 约为每英寸 3.5 pF，内层走线的单位长度电容稍高于表层走线。

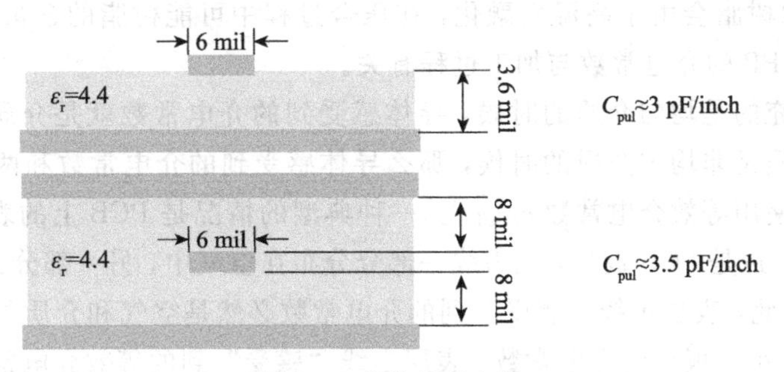

图 3-9 单位长度电容

如果能够得到单位长度电容，就可以按照比例计算出任意小段传输线的总电容。如果把一条很长的传输线分成很多非常短的部分，每一个部分就可以当成集总电容元件对待，因此单位长度电容为使用集总元件对传输线建模提供了有力的工具。

使用单位长度电容来正确表征传输线的电容效应重要的前提是：电场沿传输线的方向没有分量，也就是电磁波的传播可以近似为均匀平面波。理解这一点非常重要，PCB 上的走线刚好满足这样的条件，因此，在信号完整性中广泛的使用单位长度电容的概念。

3.6 介电常数、等效介电常数

电容的大小和导体周围介质的特性有关。如果当两个导体周围填充的介质为空气时，电容为 C_{air}，把空气换成另外一种介质后两导体间电容变为 C_{sub}，那么这种新的介质的介电常数为

$$\varepsilon_r = \frac{C_{sub}}{C_{air}} \tag{3-7}$$

通常所说的介质的介电常数实际上是一种相对介电常数，习惯上使用下标 r 表示，这一参数没有单位，表征的是与空气相比这种介质会使电容量改变多少。所有的介质都使用相对介电常数来表示这种特性，因此常常省略“相对”一词，简称为“介电常数”。如果一种介质的介电常数为 4，说明相对于空气来说，换上这种介质后会使导体间电容增加到原来的 4 倍。介电常数是一个非常有用的概念，和信号完整性中很多重要的参数都有关，比如传输线的特性阻抗、延时等。

介电常数是物质本身的固有特性，和物质的大小形状无关，但和介质的组成成分有关。加工 PCB 常用的板材一般都是玻璃纤维编织结构和树脂混合压制而成的，玻璃纤维和树脂的介电常数不同，因此，板材所表现出来的介电常数实际上是这两种介质的某种平均后的结果，板材介电常数的大小与树脂和玻璃纤维含量的比例有关。PCB 加工过程中使用的板

材分 PP 和 Core 两种，Core 是已经固化的两面为铜箔的板材，加工 PCB 的时候 Core 中树脂和玻璃纤维的相对含量可以认为不变，因此介电常数相对稳定。PP（也称半固化片）在加工 PCB 过程中树脂会由于高温而融化，在压合过程中可能树脂的含量会有变化，因此，PCB 加工完成后 PP 的介电常数与加工过程有关。

导体周围填充的是均匀介质的时候，导体感受到的介电常数就是介质的介电常数，如果周围填充的介质是非均匀介质的时候，那么导体感受到的介电常数和两种介质的特性都有关。此时可以使用等效介电常数 ε_{r_effect}。一种典型的情况是 PCB 上的表层走线，走线的一边是空气，另一边是 PCB 板材，电力线一部分分布在空气中，另一部分分布在板材中，如图 3-10 所示。因此，表层走线“感受”到的介电常数必然是空气和介质的某种平均。空气的介电常数为 1，小于板材的介电常数，表层走线“感受”到的等效介电常数就小于板材的介电常数。假设走线为 50 Ω 阻抗控制的表层走线，线宽为 6 mil，介质的介电常数为 4.4，则走线“感受”到的等效介电常数为 3.44。很难用近似公式准确地估计等效介电常数的数值，要想了解等效介电常数的大小，最好的办法就是使用场求解器，很多场求解器都可以准确地计算出等效介电常数。

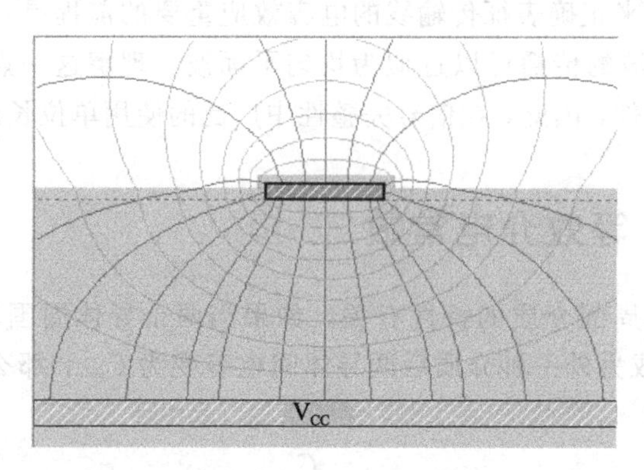

图 3-10　微带线场分布

3.7　传输线的分布电感

电感是信号完整性分析中另一个非常重要的参量，很多信号完整性问题都与电感有关，阻抗不连续、反射、串扰、地弹噪声等都与电感有关。电感表示的是变化的磁场在周围导体上能够产生感应电动势（或电压）的特性。电感可用麦克斯韦方程的积分形式来严谨地描述，但直观形象的理解对工程设计更有好处，接下来我们从直观的角度来说明电感。

如果导体上有电流，导体周围会产生磁场，磁场可以认为是由许多“力线”构成。当电流穿过与其垂直的某一平面时，在该平面内“激起”一个“磁漩涡”，形成许多闭合的环形磁力线，电流称为磁场的漩涡源。磁力线方向满足右手螺旋法则，电流方向与磁力线方向如图 3-11 所示。

描述磁场的基本物理量为磁感应强度（也称磁通密度），电流越大，磁感应强度越大，电流与磁感应强度之间为线性关系。设想有一个和磁力线垂直的平面区域，如何描述穿过这个区域的磁场的多少？描述这一问题的物理量称为磁通量，单位为韦伯（Wb）。磁通量和磁感应强度之间是线性关系，进而磁通量和电流之间也是线性关系。

图 3-11　电流周围的磁场

如果导体上电流发生变化，导体周围的磁场也发生变化，和磁力线垂直的平面内穿过的磁通量也发生变化。

变化的磁场会在它围绕的导体上产生感应电动势。感应电动势的大小和磁通变化率有关。

$$e = -\frac{\Delta\psi}{\Delta t} \tag{3-8}$$

其中，e 表示感应电动势，ψ 表示磁通量。这样产生磁场的电流 I 和感应电动势 e 之间通过磁通量 ψ 建立了联系，只要能确定电流 I 和磁通量 ψ 之间的线性关系，就能完全描述这种磁感应现象。电感就是解决这一问题定义的物理量，定义电感为磁通量 ψ 和电流 I 之间的线性比例因子

$$L = \frac{\psi}{I} \tag{3-9}$$

电感是电路结构本身固有的特性，与电流大小无关，电流增大，磁通量也增大，但电感保持不变。一旦电路结构确定了，电感也随之确定。

当导体中的电流变化时，围绕导体的磁场也发生变化。根据电磁感应原理，变化的磁场会在其围绕的导体内产生感应电动势，承载电流的导体本身也处于磁场内，因此变化的磁场在导体本身也会产生感应电动势，这就是导体的自感。图 3-12 中导体 1 电流变化引起磁场变化，围绕这个导体的磁通变化量 $\Delta\psi_1$ 即穿过半平面 1 的磁通变化量，$\Delta\psi_1$ 在导体 1 上引起感应电动势。如果电流从 0 变化到 I_1，磁通量从 0 变化到 ψ_1，那么导体的自感可表示为

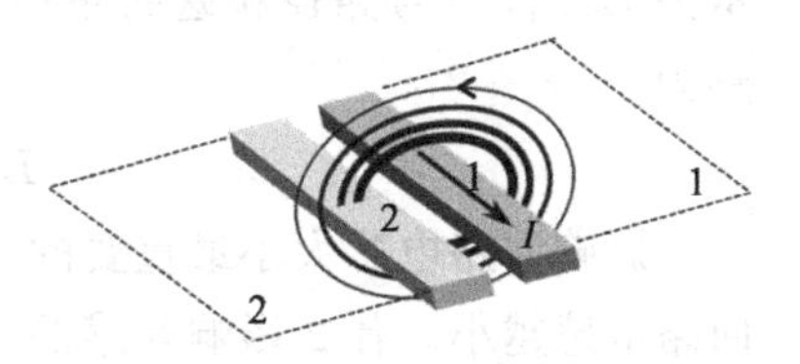

图 3-12　自感与互感

$$L_{11} = \frac{\psi_1}{I_1} \tag{3-10}$$

另一方面，当磁场变化时，围绕在导体 2 周围的磁通量也发生变化，变化量即穿过半平面 2 的磁通变化量，因此，在导体 2 上也产生感应电动势，这种关系可用互感表示。由于导体 1 产生的磁通量只有部分穿过半平面 2，这部分磁通量记为 ψ_2，则互感表示为

$$L_{21} = \frac{\psi_2}{I_1} \tag{3-11}$$

有了自感和互感的概念，就可以计算出当导体 1 上电流变化 Δi_1 时，两个导体上产生的感应电动势大小，分别为

$$\begin{aligned} V_1 &= -e_1 = \frac{\Delta\psi_1}{\Delta t} = \frac{L_{11}\cdot\Delta i_1}{\Delta t} = L_{11}\frac{\mathrm{d}i_1}{\mathrm{d}t} \\ V_2 &= -e_2 = \frac{\Delta\psi_2}{\Delta t} = \frac{L_{21}\cdot\Delta i_1}{\Delta t} = L_{21}\frac{\mathrm{d}i_1}{\mathrm{d}t} \end{aligned} \tag{3-12}$$

对于 PCB 上的走线，和分布电容类似，走线的每一部分都存在自感，并且和周围的导体之间都存在互感，电感分布在走线的整个长度区间内，电感是分布式的。当信号沿 PCB 走线向前行进时，每走一步都能感受到电感的存在。整个走线的电感量并不是我们关心的对象，对于高速信号来说，走线上各个“微小区段”的电感量决定了信号传输的每一个瞬间发生了什么。因此，各个“微小区段”的电感量才是我们关心的对象。

3.8　回路电感

对于传输线，必须把信号路径和返回路径作为一个整体来看待，信号电流和返回电流同时存在，信号电流和返回电流构成了一个完整的电流回路。因此，分析传输线使用回路电感更方便。传输线的回路电感可以使用信号路径和返回路径的自感和互感来表示，如图 3-13 所示，信号路径的自感表示为 L_{signal}，返回路径的自感表示为 L_{return}，信号路径和返回路径之间的互感表示为 L_{m}，则回路电感为

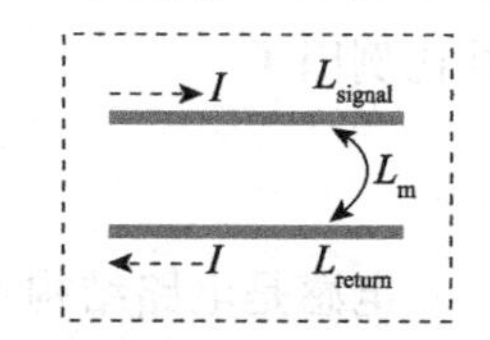

图 3-13　自感、互感、回路电感

$$L_{\text{loop}} = L_{\text{signal}} + L_{\text{return}} - 2L_{\text{m}} \tag{3-13}$$

影响回路电感大小最重要的一项是信号路径和返回路径之间的互感 L_{m}，互感 L_{m} 越大，回路电感越小。什么影响互感的大小？考虑两个圆杆之间的互感，如果两个圆杆之间的中心距为 d，圆杆长度为 l，当 $l \gg d$ 时，互感可近似表示为

$$L_{\text{m}} \approx \frac{\mu_0}{2\pi} l\left[\ln\left(\frac{2l}{d}\right) - 1\right]$$

两个圆杆之间的距离越大，互感 L_{m} 越小，回路电感就越大。尽管 PCB 传输线中信号路径和返回路径之间的互感更复杂，但是间距影响互感的趋势是一样的。因此要想减小回路电感，需要让信号路径和返回路径越靠近，这样互感 L_{m} 增大，回路电感相应就会越小。提到电感，许多工程师喜欢从回路面积的角度来分析电感的大小，的确这种分析方法没错，但是有时很难直观地找到电流的回路准确位置，从信号路径和返回路径之间互感的角度出发很容易判断回路电感的情况。

回路电感反映了在传输线这种特殊结构中，综合考虑信号路径和返回路径，信号感受到的总的电感情况。如果把整个回路当作一个整体，那么回路电感描述的是回路本身的电感特性，因此对于整个回路来说这个电感是自感。

3.9　单位长度电感

PCB 上走线和相邻平面构成的传输线结构，电磁波近似为均匀平面波，磁场沿传输线的方向没有分量，图 3-14 显示了电流和磁场间的关系。当信号电流向右流动时，磁力线在垂直于电流方向的平面内环绕电流，磁场方向垂直于纸面并进入纸面。因此如果把传输线划分成许多小段（每个小段包含信号路径和返回路径），长度为 ΔZ，那么各个小段之间磁力线不会相交，一个小段内的磁力线不会进入另一个小段，各个小段之间没有互感。因此只要得到各个小段的回路电感，那么从电感的角度传输线可以等效成多个电感串联的形式，图 3-14 显示了表示传输线电感的等效关系。

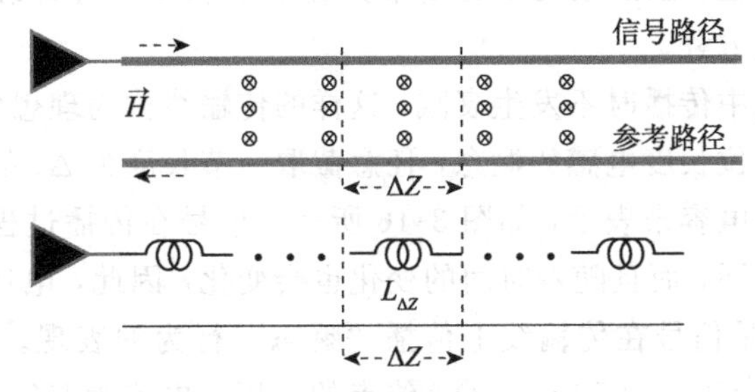

图 3-14　传输线的电感等效

ΔZ 越长，该区间内信号路径和返回路径构成的区域面积越大，磁通量也越大。磁通量和 ΔZ 区域面积呈线性关系，进而和长度 ΔZ 也呈线性关系，各个小段的回路电感也和 ΔZ 线性关系。如果单位长度电感为 L_{pul}，长度 ΔZ 的传输线回路电感就等于 $\Delta Z \cdot L_{\text{pul}}$。因此只要知道单位长度的回路电感，就可以得到任意长度内的回路电感。从单位长度电感的定义可知，这个电感指的是回路电感。要想得到准确的单位长度电感数值，最好的办法就是使用场求解器，场求解器给出的 Spice 电感矩阵通常使用单位长度电感表示。

FR4 板材上 6 mil 线宽走线，图 3-15 所示的层叠结构，阻抗约为 50 Ω。表层走线的单位长度电感 L_{pul} 约为每英寸 7.5 nH，内层走线的单位长度电感 L_{pul} 约为每英寸 9 nH，内层走线的单位长度电感稍高于表层走线。

单位长度电感和单位长度电容是信号完整性中非常重要的两个概念，在分析传输线特性时，经常要用到这两个参量，比如，在传输线波传播方程、阻抗计算、传输线建模等方面的运用。应该注意这两个概念是建立在均匀平面波近似的基础上的，即电场和磁场在沿传输线方向没有分量。

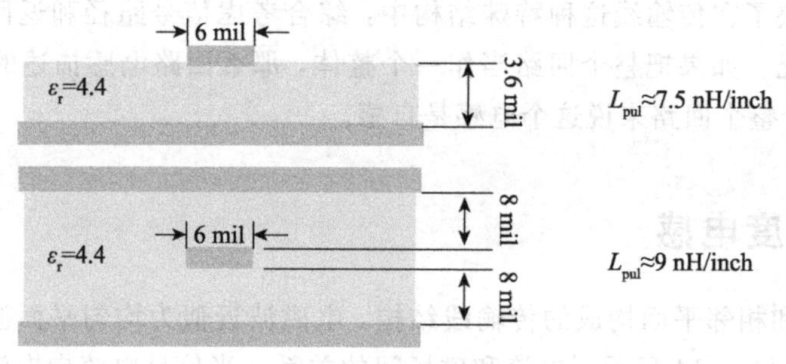

图 3-15　单位长度电感

3.10　波传播的 *LC* 参数表示

信号在传输线中的传输行为可以使用简单的电报方程形式来描述，通常先求解麦克斯韦方程组再得到电报方程，但抽象的麦克斯韦方程组不利于工程师理解，使用简单的电路理论同样可以得到电报方程。

如果信号在传输线中传播时不发生衰减，这样的传输线称为理想传输线或无损传输线。根据单位长度电容和单位长度电感的概念，任意截取一节长度为 Δz 的传输线，该段传输线可以用一个电感和一个电容来表示，如图 3-16 所示。信号在传播过程中，传输线上各个位置的电压和电流可能不同，而且随着时间的变化也会变化，因此，电压和电流是空间位置 z 和时间 t 的函数，这也是信号在传输线上传播"瞬态"行为的表现。设这一小节传输线起点处电压和电流分别为 $V(z, t)$ 和 $i(z, t)$，终点的电压、电流为 $V(z+\Delta z, t)$ 和 $i(z+\Delta z, t)$，如图 3-16 所示。

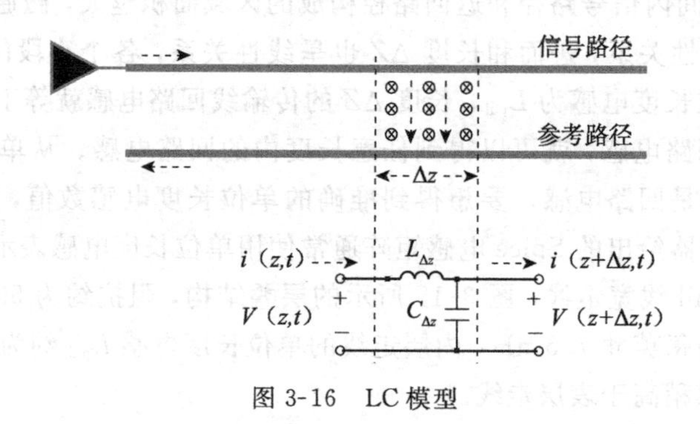

图 3-16　LC 模型

根据基尔霍夫电压定律和基尔霍夫电流定律，下面的关系式必然成立：

$$V(z,t) = L_{\Delta z}\frac{\mathrm{d}i(z,t)}{\mathrm{d}t} + V(z+\Delta z,t)$$
$$i(z,t) = C_{\Delta z}\frac{\mathrm{d}V(z+\Delta z,t)}{\mathrm{d}t} + i(z+\Delta z,t) \tag{3-14}$$

合并电压和电流项并两边同时除以 Δz，变形得

$$\frac{V(z+\Delta z,t)-V(z,t)}{\Delta z} = -\frac{L_{\Delta z}}{\Delta z}\frac{\mathrm{d}i(z,t)}{\mathrm{d}t}$$
$$\frac{i(z+\Delta z,t)-i(z,t)}{\Delta z} = -\frac{C_{\Delta z}}{\Delta z}\frac{\mathrm{d}V(z+\Delta z,t)}{\mathrm{d}t} \tag{3-15}$$

根据单位长度电容和电感的概念，$\frac{L_{\Delta z}}{\Delta z}$ 就是单位长度电感，$\frac{C_{\Delta z}}{\Delta z}$ 就是单位长度电容，这两个值对确定的传输线是确定的。令 $\Delta z \to 0$，得到微分形式关系式

$$\frac{\mathrm{d}V(z,t)}{\mathrm{d}z} = -L\frac{\mathrm{d}i(z,t)}{\mathrm{d}t}$$
$$\frac{\mathrm{d}i(z,t)}{\mathrm{d}z} = -C\frac{\mathrm{d}v(z,t)}{\mathrm{d}t} \tag{3-16}$$

根据傅里叶分解，数字信号的电压和电流可分解为很多谐波分量，每一个分量可以写成下面的形式

$$V(z,t) = v(z)\mathrm{e}^{\mathrm{j}\omega t}$$
$$i(z,t) = i(z)\mathrm{e}^{\mathrm{j}\omega t} \tag{3-17}$$

代入式（3-16）得到谐波形式的方程

$$\frac{\mathrm{d}^2V(z)}{\mathrm{d}z^2} + \omega^2 LCV(z) = 0 \tag{3-18}$$

其中，L 为单位长度电感，C 为单位长度电容。求解这个二阶微分方程得到信号电压

$$V(z) = V_0^+\mathrm{e}^{-\mathrm{j}z\omega\sqrt{LC}} + V_0^-\mathrm{e}^{\mathrm{j}z\omega\sqrt{LC}} \tag{3-19}$$

这就是电压形式的电报方程，其中 V_0^+、V_0^- 是谐波的幅度。同理，对于电流也有类似的关系式

$$i(z) = I_0^+\mathrm{e}^{-\mathrm{j}z\omega\sqrt{LC}} + I_0^-\mathrm{e}^{\mathrm{j}z\omega\sqrt{LC}} \tag{3-20}$$

传输线上各点的电压可以表示为两个分量的叠加，$V_0^+\mathrm{e}^{-\mathrm{j}z\omega\sqrt{LC}}$ 表示向前传播的信号，$V_0^-\mathrm{e}^{\mathrm{j}z\omega\sqrt{LC}}$ 表示向后传播的信号，如图 3-17 所示。

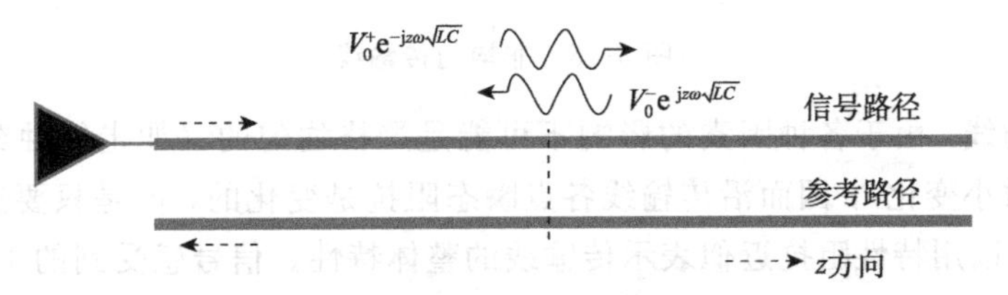

图 3-17　传输线上的波传播

如果传输线是均匀的，则沿着 z 方向传输线的结构始终不变，那么电压中反向传输的分量 $V(z)^{-}\mathrm{e}^{\mathrm{j}z\omega\sqrt{LC}}$ 不存在。如果在某一点处两侧的传输线结构发生变化，就会产生这个后向传输的分量。电报方程为理解信号反射、传输线特性阻抗、传输线延时等概念提供了理论基础。

3.11　瞬态阻抗与特性阻抗

有了电压和电流的表示式就可以计算出传输线上各个点信号感受到的阻抗，我们考虑单向传播信号，把式（3-19）代入式（3-16）并忽略后向传输项得

$$\frac{\mathrm{d}V(z)}{\mathrm{d}z}=-\mathrm{j}\omega L\cdot I_0^{+}\mathrm{e}^{-\mathrm{j}z\omega\sqrt{LC}}=-\mathrm{j}\omega\sqrt{LC}\cdot V_0^{+}\mathrm{e}^{-\mathrm{j}z\omega\sqrt{LC}} \tag{3-21}$$

整理得到 V_0^{+} 和 I_0^{+} 关系

$$\frac{V_0^{+}}{I_0^{+}}=\sqrt{\frac{L}{C}} \tag{3-22}$$

传输线上某一点处的电压和电流比值表示在这个位置信号感受到的阻抗。信号每走一步都会遇到一个阻抗，如果传输线不是均匀的，信号在各个位置感受到的阻抗可能不同，因此这是一种瞬态阻抗。

如果传输线是均匀的，信号不论走到传输线的什么位置感受到的阻抗都是相同的，那么用一个阻抗值就可以表示整个传输线的阻抗特性，这个阻抗值称为传输线的特性阻抗，记为 Z_0，因此，无损传输线特性阻抗可以用单位长度电感和单位长度电容表示，这就是著名的特性阻抗公式：

$$Z_0=\sqrt{\frac{L}{C}} \tag{3-23}$$

特性阻抗是传输线的两个重要参数之一，通常我们说的 50 Ω 阻抗控制就是指特性阻抗。只有均匀传输线才有特性阻抗，如果传输线非均匀的，例如，如图 3-18 所示的走线线宽不断变化，那么信号在这个传输线上传输到不同位置时感受到的瞬态阻抗不同，因此没有特性阻抗。

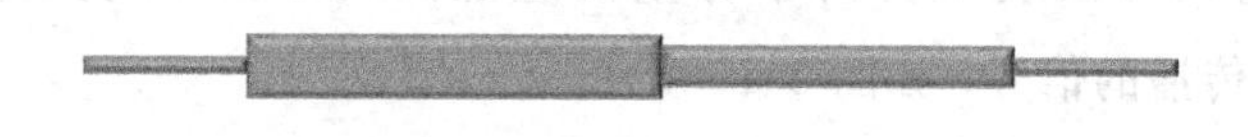

图 3-18　非均匀传输线

实际的传输线，由于各种因素的影响不可能是严格均匀的（如走线蚀刻造成的边缘粗糙而使线宽有微小变化），因而沿传输线各点瞬态阻抗是变化的，但是只要这种阻抗波动很小，我们依然可以用特性阻抗近似表示传输线的整体特性。信号感受到的永远是瞬态阻抗，即使是 50 Ω 阻抗控制的走线，信号传输的不同瞬间感受到的阻抗也会有微小差异。

3.12　影响特性阻抗的因素

根据理想传输线特性阻抗的表达式，任何影响传输线单位长度电感和单位长度电容的因素都会影响传输线的特性阻抗。影响特性阻抗的因素主要有以下4种：线宽、介质厚度、介电常数、走线的铜箔厚度。PCB设计过程中有一项重要的工作就是层叠设计，对于阻抗控制电路板，层叠设计的时候就需要综合考虑线宽、介质厚度（层数及板厚）、介电常数（板材）、铜箔厚度等因素的影响。

1. 线宽的影响

线宽变化会影响单位长度电感L，进而影响特性阻抗。矩形走线的自感可以近似表示为

$$L=\frac{\mu_0}{2\pi}l\left[\ln\left(\frac{2l}{w+t}\right)+\frac{1}{2}+\frac{2}{9}\left(\frac{w+t}{l}\right)\right] \tag{3-24}$$

其中，l为走线长度，w为线宽，t为铜箔厚度。当$l\gg w+t$时，电感大小主要由$\ln\left(\frac{2l}{w+t}\right)$决定，线宽越大，电感就越小。线宽越大，电流就越分散，电感越小。线宽越小，电流越集中，电感越大。这也是电感的一个重要特征。

另一方面，线宽变化会影响单位长度电容。线宽越大，走线和平面之间的电力线越多地集中在介质区域，单位长度电容也越大，理解这一点最简单的方法就是从平板电容入手。平板电容参数和电容量关系如图3-19所示，平板导体的面积越大，电容越大。PCB走线的线宽和单位电容的大小也满足类似的变化趋势。

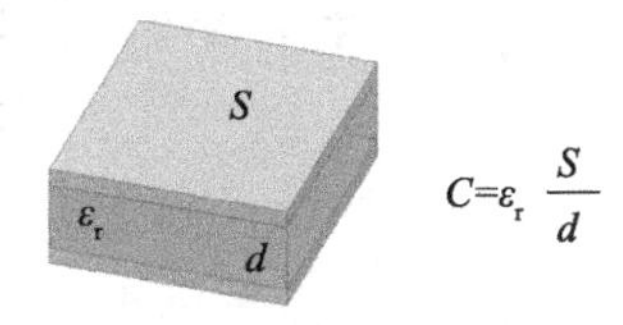

图3-19　平板电容

要想得到PCB走线线宽和单位长度电容及单位长度电感之间的准确关系，最好的办法就是使用场求解器。图3-20显示了介电常数为4.4的FR4板材上，介质厚度为3.6 mil时，表层微带线的线宽从4 mil增加到12 mil时，单位长度电感和单位长度电容随线宽变化的情况。其结果和我们定性分析得到的结论完全一致。

如果其他3个影响因素都确定不变，线宽越大，单位长度电感越小，单位长度电容越大，因而特性阻抗就越小。图3-21显示了表层微带线的线宽从4 mil增加到12 mil时传输线特性阻抗的变化情况。线宽为4 mil时特性阻抗约为61.5 Ω，线宽为12 mil时特性阻抗约为33 Ω，由此可见，线宽对特性阻抗的影响非常显著。实际上PCB加工厂商常常会根据实际加工情况适当调整线宽，以保证加工后的特性阻抗与设计值的偏差控制在合理范围之内。

2. 介质厚度的影响

介质厚度增大时，两个导体的间距加大，从3.8节我们知道导体间距增大，互感L_m减小，单位长度电感就会增加。同时，根据图3-19中平板电容特性，间距增加，电容减小。因而介质厚度增大最终的结果导致传输线特性阻抗增大。图3-22显示了介电常数为4.4的FR4板材，6 mil线宽表面微带线，介质厚度从4 mil增加到12 mil时，单位长度电感、单位

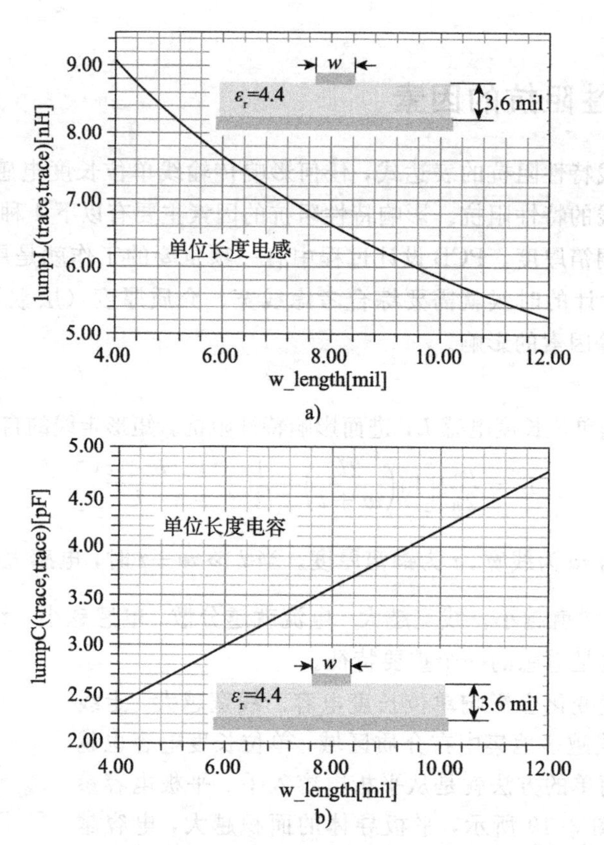

图 3-20　单位长度电感、单位长度电容、线宽之间的关系

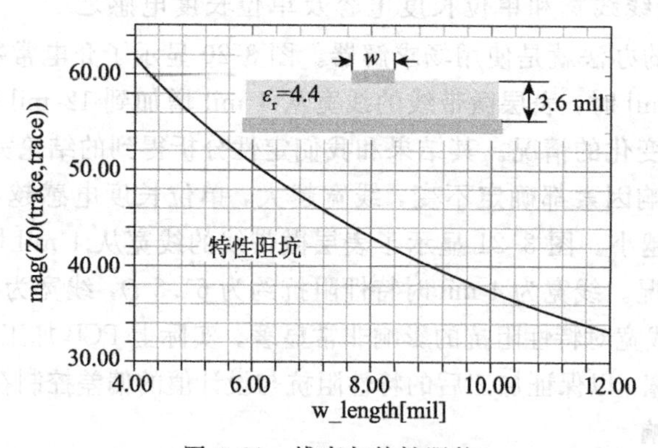

图 3-21　线宽与特性阻抗

长度电容、特征阻抗的变化情况。在 PCB 压合过程中，PP 中的树脂会融化，如果布线密度较小，就会有很多树脂进入没有走线的空白区域，这样走线上方的介质厚度就会减小。这就是厂商为什么会根据最终的光绘文件来调整线宽。

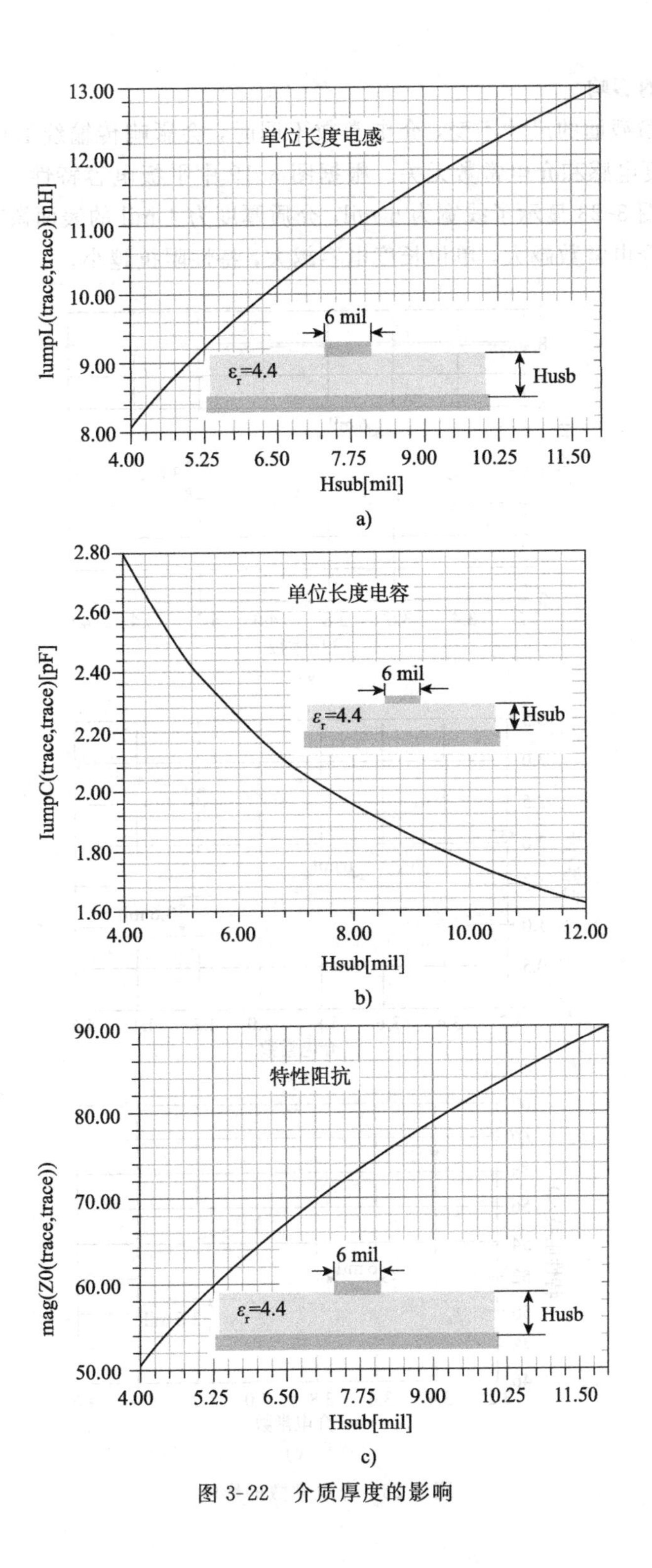

图 3-22　介质厚度的影响

3. 介电常数的影响

如果传输线横截面的尺寸不变，介电常数不同时，会影响传输线的单位长度电容和特性阻抗，单位长度电感和介电常数无关。根据图 3-19 中平板电容特性，介电常数增大，电容也相应增大。图 3-23 显示了线宽为 6 mil，介质厚度为 4 mil 的表面微带线参数随介电常数变化的情况。介电常数越大，单位长度电容越大，特性阻抗越小。

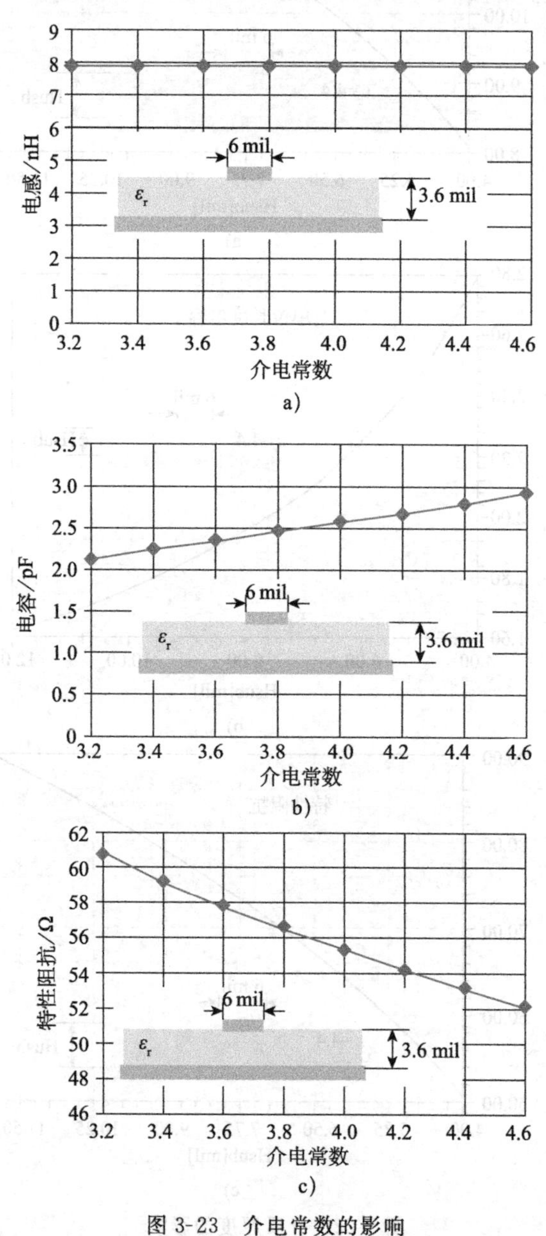

图 3-23　介电常数的影响

对于已经完成布线的 PCB，如果更换板材，比如将原来使用的 FR4 换成高速板材，由于高速板材的介电常数通常小于普通 FR4，如果保持层叠厚度不变，走线的特性阻抗就会增大。为了控制阻抗，这时必须改变层叠厚度，根据新的板材单独设计一套层叠方案。

4. 铜箔厚度的影响

根据走线的铜箔厚度也会影响电感和电容。根据式（3-24），当 $l \gg w+t$ 时，电感大小主要由 $\ln\left(\frac{2l}{w+t}\right)$ 决定，铜箔厚度 t 增大，电感减小。另一方面，当铜箔厚度 t 增大时，由于边缘场的影响，电容增大。因此走线的铜箔厚度越大，阻抗减小。图 3-24 显示了表层走线铜箔厚度从 0.7 mil（0.5 盎司）增加到 2.8 mil（2 盎司）时电感、电容、特性阻抗的变化，和定性分析得到的结论完全一致。

加工 PCB 常用的铜箔在 0.5～2 盎司。铜箔厚度从 0.5 盎司增加到 2 盎司时，特性阻抗减小了约 4 Ω。

上述 4 种因素对特性阻抗的影响同样适用于内层走线。对于阻抗控制的 PCB，在层叠设计时就要综合考虑到这些因素，找出合适的层叠方案。对于表层走线，绿油厚度也会对特性阻抗有一定的影响，绿油厚度不同时，等效介电常数也会不同，绿油变厚，等效介电常数增大，单位长度电容也相应增加，因而特性阻抗会有所降低。

3.13　参考平面

参考平面是信号完整性中经常用到的概念。回顾传输线的构成，传输线包括“信号路径”和“参考路径”两部分，“参考平面”实际上是指，与走线处于不同层，以平面形式出现的“参考路径”。PCB 上信号沿传输线向前传输时，电力线起始于信号走线，终结于参考平面，信号线和参考平面构成了电磁波向前传播的物理环境。图 3-25 显示了表层微带线和内层带状线场分布。对于表层走线，相邻平面只可能有一个，信号走线和相邻平面构成了完整的传输线结构，因此，表层走线只有一个参考平面。对于内层走线，有上下两个相邻平面，电力线起始于信号走线，终结于两个相邻平面，信号走线和两个相邻平面一起构成了完整的传输线结构，因此内层走线有两个参考平面。

位于不同层，且与信号走线重叠的平面导体，都可以和信号线一起构成传输线结构，这和平面导体的网络性质无关，不论这个平面导体的网络是 GND、VCC 还是孤立的不连接任何网络的铜皮。参考平面有其他作用，比如，承载返回电流及控制阻抗等，但其最根本的作用还是构成传输线结构。很多人误以为只有与走线相邻的 GND 平面才是参考平面，原因在于没有弄清楚参考平面的作用。从构建传输线的角度出发，很容易解除关于参考平面的疑惑。

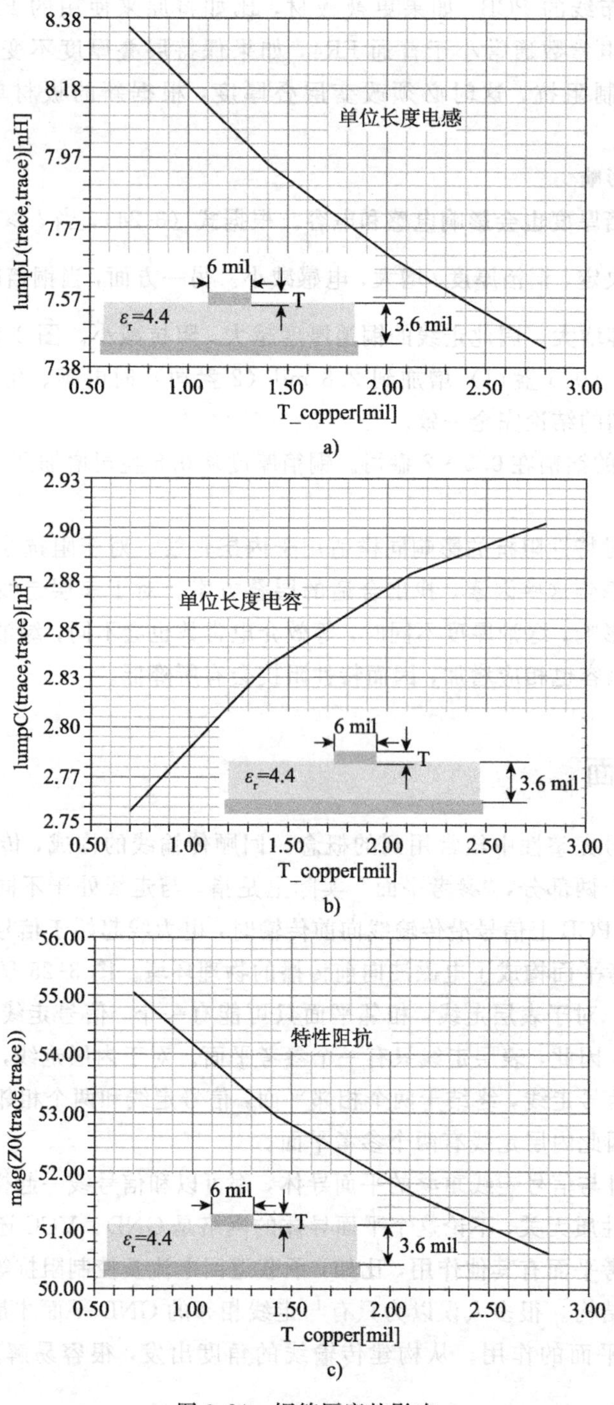

图 3-24 铜箔厚度的影响

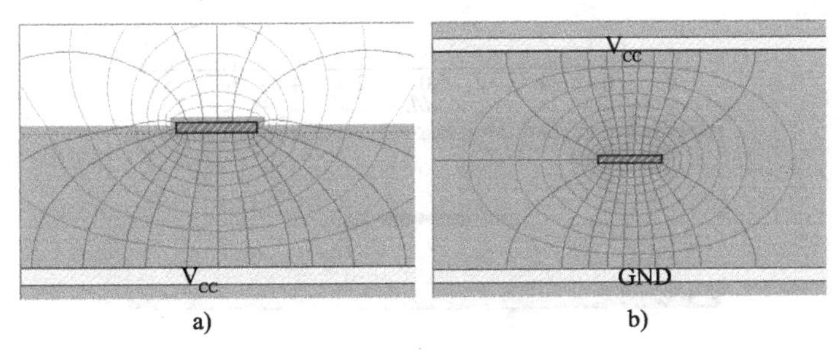

图 3-25 传输线的场分布

工程设计中，参考平面最常用的是阻抗控制功能，在计算内层走线特性阻抗时要同时考虑上下两个平面。参考平面的另一个作用是提供返回电流路径，参考平面一定是返回路径，但是返回路径不仅仅包含参考平面，可能还包含与信号线同层的邻近导体，这将在 3.14 节介绍。

3.14 返回电流的分布

返回电流并不是均匀分布在整个参考平面内。首先我们观察表层微带线参考平面上的返回电流分布。使用场求解器可以很容易地计算出信号线和参考平面上的电流分布情况，返回电流集中在走线正下方附近，如图 3-26 所示。由 3.3 节可知，表层微带线参考平面上的返回电流和信号电流大小相等，假设信号电流 I_0，参考平面上不同位置处的电流密度满足下面的关系

$$i(d)=\frac{I_0}{\pi h}\cdot\frac{1}{1+\left(\frac{d}{h}\right)^2} \tag{3-25}$$

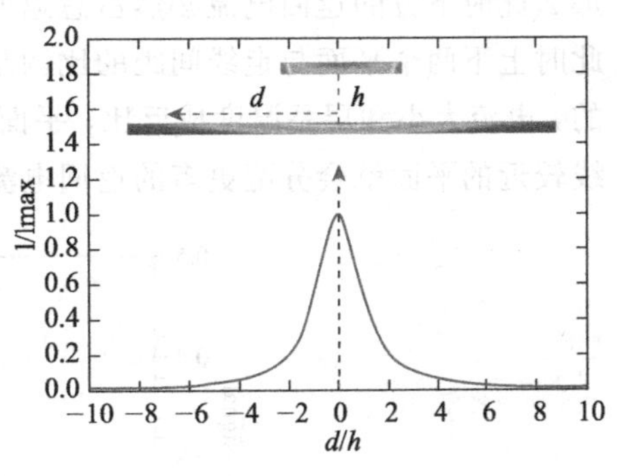

图 3-26 微带线返回电流分布

其中，I_0 表示信号电流，h 表示走线和参考平面之间的介质厚度，d 表示评估位置和走线中点的水平距离。图 3-26 显示了电流密度 $i(d)$ 和相对位置 $\frac{d}{h}$ 的关系，纵轴用返回电流密度的最大值进行了归一化。走线的正下方返回电流的密度最大，越向外扩展，返回电流密度越小。当 $d=3h$ 时，电流密度减小到是最大值的 10%，当 $d=7h$ 时，电流密度减小到是最大值的 2%，当 $d=10h$ 时，电流密度减小到是最大值的 1%。

对于带状线，相邻的两个参考平面内都存在返回电流，每一平面内返回电流的分布依然满足式（3-25）规律，如图 3-27 所示，参考平面内返回电流集中于走线正下方和正上方。

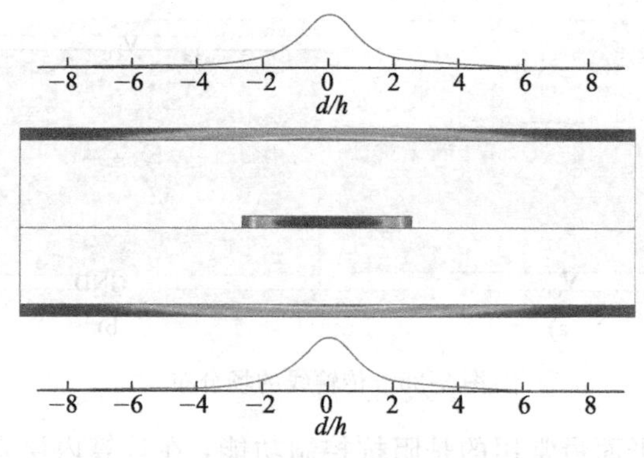

图 3-27 带状线返回电流分布

返回电流分布在两个平面，总的返回电流一定等于信号电流，信号电流确定了，返回电流大小也就相应确定了。那么两个平面各自分担多大的返回电流？按什么样的规律分配？图 3-28 中，走线和下方平面的间距固定为 10 mil，改变走线上方平面和走线的间距 H，当 H 取不同值时测量并计算上方平面返回电流占总返回电流的比例，图 3-28 中的曲线显示了最终结果。一个很典型的特性点是当 $H=40$ mil 时，上方返回电流占总返回电流的 20%，那么此时下方的返回电流必然占总返回电流的 80%，上下两个平面电流分配比例为 1∶4。此时上下两个平面与走线间距的比例是 4∶1。因此，电流在上下两个平面上是按比例分配的，电流大小和层叠厚度成反比，平面与走线之间间距越大，分配的电流越少，相应的和走线较近的平面就会分配更多的返回电流。

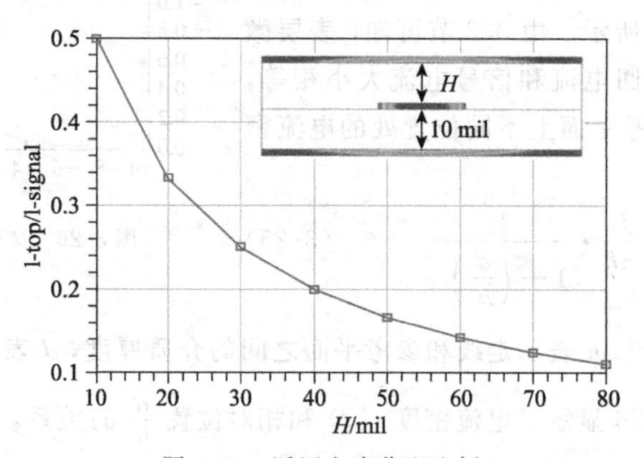

图 3-28 返回电流分配比例

返回电流不仅仅存在于参考平面内，与走线同层附近的走线、平面等铜箔上同样存在返回电流。图 3-29 显示了 50 Ω 阻抗控制的表层微带线两侧存在大片铜皮，而且铜皮与走线边缘距离等于线宽的情况下，各个部分返回电流情况。信号电流最大为 10 mA，走线下方的参考平面返回电流最大为 8 mA，走线两侧铜皮上返回电流最大均为 1 mA。尽管如此，返回电流大部分从参考平面返回，走线两侧的铜皮返回电流只占总电流的很小一部分，当两侧铜皮与走线间距加大时，其上承载的返回电流更小。

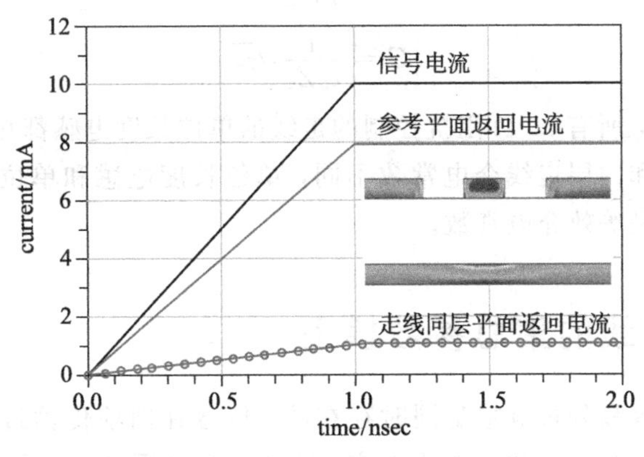

图 3-29　走线两侧铜皮上的返回电流

3.15　传输线的延时

延时是传输线的另一个重要参量，有别于传统电路元件的一个典型特性。信号需要经过一段时间才能从一端传送到另一端，因而信号的传送会有一定的延迟。3.2 节中我们已经提到，信号传播速度可表示为

$$v_{\mathrm{p}}=\frac{c}{\sqrt{\mu_{\mathrm{r}}\varepsilon_{\mathrm{r}}}} \tag{3-26}$$

另一方面，信号速度还可以用传输线的单位长度电感 L 和单位长度电容 C 表示

$$v_{\mathrm{p}}=\frac{1}{\sqrt{LC}} \tag{3-27}$$

这两种表达方式经常交替使用，以便解决信号完整性中的一些数学问题。传输线的延时可由走线长度与信号传播速度的比值得到

$$\tau_{\mathrm{d}}=\frac{l}{v_{\mathrm{p}}}=l\sqrt{LC}=\frac{l\sqrt{\mu_{\mathrm{r}}\varepsilon_{\mathrm{r}}}}{c} \tag{3-28}$$

由单位长度电感 L 、单位长度电容 C 、信号传播速度 v_{p} 、特性阻抗 Z_0 之间的关系可以得到一个非常有用的结论。为了区别真空中光速 c 和单位长度电容 C，通常将真空中光速改写为 c_0，将信号传播速度和阻抗关系式联合构成方程组

$$\begin{cases}\dfrac{c_0}{\sqrt{\varepsilon_{\mathrm{r}}}}=\dfrac{1}{\sqrt{LC}}\\[2ex] Z_0=\sqrt{\dfrac{L}{C}}\end{cases} \tag{3-29}$$

变形后可以得到单位长度电感 L 和单位长度电容 C 表达式

$$\begin{cases} L = \dfrac{Z_0}{c_0}\sqrt{\varepsilon_r} \\ C = \dfrac{1}{c_0 Z_0}\sqrt{\varepsilon_r} \end{cases} \tag{3-30}$$

如果介电常数 ε_r 相同，所有 50 Ω 阻抗控制的走线的单位长度电感都相同，单位长度电容也相同。因为表层走线和内层走线介电常数不同，单位长度电感和单位长度电容也不同，表层走线“感受”到的是等效介电常数。

3.16　理想传输线的集总参数模型

传输线的分布电容和分布电感是同时存在的，信号在向前传输过程中，在每一个小区间内都会感受到一个回路电感和一个小电容，因此可以如图 3-30 所示的那样用很多电感、电容级联在一起模拟传输线的行为，级联的每一部分都包含一个串联的电感和一个并联的电容。

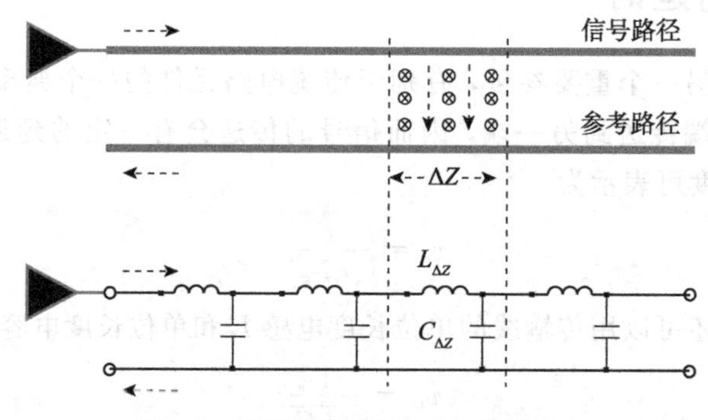

图 3-30　理想传输线的集总参数模型

可以使用传输线的两个典型参数来评估近似模型的合理性。传输线的两个典型特征参数是：特性阻抗和延时，由近似模型必须能同时得到和传输线一致的阻抗和延时参数才是合理的。使用仿真器很容易验证两者的等效性，层叠结构如图 3-31 所示的内层带状线为 50 Ω 传输线，场求解器求得单位长度电感为 $L = 9.009$ nH/inch，单位长度电容为 $C = 3.585$ pF/inch。取长度为 100 mil 的一段传输线，等效模型中电感电容参数如图 3-31b 所示。使用同样的激励源驱动，然后分别使用传输线以及等效模型进行仿真，图 3-32b 为仿真结构示意图。由于激励电压源是完全相同的，如果两个输入电流 I_{in} 相同，则说明阻抗特性相同，图 3-32a 为两个输入电流的比较，曲线重合，说明等效模型的阻抗和传输线一致。如果末端得到的电压 v_{out} 波形一致，则说明二者延时相同，图 3-32c 为两个末端电压的比较，图 3-32d 为局部放大图，两个输出电压波形重合，因而等效模型具有传输线的延时特性。

作为比较，图中同时画出了输入信号的电压波形，明显地观察到传输线的延时特性。

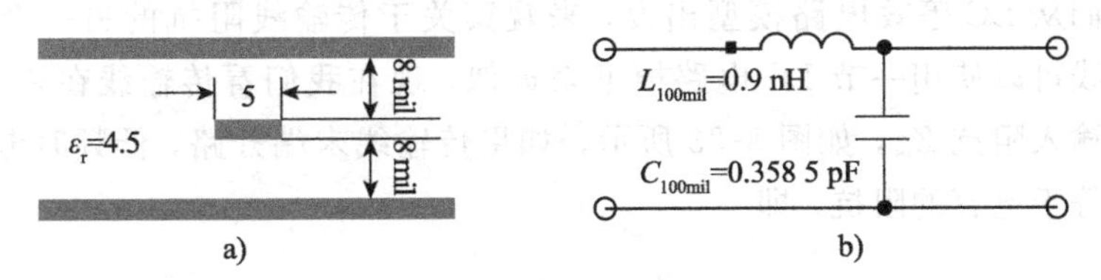

图 3-31 传输线及等效模型

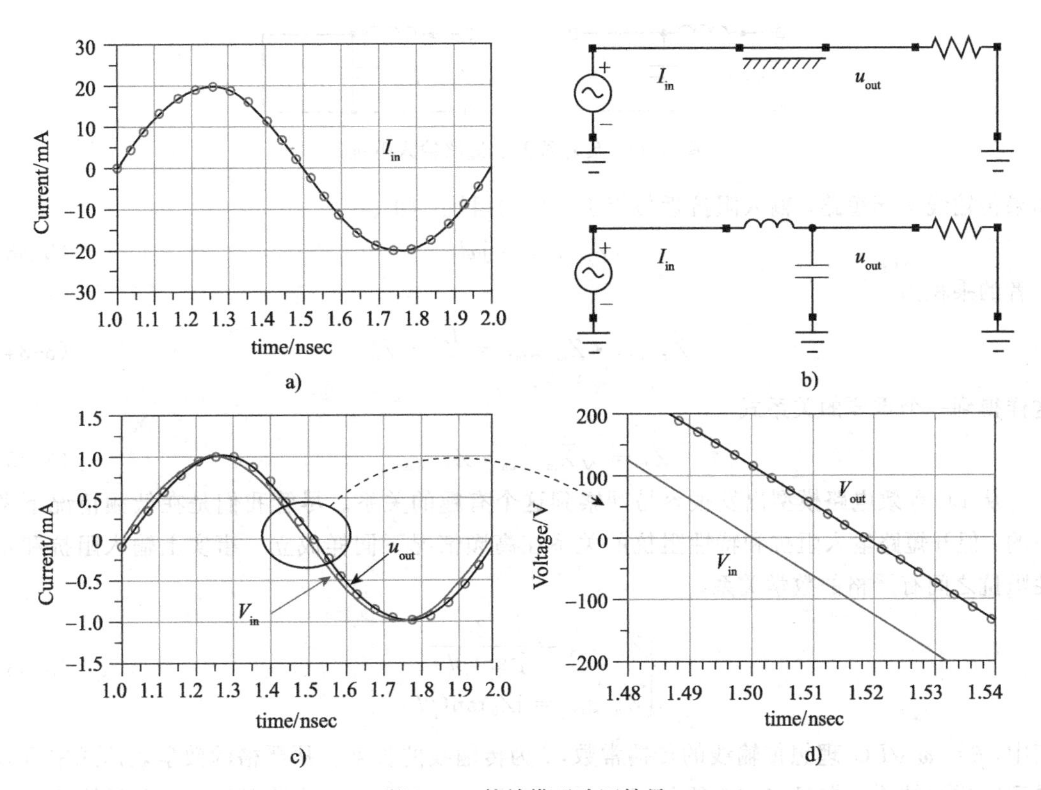

图 3-32 等效模型验证结果

对于很长的传输线，要把传输线分成很多小段，每一小段使用一个 LC 结构来近似，这样就需要级联非常多的 LC 结构才能模拟传输线的行为。问题是需要多少节 LC 结构，或者说传输线分段的长度需要满足什么条件？分段的原则是：传输线分段长度要远小于信号中最高感兴趣频率对应的波长。一个大致的经验法则是要保证分段长度小于该波长的 1/10

$$\Delta Z \leqslant \frac{\lambda_{f\max}}{10} \tag{3-31}$$

其中，$\lambda_{f\max}$ 表示信号中最高感兴趣频率对应的波长。PCB 上信号传输速度为 6 inch/ns，如果信号上升时间 1 ns，信号的 3 dB 带宽为 350 MHz，对应波长约 17 inch，那么使用等效模型近似时，传输线分段的长度不能超过 1.7 inch。

接下来我们从 LC 等效电路模型出发，来观察关于传输线阻抗的另一个有趣的现象。非常短的传输线可以使用一节 LC 电路模型来近似，现在我们看传输线在末端开路和短路两种情况下的输入阻抗 Z_{in}，如图 3-33 所示。如果传输线末端开路，低频时电感阻抗很小，输入阻抗近似等于电容的阻抗，即

$$Z_{in\_open} \approx \frac{1}{j\omega C} \tag{3-32}$$

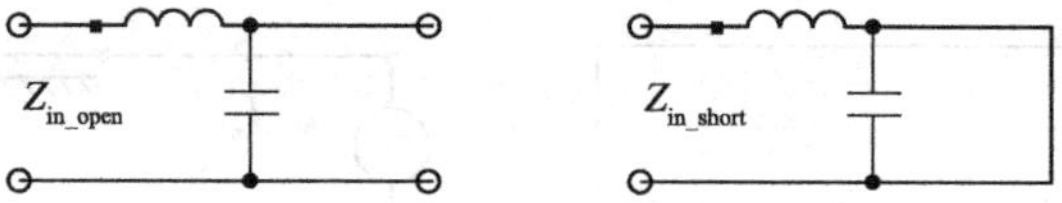

图 3-33　传输线开、短路输入阻抗

如果传输线末端短路，输入阻抗近似等于电感的阻抗，即

$$Z_{in\_short} = j\omega L \tag{3-33}$$

二者的乘积为

$$Z_{in\_open} \cdot Z_{in\_short} = \frac{L}{C} = Z_0^2 \tag{3-34}$$

这样得到一个重要的关系式

$$Z_0 = \sqrt{Z_{in\_open} \cdot Z_{in\_short}} \tag{3-35}$$

从 LC 等效电路模型出发很容易观察到这个有趣的关系。尽管我们是在低频情况下考虑的，但开短路输入阻抗和特性阻抗的关系在高频情况下同样成立。事实上输入阻抗和特性阻抗之间有严格的数学关系。

$$\begin{cases} Z_{in\_open} = \dfrac{Z_0}{j\tan(\beta l)} \\ Z_{in\_short} = jZ_0\tan(\beta l) \end{cases} \tag{3-36}$$

其中，$\beta = \omega\sqrt{LC}$ 理想传输线的传播常数，l 为传输线的长度。从严格的数学表达式中可以得到同样的结论。在只有传输线的 S 参数，但不了解特性阻抗的情况下，根据开短路输入阻抗和传输线特性阻抗的关系可以很容易地估计出特性阻抗，这种关系在分析问题过程中有时非常有用。

3.17　耦合传输线模态分析

当多条信号线相邻时，信号线之间存在互容和互感，一条信号线上电压和电流变化时会引起其他信号线上的电压和电流的变化，也就是这些信号线之间存在耦合，称为耦合传输线。为讨论方便，我们重点关注两条信号线的情况。图 3-34 显示了两条信号线构成的耦

合传输线，在耦合传输线中，每一条信号线和参考平面之间都存在着电容和电感，和另一条信号线之间也存在着电容和电感，图 3-34 显示了这些参数的含义。

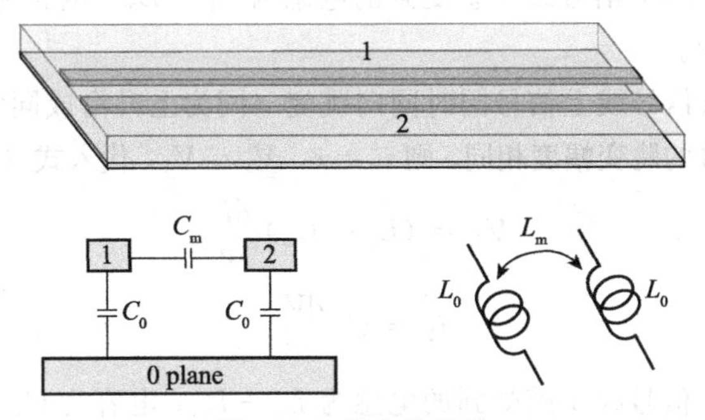

图 3-34 耦合传输线

当一条信号线上电流变化时，通过互感在另一条信号线上也产生一个电压。另一方面，当一条信号线上电压变化时，通过互容在另一条信号线上会产生一个电流。因此，使用电感和电容参数可以通过式（3-37）和式（3-38）把两条信号线上电压和电流联系起来。接下来我们分三种情况讨论两条信号线在不同工作状态下，信号“感受”到的寄生参数有什么不同。

$$\begin{cases} V_1 = L_0 \dfrac{\mathrm{d}i_1}{\mathrm{d}t} + L_m \dfrac{\mathrm{d}i_2}{\mathrm{d}t} \\ V_2 = L_m \dfrac{\mathrm{d}i_1}{\mathrm{d}t} + L_0 \dfrac{\mathrm{d}i_2}{\mathrm{d}t} \end{cases} \tag{3-37}$$

$$\begin{cases} i_1 = C_0 \dfrac{\mathrm{d}V_1}{\mathrm{d}t} + C_m \dfrac{\mathrm{d}(V_1 - V_2)}{\mathrm{d}t} = (C_0 + C_m) \dfrac{\mathrm{d}V_1}{\mathrm{d}t} - C_m \dfrac{\mathrm{d}V_2}{\mathrm{d}t} \\ i_2 = C_0 \dfrac{\mathrm{d}V_2}{\mathrm{d}t} + C_m \dfrac{\mathrm{d}(V_2 - V_1)}{\mathrm{d}t} = -C_m \dfrac{\mathrm{d}V_1}{\mathrm{d}t} + (C_0 + C_m) \dfrac{\mathrm{d}V_2}{\mathrm{d}t} \end{cases} \tag{3-38}$$

工作状态 1：一条信号线处于静止状态，没有电压和电流，无任何信号传输。

假设信号线 2 处于静止状态，则 $i_2 = 0$，$V_2 = 0$。代入式（3-37）和式（3-38）得

$$V_1 = L_0 \frac{\mathrm{d}i_1}{\mathrm{d}t} \tag{3-39}$$

$$i_1 = (C_0 + C_m) \frac{\mathrm{d}V_1}{\mathrm{d}t} \tag{3-40}$$

说明这种工作状态下，信号线 1 感受到的电感为 L_0，电容为 $C_0 + C_m$。

工作状态 2：一条信号线上信号正跳变（上升沿），另一条信号线上信号同时反向跳变（下降沿）。

假设两个信号的跳变幅度相同，则 $i_1 = -i_2$，$V_1 = -V_2$，代入式（3-37）和式（3-38）得

$$V_1 = (L_0 - L_m) \frac{\mathrm{d}i_1}{\mathrm{d}t} \tag{3-41}$$

$$i_1 = (C_0 + 2C_m)\frac{dV_1}{dt} \tag{3-42}$$

说明这种工作状态下，信号线 1 感受到的电感为 $L_0 - L_m$，电容为 $C_0 + 2C_m$。由于对称性，信号线 2 情况相同。

工作状态 3：两条信号线上信号同时同向跳变（同为上升沿或同为下降沿）。

同样假设两个信号的跳变幅度相同，则 $i_1 = i_2$，$V_1 = V_2$，代入式（3-37）和式（3-38）得

$$V_1 = (L_0 + L_m)\frac{di_1}{dt} \tag{3-43}$$

$$i_1 = C_0\frac{dV_1}{dt} \tag{3-44}$$

说明这种工作状态下，信号线 1 感受到的电感为 $L_0 + L_m$，电容为 C_0。由于对称性，信号线 2 情况相同。

如果只有一条独立的走线，分布电感就是 L_0，分布电容就是 C_0。但在耦合传输线中，其中一条线的分布参数受邻近线工作状态的影响。第 1 种工作状态邻近线处于“静态”，其作用就像一个额外的分布式容性负载，分布电感不变。第 2 种工作状态两条线上信号同时反向跳变，这种状态称为“奇模”工作状态，其中一条线“感受”到的等效分布电感减小，分布电容增加。第 3 种工作状态两条线上信号同时同向跳变，这种状态称为“偶模”工作状态，其中一条线“感受”到的分布电感增大，分布电容则不变。

3.18 模态对阻抗的影响

在耦合传输线中，对于其中任意一条线，耦合改变了分布参数，必然影响信号“感受”到的阻抗。当两条信号线处于“奇模”工作状态时，其中一条线的阻抗称为“奇模阻抗”。当两条信号线处于“偶模”工作状态时，其中一条线的阻抗称为“偶模阻抗”。特别强调的是，奇模阻抗、偶模阻抗指的是一条信号线的阻抗。当邻近线处于“静态”时，阻抗记为 Z_{quiet}，奇模阻抗记为 Z_{odd}，偶模阻抗记为 Z_{even}，根据特性阻抗的计算公式，可分别表示为

$$Z_{quiet} = \sqrt{\frac{L_0}{C_0 + C_m}} \tag{3-45}$$

$$Z_{odd} = \sqrt{\frac{L_0 - L_m}{C_0 + 2C_m}} \tag{3-46}$$

$$Z_{even} = \sqrt{\frac{L_0 + L_m}{C_0}} \tag{3-47}$$

层叠结构按照 50 Ω 阻抗控制设计的 PCB 上，独立的信号线阻抗约为 50 Ω。如果附近有其他信号线存在，就会改变这条信号线的阻抗。邻近线处于“静态”时，由于增加了额外的容

性负载，阻抗稍有下降。和邻近线信号一同工作在“奇模”状态时，电感减小，电容增加，阻抗减小。和邻近线信号一同工作在“偶模”状态时，电感增加，电容不变，阻抗增大。奇模阻抗最小，偶模阻抗最大，满足关系 $Z_{odd} < Z_{quiet} < Z_0 < Z_{even}$。图3-35显示了50 Ω阻抗控制表层微带线阻抗变化情况。线宽为6 mil，层叠厚度为3.6 mil，介电常数为4.4，铜皮厚度为1.2 mil，阻抗分别为：$Z_{odd} = 44.5933$，$Z_{quiet} = 49.6713$，$Z_0 = 50.5794$，$Z_{even} = 54.7795$。

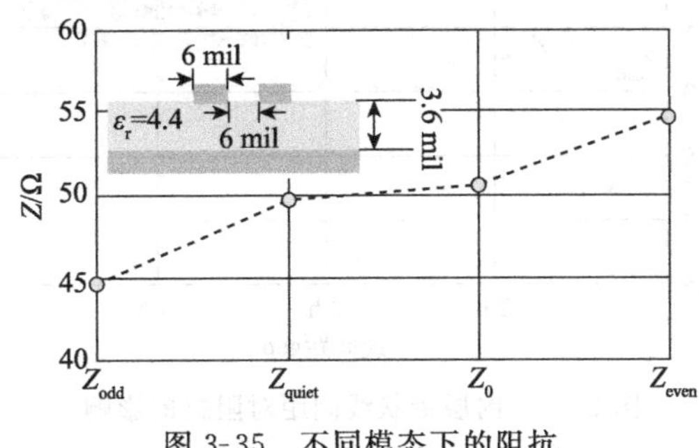

图3-35 不同模态下的阻抗

3.19 线间距对阻抗的影响

当耦合传输线间距增加，互容和互感都减小，因而可以预见间距越大，单根传输线的阻抗受邻近线的影响就会越小。间距越大，阻抗越接近独立传输线的阻抗设计值。

图3-36给出了6 mil线宽，50 Ω阻抗控制情况下，表层微带线的线间距从1倍介质厚度到10倍介质厚度变化时单根传输线阻抗的变化情况。线间距较小时，奇模阻抗和偶模阻抗差别很大，而 Z_{quiet} 和设计值差别不大。随着线间距增加，奇模阻抗和偶模阻抗越来越接近于单根线的设计阻抗，而 Z_{quiet} 变化幅度很小。

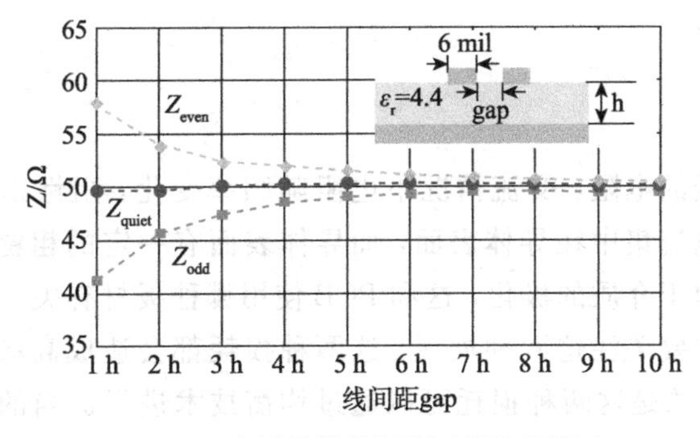

图3-36 表层微带线间距对阻抗的影响

图3-37给出了6 mil线宽，50 Ω阻抗控制情况下，内层带状线的线间距从1倍介质厚

度到 5 倍介质厚度变化时单根传输线阻抗的变化情况。内层走线邻近线对阻抗的影响随着间距增大迅速减小，其影响衰减速度比表层微带线快得多。因此内层走线的阻抗受模态变化影响较小，更容易保持传输线阻抗的稳定性。

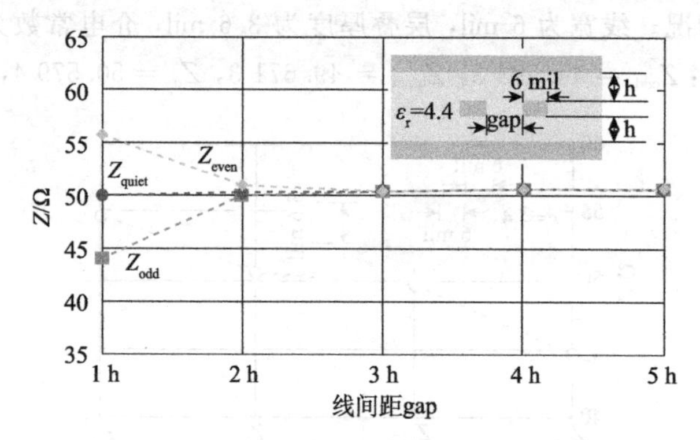

图 3-37　内层带状线间距对阻抗的影响

3.20　有损传输线

实际中的传输线都是有损耗的，信号在传输线上传播时，并不是所有的能量都能传递到末端。考虑传输线的损耗，就必须面对更多更复杂的问题，比如趋肤效应、邻近效应、表面粗糙度、复介电常数、介质损耗、与频率相关的阻抗和时延特性等，这些问题在实际工程中都是非常重要的。

传输线的损耗主要有以下几个来源：

- 阻性损耗；
- 介质损耗；
- 耦合到邻近线；
- 阻抗不连续；
- 对外辐射。

阻性损耗源于导线的电阻，交流情况下电阻随频率变化，阻性损耗也随频率变化。另一方面由于趋肤效应电流集中在导体表面，而导体表面有一定的粗糙度，这进一步加剧了阻性损耗。介质损耗源于介质的极化，这和 PCB 使用哪种板材有关。通常情况下，在 GHz 以上高速差分互连中主要关注这两种损耗，这两种损耗都会造成高频信号的衰减，使接收端眼图变得模糊，幸运的是这两种损耗可以通过均衡技术进行适当的弥补。阻抗不连续也会导致信号能量的损失，反射信号在传输线中传播并衰减也使信号失去部分能量，第 4 章我们会讲到容性不连续和感性不连续都会导致信号的上升时间发生变化。耦合引起的损耗通常是指通过串扰，信号的一部分能量耦合到邻近线，这造成信号本身的衰减，也对其他信号造成干扰。辐射引起的损耗通常非常微小，对信号的影响可以忽略，辐射主要会影响EMI 问题。

高速互连通常对阻抗不连续和串扰问题都会进行控制，这间接地减小了信号的损耗，相关内容在后续章节中详述。接下来的章节主要讨论阻性损耗和介质损耗两个方面。

3.21　趋肤效应

高频电流流过导体时，电流会趋向于导体表面分布，越接近导体表面电流密度越大。图 3-38 显示了 8 mil 线宽，2 盎司（2.8 mil）厚的矩形铜导体在频率 100 MHz 时电流分布情况。这种现象称为趋肤效应（skin effect）。

图 3-38　趋肤效应

趋肤效应产生的根源在于电磁波很难穿透像铜这样的良性导体，电磁波进入良性导体后，场强与深度 z 的关系可表示为

$$\begin{aligned} E_x &= (E_0 e^{-\alpha z}) e^{-j\alpha z} \\ H_y &= (H_0 e^{-\alpha z}) e^{-j\alpha z} \end{aligned} \tag{3-48}$$

$$\alpha = \sqrt{\frac{\omega\mu\sigma}{2}} \tag{3-49}$$

其中，ω 为角频率，μ 为磁导率，σ 为电导率，E_0 为导体表面的电场强度，H_0 为导体表面的磁场强度。可见场强振幅随深度 z 增加而呈指数衰减。由于良导体电导率 σ 极大，比如铜的电导率为 $\sigma = 5.8\times10^7$ S/m，所以衰减因子 α 是个极大的数值，导致良导体中电磁场的场强振幅衰减极快，透入导体后很快就衰减为 0。电流密度随深度 z 变化规律为

$$J = (\sigma E_0 e^{-\alpha z}) e^{-j\alpha z} \tag{3-50}$$

电流密度随深度 z 增加而呈指数衰减，频率很高时，电流很快衰减为 0，因此高频电流都集中在导体表面很小的深度内，这就是趋肤效应。

高频时我们关心的是电流会集中在导体表面内多深的范围内。电磁波场强振幅衰减到表面场强 1/e 的深度称为趋肤深度，以 δ 表示

$$\delta = \sqrt{\frac{1}{\pi f\mu\sigma}} \tag{3-51}$$

对于铜导体来说，$\mu = 4\pi\times10^{-7}$ H/m，$\sigma = 5.8\times10^7$ S/m，趋肤深度可简单地表示为

$$\delta = \frac{1}{\sqrt{\pi \cdot 4\pi \times 10^{-7} \times 5.8 \times 10^{7}}} \cdot \frac{1}{\sqrt{f}} = \frac{66\,085}{\sqrt{f}} \mu\text{m} \tag{3-52}$$

频率为 1 GHz 时，趋肤深度约为 2.1 μm，约为 0.08 mil，远小于 PCB 上铜走线的厚度。图 3-39 显示了铜导体上趋肤深度和频率的关系，大约 6 MHz 多一点趋肤深度开始小于 1 mil。

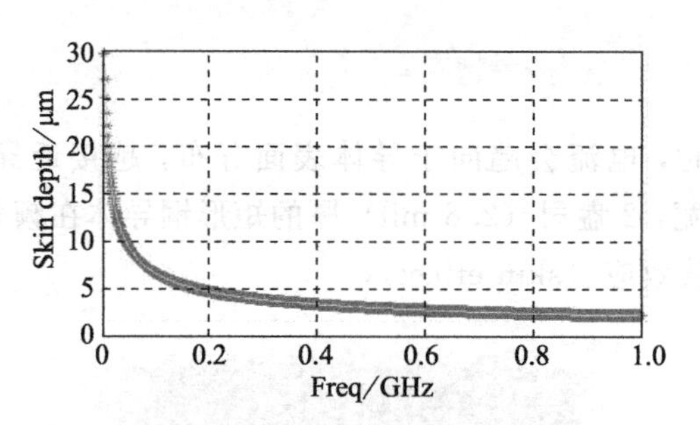

图 3-39　铜导体趋肤深度和频率关系

3.22　直流电阻、交流电阻、传导损耗

导体本身存在直流电阻，电阻的大小和过流面积有关。直流情况下，电流均匀分布在导体的横截面内，过流面积即横截面积，单位长度直流电阻表示为

$$R_{\mathrm{DC}} = \frac{1}{\sigma A} \tag{3-53}$$

其中，σ 表示电导率，A 表示过流面积。铜的电导率为 $\sigma = 5.8 \times 10^7$ S/m。铜厚度 0.5 盎司，线宽为 6 mil 的走线，每英寸直流电阻约为 0.16 Ω。图 3-40 显示了线宽从 4 mil 到 20 mil 时，铜走线的单位长度电阻（假设走线为矩形横截面积）。

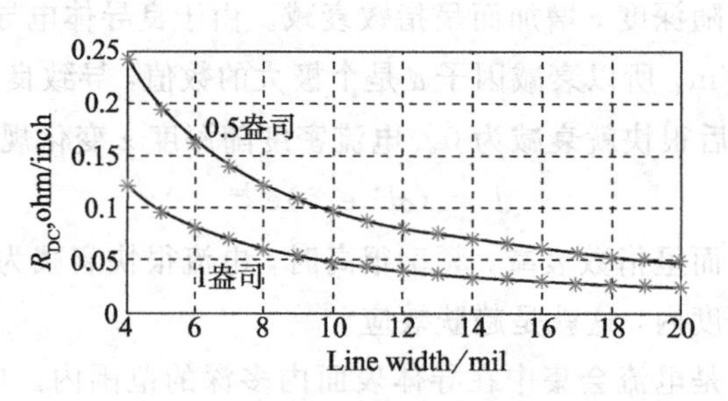

图 3-40　不同线宽铜走线直流电阻

高频时，由于趋肤效应电流趋于导体表面分布，相当于过流面积减小，因此交流电阻大于直流电阻。不同频率时趋肤深度不同，等效过流面积也不同，因此交流电阻是和频率有关的函数。交流电阻可表示为

$$R_{AC}=\frac{1}{\sigma\delta(f)p} \tag{3-54}$$

其中，σ 表示电导率，$\delta(f)$ 表示与频率有关的趋肤深度，p 表示导体横截面的周长。把式（3-54）进一步变换，能更清楚地看到交流电阻和频率的关系

$$R_{AC}=\frac{1}{\sigma p\delta(f_0)}\cdot\frac{\delta(f_0)}{\delta(f)}=\frac{1}{\sigma p\delta(f_0)}\cdot\sqrt{\frac{f}{f_0}} \tag{3-55}$$

令 $R_0=\frac{1}{\sigma p\delta(f_0)}$ 并代入式（3-55）得

$$R_{AC}=\frac{R_0}{\sqrt{f_0}}\cdot\sqrt{f} \tag{3-56}$$

其中，R_0 表示在频率 f_0 点的交流电阻值，f_0 选取远高于趋肤效应开始明显起作用的频点，但电磁波仍可以近似为均匀平面波。式（3-56）表明，交流电阻随频率的平方根按比例变化。图3-41给出了5 MHz～1 GHz频段内，线宽6 mil，铜厚度0.5盎司的矩形走线，交流电阻随频率的变化情况。

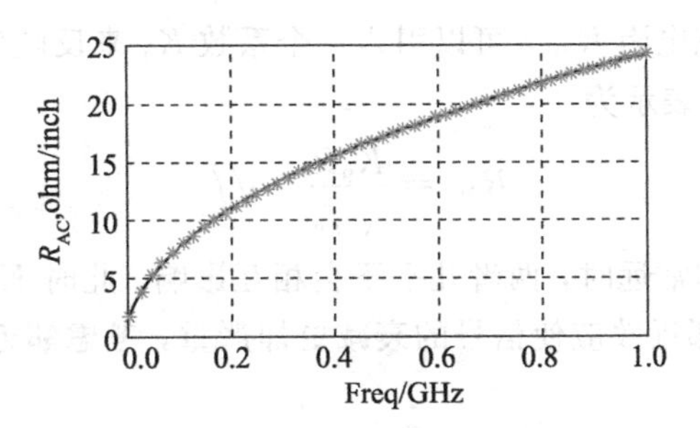

图3-41　交流电阻随频率的变化

趋肤效应使导体的交流电阻增加，因此也增大了高频信号损耗，这种损耗是一种传导性损耗。损耗越大，传输过程中信号的衰减也越大，趋肤效应引起的信号衰减可表示为

$$\alpha_c=\frac{1}{2}\cdot\frac{R_0}{Z_0}\cdot\sqrt{\frac{f}{f_0}} \tag{3-57}$$

Z_0 表示特性阻抗。α_c 的单位是奈培每米（neper/m），转换为dB/m可表示为

$$\alpha_c=4.34\frac{R_0}{Z_0}\cdot\sqrt{\frac{f}{f_0}} \tag{3-58}$$

根据趋肤效应产生衰减的关系式，可以得到一个很有用的结论。由于 R_0 和横截面的周长有关，对于矩形走线，周长可表示为

$$p=2(w+t) \tag{3-59}$$

其中，w 表示线宽，t 表示铜厚度。所以线宽越宽，周长越大，R_0 越小，进而趋肤效应产生的衰减也越小。由此可以得到下面的结论：宽走线有利于减小传输线的损耗。

3.23　邻近效应

50 Ω 阻抗控制的 PCB 板上，信号线和参考平面之间的间距较小，高频电流会进一步重新分布。信号线上的高频电流集中分布在靠近参考平面的一侧，而参考平面上的高频电流也靠近信号线分布，这种现象称为“邻近效应”。图 3-42 显示了表层微带线的高频电流分布情况。邻近效应产生的机理比较复杂，与“邻近”导致磁场的重新分布以及导体中的磁化电流有关，这里不再详述。

图 3-42　邻近效应

邻近效应会改变交流电阻 R_{AC}，可以引入一个系数 K_p 来反映邻近效应的影响，考虑邻近效应情况下，交流电阻表示为

$$R_{AC} = \frac{K_p R_0}{\sqrt{f_0}} \cdot \sqrt{f} \tag{3-60}$$

当信号线距离参考平面非常远时，两者几乎不会相互影响，此时 $K_p = 1$。信号线和参考平面越接近，K_p 值越大。邻近效应使信号的衰减更加严重，考虑邻近效应时信号的衰减可表示为

$$\alpha_c = \frac{1}{2} \cdot \frac{K_p R_0}{Z_0} \cdot \sqrt{\frac{f}{f_0}} \tag{3-61}$$

3.24　表面粗糙度

前面的分析都是基于光滑导体表面进行的，实际上导体的表面并非是绝对光滑的，例如 PCB 上所用的铜箔，表面存在很多小的突起。图 3-43a 显示了 PCB 切片中信号线和铜平面的横截面放大图，铜导体的表面有很多毛刺，图 3-43b 显示了表面的显微结构。

即使所用的原始铜箔材料表面很光滑，但在 PCB 加工过程中为了增加铜箔和板材之间的结合力，还需要对铜箔表面进行处理，这势必导致铜箔表面更加粗糙。图 3-44 显示了加工前后铜箔表面的变化。

表面粗糙度通常使用表面突起高度的均方根（RMS）来衡量。加工 PCB 常用的铜箔 RMS 值大约在 0.3～5.8 μm。对于铜导体来说，频率为 1 GHz 时，趋肤深度约为2.1 μm，这与铜箔的表面粗糙度 RMS 值相当，此时粗糙的表面会显著增加信号的损耗。如果光滑

图 3-43 铜箔表面

图 3-44 表面处理前后对比

表面由于趋肤效应产生的衰减为 α_{smooth}，粗糙表面因趋肤效应产生的衰减可用经验公式表示为

$$\alpha_{\text{rough}} = K_{\text{SR}} \cdot \alpha_{\text{smooth}}$$
$$K_{\text{SR}} = 1 + \frac{2}{\pi}\arctan\left[1.4\left(\frac{\Delta}{\delta}\right)^2\right] \tag{3-62}$$

其中，Δ 表示表面粗糙度的 RMS 值，δ 表示趋肤深度。K_{SR} 为反映表面粗糙度影响的系数，在直流情况下 $K_{\text{SR}}=1$，随着频率增大非线性增大，高频时最大可能值为 2。表面粗糙度 RMS 值越大，K_{SR} 越大，粗糙度对损耗影响越显著。图 3-45 显示了铜导体表面粗糙度 RMS 值，分别在 4 种不同取值情况下，表面粗糙度对导体损耗的影响。

图 3-46 显示了一段 10 英寸的走线表面粗糙度对损耗的影响，与光滑表面相比，表面粗糙的铜走线损耗明显增大。在 5 GHz 频点处，RMS=2 μm 表面粗糙度额外增加了约 2 dB 的衰减，频率越高衰减增加量越大。

信号速率较低时，由于噪声余量较大，损耗并不是主要的考虑因素，因此不太关注表面粗糙度的影响。但是当信号速率较高时，比如现在已经很常见的 10 Gbps 信号，必须关注表面粗糙度的影响，尤其在链路较长且信号衰减很大情况下，更要注意铜箔的表面粗糙度。在设计 PCB 时，认真了解所用的铜箔是哪种类型，在保证加工安全的情况下尽量选用粗糙度较小的铜箔，以获得更好的性能。

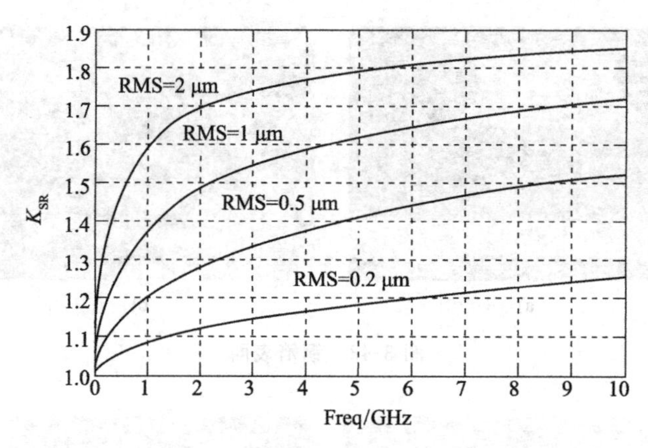

图 3-45　不同粗糙度下 K_{SR} 的变化

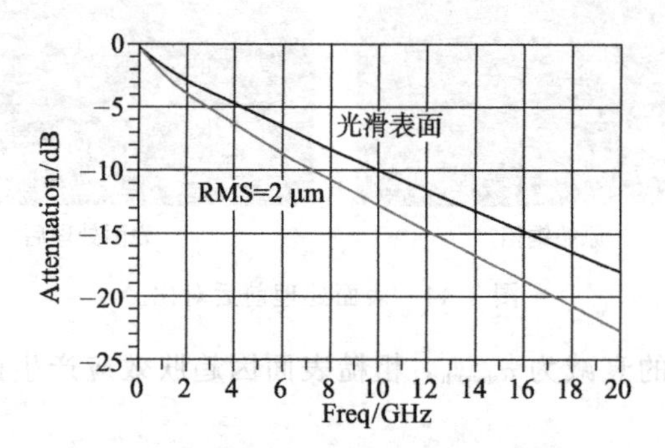

图 3-46　表面粗糙度对衰减的影响

3.25　介质损耗

除了铜箔本身由于趋肤效应和粗糙表面产生损耗外，构成板材的介质本身也会产生损耗，这种损耗主要和介质的极化有关。

带电粒子在外加电场的作用下受到作用力，作用力的大小和电场强度以及电荷大小有关。导电物质中存在大量可以自由移动的电荷，在外加电场作用下形成电流。介质中的带电粒子被束缚在分子中，电场作用力仅仅会使其产生微观的位移，导致正负电荷沿电场方向规则排列，这种现象称为介质的“极化”。分子是由带正电的原子核与带负电的电子构成，如果正负电荷的中心重合，称为非极性分子，如果正负电荷中心不重合，称为极性分子。没有外加电场的情况下，物质并不表现出极性。

对于极性分子，当施加外电场后，在电场力的作用下，极性分子正负电荷的排列方向发生变化，如图 3-47 所示，这种极化称为“取向极化”。为了扭转分子的“取向”，需要做功，因此消耗了一部分能量。当外加电场不断变化时，电场不断“拖动”分子改变其“取向”，不断消耗能量，产生介质损耗。

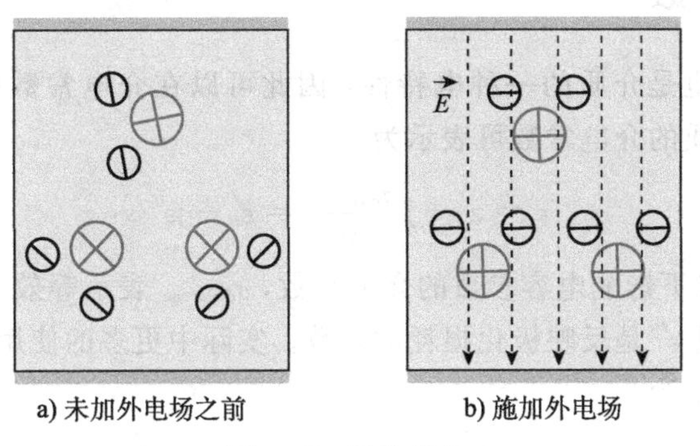

图 3-47 取向极化

对于非极性分子，当施加外电场后，在电场力的作用下，正负电荷沿电场方向发生位移，负电荷沿反方向发生位移，正负电荷的中心不再重合，变成有极性的分子，如图 3-48 所示，这种极化称为“位移极化”。使电荷产生位移也需要做功，因此也会消耗能量。当外加电场不断变化时，电场不断“拉动”分子内电荷使其产生位移，不断消耗能量，因而也产生介质损耗。

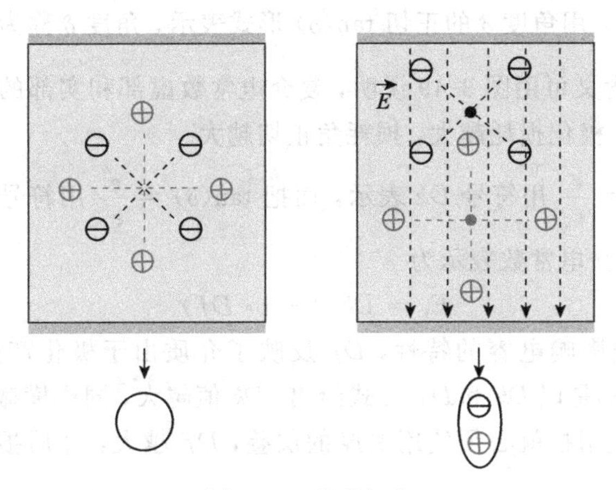

图 3-48 位移极化

除了这两种极化消耗能量，造成介质损耗外，介质中也有少量自由移动的电荷，在外电场的作用下，形成极小的漏电流。对于漏电流，介质就像是一个电阻。但是通常情况下漏电流非常小，由此产生的损耗远小于介质极化产生的损耗。

介质损耗造成高频信号的衰减，在高速互连中明显地表现出来这种损耗的影响。在 Gbps 以上速率的信号互连中，如果链路很长，衰减成为主要因素，此时选用低介质损耗的板材就显得尤为重要。

3.26 复介电常数

介质极化反映的也是介质的一种电特性，因此可以在介电常数中反映出极化的影响。考虑极化的情况下介质的介电常数可表示为

$$\varepsilon=\varepsilon'-\mathrm{j}\frac{\sigma_{\mathrm{dielectric}}}{\omega}=\varepsilon'-\mathrm{j}\varepsilon'' \tag{3-63}$$

其中，ε' 表示通常意义下影响电容参数的介电常数，$\sigma_{\mathrm{dielectric}}$ 表示等效电导率，反映介质极化产生损耗的特性，因此 ε'' 是反映极化损耗的参数。实际中更多的使用相对介电常数的概念，复相对介电常数可表示为

$$E_{\mathrm{r}}=\frac{\varepsilon'}{\varepsilon_0}-\mathrm{j}\frac{\sigma_{\mathrm{dielectric}}}{\omega\varepsilon_0}=\frac{\varepsilon'}{\varepsilon_0}-\mathrm{j}\frac{\varepsilon''}{\varepsilon_0} \tag{3-64}$$

其中，$\varepsilon_{\mathrm{r}}=\frac{\varepsilon'}{\varepsilon_0}$ 即为 3.6 节所述的相对介电常数，ε_0 为真空中的介电常数。损耗项通常使用它和相对介电常数的比值来表示

$$E_{\mathrm{r}}=\frac{\varepsilon'}{\varepsilon_0}\left(1-\mathrm{j}\frac{\varepsilon''}{\varepsilon'}\right) \tag{3-65}$$

$\frac{\varepsilon''}{\varepsilon'}$ 称为损耗因子，用角度 δ 的正切 $\tan(\delta)$ 形式表示，角度 δ 称为损耗角。损耗角 δ 的含义可用图 3-49 说明，复介电常数虚部和实部的比值刚好是 δ 的正切，极化损耗越大，损耗角正切越大。

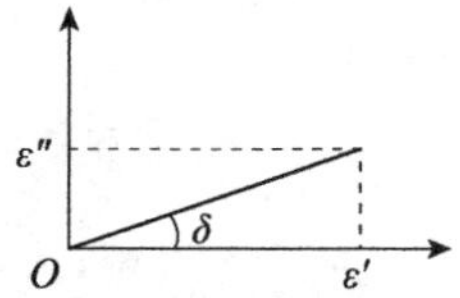

图 3-49　损耗角

工程中常常把 $\varepsilon_{\mathrm{r}}=\frac{\varepsilon'}{\varepsilon_0}$ 用符号 Dk 表示，而把 $\tan(\delta)=\frac{\varepsilon''}{\varepsilon'}$ 用符号 Df 表示，这样复相对介电常数表示为

$$E_{\mathrm{r}}=Dk(1-\mathrm{j}\cdot Df) \tag{3-66}$$

Dk 反映了介质固有的影响电容的特性，Df 反映了介质由于极化产生损耗的特性。加工 PCB 的板材特性一般都是以 Dk 和 Df 方式给出，Dk 值越大，同样横截面的传输线单位长度电容也就越大，要控制阻抗就必须使用更厚的层叠，Df 越大，介质损耗就越大，意味着信号会有更大的衰减。

3.27 有损传输线的特性阻抗与延时

综合考虑趋肤效应和介质损耗的影响，有损传输线可以表示为图 3-50 所示的集总参数模型，称为 RLGC 模型，spice 仿真器中常常使用这种模型来对传输线建模。$R_{\Delta Z}$ 是反映导体损耗的电阻元件，$G_{\Delta Z}$ 是反映的介质损耗电导元件，可以由单位长度电阻和电导按比例变换

得到。ΔZ 需要满足的条件与 3.16 节理想传输线要求相同。

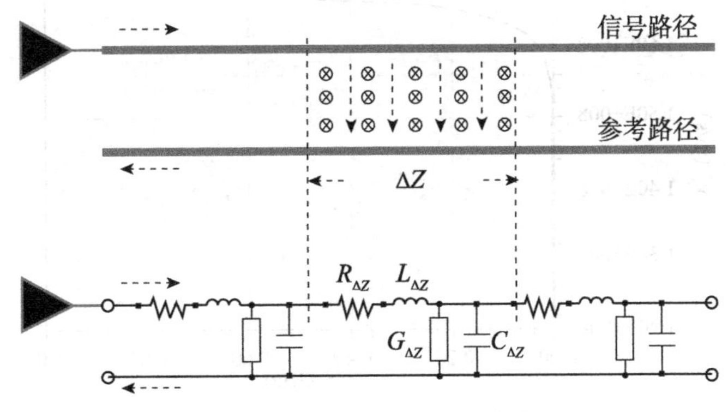

图 3-50 有损传输线集总参数模型

有损传输线的特性阻抗可表示为

$$Z_0 = \sqrt{\frac{R + j\omega L}{G + j\omega C}} \tag{3-67}$$

可见特性阻抗和频率有关，低频时特性阻抗较大，随频率升高特性阻抗减小并很快趋于稳定，图 3-51 显示了 FR4 板材上，介质厚度为 3.6 mil，6 mil 线宽的表面微带线特性阻抗随频率变化的情况。

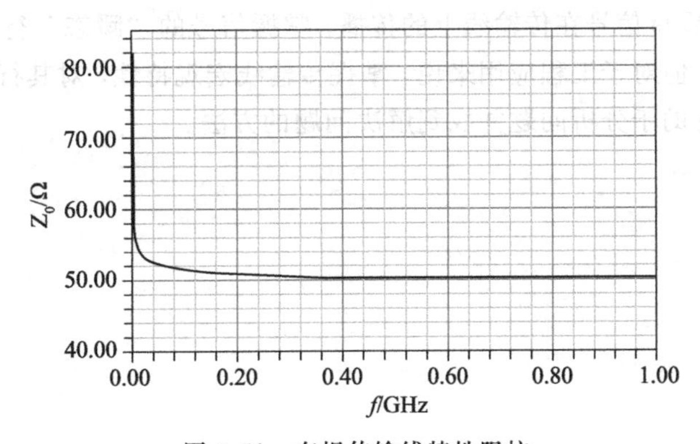

图 3-51 有损传输线特性阻抗

有损传输线上信号的传播速度可表示为

$$v_p = \frac{\omega}{\mathrm{Im}\left[\sqrt{(R + j\omega L)(G + j\omega C)}\right]} \tag{3-68}$$

信号传播的速度与信号的频率有关，不同频率的信号传播速度不同。图 3-52 显示了信号速度随频率变化趋势。由于不同频率信号传播速度不同，可以想象，经过一段传输线后，不同频率的信号分量在时间上相互错开，导致色散。

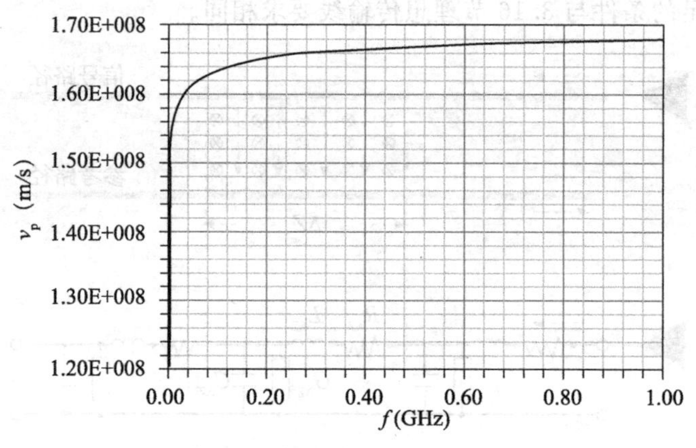

图 3-52　有损传输线信号速度

3.28　小结

传输线与电阻电容电感等传统电路元件的行为方式完全不同，它在信号完整性中占有极其重要的地位。传输线理论是信号完整性这个知识体系的基础，只有深入了解传输线的行为方式，才能正确理解各种信号完整性问题。认识传输线特性关键是要有“动态”思维方式，“动态”地去看待信号在传输线上的传播，掌握信号的“瞬态”行为。传输线理论涉及大量的数学推导，但对于工程应用来说，掌握传输线宏观特性，对其行为方式建立起“直觉”的认识，非常有助于分析问题并找到解决问题的方法。

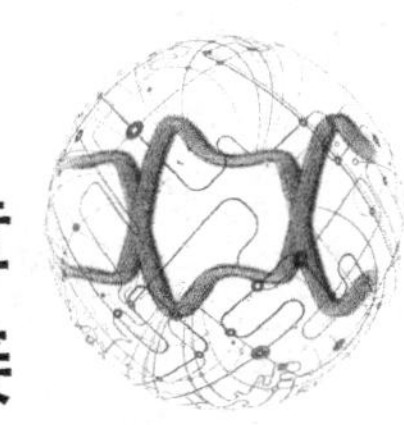

第 4 章 信号的反射与端接

现代电路设计中，信号的反射几乎无处不在，解决反射问题是对电路设计工程师的一项最基本的要求。对于硬件设计工程师来说，如果能够深入理解反射的机理以及各种反射信号的特征，在原理图设计阶段就能对使用的互连方式可能会产生什么样的信号波形有一个预估，从而采取措施预防可能发生的信号反射问题。解决信号反射问题最好在原理图设计阶段来完成，尽量减少后期恼人的工程变更。

那么哪些现象是由反射引起的？首先我们来看几种典型的波形，以便形成一种直觉的印象，这些现象很多硬件工程师都会遇到。

图 4-1 是典型的信号振铃现象，这个是在电路设计中最常见的，如果振铃过大，可能会引起电路的时序问题或电路的误触发。图 4-2 是典型的台阶形波形，这种波形在不良的设计中也很常见。图 4-3 是典型的边沿存在回勾的信号波形，如果时钟信号出现这种波形，很可能会产生二次采样。这里的几个例子都是由于信号反射引起的。信号反射后形成的波形，有时候样子很怪异，可能看起来杂乱无序，但实际上是有其内在规律的，只要掌握了信号反射的规律，就能采取措施，让我们的波形更好看，当然最重要的不是好看，而是让电路好用。

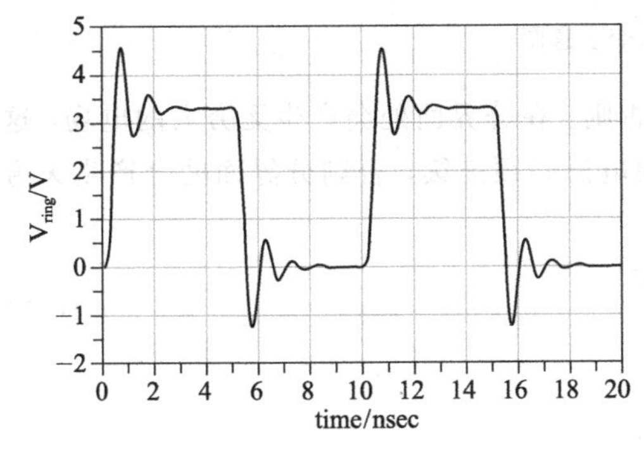

图 4-1　信号的振铃

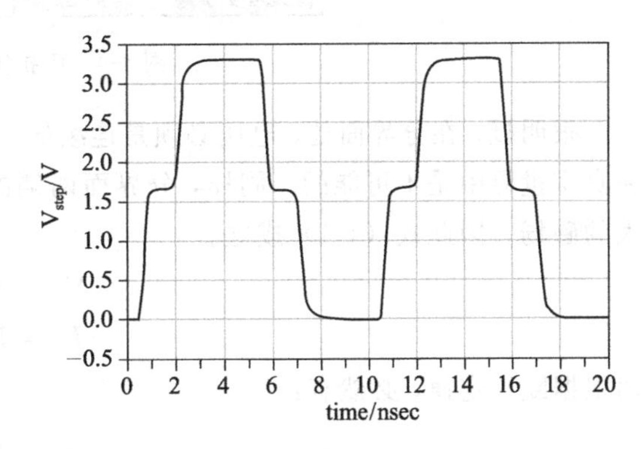

图 4-2　信号边沿的台阶

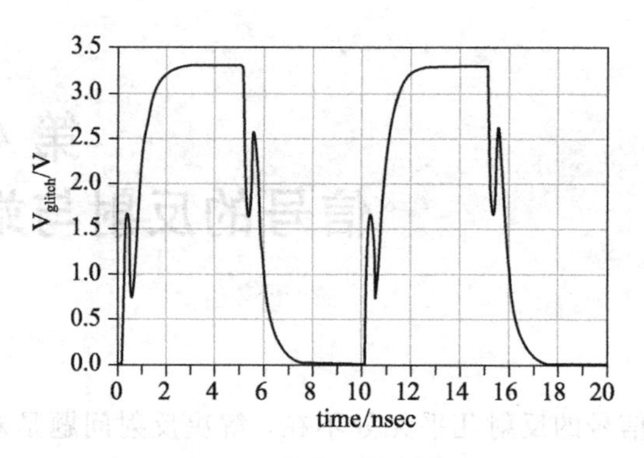

图 4-3　信号边沿的回勾

4.1　反射是怎么形成的

信号的反射和互连线的阻抗密切相关。实际上反射的最直接的原因就是互连线中阻抗发生了突然变化。只要互连线中存在阻抗不连续的点，该处就会发生反射。

理解反射最重要的是要建立这样一个概念：信号是以电磁波的形式在走线中传输的。如果从传统电路理论角度去看，是无法理解信号反射的。严格来讲，应该从电磁波传播的角度来推导反射公式，但是对于工程应用来说，电路理论中的电压电流的形式更容易使用，所以这里我们从电压电流的角度来分析反射。

假设信号传输过程中，经过两个阻抗不同的区域，如图 4-4 所示。区域 1 阻抗为 Z_1，区域 2 阻抗为 Z_2，现在我们考察在区域分界面处的电压电流情况。

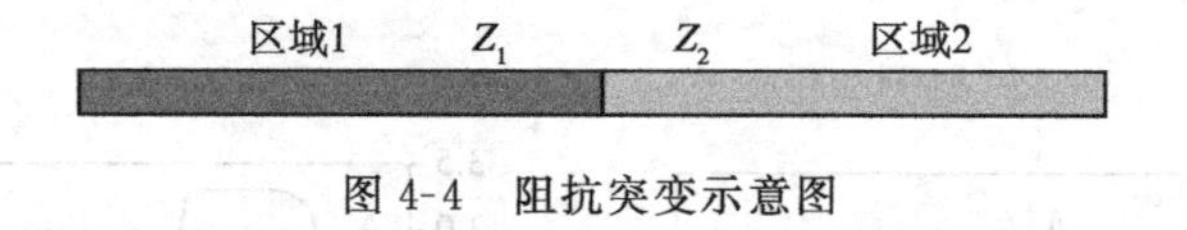

图 4-4　阻抗突变示意图

很明显，在分界面处，电压必须是连续的，否则，在分界面处会产生无穷大的电场，这在真实世界中是不可能的。同样，分界面两侧的电流必须连续，否则分界面处会产生无穷大的磁场。因此式（4-1）成立。

$$\begin{aligned} V_1 &= V_2 \\ I_1 &= I_2 \end{aligned} \tag{4-1}$$

而根据欧姆定律，必然有：

$$\begin{aligned} I_1 &= \frac{V_1}{Z_1} \\ I_2 &= \frac{V_2}{Z_2} \end{aligned} \tag{4-2}$$

显然如果 $Z_1 \neq Z_2$ 的情况下，式（4-1）和式（4-2）不可能同时成立。如何理解这一困境？反射理论提供了一个很好的答案。回顾电报方程，电压包含了正向传播分量和反向传播分量，如式（4-3）所示。

$$v(z) = v(z)^{+} \mathrm{e}^{-\mathrm{j}z\omega\sqrt{LC}} + v(z)^{-} \mathrm{e}^{\mathrm{j}z\omega\sqrt{LC}} \tag{4-3}$$

前面提到，应该从电磁波的角度来理解反射，在分界面处，一部分正向传播，另一部分反向传播。从电压电流角度，我们可以把区域 1 的电压 V_1 分成两个部分，其中一部分以电压 V_{inc} 正向传输，另一部分以电压 V_{reflect} 反向传输。其中 V_{inc} 称为入射电压，V_{reflect} 称为反射电压。而 V_2 记为 V_{trans}，称作传输电压。由于分界面两侧电压相等，所以有

$$V_{\mathrm{inc}} + V_{\mathrm{reflect}} = V_{\mathrm{trans}} \tag{4-4}$$

再来看电流的情况。入射电压 V_{inc} 产生一个正向电流 I_{inc}，反射电压 V_{reflect} 产生一个反向电流 I_{reflect}。区域 2 的电流记为 I_{trans}，要使分界面两侧电流相等，必有

$$I_{\mathrm{inc}} - I_{\mathrm{reflect}} = I_{\mathrm{trans}} \tag{4-5}$$

通过对电压电流的分解，只要入射电压和反射电压存在合适的关系，我们就能够设法满足分界面处电压电流连续的条件。下面推导入射电压和反射电压的关系。根据欧姆定律有：

$$\begin{aligned} I_{\mathrm{inc}} &= \frac{V_{\mathrm{inc}}}{Z_1} \\ I_{\mathrm{reflect}} &= \frac{V_{\mathrm{reflect}}}{Z_1} \\ I_{\mathrm{trans}} &= \frac{V_{\mathrm{trans}}}{Z_2} \end{aligned} \tag{4-6}$$

联立式（4-4）、式（4-5）、式（4-6）可得

$$\Gamma = \frac{V_{\mathrm{reflect}}}{V_{\mathrm{inc}}} = \frac{Z_2 - Z_1}{Z_2 + Z_1} \tag{4-7}$$

$$T = \frac{V_{\mathrm{trans}}}{V_{\mathrm{inc}}} = \frac{2 \times Z_2}{Z_2 + Z_1} \tag{4-8}$$

Γ 称为反射系数，T 称为传输系数。

式（4-7）和式（4-8）在信号完整性中经常使用，必须非常熟悉。只要确定了阻抗变化的情况，就可以知道信号有多大的反射，因此在信号完整性设计中，更多的是关注阻抗变化的情况，这一点非常重要。每一个硬件工程师都应牢记（4-7）和式（4-8）这两个等式，实际工程中经常会和这两个等式打交道。

有两种特殊情况的反射，硬件工程师们要非常熟悉。那就是末端开路和末端短路。在末端开路情况下，相当于 $Z_2 = \infty$ 根据式（4-7）反射系数为 1，所有入射电压全部反射，而且幅度与入射电压相同，极性也相同。这时末端的电压是入射电压的 2 倍。

图 4-5 为末端开路情况下的拓扑结构和仿真结果。信号在 0 ns 时刻从 0 跳变到 1 V，信号源输出阻抗为 50 Ω，传输线特性阻抗也为 50 Ω，根据分压关系施加到传输线上的电压

V_{in_open}幅度为 0.5 V。传输线延时为 1 ns，在小于 1 ns 的时间段内 0.5 V 的信号尚未到达传输线末端，传输线末端电压V_{end_open}保持为 0 V。在 1 ns 时刻，信号刚好传输到末端，如果不发生反射的话，末端电压V_{end_open}应该是 0.5 V，但是从仿真结果上看到，此时V_{end_open}为 1 V。产生这种现象的原因就是入射的 0.5 V 信号发生全反射，反射电压也是 0.5 V，V_{end_open}是入射电压和反射电压的叠加，刚好是 1 V。再来看传输线入口处的信号波形，2 ns 时刻V_{in_open}从 0.5 V 跳变为 1 V，注意传输线延时为 1 ns，末端反射的 0.5 V 信号传播到发送端的时刻刚好是 2 ns。反射回来的 0.5 V 电压和入射的 0.5 V 电压叠加，电压跳变为 1 V。

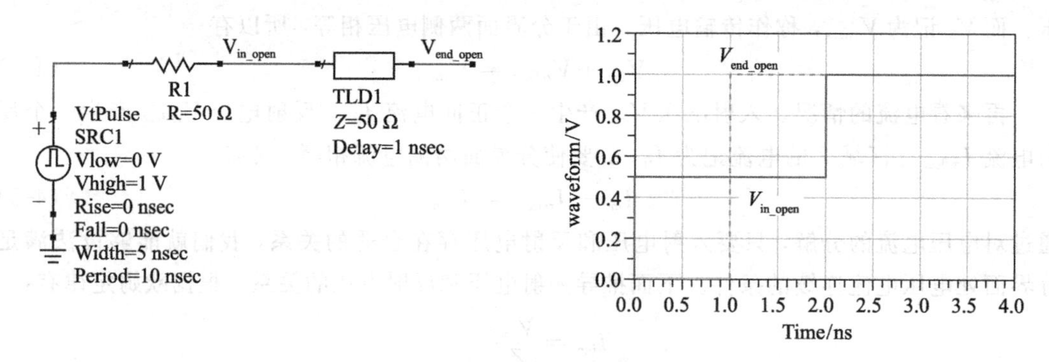

图 4-5 末端开路的反射

上面的例子是一种很典型的情况，后面会讲到，在源端匹配端接的情况下，传输线上的信号是以半幅度传输，但是传输线末端却能得到满幅度的电压，这正是源端端接有效的原因。

另一种极端情况是末端短路。这时，$Z_2=0$根据式（4-7）反射系数为-1，反射幅度与入射电压相等，但极性相反，叠加的结果是末端电压为 0，这与短路的情况相符合。

图 4-6 为末端短路情况下的拓扑结构和仿真结果。与开路情况分析类似，0.5 V 信号在 1 ns 时刻传播到末端，反射系数为-1，反射电压为-0.5 V，反射电压和入射电压叠加结果为 0 V。2 ns 时刻，反射回来的-0.5 V 电压和入射到传输线上的电压相叠加，结果为 0 V。

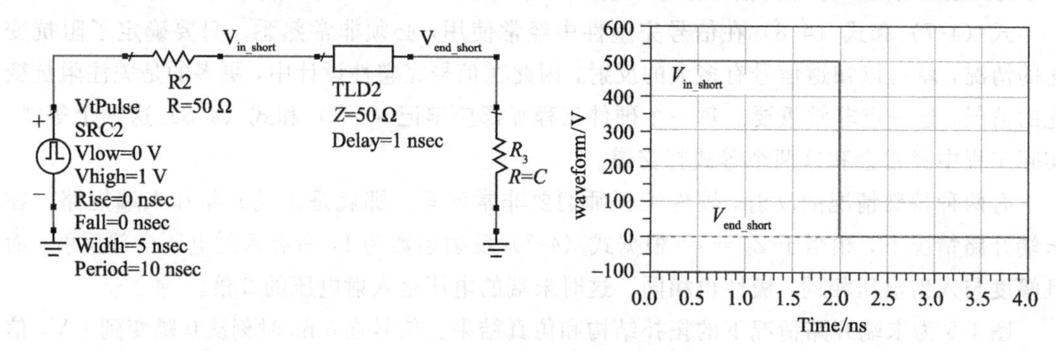

图 4-6 末端短路的反射

4.2　使用反弹图计算反射波形

知道了反射系数的概念，就可以计算出当信号到达阻抗不连续点时，会反射多大的电压。在信号反射问题上，不应该停留在仅仅了解信号路径中某个点单次反射量这种程度。没有正确匹配端接的情况下，信号在路径中的反射往往会发生很多次，而多次反射对信号又会产生什么影响？信号波形会是什么样的？作为硬件工程师，看到实际 PCB 布线的时候，应该对这条走线可能产生什么样的波形有一个大致的估计，尽管有的时候可能不够准确，但往往可以发现潜在风险，对于工程设计来说这是最重要的。实际工程设计中由于多种因素，可能没有那么多时间对每个信号都进行仿真验证。做仿真之前，如果能够敏锐地感觉到可能存在问题的信号路径，就可以有针对性地进行仿真验证。正如 Eric Bogatin 在他著名的《信号完整性分析》一书中提到的，直觉对于工程设计非常重要。而直觉的形成是建立在对信号完整性理论深刻的理解以及丰富的设计经验基础之上。

我们从最基础的开始，通过简单的数学计算来看看反射对波形的影响。不要忽视手工计算的作用，这可以让你对反射的影响有更深刻的理解。尽管仿真可以更直观地看到波形，但我还是希望读者认真地手工计算一次，然后和仿真波形对比验证。这一过程对培养直觉非常重要，完成这个计算过程，能对信号在传输线中多次反射的过程和机理有更深的认识。对于多次反射的计算，最常用的就是使用反弹图。什么是反弹图？没必要过多地解释，接下来你会发现，这有点像乒乓球运动。

这个例子中，我们使用特性阻抗为 50 Ω 的传输线，信号上升时间 0 ns，即理想方波信号，传输线延时为 1 ns，传输线末端开路，并且假定驱动器输出阻抗为 10 Ω，如图 4-7 所示。

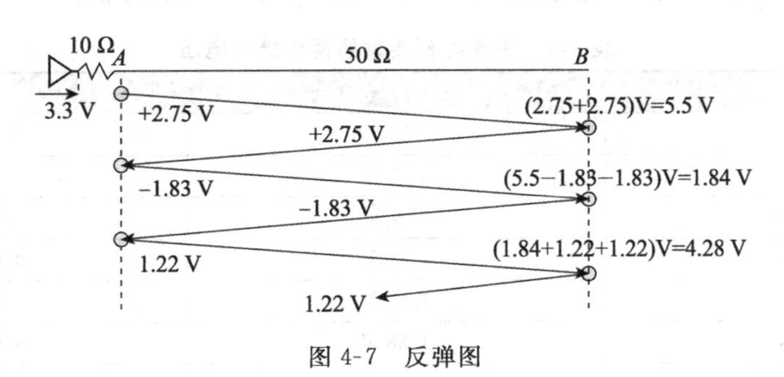

图 4-7　反弹图

第 1 次反射：信号在 0 ns 时从芯片内部发出，经过 10 Ω 输出阻抗和 50 Ω PCB 特性阻抗的分压，实际加到 PCB 走线上的信号为 A 点电压 [3.3×50/(10+50)] V=2.75 V。1 ns 后信号传输到远端 B 点，由于 B 点开路，阻抗无穷大，反射系数 $\Gamma=1$，反射信号电压为 $\Gamma\cdot 2.75$ V=2.75 V。此时 B 点测量电压是 (2.75+2.75) V=5.5 V。这里需要注意的一点是，在 $t=1$ ns 这一时刻，B 点的测量电压是入射电压与反射电压的叠加。

第 2 次反射：2.75 V 的反射电压在 $t=2$ ns 时刻回到 A 点，阻抗从 50 Ω 变为 10 Ω，发生负反射（注意此时从 B 点反射回来的 2.75 V 信号向 A 点传播，对于 A 点来说相当于入射电压），反射系数为

$$\Gamma=\frac{10-50}{10+50}=-\frac{2}{3}$$

所以 A 点反射电压为 $2.75\ \text{V}\times\left(-\frac{2}{3}\right)=-1.83\ \text{V}$。此时 A 点测量电压同样是入射电压和反射电压的叠加，即 (2.75+2.75−1.83) V=3.67 V。

第 3 次反射：−1.83 V 反射电压向 B 点传输，$t=3$ ns 时刻到达 B 点，再次发生全反射，反射电压−1.83 V。此时 B 点测量电压为（5.5−1.83−1.83）V=1.84 V。

第 4 次反射：从 B 点反射回的−1.83 V 电压在 4 ns 时到达 A 点，再次发生负反射，反射电压为 1.22 V。此时 A 点测量电压为（3.67−1.83+1.22）V=3.06 V。

第 5 次反射：1.22 V 反射电压在 5 ns 时到达 B 点再次发生正反射，反射电压 1.22 V。此时 B 点测量电压为（1.84+1.22+1.22）V=4.28 V。

第 6 次反射：… … …

第 7 次反射：… … …

⋮

如此循环往复，把这一过程用图形的方式显示出来，如图 4-7 所示，反射电压在 A 点和 B 点之间来回反弹，这就是这种方法被称为反弹图的原因。

为了更清晰地观察传输线两个端点的电压变化，我们按时间顺序把不同时刻 A 点电压及 B 点电压列于一张表中，如表 4-1 所示。对于任何一个端点，一旦发生反射，该点电压就发生跳变，跳变后的电压会一直持续到信号在该点再次发生发射为止。

表 4-1　不同时刻传输线两个端点电压

时刻 t	B 点电压	A 点电压
0 ns	0 V	2.75 V
1 ns	5.5 V	2.75 V
2 ns	5.5 V	3.67 V
3 ns	1.84 V	3.67 V
4 ns	1.84 V	3.06 V
5 ns	4.28 V	3.06 V
⋮	⋮	⋮

观察 B 点电压：5.5 V→1.84 V→4.28 V→……，可见 B 点电压会有上下波动，这就是信号振铃。观察 A 点电压：2.75 V→0.92 V→2.14 V→……，也同样存在振铃现象。

根据反射理论，我们计算了各个时刻传输线端点的电压值，那么这个例子中传输线端

点波形是不是真的与我们的计算结果相符合？最好的方法就是仿真验证。在仿真中假定波形是理想的方波，低电平为 0 V，高电平为 3.3 V，为了观察反射情况，将方波的周期设置得很大，这样可以有充足的时间来观察信号的振铃。仿真结果如图 4-8 所示。从图中可以看出，仿真结果和理论计算完全吻合。

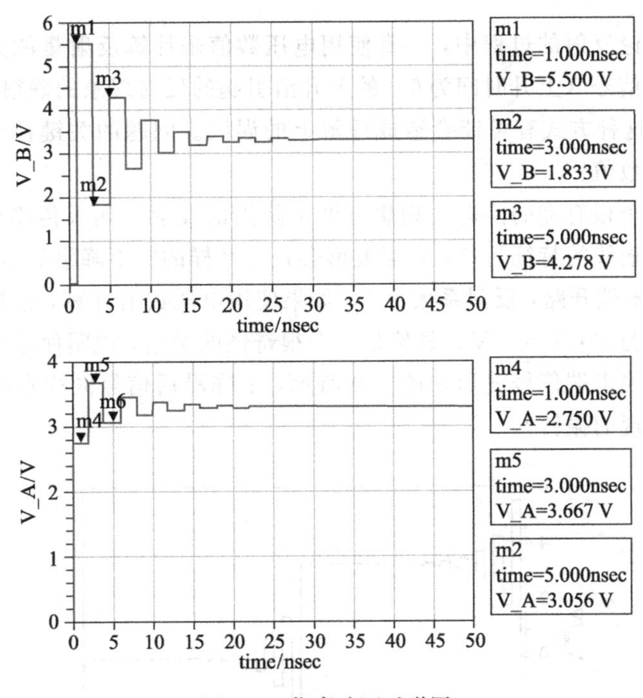

图 4-8 仿真验证反弹图

仿真波形中的另一个现象也值得注意，即使是在无损传输线的情况下，随着反射次数的增加，信号振铃的幅度也会越来越小。为什么会产生这样的现象？我们根据反射公式计算各次反射电压，看看有什么规律。A 点反射系数表示为 $\Gamma_A = -\frac{2}{3}$，B 点反射系数表示为 $\Gamma_B = 1$。入射电压表示为 $V_{in} = 2.75\ V$，各次反射电压如下：

第 1 次反射电压：$V_{in}\Gamma_B = 2.75$ V

第 2 次反射电压：$V_{in}\Gamma_B\Gamma_A = -1.83$ V

第 3 次反射电压：$V_{in}\Gamma_B\Gamma_A\Gamma_B = -1.83$ V

第 4 次反射电压：$V_{in}\Gamma_B\Gamma_A\Gamma_B\Gamma_A = 1.22$ V

可以想象，随着反射次数的增加，Γ_B 和 Γ_A 的累计相乘会越来越多，由于 A 点电反射系数的绝对值小于 1，所以这个累计相乘的结果会越来越小，反射电压的绝对值也会越来越小，其极限值为 0。对于无损传输线，信号会在 AB 两点之间无休止地震荡下去，永远不会达到稳态值。现实中的传输线都是有损的，信号反复传播震荡过程中会不断地衰耗，最终会趋于稳态值。

4.3 正反射和负反射的含义

前两节我们讨论反射的过程中，一直使用电压数值来计算反射量的大小。使用电压数值来计算理想方波信号（上升时间为0）的上升沿引起的反射现象的确很方便，尽管在数值上是正确的，但是这种方式有可能会造成理解上的误区。问题的关键在于：使用数值是否合理？该如何处理数值？

接下来讨论一个很有趣的问题：理想方波下降沿的反射。如果传输线末端开路，驱动器输出阻抗小于传输线的特征阻抗，末端波形会是什么样的？下降沿后信号电平为0 V，信号到达末端，由于末端开路，反射系数为1。如果使用电压数值计算，根据反射电压的计算公式得到反射电压为$\Gamma \cdot 0 = 0$ V。显然是一个很奇怪的结论，说明使用电压数值计算的结果是错误的。传输线末端信号波形如图4-9所示，下降沿后信号同样存在振铃现象。那么如何解释下降沿出现的振铃？

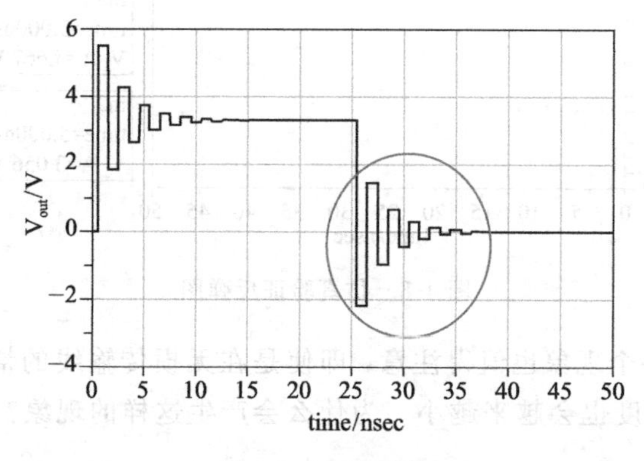

图4-9 末端信号

理解这个问题最直接的方法就是从正弦波的反射开始。数字信号可以看成是一系列正弦信号的组合，了解了正弦信号的反射特征就能进一步估计数字信号的反射波形。如果激励源是正弦信号，传输到传输线末端遇到阻抗不连续点时也会发生反射。为了观察反射情况，构建一个如图4-10所示的简单的拓扑，驱动器输出阻抗为50 Ω，等于传输线的特性阻抗。传输线延迟1.5 ns，末端阻抗为75 Ω。假设驱动器输出正弦信号仅仅持续1 ns，然后激励源保持0 V。这样信号在传输线末端发生反射后，反射波形在3 ns时刻才能到达传输线的起始端并与入射信号叠加，而此时入射信号保持在0 V，所以3 ns时刻起出现的波形就是反射回来的波形。

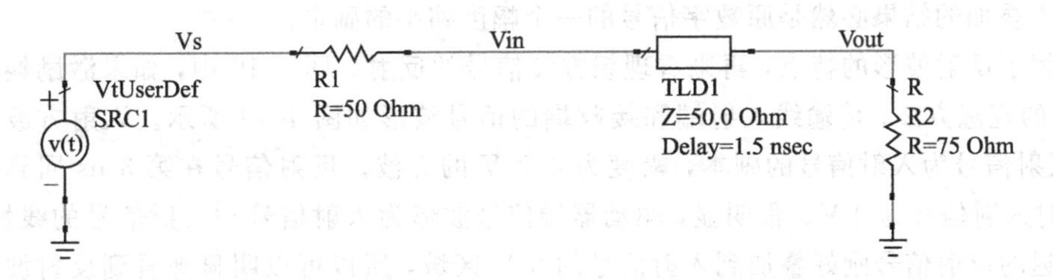

图 4-10　正反射拓扑结构

图 4-11 中分别为 1 GHz、3 GHz 正弦信号激励时，驱动器端的波形。0～1 ns 时间段是激励源正弦波的波形。在 3 ns 时刻出现一个幅度为 0.2 V 的相同形状的正弦波。因为传输线起始端接了 50 Ω 的电阻，和传输线特性阻抗一致，0.2 V 的正弦波是从传输线末端反射回来的。信号到达末端时，反射系数为

$$\Gamma = \frac{75 - 50}{75 + 50} = 0.2$$

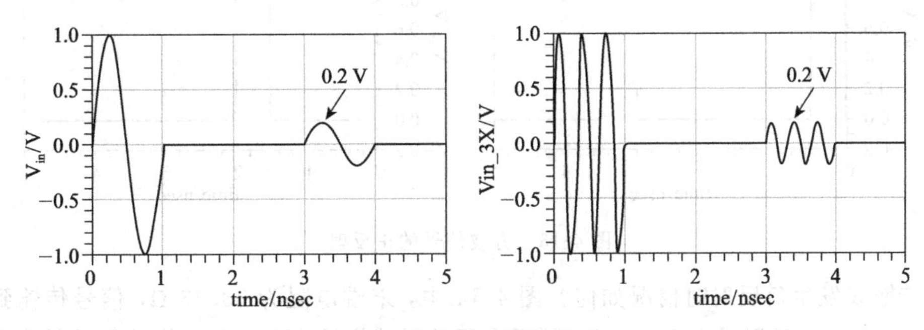

图 4-11　驱动器端的波形

所以反射的正弦波幅度为 0.2 V。由于传输线延迟为 1.5 ns，从正弦信号进入传输线算起，需要经过一个往返时间延迟反射信号才能回到传输线起点，时间刚好是 3 ns。反射波形也是一个正弦波。这里需要注意一个现象，对于正反射，反射信号与入射信号相比，除了幅度变化之外，形状完全相同。反射信号是入射信号根据反射系数按比例缩小的副本。

将这两个正弦波按一定比例叠加构建一个新的信号作为激励，则反射信号也是两个正弦反射分量按比例叠加的结果。因此反射信号也必然是入射信号的一个缩小的副本。如图 4-12 所示。

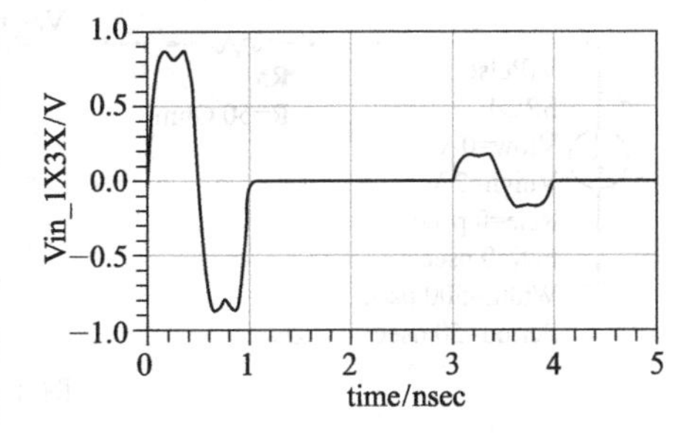

图 4-12　驱动器端两个正弦信号叠加

根据傅里叶分解理论我们知道，数字信号可以分解成一系列正弦信号。如果入射信号是数字信号，传输线末端发生正反射时，对于信号中包含的每个正弦分量的反射波形都是该正弦分量的一个缩小的副本，

这些副本叠加的结果必然是原数字信号的一个幅度缩小的副本。

了解了反射波形的特点，再来看理想方波信号的反射。图 4-10 中，如果激励换成脉宽为 1 ns 的理想方波，传输线入射端和接收端的信号波形如图 4-13 所示。入射方波幅度为 1 V，反射信号为入射信号的副本，幅度为 0.2 V 的方波。反射信号在第 3 ns 回到入射端时，此时入射信号为 0 V。很明显，驱动器端信号波形为入射信号和反射信号的线性叠加，由于延迟的反射信号刚好叠加到入射信号的 0 V 区域，所以可以明显地看到反射波形的形状。末端信号是一个幅度为 1.2 V 的方波，入射信号到达末端的同时也发生正反射，末端的 1.2 V 方波刚好是入射信号的 1 V 方波和反射信号的 0.2 V 方波副本的线性叠加。在末端入射信号和反射信号之间没有任何延迟，所以看不到分离的反射信号，入射信号和反射信号融合为一个幅度更高的方波。

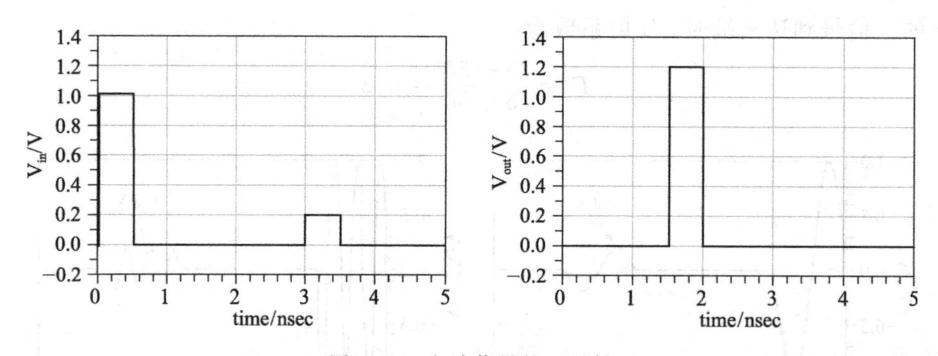

图 4-13　方波信号的正反射

当传输线发生负反射时情况如何？图 4-14 中，末端电阻为 33.33 Ω，信号传输到末端时会发生负反射，反射系数为−0.2。同样在驱动器端信号波形为入射信号和反射信号的叠加，根据上面的讨论，3 ns 处的波形为反射信号。很明显反射信号仍然是入射信号的一个幅度缩小的副本，只不过负反射中这个副本跳变方向和入射信号相反，当入射信号上升时，反射信号下降，图 4-15a 显示了驱动器端的波形。传输线末端入射信号和反射信号叠加而变成了幅度为 0.8 V 的方波，如图 4-15b 所示。

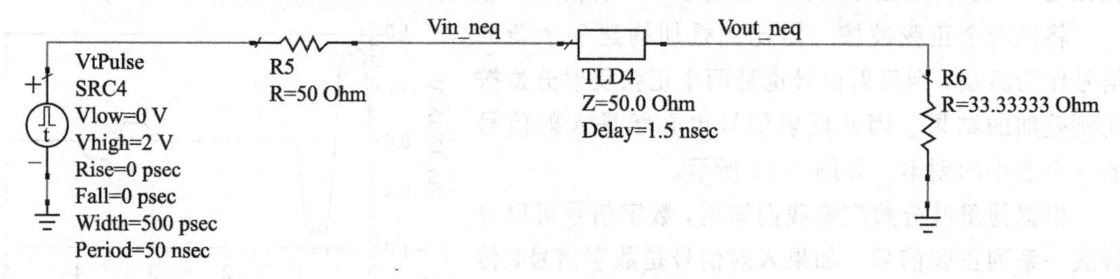

图 4-14　负反射拓扑结构

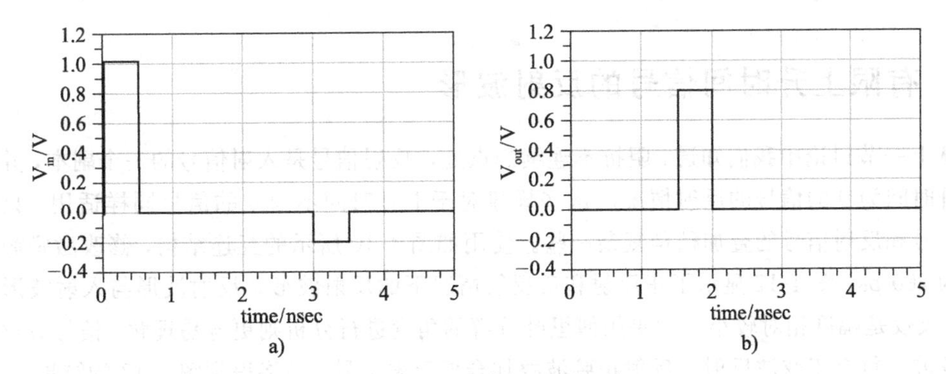

图 4-15　方波信号的负反射

因此，在阻抗不连续的点处发生反射时，反射的是信号的波形，而不是电压数值。反射波形是入射波形的一个幅度缩小的副本。对于正反射，副本变化方向和入射信号变化方向相同。对于负反射，副本变化方向和入射信号变化方向相反。传输线两端的信号都是入射信号和反射信号波形的线性叠加。在传输线末端，入射波形和反射波形没有相对延迟。在入射端，入射波形和反射波形有相对延迟。

有了对反射的这种直观认识，再回到末端开路时下降沿的振铃问题。如果激励源输出阻抗等于传输线特性阻抗，传输线末端反射的信号回到驱动器端后，不会再发生第二次反射。根据上面的讨论，4.2 节计算反弹图时传输线末端是入射信号（2.75 V 方波）和反射信号（2.75 V 方波）叠加，结果应该是 5.5 V 方波，下降沿不会出现振铃，如图 4-16 中虚线所示。但是当驱动器阻抗为 10 Ω 时，末端信号在上升沿后发生振铃，只要脉冲高电平持续时间足够长，反射信号在发送端和接收端之间反复反弹并叠加到入射的 2.75 V 方波高电平上，最终稳定在 3.3 V。对下降沿，由于接收端是正反射，反射信号和入射信号同方向变化，入射信号和反射信号叠加结果应该是下降 5.5 V，但此时高电平稳定在 3.3 V，以 3.3 V 为起点下降 5.5 V，所以下降沿时末端信号会向下冲到－2.2 V。之后反射信号在发送端和接收端之间反复反弹叠加，这就形成了下降沿的振铃。

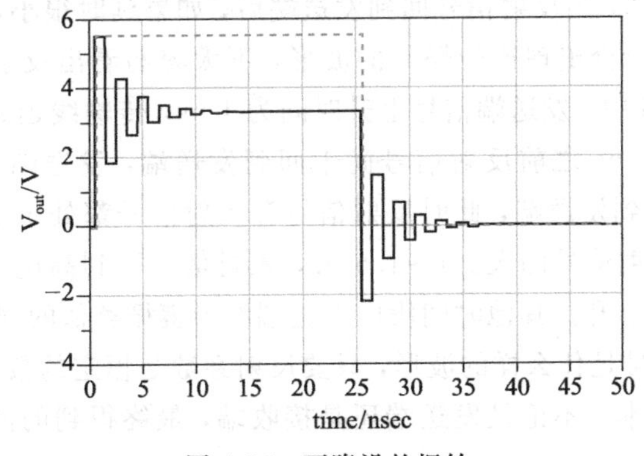

图 4-16　下降沿的振铃

4.4　有限上升时间信号的反射波形

从上一节讨论中我们知道，阻抗不连续的点处，反射信号是入射信号的一个副本，并讨论了上升时间为 0 的信号的反射情况。这些规律对于上升时间不为 0 的信号同样适用，只不过入射信号和反射信号的叠加稍稍复杂一些。使用如图 4-10 所示的互连结构，修改激励源上升时间为 200 ps，图 4-17 显示了正反射和负反射情况下的反射波形。反射波形与入射波形形状类似，仅仅是幅度相对较小。如果用傅里叶分解的角度进行分析则更容易理解，信号分解为多个正弦波、每个正弦波反射、反射正弦波叠加合成反射信号，最终得到图 4-17 的结果。

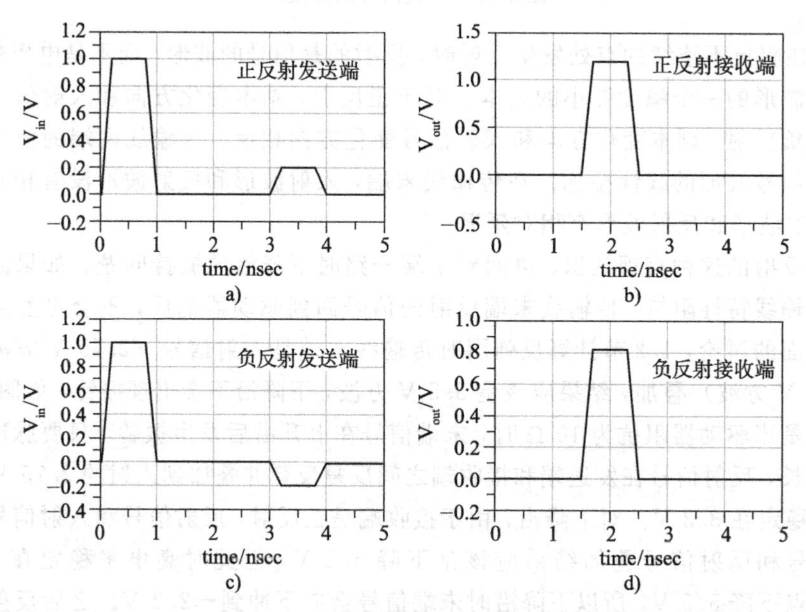

图 4-17　上升时间不为 0 的信号反射

由于上升时间不为 0，当反射信号回到发送端后，如果延时很小，可能会和入射信号部分重叠，此时发送端可能会出现比较怪异的波形，不太容易看出反射信号是如何影响发送端信号波形的。图 4-18 中，发送端信号上升时间为 1 ns，传输线延时为 250 ps。反射结果如图 4-19 所示，在 0.5 ns 之前反射信号尚未回到发送端，发送端波形与入射信号相同。0.5～1 ns，反射信号回到发送端，此时反射信号和入射信号都处于上升沿，叠加的结果使得波形上升边斜率比入射信号的大。1～1.5 ns，入射信号达到高电平，发送端信号波形按照反射信号上升沿斜率上升。其他时间段内发送端波形遵循类似的规律。

总之，不论入射信号是什么样的波形，只要反射系数是恒定的数值，反射信号波形就是入射信号波形的一个副本。不论是发送端还是接收端，最终得到的波形都是入射波形和反射波形叠加的结果。如果发生多次反射，也仅仅是这一叠加过程稍微复杂一些而已，但波形叠加的本质不会变。

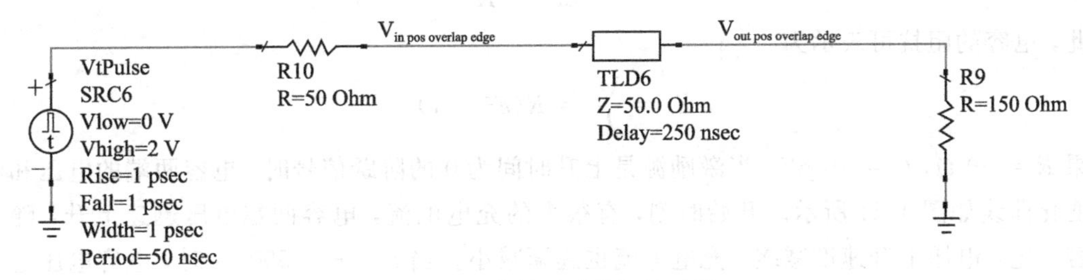

图 4-18　传输延时较短的反射

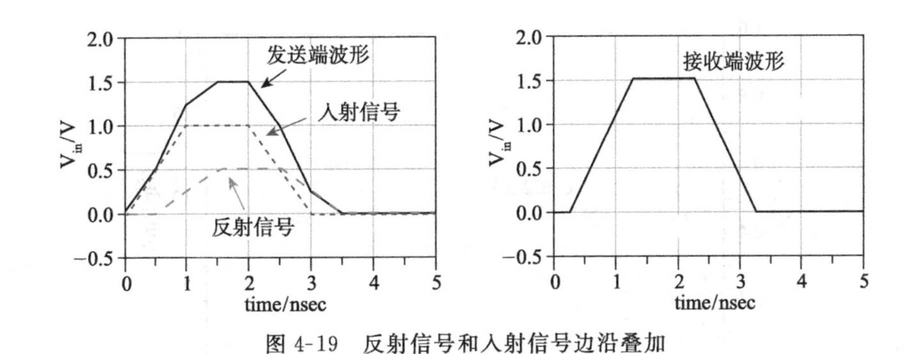

图 4-19　反射信号和入射信号边沿叠加

4.5　容性阻抗不连续

从本节开始，我们将讨论几种典型的阻抗不连续的情况对信号完整性的影响，首先我们分析容性阻抗不连续的情况。容性负载的反射和电阻性负载的反射有很大的不同。对于电阻性阻抗不连续，在阻抗不连续点两侧的阻抗值都是固定的，因而反射系数是恒定的数值。但是对于容性不连续点，信号感受到的阻抗却是随时间变化的，因而反射系数也是变化的。在图 4-20 所示 *RC* 电路中，激励源从低电平跳变到高电平，假设高电平电压幅度为 *A*，则电容两端的电压可表示为

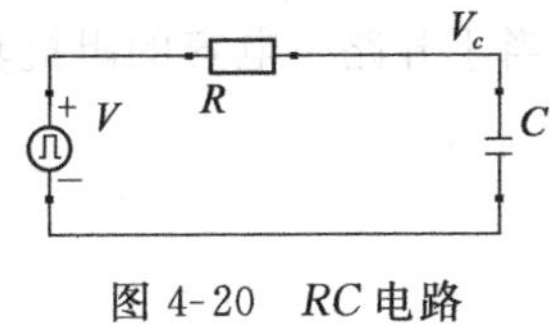

图 4-20　*RC* 电路

$$V_c = A\left(1 - e^{-\frac{t}{\tau}}\right) \tag{4-9}$$

其中，$\tau = RC$ 为电路的时间常数。电容从充电开始，经过一个时间常数 τ 后电压值为

$$V_c = A(1 - e^{-1}) = 63.2\% \cdot A \tag{4-10}$$

即经过一个时间常数 τ 后电容电压值上升到其终值电压的 63.2%。时间常数是 *RC* 电路中一个非常重要的参数。后面的分析中也会多次用到。

流过电容的电流为

$$I_c = C\frac{dV_c}{dt} = \frac{A}{R}e^{-\frac{t}{\tau}} \tag{4-11}$$

因此，电容的阻抗可表示为

$$Z_c = \frac{V_c}{I_c} = R(e^{\frac{t}{\tau}} - 1) \tag{4-12}$$

如果 $R = 50\ \Omega$，$C = 10\ \mathrm{pF}$，当激励源是上升时间为 0 的阶跃信号时，电容两端的电压和电流变化曲线如图 4-21 所示。开始时刻，有很大的充电电流，电容两端电压迅速上升，随着电容充电，电压上升速度减缓，充电电流也逐渐减小。当 $t = \tau = 500\ \mathrm{ps}$ 时，电容电压上升到 632 mV，是终值电压 1 V 的 63.2%。

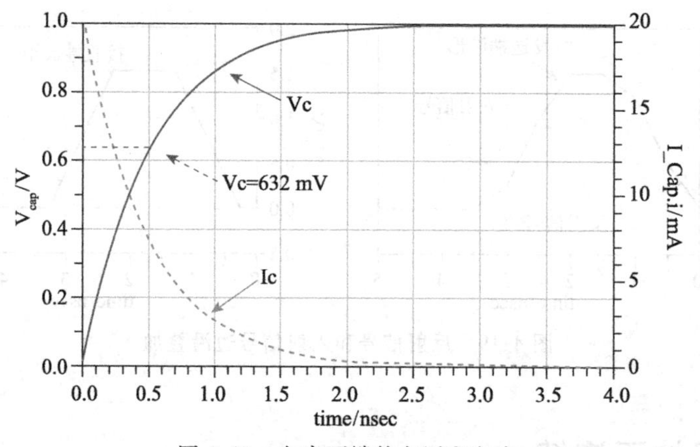

图 4-21 电容两端的电压和电流

电容的阻抗如图 4-22 所示。电压刚刚施加到电容上的瞬间，电容的阻抗为 0，相当于短路。随着电容充电，阻抗逐渐增大。随着时间的不断增加，阻抗逐渐变为无穷大，最终相当于开路。电容的阻抗具有时变特性，容性阻抗不连续点的反射情况也变得非常复杂。

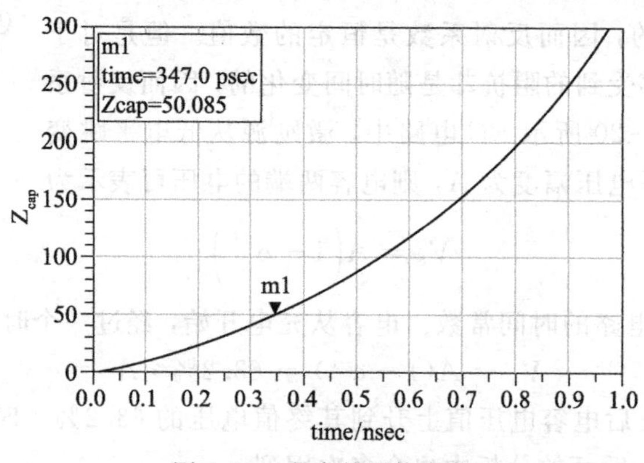

图 4-22 电容的阻抗变化

从阻抗表达式经过简单的推算就可以得到，当 $t=\tau \cdot \ln 2$ 时，电容阻抗等于 R。图 4-22 中标出了电容的阻抗达到 50 Ω 时所用的时间 $t=\tau \cdot \ln 2=50 \cdot 10 \cdot \ln 2=347$ ps。RC 电路时间常数 $\tau=RC$ 越大，电容的阻抗变化越缓慢；反之，越快。

4.6 互连线末端容性负载的反射

任何接收器都会有一定的输入电容，焊盘、封装都会引入一定的寄生电容，硅片也会有寄生电容。输入电容可能从几皮法（pF）到十几皮法（pF）不等，通常是几个皮法（pF）。这个输入电容对于信号来说就是一个容性阻抗不连续点，当信号到达接收器时，就会因为容性阻抗不连续而产生反射。

对于点对点互连结构，如果容性负载在互连线的末端，如图 4-23 中所示，信号进入传输线但尚未达到末端这一段时间内，它并不清楚末端是什么，信号感受到的就像一个纯电阻电路，阻抗为传输线特性阻抗，记为 Z_0。信号抵达传输线末端时刻，感觉到一个容性的负载。对信号而言，就是从一个阻性元件进入容性元件，因而时间常数可表示为

$$\tau = Z_0 C \tag{4-13}$$

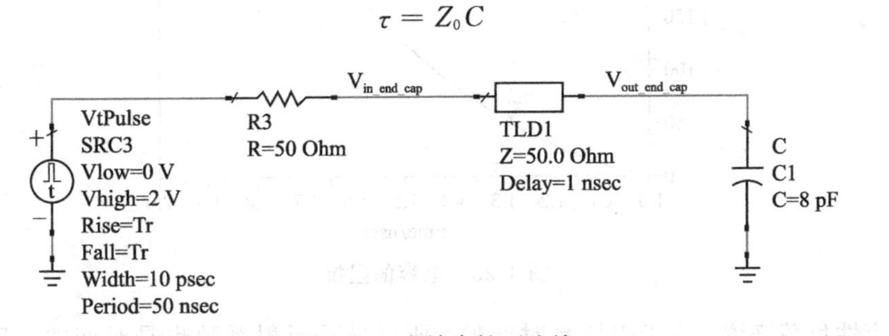

图 4-23　末端容性不连续

假设激励信号上升时间 $T_r=0$，输出阻抗为 50 Ω，传输线特性阻抗 $Z_0=50\ \Omega$，传输线延迟时间为 1 ns，末端电容 C=8 pF。传输线入射的波形为上升时间为 0，幅度为 1 的理想方波。当这个方波信号经过 1 ns 的传输延迟后到达末端电容负载的瞬间，电容会有一个很大的充电电流，随着电容的充电，电压逐渐增大，电流逐渐减小。经过 400 ps 之后电容电压达到 1.264 V，刚好是终值电平的 63.2%。这和计算得到的 $\tau=Z_0C=(50\times 8)\text{ps}=400$ ps 相吻合。图 4-24 为电压和电流的变化曲线。

电容的阻抗为

$$Z_c = \frac{V_c}{I_c} = Z_0\left(e^{\frac{t}{\tau}} - 1\right) \tag{4-14}$$

其中，时间常数 $\tau=Z_0C$。阻抗曲线如图 4-25 所示，经过时间 $t=\tau \cdot \ln 2=(50\times 8\times \ln 2)$ ps $=277$ ps 后电容的阻抗超过了传输线的阻抗。

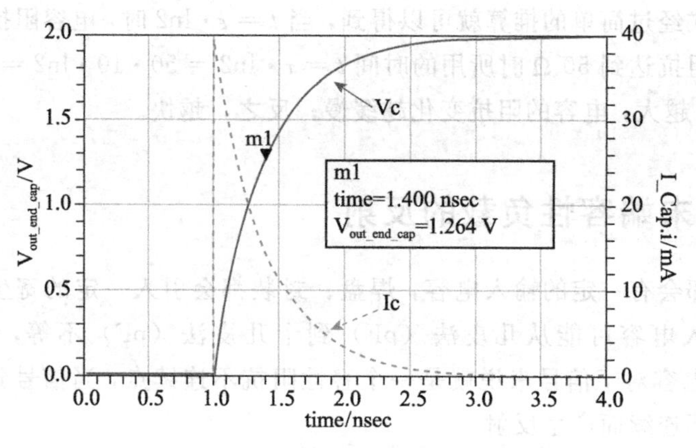

图 4-24　末端电容的电压和电流

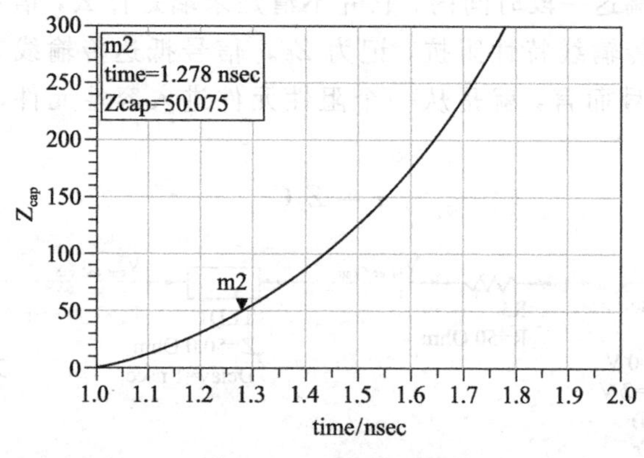

图 4-25　电容的阻抗

对于容性负载来说，由于阻抗是时变的，所以导致反射系数也是时变的。反射系数可用式（4-15）表示，其中 $\tau = Z_0C$。当信号入射到电容的瞬间，即 $t=0$ 时刻，电容开始充电，此时电容阻抗为0，反射系数 $\Gamma=-1$，相当于短路情况。当 $t=\tau\cdot\ln2\approx0.7\cdot\tau$ 时，电容的阻抗等于传输线的阻抗，此时反射系数为0。当 $t\to\infty$ 时，电容的阻抗远大于传输线的阻抗，反射系数 $\Gamma\to1$，相当于开路情况。容性负载使电路工作状态经历从短路到开路的转化。反射系数随时间变化趋势如图 4-26 所示。

$$\Gamma=\frac{Z_c-Z_0}{Z_c+Z_0}=\frac{Z_0(e^{\frac{t}{\tau}}-1)-Z_0}{Z_0(e^{\frac{t}{\tau}}-1)+Z_0}=1-2\cdot e^{-\frac{t}{\tau}} \tag{4-15}$$

发送端和接收端的信号波形如图 4-27 所示。在发送端（见图 4-27a），2 ns 后容性负载的反射信号回到发送端，反射信号和入射信号叠加的结果是波形电压降到 0，此后，信号电压按照指数规律增加，上升时间由时间常数 $\tau=Z_0C$ 决定。如果入射信号是理想的方波信号，那么指数规律的上升沿与电容充电时电容两端电压变化规律完全一致。在下降沿，会

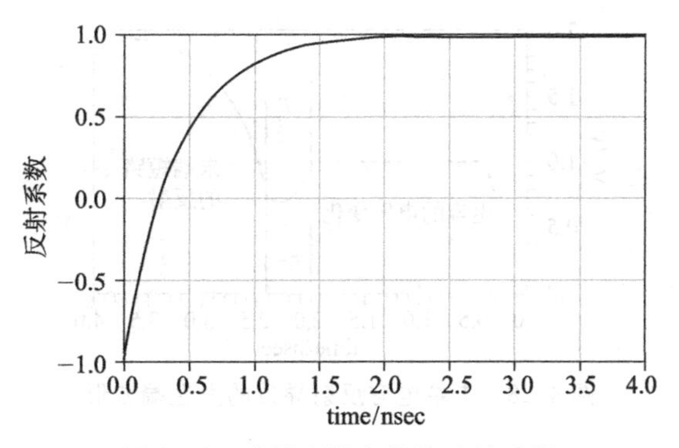

图 4-26　末端容性负载的反射系数

产生一个与信号跳变方向相反的脉冲波形。如果在传输线的发送端附近还有其他的接收器，那么这个向下的尖峰就会非常危险。

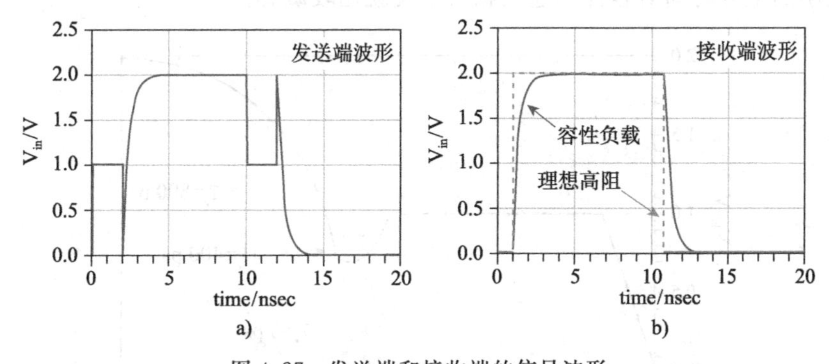

图 4-27　发送端和接收端的信号波形

在接收端，波形上升规律和电容充电时两端电压变化规律一致。如果接收端是一个高阻的阻性不连续，比如开路状态，那么接收端波形将会是 b 图中虚线所示的方波。和单纯的阻性不连续相比，容性负载延长了接收端信号的上升时间，相当于延迟了信号的到达时间。在一组同步总线中，如果某一位数据线由于某种原因接收端容性负载比其他的数据线大很多，就有可能引起时序问题。

实际的数字信号上升时间都不是 0，如果上升时间 $T_r \neq 0$，反射信号会是什么样的？如果图 4-23 中激励源上升时间为 400 ps，等于时间常数，传输线延迟 1 ns，发送端波形如图 4-28 中所示。$t=2$ ns 时刻，反射信号到达发送端。为了显示信号的边沿宽度，图中点画线给出了传输线末端短路情况下的波形作为参考。在信号上升时间 T_r 间隔内（2～2.4 ns），发送端波形是入射波形和电容反射波形叠加的结果。在入射信号上升时间 $T_r \neq 0$ 情况下，发送端波形不会下降到 0。在反射信号到达发送端，并经过一个 T_r 时间间隔后，即 2.4 ns 以后，发送端波形和电容充电时两端电压的波形一致。

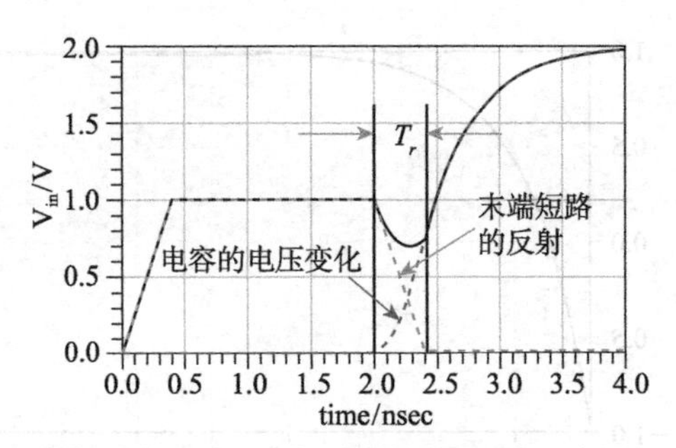

图 4-28 末端电容反射导致的发送端波形

回勾的深度（负反射噪声的幅度），和信号上升时间有关。在图 4-23 所示的互连结构中，当上升时间 T_r 分别取 0 ps、400 ps、800 ps 3 个不同值时，传输线发送端信号波形分别如图 4-29 所示。上升时间越长，反射噪声就越小。较长的上升时间可以容忍更大的容性不连续，而较小的上升时间对容性不连续相对来说就比较敏感。

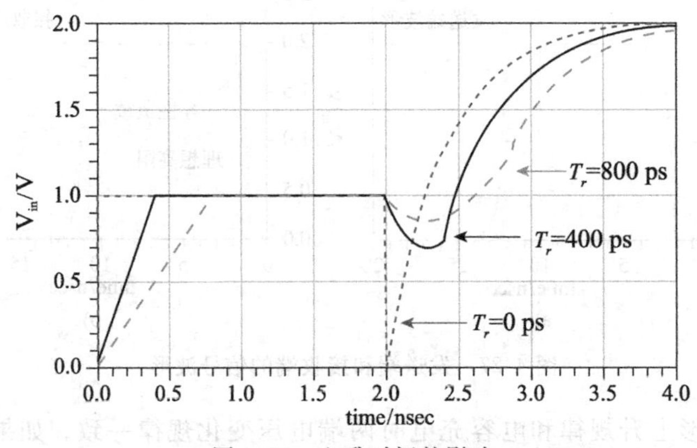

图 4-29 上升时间的影响

回勾的深度（负反射噪声的幅度）还和容性负载的大小有关。图 4-30 显示了末端容性负载分别为 2 pF、4 pF、8 pF 等三种不同电容值情况下发送端的波形，容性负载越大，反射噪声也越大。

回勾的深度（负反射噪声的幅度）的最大值是多少？和上升时间以及电容值的具体关系是怎样的？实际上，对于电容在链路的末端情况，负反射电压最大幅度可用下式表示，具体推导过程见附录 4.1。

$$V^{-}(t)_{\max}=\begin{cases}-\dfrac{\tau}{T_r}(1-\ln 2) & T_r>\tau\cdot\ln 2\\ 1-\dfrac{2\tau}{T_r}\left(1-\mathrm{e}^{-\frac{T_r}{\tau}}\right) & T_r\leqslant\tau\cdot\ln 2\end{cases}\tag{4-16}$$

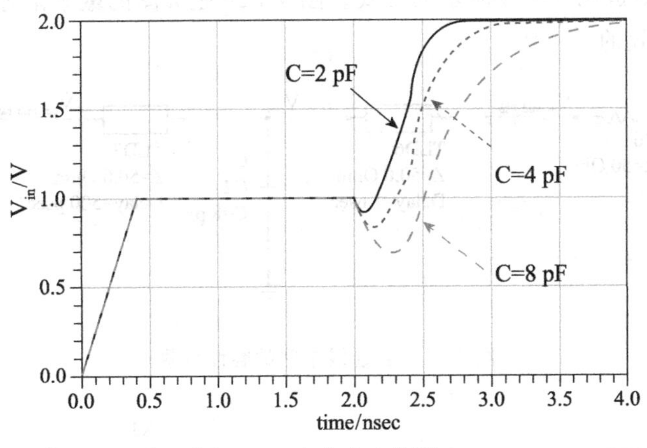

图 4-30 电容大小的影响

当 $T_r = \tau \cdot \ln 2$ 时反射噪声为

$$|V^-(t)_{\max}| = \left|\frac{1}{\ln 2}(\ln 2 - 1)\right| = 44\% \tag{4-17}$$

绝大多数情况下这种量级的反射噪声是不可接受的，实际中电路基本都工作在 $T_r > \tau \cdot \ln 2$ 这种情况下，这样就可以得到一个相当简单的噪声估算等式。

$$V_{\text{反射噪声}} = 0.3\frac{\tau}{T_r} \tag{4-18}$$

当 $\tau = \frac{T_r}{6}$ 时，反射噪声为 5%。当 $\tau = \frac{T_r}{3}$ 时，反射噪声为 10%。如果传输线为 50 Ω 的阻抗控制，时间常数 $\tau = 50 \cdot C$，当电容 $C = \frac{T_r}{300}$ 时，反射噪声为 5%。对于 300 ps 的上升时间，传输线末端 1 pF 的电容就会在发送端产生 5%的噪声。可见，末端电容的反射噪声对电容值和信号上升时间很敏感，增加信号上升时间能显著减小容性负载的反射噪声。

4.7 互连线中间容性负载的反射

容性负载不仅仅表现为接收器的输入电容，而且还表现在类似于容性结构的负载，如芯片引脚较宽的焊盘也类似于一个容性负载，对于低速信号，过孔也可以粗略地看作是一个容性负载。如果 PCB 走线经过过孔换层，就类似在传输线中间有一个小的容性负载。桩线很短的菊花链拓扑结构，以及 Fly-by 结构，链路中间的每一个接收器都相当于一个容性负载。

当容负载处于传输线中间时，其行为特征和处于传输线末端的情况稍有区别。主要是时间常数 τ 不同和反射系数 Γ 不同。图 4-31 中电容两侧都有传输线，从电容两端看向电路的其他部分，可等效成图 4-32a 所示的形式。图 4-32b 是 a 图的戴维南等效，即两个电路中虚线左侧部分是等效的。

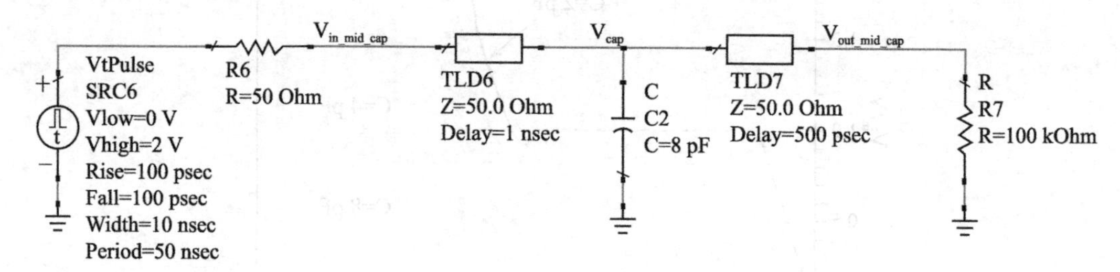

图 4-31　互连线中间的容性负载

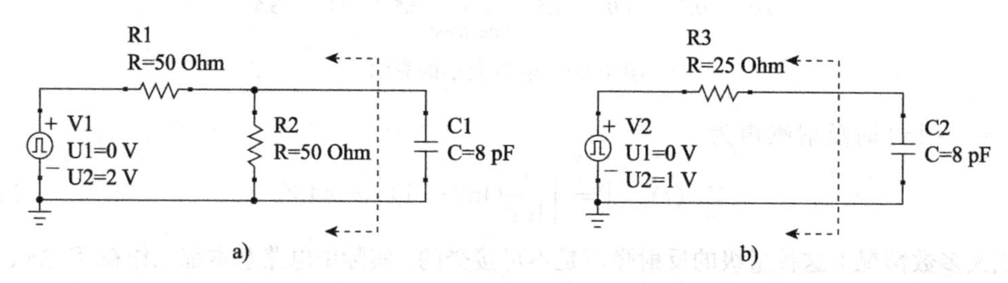

图 4-32　等效电路

如果两侧传输线阻抗都是 $Z_0 = 50\ \Omega$，则信号到达电容时相当于通过一个 25 Ω 电阻对其充电。假设入射电压最大值为 U，电容两端电压为

$$V_c = U\left(1 - e^{-\frac{t}{\tau}}\right) \tag{4-19}$$

其中，$\tau = \frac{Z_0}{2}C$ 为电路的时间常数。

流过电容的电流为

$$I_c = C\frac{dV_c}{dt} = \frac{2 \cdot U}{Z_0}e^{-\frac{t}{\tau}} \tag{4-20}$$

电容的阻抗可表示为

$$Z_c = \frac{V_c}{I_c} = \frac{Z_0}{2}\left(e^{\frac{t}{\tau}} - 1\right) \tag{4-21}$$

图 4-33 显示了电容两端的电压和通过电容的电流曲线。曲线形式与传输线末端电容类似，只不过这里的时间常数为 $\tau = \frac{Z_0}{2}C = (25 \times 8)\ \text{ps} = 200\ \text{ps}$，$t = 1\ \text{ns}$ 时信号到达电容，开始对电容充电，经过 $\tau = 200\ \text{ps}$ 电容电压上升到 632 mV，是其终值电压的 63.2%。图 4-34 为电容阻抗曲线，电容经过 $\tau \cdot \ln 2 = 138.6\ \text{ps}$ 后达到等效阻抗 25 Ω。

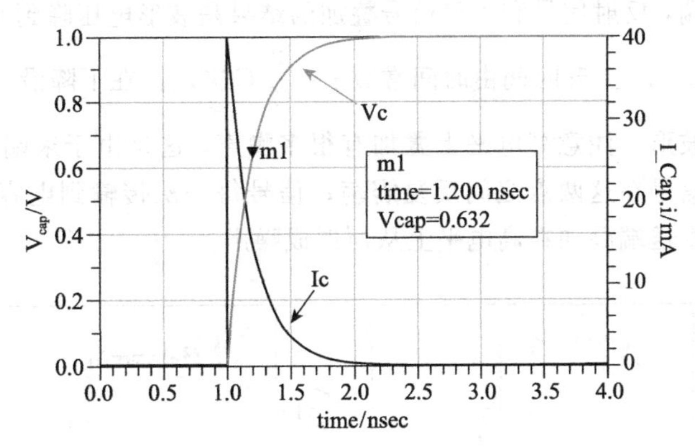

图 4-33 电容的电压和电流曲线

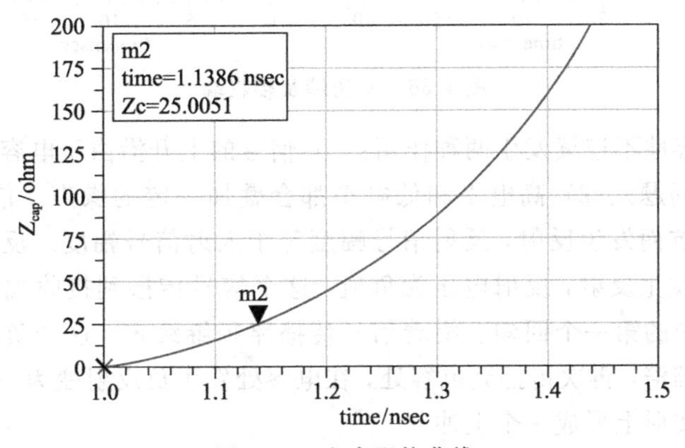

图 4-34 电容阻抗曲线

下面分析反射情况，图 4-31 中信号传播到电容时，感受到的阻抗是电容阻抗和后面一段传输线阻抗的并联。并联阻抗为

$$Z_p=\frac{\frac{Z_0}{2}(e^{\frac{t}{\tau}}-1)\cdot Z_0}{\frac{Z_0}{2}(e^{\frac{t}{\tau}}-1)+Z_0}=Z_0\frac{e^{\frac{t}{\tau}}-1}{e^{\frac{t}{\tau}}+1} \quad (4\text{-}22)$$

反射系数为

$$\Gamma=\frac{Z_p-Z_0}{Z_p+Z_0}=-e^{-\frac{t}{\tau}} \quad (4\text{-}23)$$

注意这里的时间常数为 $\tau=\frac{Z_0}{2}C$。反射系数的变化趋势如图 4-35 所示。

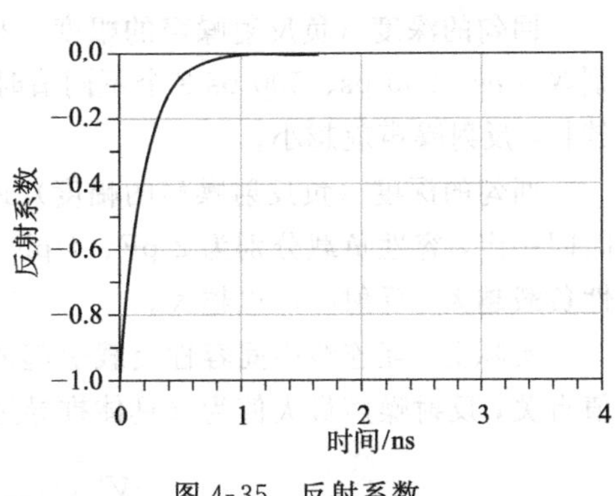

图 4-35 反射系数

如果上升时间 $T_r=0$，发送端及接收端的波形如图 4-36 所示。在发送端，2 ns 后容性负载的

反射信号回到发送端，反射信号和入射信号叠加的结果是波形电压降到 0 V，此后，信号电压按照指数的规律增加，上升时间由时间常数 $\tau=\frac{Z_0}{2}C$ 决定。在下降沿，产生一个与信号跳变方向相反的脉冲波形。注意高电平上叠加有很多噪声，这是由于末端负载和电容之间发生多次反射，因此信号在这两点之间反复震荡；信号每一次传输到电容所在的位置时，都会有一部分信号在发送端叠加在高电平上从而形成噪声。

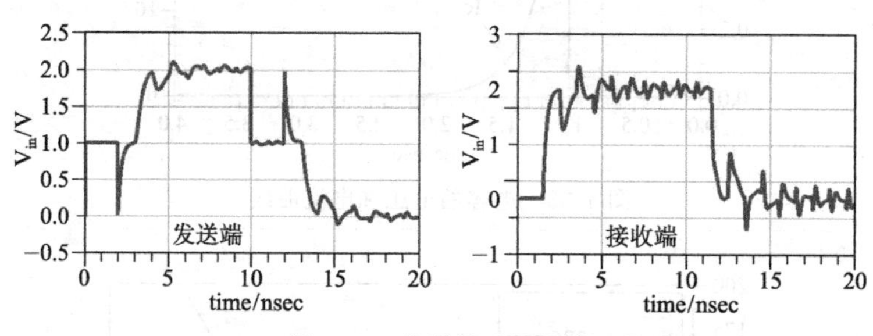

图 4-36　发送端及接收端

对于接收端，容性不连续发生两种作用：1）信号的上升沿由于电容的作用变缓（下一节将详细阐述这个问题）。2）高电平和低电平都会叠加一定的噪声。信号到达接收端后，由于接收端的高阻抗而发生反射，反射信号幅度等于入射信号幅度。反射回来的信号到达中间的电容时再次发生反射，反射电压为负值，这个信号传播到接收端并叠加在接收端信号上，产生了波形中的第一个回勾。沿着信号传播路径继续走，这个负的信号在接收端再次发生反射，幅度翻倍，再次传播到电容处，在电容处发生负反射变为一个正的信号向接收端传播，在接收端波形上形成一个上冲。

容性负载在链路中间情况下，信号在容性阻抗不连续点和其他阻抗不连续点之间不断反射叠加，可能会产生很大的反射噪声。链路中间的容性阻抗不连续是点到多点拓扑结构中信号很难保持干净的主要原因之一。

当激励源信号上升时间非 0 时，容性负载反射不会使发送端信号跌落到 0。

回勾的深度（负反射噪声的幅度）和上升时间有关。电容量一定时，当上升时间 T_r 分别取 0 ps、250 ps、500 ps 3 个不同值时，发送端信号波形分别如图 4-37 所示。上升时间越长，反射噪声就越小。

回勾的深度（负反射噪声的幅度）还和容性负载的电容大小有关。图 4-38 显示了上升时间一定，容性负载分别为 2 pF、4 pF、8 pF 等三种不同电容值情况下发送端的波形，容性负载越大，反射噪声也越大。

实际上，互连线中间容性负载引起的反射噪声最大值与时间常数和信号上升时间的比值有关，反射噪声最大值为（具体推导过程见附录 4.2）。

$$V^{-}(t)_{\max}=-\frac{\tau}{T_r}\left(1-e^{-\frac{T_r}{\tau}}\right) \tag{4-24}$$

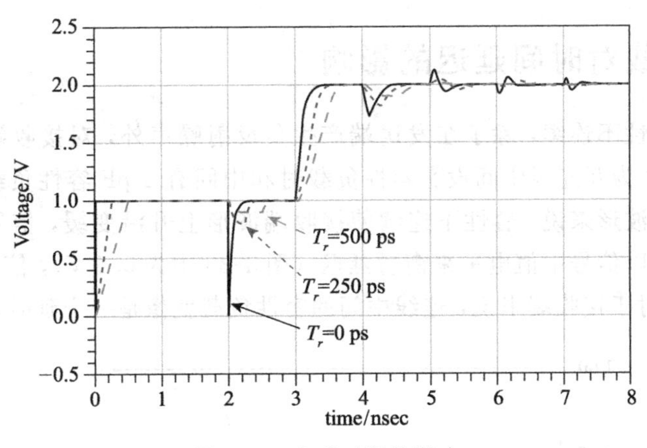

图 4-37　上升时间的影响

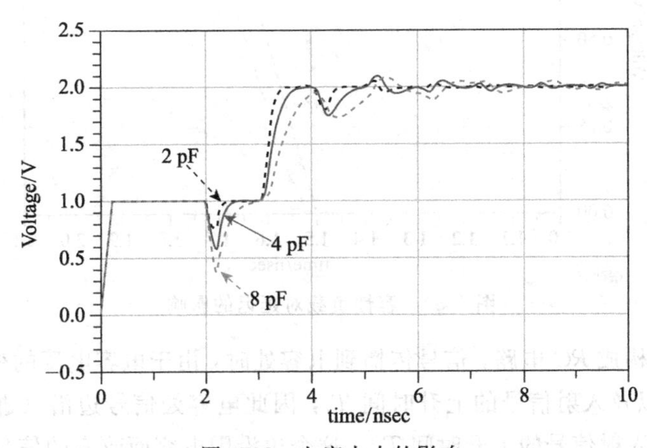

图 4-38　电容大小的影响

当 $\tau=\frac{T_r}{20}$ 时，反射噪声是入射信号的 5%。当 $\tau=\frac{T_r}{10}$ 时，反射噪声是入射信号的 10%。

如果传输线的阻抗为 50 Ω，则时间常数 $\tau=25\cdot C$。因而可以得到电容值和反射噪声的关系，当 $C=\frac{T_r}{500}$ 时，反射噪声是入射信号的 5%。对于上升时间为 1 ns 的信号，2 pF 的电容就会产生 5%的反射噪声。

如果允许 5%的反射噪声，则电容值最大为

$$C(\text{pF})=2\cdot T_r(\text{ns})$$

如果允许 10%的反射噪声，则电容值最大为

$$C(\text{pF})=4\cdot T_r(\text{ns})$$

4.8　容性负载对时间延迟的影响

线路中间的容性不连续，除了在发送端产生负反射噪声外，对接收端信号的延迟也会产生影响。图 4-39 为互连线中间没有容性负载时和中间有 2 pF 容性负载时接收端波形的对比。对于接收端波形来说，容性不连续使接收端波形上升沿变缓，信号到达时间就像被推迟了一样。如果以信号中值电平来衡量延迟（图 4-39 中为 0.5 V），信号到达接收端时间被延迟了 50 ps。对于接收端来说，连线中间的容性负载就像是一个延时累加器。

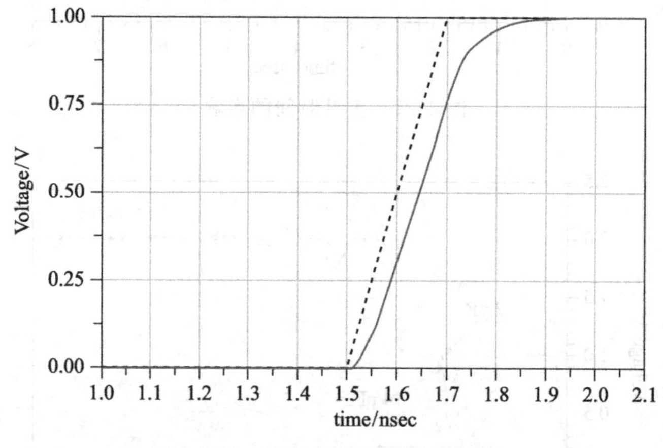

图 4-39　容性负载对延迟的影响

传输线与电容构成 *RC* 电路，信号传播到电容处时，由于电容电压的变化取决于 *RC* 电路的时间常数 τ，以及入射信号的上升时间 T_r，因此电容处信号边沿（进行信号延迟）取决于时间常数 τ 和入射信号的上升时间 T_r。这个边沿因电容而改变的信号沿传输线向末端传输，如果末端是纯阻性负载并与传输线阻抗相匹配，那么末端波形仅仅是电容处波形经过一定延时后的副本。

如果传输线阻抗为 50 Ω，则时间常数 τ 取决于电容值大小，对于链路中间的电容性负载，时间常数为 $\tau = 25 \cdot C$。电容越大，时间常数越大，信号边沿变化就越显著，因而时间延迟也越大。图 4-40 显示了电容分别为 2 pF、4 pF、8 pF 时接收端波形情况，入射信号上升时间 $T_r = 200$ ps。可见电容越大，信号延迟越多。

入射信号的上升时间 T_r 与电容产生的时间延迟量之间的关系有点微妙。对于 4 pF 电容，如果上升时间 $T_r = 200$ ps，延迟量为 84 ps，如果上升时间 $T_r = 1$ ns，延迟量为 100 ps，如果上升时间增加到 $T_r = 2$ ns，延迟量不再增加，仍为 100 ps。实际上电容产生的时间延迟值与 τ/T_r 有点关系，电容上电压可用式（4-25）表示（具体推导过程参见附录 4.2），可见电压上升到中值电平的时间受 τ/T_r 的影响。从下面的讨论中可以看到，当上升

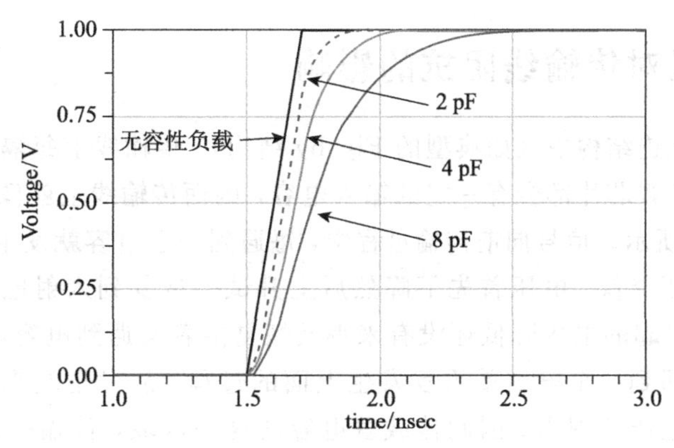

图 4-40　电容值对延迟量的影响

时间远大于时间常数时，电容引起的时间延迟完全取决于电容的大小。

$$V_c(t)=\begin{cases}\dfrac{t}{T_r}+\dfrac{\tau}{T_r}\left(e^{-\frac{t}{\tau}}-1\right) & t\in[0,\ T_r]\\ 1+\dfrac{\tau}{T_r}\left(1-e^{-\frac{T_r}{\tau}}\right)e^{-\frac{t}{\tau}} & t\in(T_r,\ \infty)\end{cases}\tag{4-25}$$

下表中列出了上升时间为 200 ps 时，不同电容值引起的时间延迟量。

上升时间 T_r /ps	电容量/pF	时间延迟量/ps	时间常数 τ /ps	τ/T_r
200	1	25	25	12.5%
	2	48	50	25.0%
	3	68	75	37.5%
	4	85	100	50.0%
	5	101	125	62.5%
	6	117	150	75.0%
	7	134	175	87.5%
	8	150	200	100.0%

由此可见，当信号上升时间 T_r 远大于时间常数 τ 时，电容产生的时间延迟量主要取决于电容，延迟量近似等于时间常数 τ。当 τ/T_r 逐步增大，使用 τ 来估计延迟量，其误差也越来越大，但即使 $\tau/T_r=1$ 时，估计误差也小于 30%。值得注意的是，使用 τ 来估计延迟量得到的是最大可能的延迟量，当上升时间很小时，这一估计比实际延迟量大。从设计的角度来说，高估风险总比对风险估计不足更安全一些。从上面的讨论中可得到这样一个结论：对于 50 Ω 阻抗控制的互连线，在连线中间的容性负载引起的时间延迟量为时间常数 $\tau=25\cdot C$，即每皮法（pF）电容产生 25 ps 的时间延迟。

4.9 容性负载对传输线阻抗的影响

在点到多点的互连结构中（如典型的 Fly-by 结构），传输线上每隔一小段距离就会挂一个负载。每一个负载芯片都会有一定的输入电容，因而传输线上就像是间隔的分布着很多电容。如图 4-41 所示。信号向前传输过程中，每遇到一个电容就发生一次负反射，负反射使发送端波形电压降低，电压首先下降然后上升试图恢复到入射电压，如果电容间的间隔很小，负反射引起的电压降低还没有来得及恢复接着又遇到电容，再次发生负反射，电压再次降低。每遇到一个电容就重复发生上面的过程，从发送端来看，电压波形会保持在一个较低值的电压范围内。因此挂载着电容的这一区域，传输线的阻抗就像是被降低了一样。如图 4-42 所示。对于有很多容性负载的传输线其行为就像是一段具有较低阻抗的传输线。

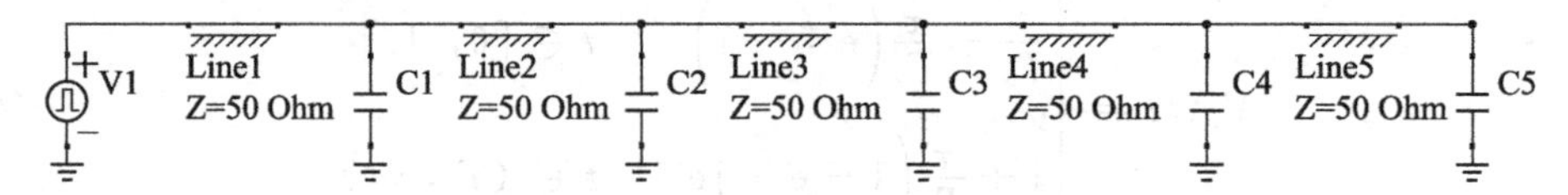

图 4-41　互连线中间多个容性负载

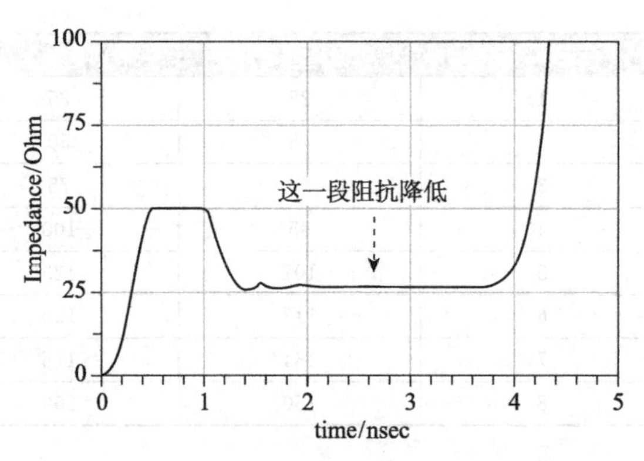

图 4-42　容性负载影响阻抗

容性负载对传输线阻抗有多大的影响？这一阻抗变化又和那些因素有关？

当负载电容不同时，阻抗变化也不同。图 4-43 显示了容性负载分别为 2 pF 和 4 pF 时传输线的阻抗变化情况。容性负载越大，阻抗下降越多。

容性负载之间的间隔距离对传输线阻抗也有影响。图 4-44 显示了对于同样的容性负载，间隔分别为 500 mil 和 1 000 mil 时阻抗变化情况。容性负载之间的间隔距离越小，传输线的阻抗下降越多。

容性负载使传输线阻抗减小，可以使用下面的关系式式（4-26）来粗略估计。假设传

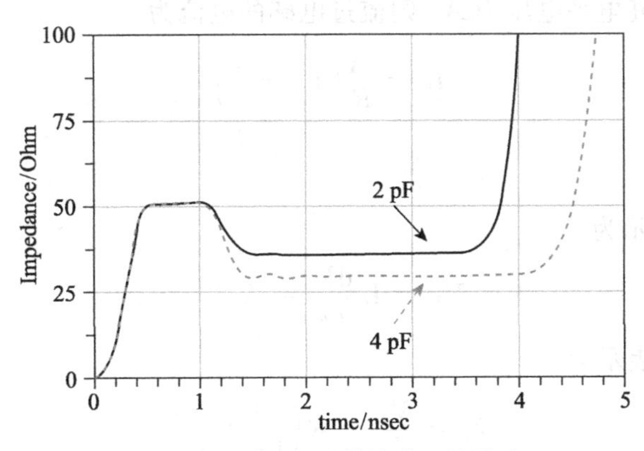

图 4-43　电容量对传输线阻抗影响

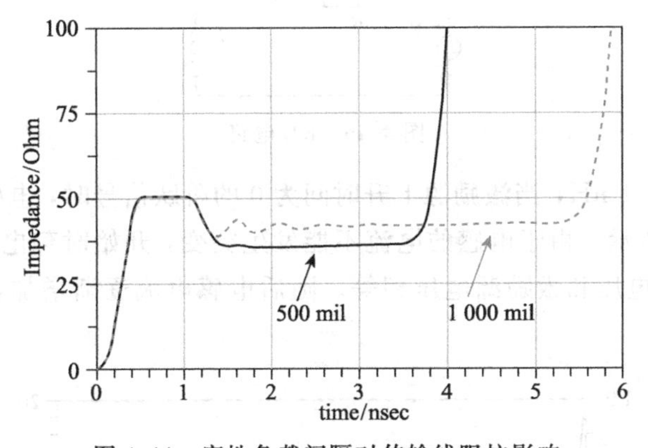

图 4-44　容性负载间隔对传输线阻抗影响

输线单位长度电感为 L，单位长度电容为 C，容性负载为 C_d，电容间隔为 d，则传输线阻抗可近似表示为

$$Z=\sqrt{\frac{L}{C+\frac{C_d}{d}}}=\sqrt{\frac{L}{C}\frac{1}{1+\frac{C_d/d}{C}}}=Z_0\sqrt{\frac{1}{1+\frac{C_d/d}{C}}} \tag{4-26}$$

其中，Z_0 为传输线特性阻抗。FR4 板材上 50 Ω 传输线单位长度电容的典型值为 3.5 pF/inch，如果容性负载为 5 pF，间隔距离为 1 000 mil，则传输线阻抗近似为 32 Ω。

4.10　感性阻抗不连续

除容性不连续外，感性阻抗不连续是互连线中另外一类重要的阻抗不连续情况。封装引脚、板间连接器等都表现为典型的感性不连续。对于感性不连续点，信号感受到的阻抗是随时间变化的，因而反射系数也是变化的。在图 4-45 所示 RL 电路中，激励源从低电平

跳变到高电平，假设高电平电压为 A，则流过电感的电流为

$$I_{\mathrm{L}}=\frac{A}{R}\left(1-\mathrm{e}^{-\frac{t}{\tau}}\right) \tag{4-27}$$

其中，$\tau=\frac{L}{R}$。

电感两端的电压可表示为

$$V_{\mathrm{L}}=L\frac{\mathrm{d}I_{L}}{\mathrm{d}t}=A\mathrm{e}^{-\frac{t}{\tau}} \tag{4-28}$$

因此，电感的阻抗可表示为

$$Z_{\mathrm{L}}=\frac{V_{\mathrm{L}}}{I_{\mathrm{L}}}=R\left(\frac{\mathrm{e}^{-\frac{t}{\tau}}}{1-\mathrm{e}^{-\frac{t}{\tau}}}\right) \tag{4-29}$$

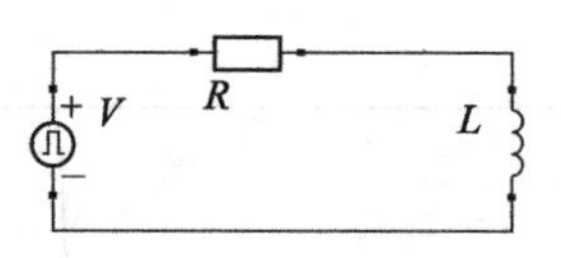

图 4-45　*RL* 电路

如果 $R=50\ \Omega$，$L=1\ \mathrm{nH}$，当激励源上升时间为 0 的阶跃信号时，电感两端的电压和电流变化曲线如图 4-46 所示。由于电感的电流不能发生突变，开始时刻电流为 0，电感相当于开路，因此此时电感电压和激励源电压相等。随后电感电流逐渐增加，而电感两端电压快速下降。

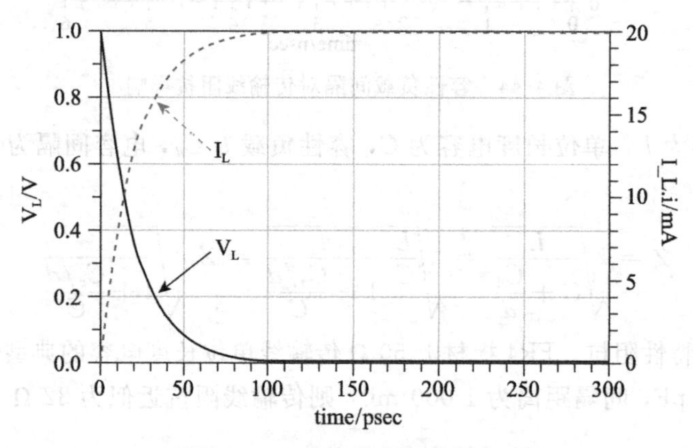

图 4-46　电感的电压和电流

电感的阻抗如图 4-47 所示。电压刚刚施加到电感上的瞬间，电感的阻抗为无穷大，相当于开路。接着电感阻抗迅速减小。随着时间的推移，阻抗逐渐趋于 0，最终相当于短路，电感的阻抗具有时变特性。

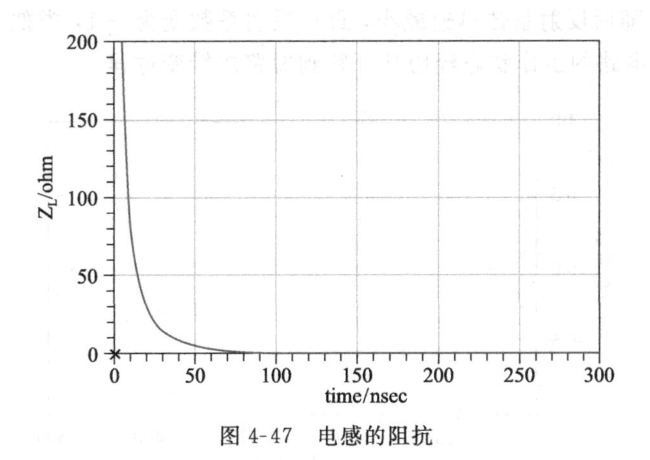

图 4-47　电感的阻抗

4.11　互连线末端感性负载的反射

对于点对点互连结构，如果感性负载在互连线的末端，如图 4-48 中所示，信号进入传输线但尚未达到末端这一段时间内，它并不清楚末端连接的是什么，信号感受到的就像一个纯电阻电路，阻抗为传输线特性阻抗 Z_0。信号抵达传输线末端时，感觉到是一个感性的负载。对信号来说，就是从一个阻性元件进入感性元件，因而其时间常数 τ 可表示为

$$\tau = \frac{L}{Z_0} \tag{4-30}$$

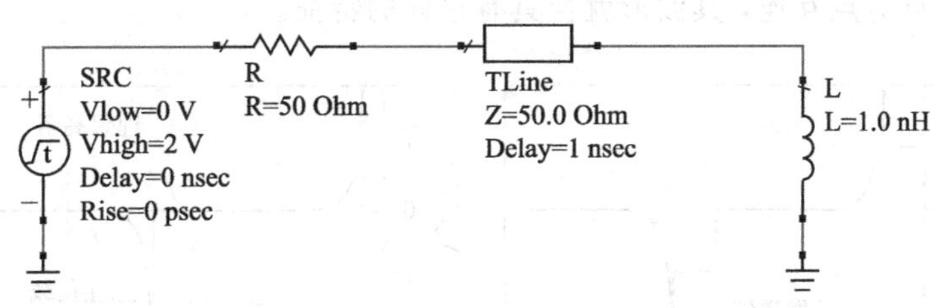

图 4-48　互连线的末端感性负载

由于感性负载的阻抗是时变的，因而信号的反射系数也必然是时变的，由反射系数计算式得，末端感性负载的反射系数为

$$\Gamma = \frac{Z_L - Z_0}{Z_L + Z_0} = \frac{Z_0\left(\frac{e^{-\frac{t}{\tau}}}{1-e^{-\frac{t}{\tau}}}\right) - Z_0}{Z_0\left(\frac{e^{-\frac{t}{\tau}}}{1-e^{-\frac{t}{\tau}}}\right) + Z_0} = 2 \cdot e^{-\frac{t}{\tau}} - 1 \tag{4-31}$$

图 4-49 显示了感性负载反射系数变化趋势的曲线。在信号入射的瞬间，反射系数为 $+1$，

类似于开路情况。随后反射系数迅速减小，最终反射系数变为 -1，类似于短路情况。由于感性负载的作用，电路的工作状态经历从开路到短路的转变过程。

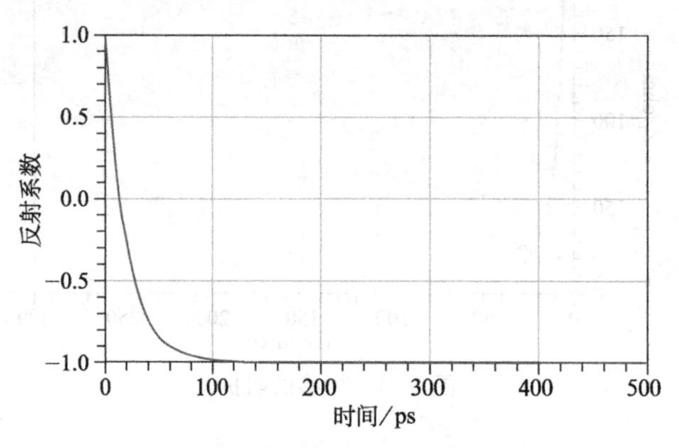

图 4-49　感性负载反射系数

传输线发送端和接收端的波形如图 4-50 所示。a 图为发送端波形，2 ns 后感性负载的反射信号回到发送端，反射信号和入射信号叠加的结果使波形电压上冲到了 2 V，此后，信号电压按照指数规律下降，下降时间由时间常数 $\tau = L/Z_0$ 决定。经过一定时间后信号电平变为 0。在入射信号的下降沿，变化规律类似。b 图为接收端波形，如果接收端是一个高阻的阻性不连续，比如开路状态，那么接收端波形将会是图中虚线所示的方波。和单纯的阻性不连续相比，感性负载使接收端信号的电平迅速下降，最终波形类似于一系列的尖峰脉冲，像是噪声一样，失去了方波特征。如果信号是通过变压器耦合进行传输，那么驱动芯片与变压器形成的点对点互连，其波形就会具有这样的特征。

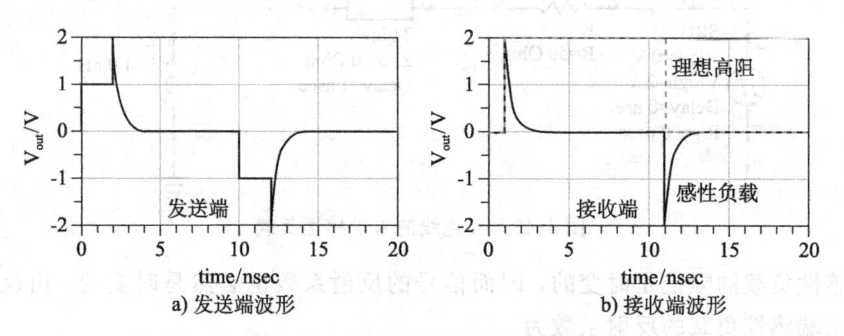

图 4-50　发送端及接收端的波形

如果上升时间 $T_r \neq 0$，反射信号会是什么样的？如果激励源上升时间为 200 ps，等于时间常数，传输线延迟 1 ns，波形如图 4-51 中所示。$t = 2$ ns 时刻，反射信号到达发送端。在信号上升时间 T_r 间隔内（2 ～ 2.2 ns），发送端波形是入射波形和电感反射波形两部分叠加的结果。在入射信号上升时间 $T_r \neq 0$ 情况下，发送端波形不会上冲到入射电压峰值的

2 倍。在反射信号到达发送端，并经过一个 T_r 时间间隔后，即 2.2 ns 以后，发送端波形和电感两端电压波形变化趋势一致。

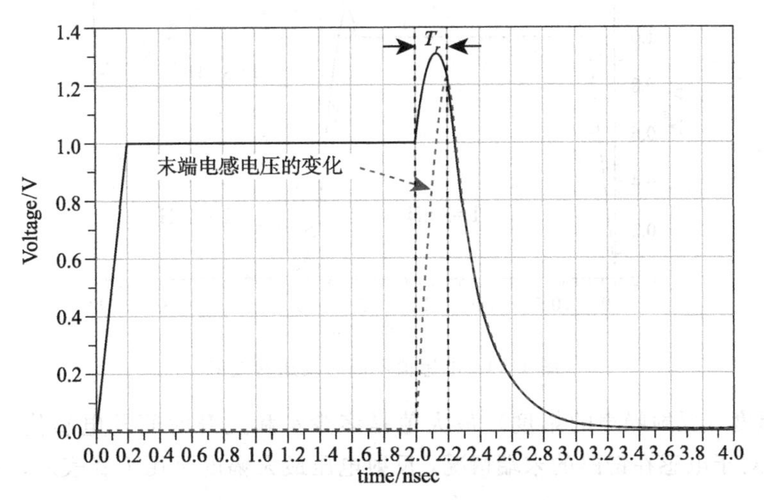

图 4-51 上升时间不为 0 的信号

上冲的幅度（反射噪声的幅度）和信号上升时间有关。当上升时间 T_r 分别取 0 ps、100 ps、200 ps 3 个不同值时，传输线发送端信号波形分别如图 4-52 所示。上升时间越长，反射噪声就越小。较长的上升时间可以容忍更大的感性不连续，而较小的上升时间对感性不连续相对来说就比较敏感。

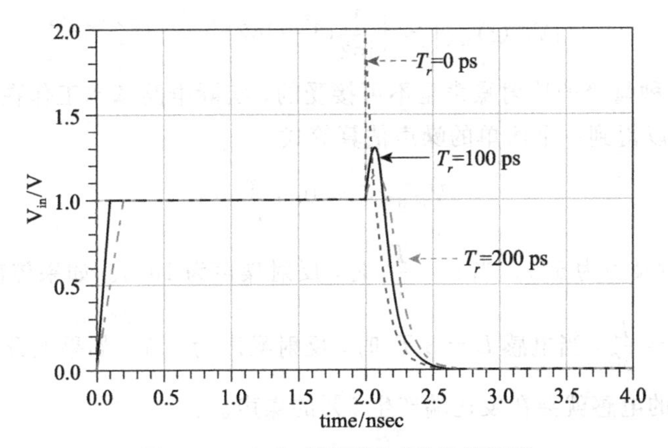

图 4-52 上升时间不同时发送端波形

上冲的幅度（反射噪声的幅度）还和感性负载的大小有关。图 4-53 显示了末端感性负载分别为 2 nH、4 nH、8 nH 等三种不同电感值情况下发送端的波形，感性负载越大，反射噪声也越大。

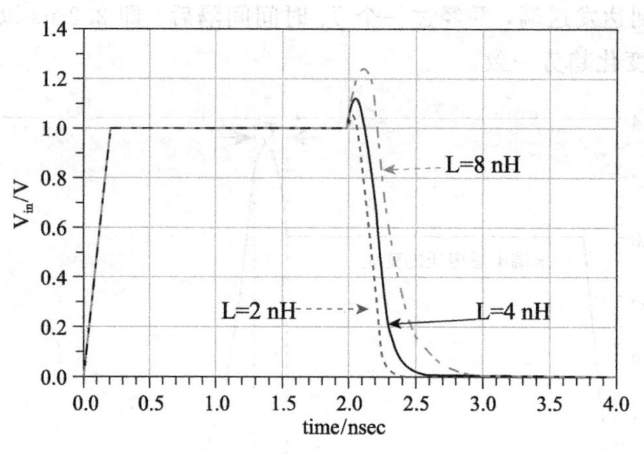

图 4-53　电感值不同时发送端波形

上冲的幅度（反射噪声的幅度）最大值是多少？和上升时间及电感值的关系是怎样的？实际上，对于电感在链路的末端情况，反射电压最大幅度可用下式表示，（具体推导过程见附录 4.3）。

$$V^{-}(t)_{\max}=\begin{cases}\dfrac{\tau}{T_r}(1-\ln 2) & T_r>\tau\cdot\ln 2\\ -1+\dfrac{2\tau}{T_r}\left(1-\mathrm{e}^{-\frac{T_r}{\tau}}\right) & T_r\leqslant\tau\cdot\ln 2\end{cases}\tag{4-32}$$

当 $T_r=\tau\cdot\ln 2$ 时反射噪声为

$$\left|V^{-}(t)_{\max}\right|=\left|\frac{1}{\ln 2}(1-\ln 2)\right|=44\%\tag{4-33}$$

绝大多数情况下这种量级的反射噪声是不可接受的，实际电路基本工作在 $T_r>\tau\cdot\ln 2$ 这种情况下，这样就可以得到一个简单的噪声估算等式。

$$V_{\text{反射噪声}}=0.3\,\frac{\tau}{T_r}\tag{4-34}$$

当 $\tau=\dfrac{T_r}{6}$ 时，反射噪声为 5%。当 $\tau=\dfrac{T_r}{3}$ 时，反射噪声为 10%。如果传输线的阻抗控制在 50 Ω，时间常数 $\tau=\dfrac{L}{50}$，当电感 $L=8\ T_r$ 时，反射噪声为 5%。如果上升时间为 300 ps，传输线末端 2.4 nH 的电感就会在发送端产生 5%的噪声。

4.12　互连线中间感性负载的反射

经常遇到的情况是感性负载在链路的中间，比如信号经过连接器从一块电路板传输到另一块电路板，连接器呈现出典型的感性负载特征。当感性负载处于传输线中间时，相比之下对电感处于传输线末端的情况，时间常数 τ 不同。图 4-54 中电感两侧都有传输线，从电感两端看向电路的其他部分，可等效成图 4-55a 电路的形式。图 b 电路是 a 电路的戴维南等效，即两个电路中虚线左侧部分是等效的。

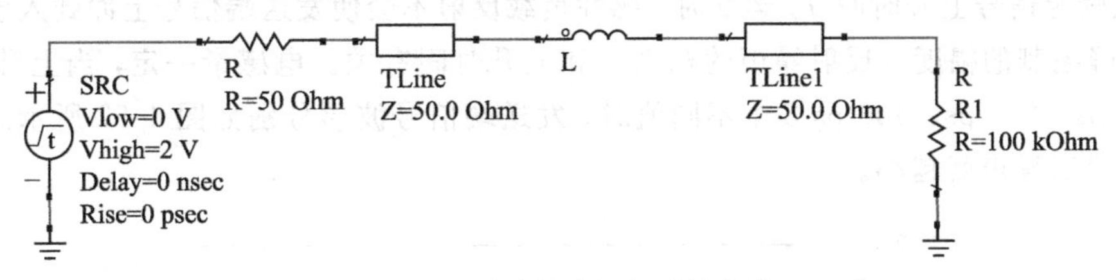

图 4-54　链路的中间的感性负载

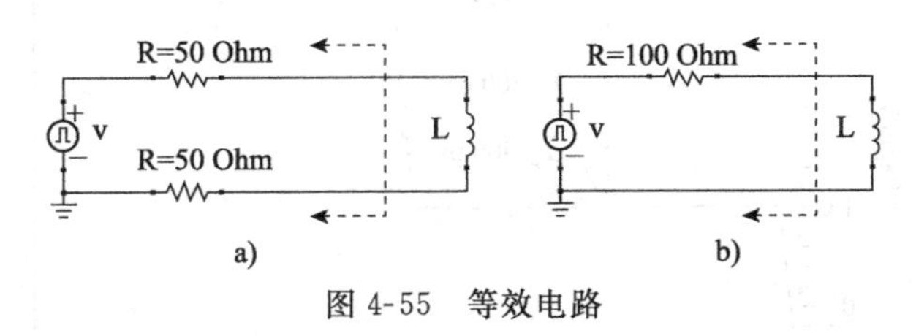

图 4-55　等效电路

如果两侧传输线的阻抗都是 $Z_0 = 50\ \Omega$，则从电感的角度看就相当于信号通过一个 100 Ω 电阻对其充电，因而时间常数为 $\tau = \dfrac{L}{2Z_0}$，附录 4.4 中从数学关系上也证实了这一结论。

下面分析反射情况，如果上升时间 $T_r = 0$，传输线发送端和接收端的波形如图 4-56 所示。在发送端，信号到达感性负载的瞬间，电感的阻抗无穷大，发生全反射，2 ns 后感性负载的反射信号回到发送端，信号波形上升到 2 V。此后，信号电压按照指数规律下降，下降时间由时间常数 $\tau = \dfrac{L}{2Z_0}$ 决定。在下降沿，产生一个与信号跳变方向相同的脉冲波形。注意高电平和低电平上都叠加有很多噪声，这是由于末端负载和电感之间发生多次反射，信号在这两点之间反复震荡，每一次传输到电感位置时，都会有一部分信号返回发送端叠加在高电平上形成噪声。

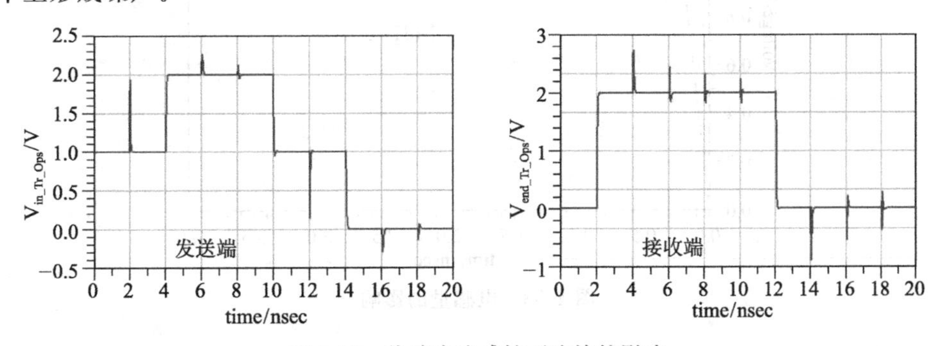

图 4-56　线路中途感性不连续的影响

信号到达接收端后，由于接受端的高阻抗而发生反射，反射信号幅度等于入射信号幅度。反射回来的信号到达中间的电感时再次发生反射，反射电压为正值，这个信号传播到接收端并叠加在接收端信号上，产生了波形中的尖峰毛刺。

当激励源信号上升时间 $T_r \neq 0$ 时，感性负载反射不会使发送端信号上冲到入射信号的 2 倍。尖峰毛刺的幅度（反射噪声的幅度）和上升时间有关。电感量一定，当上升时间 T_r 分别取 0 ps、200 ps、400 ps 3 个不同值时，发送端信号波形分别如图 4-57 所示。上升时间越长，反射噪声就越小。

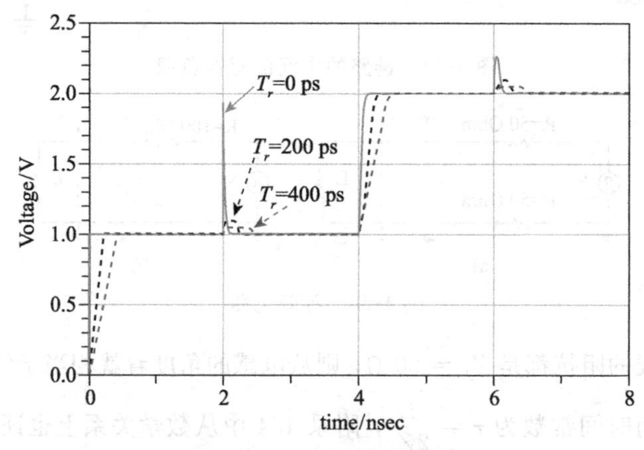

图 4-57　上升时间的影响

尖峰毛刺的幅度（正反射噪声的幅度）还和感性负载的电感量大小有关。图 4-58 显示了上升时间一定，电感量分别为 1 nH、2 nH、4 nH 等三种不同值情况下发送端的波形，感性负载越大，反射噪声也越大。

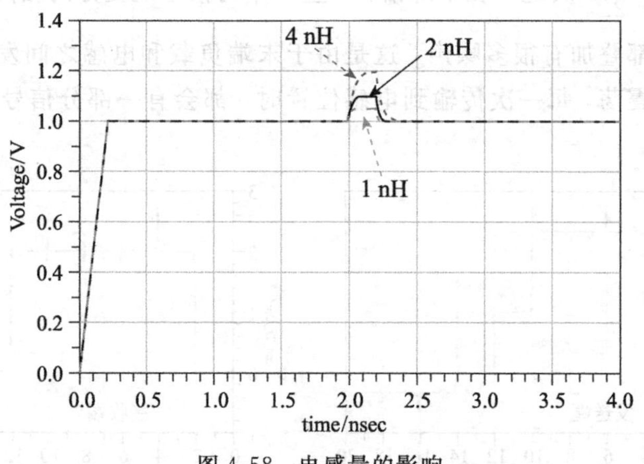

图 4-58　电感量的影响

互连线中间感性负载引起的反射噪声最大值与时间常数和信号上升时间的比值有关，反射噪声最大值为（具体推导过程参见附录 4.4）。

$$V^{-}(t)_{\max}=\frac{\tau}{T_r}\left(1-e^{-\frac{T_r}{\tau}}\right) \tag{4-35}$$

当 $\tau=\frac{T_r}{20}$ 时，反射噪声是入射信号的 5%。当 $\tau=\frac{T_r}{10}$ 时，反射噪声是入射信号的 10%。

如果传输线的阻抗控制在 50 Ω，则时间常数 $\tau=\frac{L}{100}$。因而可以得到电感值和反射噪声的关系，当 $L=5\ T_r$ 时，反射噪声是入射信号的 5%，当 $L=10\ T_r$ 时，反射噪声是入射信号的 10%。对于上升时间为 200 ps 的信号，1 nH 的电感就会产生 5%的反射噪声。

如果允许 5%的反射噪声，则电感值最大为

$$L(\mathrm{nH})=5\cdot T_r(\mathrm{ns})$$

如果允许 10%的反射噪声，则电感值最大为

$$L(\mathrm{nH})=10\cdot T_r(\mathrm{ns})$$

4.13　感性负载对时间延迟的影响

线路中间的感性不连续，除了在发送端产生正反射噪声外，对接收端信号的延迟也会产生影响。图 4-59 为互连线中间没有感性负载时与中间有 4 nH 感性负载时接收端波形的对比。对于接收端波形来说，感性不连续使接收端波形上升沿变缓，信号到达时间被推迟。对于接收端来说，连线中间的感性负载就像是一个延时累加器。

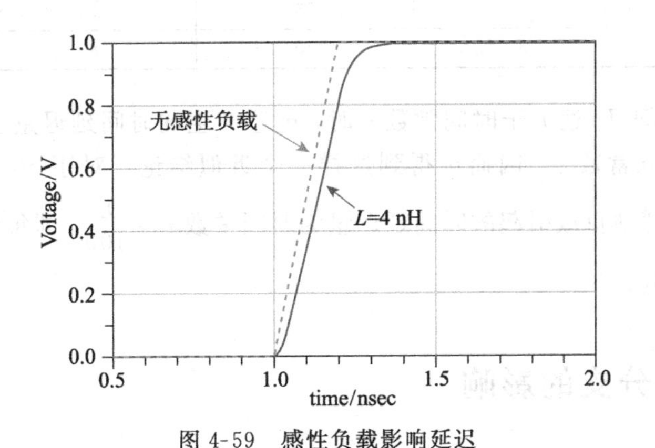

图 4-59　感性负载影响延迟

上升沿变缓的程度和时间常数有关。如果传输线的阻抗为 50 Ω，则时间常数 τ 取决于电感值大小，对于链路中间的感性负载，时间常数为 $\tau=\frac{L}{100}$。电感越大，信号边沿变化就

越显著，时间延迟也越大。图 4-60 显示了电感分别为 2 nH、4 nH 时接收端的波形情况，信号上升时间 $T_r = 200$ ps。

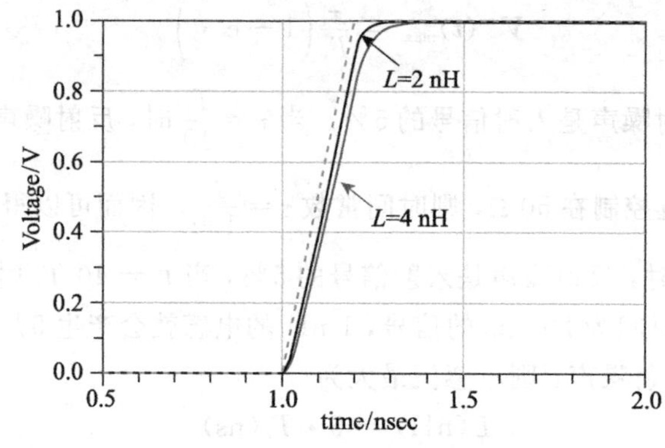

图 4-60　电感量对延迟的影响

下表中列出了上升时间为 200 ps 时，不同电感值引起的时间延迟量。

上升时间 T_r/ps	电感量/nH	时间延迟量/ps	时间常数 τ/ps	τ/T_r
200	1	10	10	5%
	2	20	20	10%
	3	30	30	15%
	4	39	40	20%
	5	47	50	25%
	6	55	60	30%
	7	63	70	35%
	8	70	80	40%

当信号上升时间 T_r 远大于时间常数 τ 时，电感产生的时间延迟量主要由电感量决定，延迟量近似等于时间常数 τ。因而可得到这样一个近似结论：对于 50 Ω 阻抗控制的互连线，在连线中间的感性负载引起的时间延迟量为时间常数 $\tau = \frac{L}{100}$，即每纳享（nH）电感产生 10 ps 的时间延迟。

4.14　残桩与分支的影响

当互连线中存在短的分支或残桩，如图 4-61 所示，信号传输到分支或残桩末端的时候同样会发生反射，反射回来的信号同时影响发送端和接收端。图 4-62 中显示了在分支长度分别为 $5\% \cdot T_r$、$20\% \cdot T_r$、$50\% \cdot T_r$ 三种情况下发送端及接收端波形中的反射噪声情况，a 图为发送端波形，b 图为接收端波形。反射噪声最大的波形对应分支长度为 $50\% \cdot T_r$ 情况，虚线波形对应分支长度为 20% · T_r 情况。分支越短，对信号的影响越小，分支长度为 20% · T_r 时，反射噪声最大值近似为入射信号的 10%。如果要控制反射噪声不超过 10%，那么分支长度应小于 20% · T_r。

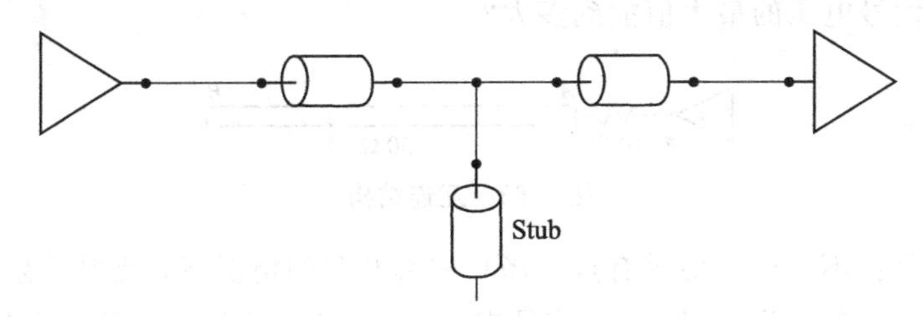

图 4-61 互连线中的分支

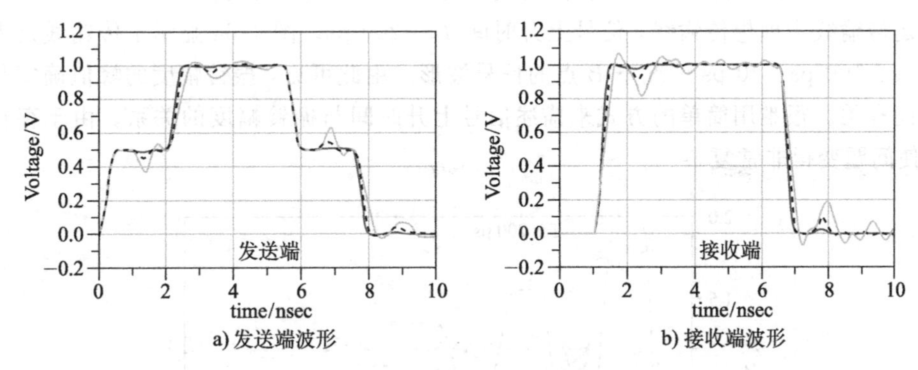

a) 发送端波形 b) 接收端波形

图 4-62 分支长度的影响

在一发多收的拓扑结构中，当其中一个接收器接收信号，其他的接收器经常处于高阻状态，此时这些支路就形成了相当于末端开路的分支（考虑输入电容的影响更复杂），如果这些分支很长，反射就会很严重。尽管可以采取一系列措施来改善信号质量，但无论怎样都不可能消除反射，有时不得不忍受相对较大的反射噪声。实际上存在分支的拓扑结构本身就是一种带宽受限的系统，使用上必然受到一定的限制，一般只能用在速率相对较低的场合。

4.15 临界长度

临界长度是联结传输线长度与信号反射量之间的一个重要参数。如果用信号在传输线上的时间延迟 T_d 来表示传输线长度，临界长度在数值上可表示为

$$T_d = \frac{T_r}{2} \tag{4-36}$$

解释临界长度这一概念内涵之前，我们先来思考一个问题。图 4-63 所示的互连结构

中，假设驱动器的逻辑高电平为 1.2 V。当驱动器产生一个由低电平到高电平的跳变信号，传输线的起始端 A 点入射信号高电平为 1.2×50/(10+50)=1 V。幅度为 1 V 的信号沿传输线向 B 点传输，在 B 点发生反射。B 点信号的波形是反射电压与入射电压的叠加，现在的问题是：B 点信号电压的最大值能到多大？

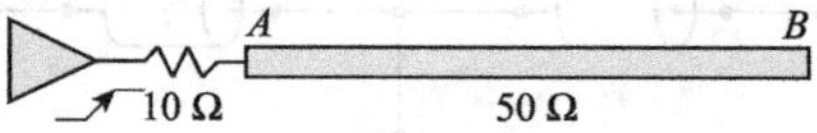

A　B
10 Ω　50 Ω

图 4-63　互连结构

问题的答案是：不一定。似乎有点奇怪！末端开路的情况下，反射系数为 1，所有入射电压全部反射。入射信号为 1 V，反射信号应该也是 1 V，叠加后为什么不是 2 V？

B 点的高电平能够达到多大，和传输线长度以及信号的上升时间有关。

假定传输线为理想传输线，信号上升时间 T_r=200 ps。图 4-64 显示了传输线延迟分别为 200 ps、100 ps、40 ps 情况下 B 点的信号波形。由此可见，振铃幅度的峰值确实与信号上升时间有关。很难用简单的方式来描述信号上升时间与振铃幅度的关系。由于存在多次反射，使问题变得非常复杂。

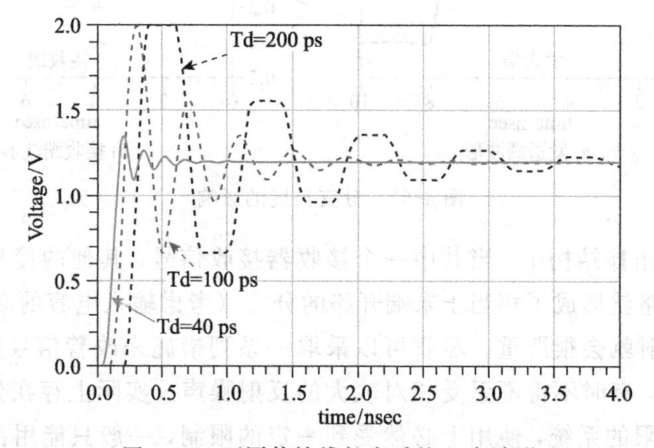

图 4-64　不同传输线长度时的 B 点波形

观察信号波形的规律，以传输线延迟 100 ps 为分界线，传输线延迟小于 100 ps 时，反射波形达不到最大值 2 V。传输线延迟为 100 ps 时，反射波形能够达到最大值 2 V，但达到 2 V 后马上跌落。传输线延迟大于 100 ps 时，反射波形达到最大值 2 V 后保持一段时间后才会跌落。

我们可以直观定性地解释这一现象。传输线延迟为 40 ps 时，当信号出现在 A 点后就开始在传输线中传输，到达 B 点，发生反射。40 ps 后反射电压到达 A 点，又发生负反射，又经过 40 ps 返回 B 点。也就是说从 B 点发生第一次反射开始到 A 点的负反射电压回到 B 点的时间为 80 ps，由于信号上升时间大于 200 ps，B 点电压还没有到达最大值，就被 A 点的负反射电压拉低，因此传输线延迟为 40 ps 时，振铃峰值达不到 2 V。

传输线延迟为 100 ps 时，B 点的反射信号经过 100 ps 到达 A 点发生负反射，再经过 100 ps 又回到 B 点。B 点第一次反射开始到 A 点的负反射电压再回到 B 点的往返时间为 200 ps，也就是说 B 点的信号刚刚达到最大值就被 A 点的负反射电压拉低，因而此时 B 点虽然能达到 2 V，但不能保持在 2 V。

传输线延迟为 200 ps 时，B 点第一次反射开始到 A 点的负反射电压再回到 B 点的往返时间为 400 ps。由于信号上升时间为 200 ps，B 点的信号经过 200 ps 后达到最大值 2 V，而此时 A 点的负反射电压尚未回到 B 点，因此 B 点信号的振铃能够达到峰值 2 V，并能够保持 2 V 峰值电压 200 ps。

经过上面的分析，临界长度的含义已经很清楚了。临界长度是传输线末端信号能否达到振铃的最大幅度的传输线长度临界值。传输线长度小于临界长度时，振铃达不到最大幅度。

4.16 多长的走线需要端接

可能会经常听到这样的说法：短走线不用端接（后面会讲到端接是减小反射常用的方法）。这是个很模糊的说法，多长的走线是短走线？

我们已经知道，走线长度小于临界长度时，振铃达不到最大值。接下来我们进一步考察传输线长度小于临界长度时，反射噪声随传输线长度的变化情况。图 4-65 中为传输线延迟分别为 $T_d=\frac{T_r}{4}$、$T_d=\frac{T_r}{5}$、$T_d=\frac{T_r}{6}$ 时接收端的信号波形，随着传输线长度减小，反射噪声总体趋势在变小。当 $T_d=\frac{T_r}{4}$ 时，反射噪声约为 25%；当 $T_d=\frac{T_r}{5}$ 时，反射噪声约为 12.5%；当 $T_d=\frac{T_r}{6}$ 时，反射噪声约为 5%。

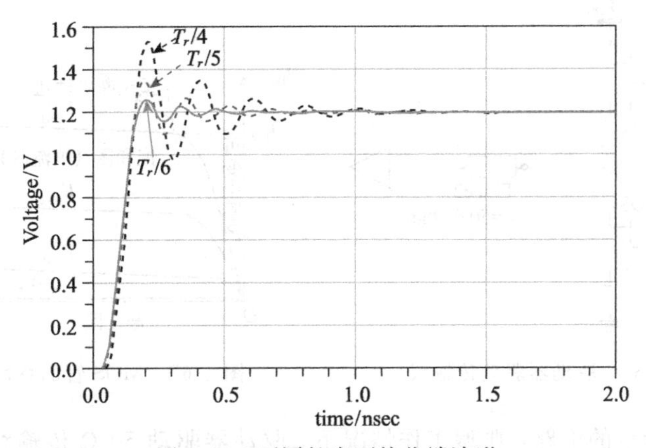

图 4-65 不同长度下接收端波形

多长的走线算是短走线，业界并没有统一的规定，有人使用 $T_d \leqslant \frac{T_r}{4}$ 作为衡量标准，有人使用 $T_d \leqslant \frac{T_r}{5}$ 作为衡量标准，也有使用 $T_d \leqslant \frac{T_r}{6}$ 作为衡量标准的，这些只是要求的严格程度不同而已。关键问题在于可以容忍多大的反射噪声。不同的工程中，不同性质的信号，这个要求不同，不能一概而论。硬性的设定一个传输线长度标准来规定是否需要端接，没有任何实际意义，很多时候反而是不利的。

最重要的是了解传输线长度不同时，信号反射有什么样的趋势，工程中要根据具体情况决定是否需要进行端接处理。

4.17　如何估计驱动器的输出阻抗

工程设计中，如果能知道驱动器的输出阻抗，对 SI 设计会很有帮助。没有哪个芯片的数据手册会给出这个参数。实际上受很多因素的影响，这个参数确实不好定义，严格来说，输出阻抗不可能用一个固定值来定义。但是从工程的角度来讲，我们需要的不是精确而严谨的定义，而是可用的并能帮助我们快速解决问题的近似。快速得到可接受的近似值对于工程设计来说有非常重要的意义。

首先我们分析驱动器输出信号时的工作状态。图 4-66 显示了典型的 CMOS 驱动器驱动传输线的原理框图。当输出高电平的时候 PMOS 管打开，NMOS 管关闭，输出低电平的时候 NMOS 管打开，PMOS 管关闭。因此不同状态时输出阻抗一定和两个 MOS 管有关。MOS 管的工作特性可以用图 4-67 所示的输出特性曲线表示。MOS 管的工作状态可划分为 3 个区域：可变电阻区、饱和区和击穿区。在可变电阻区，MOS 管可以看成是由栅源电压 V_{GS} 控制的可变电阻。

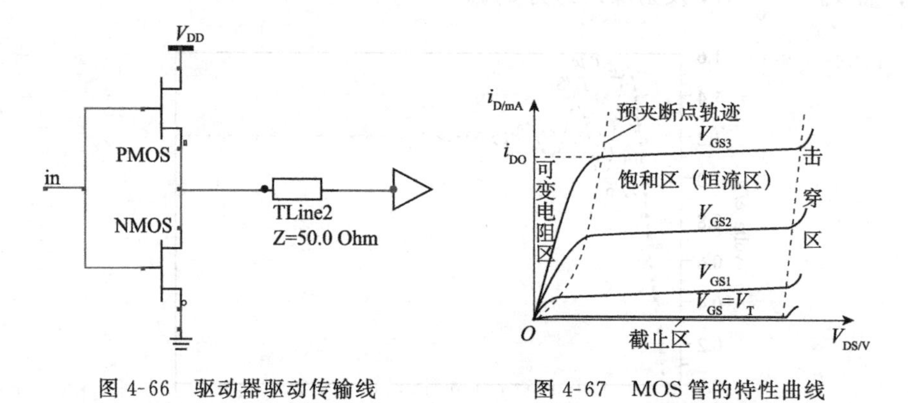

图 4-66　驱动器驱动传输线　　　图 4-67　MOS 管的特性曲线

对于图 4-66 所示的电路，典型工作情况下，驱动器驱动 50 Ω 传输线，相当于 50 Ω 负载。因此，使用 50 Ω 直流负载线和 MOS 管的输出特性曲线，就可以找到 MOS 管的直流工作点，如图 4-68 所示。对于典型的线性驱动器（如 CMOS、TTL 等）直流负载线和 MOS 管的输出特性曲线交点位于可变电阻区。直流工作点反映的是稳态工作条件下（稳定的高电平或稳定的低电平）MOS 管驱动 50 Ω 传输线时，MOS 管上电压和电流的关系。根据这一电压和电流关系可以得到 MOS 管稳态工作条件下的直流输出阻抗 Z_{dc}，图 4-69a 显示了不同工作点处的直流输出阻抗。由于 MOS 管工作于可变电阻区，直流工作点不同时，其直流输出阻抗 Z_{dc} 也不同。

当 MOS 管处于某一直流工作点时，如果外部电压出现小的扰动（如信号上的噪声），从外部看进去，噪声感觉到的驱动器输出阻抗不是直流输出阻抗，而是交流输出阻抗 Z_{ac}。交流输出阻抗在数值上等于直流工作点处 MOS 管输出特性曲线的斜率，图 4-69b 显示了不同直流工作点处交流输出阻抗情况。显然在直流工作点处，MOS 管的直流输出阻抗 Z_{dc} 不等于交流输出阻抗 Z_{ac}。图 4-70 显示了两种输出阻抗的区别。

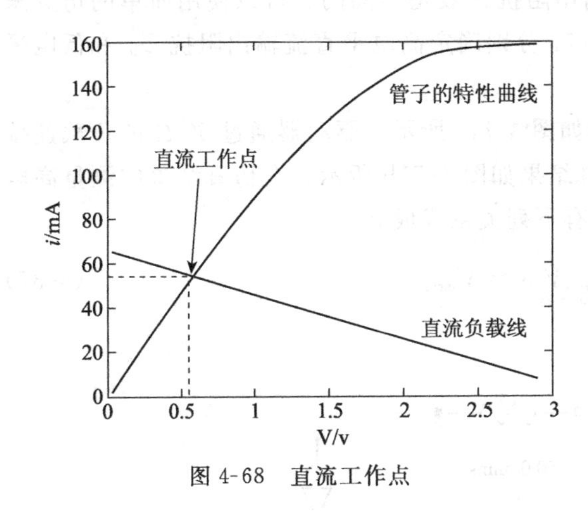

图 4-68　直流工作点

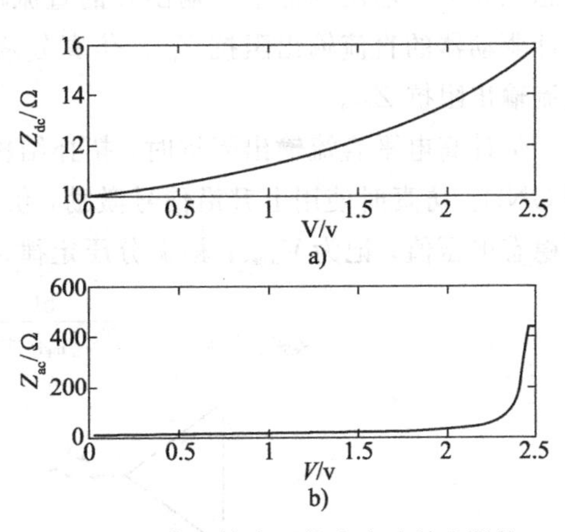

图 4-69　直流输出阻抗和交流输出阻抗

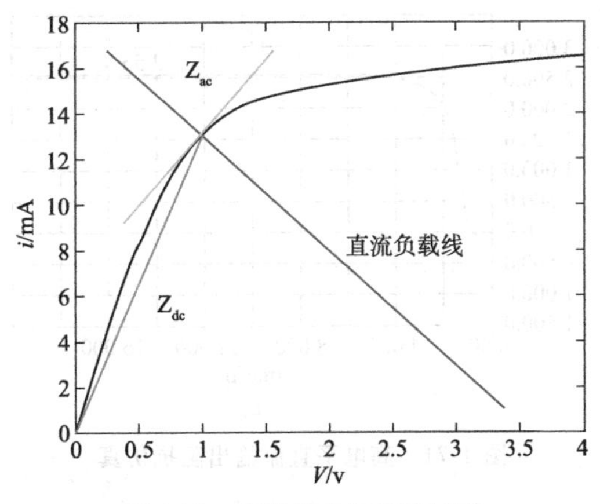

图 4-70　两种输出阻抗的区别

两种输出阻抗对信号的影响不同。直流输出阻抗 Z_{dc} 决定了稳态情况下驱动器加载到传输线上的电压幅度，进而决定了信号反射形成的过冲和下冲的大小。交流输出阻抗 Z_{ac} 决定了驱动器对于反射噪声的吸收能力。总体上来说，直流输出阻抗 Z_{dc} 决定了信号的宏观特征，而交流输出阻抗 Z_{ac} 会影响信号中小的细节（如噪声及小的波动）。

驱动器的输出阻抗的这种不确定性使得工程中很难对它进行精确的处理。工程中可以使用直流输出阻抗 Z_{dc} 作为驱动器输出阻抗的近似，尽管不精确，但是这种近似为我们采取措施来管控信号的宏观特征提供了非常有用的依据，比如，在确定端接阻值、端接方式等问题时可以作为重要的参考依据。

在驱动器处于稳态输出（高电平或低电平）时，不论哪种输出状态，都有一个 MOS 管处于导通状态，这样对于两种稳态输出（0 或 1）就对应两种直流输出阻抗，即高电平直流输出阻抗和低电平直流输出阻抗。对于 CMOS 驱动器来说，如果没有经过特殊处理，两种状态（高电平输出和低电平输出）的直流输出阻抗一般是不同的。可以使用简单的仿真来估计驱动器的直流输出阻抗 Z_{dc}。仿真分两步，分别确定高电平直流输出阻抗 Z_{dc} 和低电平直流输出阻抗 Z_{dc}。

估计高电平直流输出阻抗时，拓扑结构如图 4-71a 所示。驱动器通过 50 Ω 的负载连接到 GND。仿真时使用上升沿信号激励，仿真结果如图 4-71b 所示。在仿真结果中测量高电平稳态电压值，记为 V_{meas}，根据分压定律，有下列关系式成立：

$$\frac{50}{Z_{dc\_high}+50}V_{CC}=V_{meas} \tag{4-37}$$

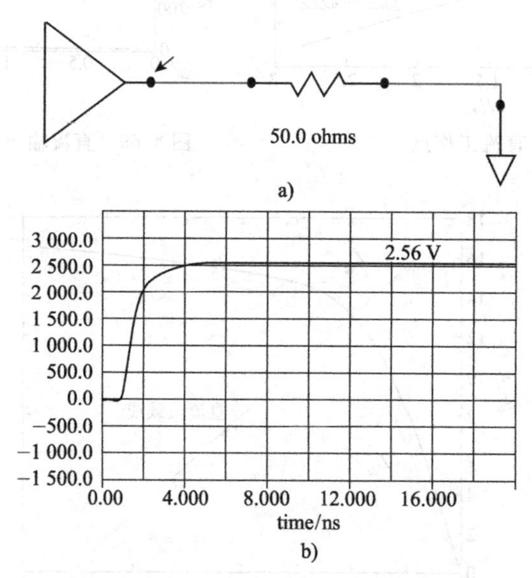

图 4-71　高电平直流输出阻抗仿真

进而可得到高电平直流输出阻抗：

$$Z_{dc\_high} = 50\left(\frac{V_{CC}}{V_{meas}} - 1\right) \tag{4-38}$$

如果 $V_{CC} = 3.3\ \mathrm{V}$，$V_{meas} = 2.56\ \mathrm{V}$，则直流输出阻抗为 14.45 Ω。

估计低电平直流输出阻抗时，拓扑结构如图 4-72a 所示。驱动器通过 50 Ω 的负载连接到驱动器的工作电压。仿真时使用下降沿信号激励，仿真结果如图 4-72b 所示。在仿真结果中测量低电平稳态电压值，记为 V_{meas}，根据分压定律，有下列关系式成立：

$$\frac{Z_{dc\_low}}{Z_{dc\_low} + 50} V_{CC} = V_{meas} \tag{4-39}$$

进而可得到低电平直流输出阻抗：

$$Z_{dc\_low} = 50\frac{V_{meas}}{V_{CC} - V_{meas}} \tag{4-40}$$

如果 $V_{CC} = 3.3\ \mathrm{V}$，$V_{meas} = 0.509\ \mathrm{V}$，则直流输出阻抗为 9.12 Ω。

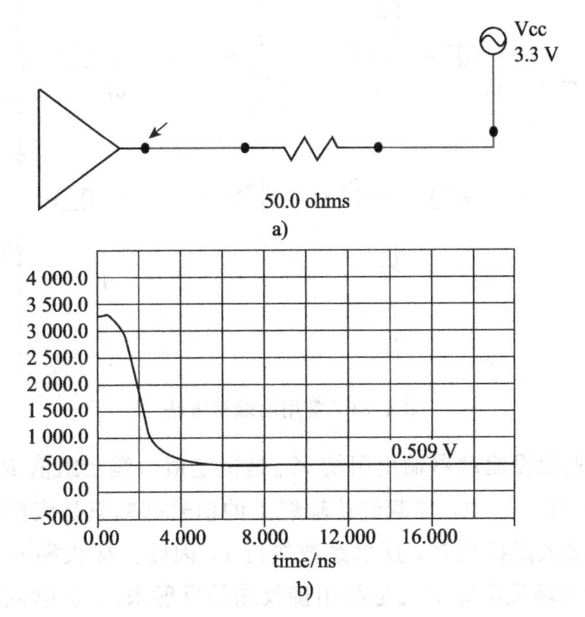

图 4-72　低电平直流输出阻抗仿真

4.18　端接方法

如果不做任何处理，即使点对点的互连，反射也可能产生很大的影响。由于发送端输出阻抗较低，而接收端输入阻抗一般都远高于传输线特性阻抗，信号会在两个端点之间反复反弹，形成振铃。阻抗突变是产生反射的根本原因，从理论上讲，如果在传输线的任何一端消除这种阻抗突变，反射也随之消失。匹配端接就是基于这种策略，通过人为加入电阻来可消除或减轻这种阻抗突变。

传输线的匹配端接通常采用两种策略：1）使负载阻抗与传输线阻抗匹配，即并联端接。2）使源阻抗与传输线阻抗匹配，即串联端接。在实际应用中，我们要根据具体情况来选择是串联匹配还是并联匹配，有时也会同时采用两种匹配形式。不过一般情况下，很少会让发送端和接收端都保持完全的匹配，因为这种情况下，接收端将无法靠反射来达到足够的电压幅值。

图 4-73 中显示了几种常用的端接方法：a 串联端接；b 末端并联端接上拉到电源；c 末端并联端接下拉到地；d 戴维南端接；e AC 端接等。

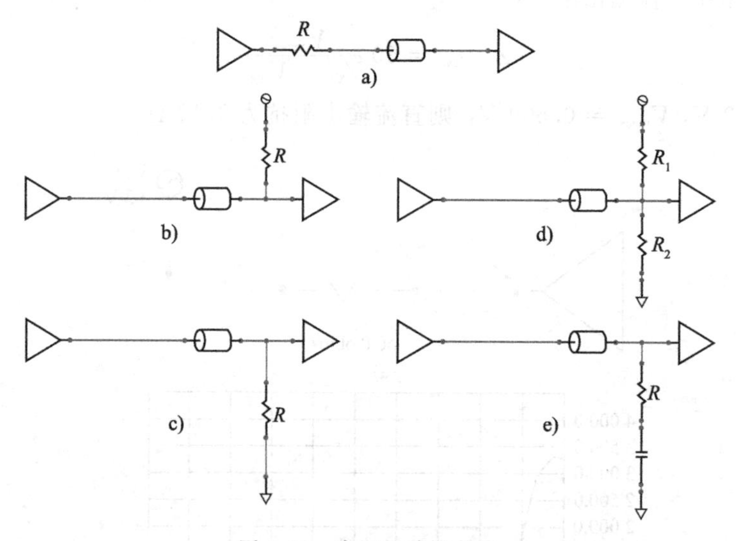

图 4-73　常用的端接方法

对于串联端接，先假设驱动器输出阻抗 Z_{out} 是恒定值。端接阻值 R_t 满足以下关系：$Z_{out}+R_t=Z_0$。在这种端接方式中，加载到传输线上的信号摆幅只是满摆幅的一半。信号到达接收端，由于接收端输入阻抗很高，反射系数接近 1，因此，接收端入射信号和反射信号叠加后达到满摆幅。串联端接实际上就是利用接收端的反射来达到摆幅要求。

串联端接典型的信号波形特征如图 4-74 所示。接收端波形能够达到满摆幅，反射信号返回源端后不再反射。驱动端波形出现典型的台阶形状，台阶的时间宽度为传输线往返时间延迟，台阶的幅值为满摆幅的一半。

实际上驱动器输出阻抗 Z_{out} 并非恒定值，因此串联端接无法真正和传输线阻抗相匹配，对于反射噪声来说，驱动器的交流输出阻抗 Z_{ac} 有可能远高于传输线特性阻抗（与直流工作点位置有关，当直流工作点电压较低时，Z_{ac} 和 Z_{dc} 差别较小）。因此，驱动器输出端串联的这个电阻甚至不能称之为端接电阻，它的作用更确切地说是控制加载到传输线上信号的电

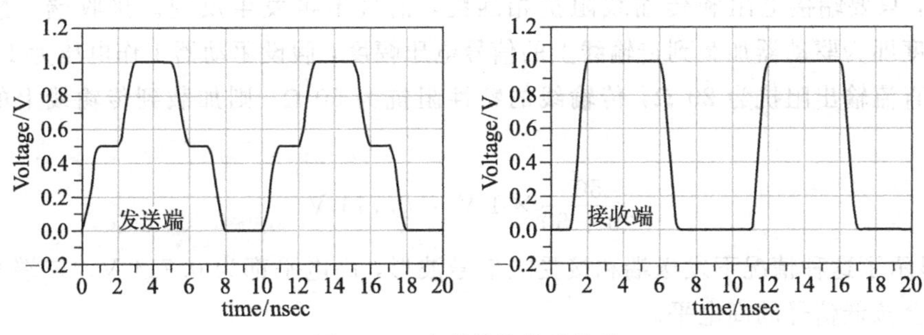

图 4-74　串联端接波形特征

压幅度，如果加载到传输线上的电压幅度不超过信号幅度的一半，末端反射后就不会出现波形的上冲和下冲。尽管如此，由于串接电阻控制了加载到传输线上的电压，最终确实能改善信号的质量，本书后面仍然沿用通常的说法，把它称为端接电阻。

使用串联端接存在一个问题，由于驱动器在两种稳态输出情况下的直流输出阻抗不同，根据关系式 $Z_{\text{out}}+R_{\text{t}}=Z_0$，端接电阻在两种情况下应该不一样，那么端接电阻应该怎么选？假设驱动器高电平输出阻抗为 21 Ω，低电平输出阻抗为 11 Ω，根据阻抗匹配关系，端接电阻可选 29 Ω 或 39 Ω。两种端接阻值下信号波形如图 4-75 所示。选择阻值较大时，信号上升沿变缓，波形的顶部缓慢到达满幅度。由于 39 Ω 阻值较好地匹配了低电平输出阻抗，因此低电平下冲较小。29 Ω 的阻值端接时，信号较快上升到满幅度，但对低电平输出匹配不好，因此低电平下冲较大。实际工程中如何选择阻值，需要根据具体情况灵活处理，关键是能满足信号质量要求即可。

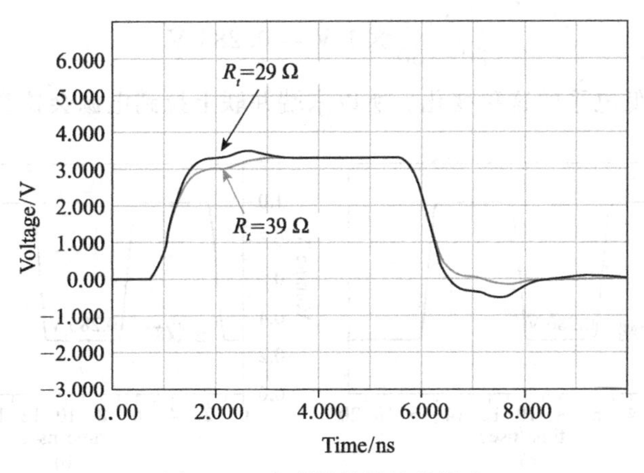

图 4-75　串联端接阻值的影响

末端并联端接下拉到 GND，这种端接方式要求端接电阻等于传输线的特性阻抗，即 $R_{\text{t}}=Z_0$。由于接收器输入阻抗很高，信号传输到传输线末端感觉到的阻抗近似等于端接电阻的阻值，只要端接电阻和传输线阻抗相匹配，信号不再发生反射。接收端“感受”到的信号幅度即为驱动器加载到传输线上的信号电压幅度，假设驱动器工作电压为 1 V，驱动器高电平直流输出阻抗为 20 Ω，传输线的特性阻抗为 50 Ω，则加载到传输线上的信号幅度为

$$\frac{50}{20+50}\times 1\ \mathrm{V}=0.714\ \mathrm{V}$$

图 4-76 显示了这种情况下发送端和接受端信号波形，高电平都为 0.714 V。末端并联端接下拉到地会拉低信号的高电平。

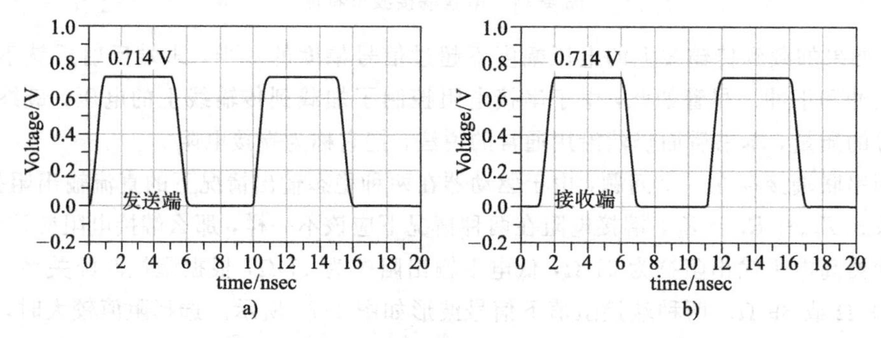

图 4-76　末端并联端接下拉到 GND 的波形特征

末端并联上拉到电源，同样要求端接电阻等于传输线的特性阻抗 $R_t=Z_0$。假设驱动器低电平直流输出阻抗为 20 Ω，传输线的特性阻抗为 50 Ω，驱动器的工作电压为 1 V，则信号低电平为

$$\frac{20}{20+50}\times 1\ \mathrm{V}=0.286\ \mathrm{V}$$

图 4-77 显示了信号低电平的这种变化。所以末端并联上拉到电源会拉高信号的低电平。

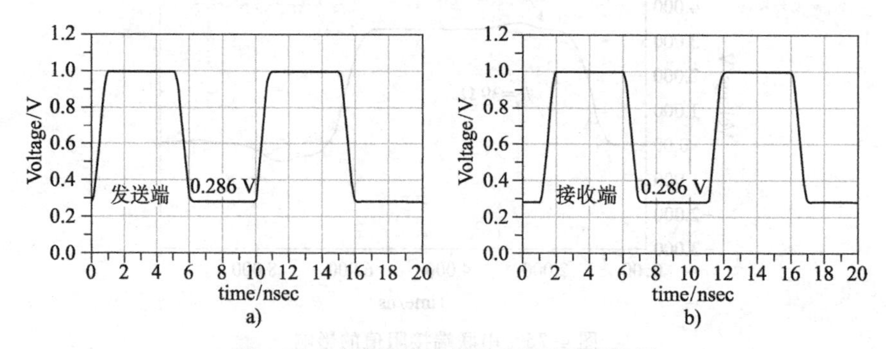

图 4-77　末端并联上拉到电源的波形特征

综上所述，在末端并联端接方式中，驱动器的直流输出阻抗 Z_{dc} 会影响信号的稳态电平值。如果直流输出阻抗较高，可能会导致接收端的信号无法满足门限电平的要求。例如，

驱动器低电平直流输出阻抗为 20 Ω，传输线的特性阻抗为 50 Ω，驱动器的工作电压为 3.3 V，末端并联端接上拉到电源时，信号低电平为 0.94 V，如果接收端低电平门限为 0.8 V，则接收端可能永远接收不到 0 信号。所以并不是所有的芯片间互连都能使用末端并联端接，在使用并联端接时一定要注意驱动器的直流输出阻抗的大小。

戴维南端接实际上也是末端并联端接的一种形式，包含一个上拉电阻（记为 R_1 ）和一个下拉电阻（记为 R_2 ），如图 4-78 所示。电阻值满足：$R_1 \mathbin{/\!/} R_2 = Z_0$。通常戴维南端接用于驱动器驱动能力不足，而又必须使用末端并联端接的场合。上拉电阻能够提供一部分驱动电流给负载以帮助驱动器驱动高电平，下拉电阻能吸收一部分电流以帮助驱动器驱动低电平。在驱动器输出高电平时，由于有下拉电阻，所以高电平会被拉低。同样当驱动器输出低电平时，由于存在上拉电阻而使信号低电平被抬高。图 4-79 显示了驱动器直流输出阻抗为 20 Ω，传输线的特性阻抗为 50 Ω，驱动器的工作电压为 1 V，上、下拉电阻都为 100 Ω时信号的波形。所以采用戴维南端接会使信号的摆幅减小。

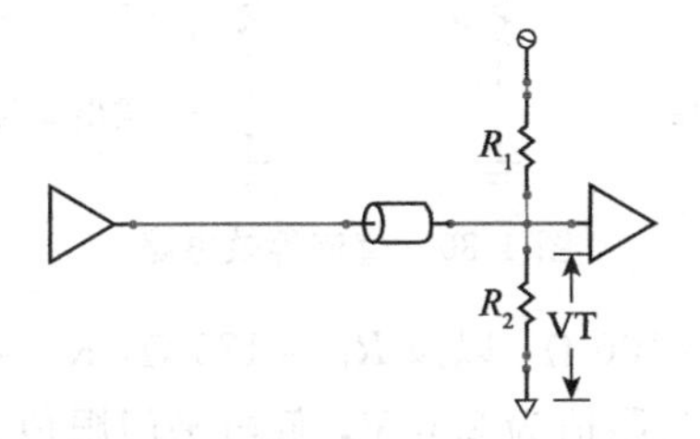

图 4-78 戴维南端接

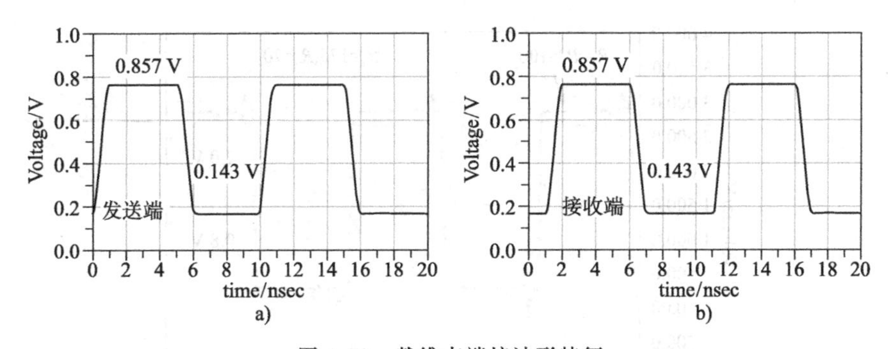

图 4-79 戴维南端接波形特征

上、下拉电阻的确定，需要考虑到驱动器高低电平时直流输出阻抗的不对称性。另外，很多时候接收器的高低电平噪声容限不同，在选择上、下拉电阻的阻值时要适当地调整接收信号的中值电平的位置，尽量使接收器接收高低电平时有近似的噪声容限。

假设高电平输出阻抗 Z_H，低电平输出阻抗 Z_L，输出高电平和低电平时直流通路的阻抗连接关系如图 4-80 所示。输出高电平和低电平时稳态电压值分别为

$$V_H = V_{CC} \cdot \frac{R_2}{R_2 + R_1 /\!/ Z_H}$$
$$V_L = V_{CC} \cdot \frac{R_2 /\!/ Z_L}{R_1 + R_2 /\!/ Z_L} \tag{4-41}$$

调整 R_2 的值，可以改变低电平电压值。同时，由于必须满足 $R_1 /\!/ R_2$ 等于传输线特性阻抗这一制约关系，R_2 改变的同时，R_1 也相应变化。因此，信号的高电平和低电平都会发生改变。

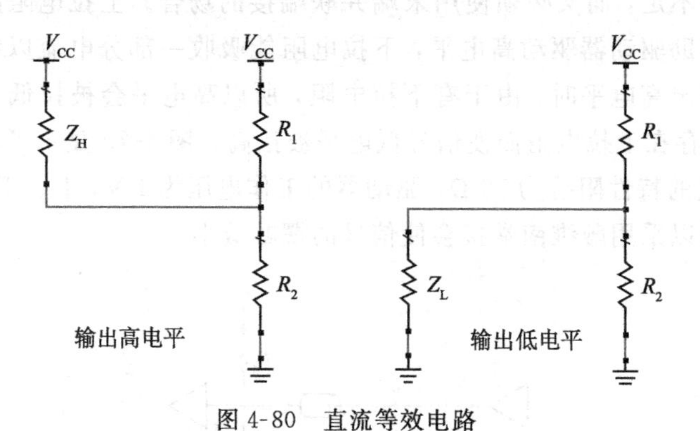

图 4-80　直流等效电路

图 4-81 显示了 $R_1 = R_2 = 100\ \Omega$，以及 $R_1 = 175\ \Omega$，$R_2 = 70\ \Omega$ 这两种情况下接收端信号波形的区别，接收端高电平门限值为 2.0 V，低电平门限值为 0.8 V，很明显当戴维南端接中的下拉电阻 R_2 减小时，信号波形整体下移，因而高低电平的噪声容限更均衡。

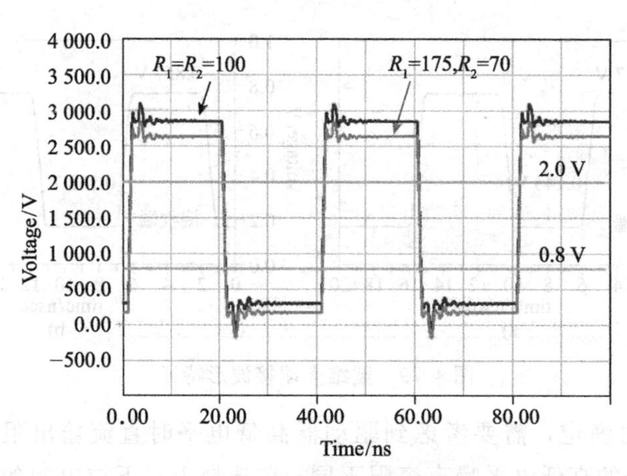

图 4-81　不同电阻组合的影响

电阻值可由式（4-42）计算。

$$V_T = \frac{V_{OH}+V_{OL}}{2} - R_T\frac{I_{OH}+I_{OL}}{2}$$

$$R_2 = R_T\frac{V_{CC}}{V_{CC}-V_T} \tag{4-42}$$

$$R_1 = R_T\frac{V_{CC}}{V_T}$$

其中，V_{OH} 、V_{OL} 分别为接收端高电平和低电平的判决门限。I_{OH} 、I_{OL} 分别为高电平和低电平时驱动器的输出电流。

工程中可以通过仿真的方法更简捷地确定两个电阻值的组合。由于必须满足 $R_1 // R_2$ 等于传输线的特性阻抗这一制约关系，这些组合是确定的。下表列出了传输线的特性阻抗为 50 Ω 时，戴维南端接电阻理论计算得到的一些组合情况，使用时可以作为参考。

R_2/Ω	R_1/Ω
55	550
60	300
65	216.7
70	175
75	150
80	133.3
85	121.4
90	112.5
95	105.6
100	100

AC 端接要求端接电阻 R_t 等于传输线的特性阻抗 Z_0。电容切断了直流通路，消除了直流功耗。同时也不会产生其他并联端接方式中高电平被拉低或低电平被抬高的现象。另外，在一定程度上能够衰减信号中的高频噪声。*AC* 端接要求链路上传输的是直流平衡信号（比如，时钟信号、8B10B 编码信号等），不适合突发模式的数据传输。

当链路中信号传输进入稳定状态时，电容电压会在某一个电平值附近小幅波动。图 4-82 显示了对时钟信号进行 *AC* 端接时典型的接收端波形和电容电压波形（中值电平附近小幅摆动的波形）。对于时钟信号，电路进入稳定工作状态后，信号输出高电平时电容电压上升量必然等于信号输出低电平时电容电压下降量。否则，电容电压会无限制地增加或降低。当时钟信号的占空比为 50%时，电容电压摆幅的中心为信号的中值电平。

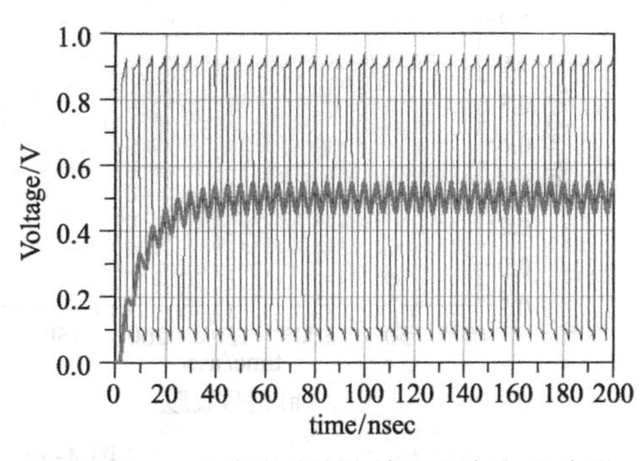

图 4-82　*AC* 端接时接收端及电容电压波形

如果占空比高于 50%，电容电压摆幅中心大于信号的中值电平。如果占空比低于 50%，电容电压摆幅的中心小于信号的中值电平。

由于 *AC* 端接中电容电压一直处于波动状态，电容电压的波动也会影响信号波形。如果传输的是数据信号，并且数据码流中连 0 或连 1 的比特数过多，电容电压就会大幅度波动，进而影响信号的传输。

综上所述，电容值的选择必须考虑两个方面的因素：1）传输线的延时。2）信号游程长度对应的时间间隔。如果传输线的特性阻抗为 50 Ω，端接阻值为 50 Ω，则 *RC* 时间常数为 $\tau = 100 \cdot C$。电容值的选择必须使时间常数远大于 2 倍的传输线延时，即 $\tau \gg 2 \cdot T_d$。当电容值为 200 pF 时，*RC* 时间常数等于 20 ns。传输线延迟为 2 ns 时，信号波形和电容电压波形如图 4-83 所示，a 图为信号波形，b 图为电容电压波形。此时时间常数为传输线延时的 10 倍，很快进入稳定传输状态，信号波形稳定。电容电压稳定在中值电平附近。当传输线延时为 20 ns 时，信号波形和电容电压波形如图 4-84 所示，a 图为信号波形，b 图为电容电压波形。接收端信号波形整体上出现大幅波动，信号长时间不能进入稳定的工作状态，电容电压同样出现大幅波动。

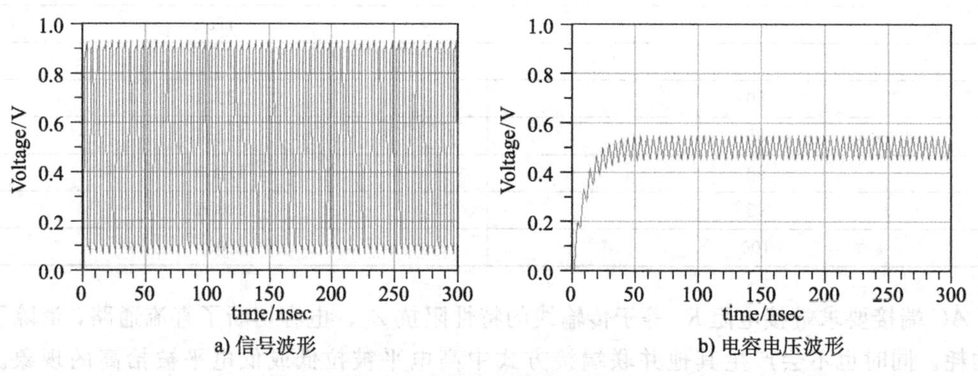

图 4-83　传输线较短时波形

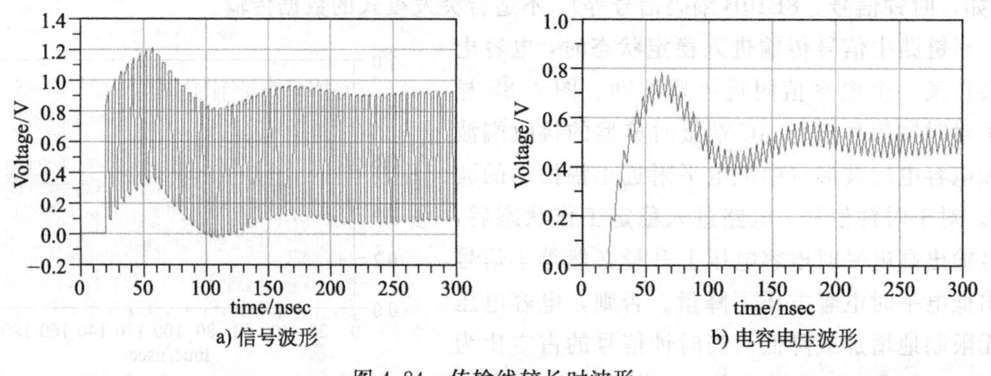

图 4-84　传输线较长时波形

对数据信号进行 AC 端接时，要求时间常数远大于信号游程长度对应的时间间隔（码流中最长连 0 或连 1 的时间间隔），即

$$\tau \gg N \cdot T_{\text{bit}} \tag{4-43}$$

其中，N 表示游程长度，T_{bit} 表示 1 bit 的时间间隔。图 4-85 显示了数据率为 1 Gbps，游程长度为 7，当时间常数分别为 10 ns、50 ns 时，电容电压的变化情况，时间常数越大，相应的电容值就越大，电容电压越平稳，相应的信号质量也会越好。

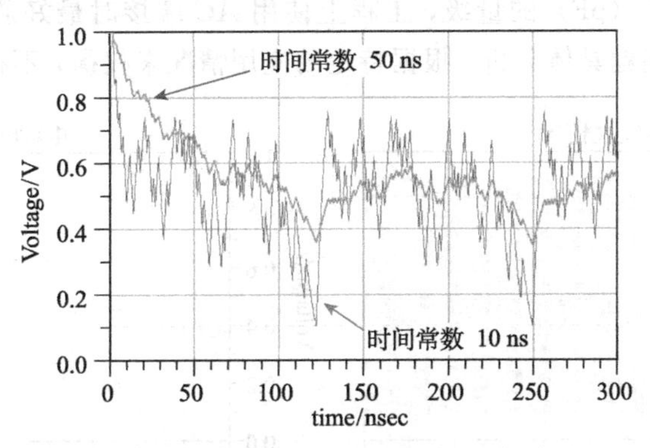

图 4-85　电容值不同时的电容电压的波形

但是容值的选择也不能太大。大电容通常也会有很大的寄生电感，而电感对高频信号呈现很大的阻抗，不利于对高速信号进行端接，端接中我们希望电容的阻抗尽量小，不要影响 RC 网络总的端接阻抗。图 4-86 对比了当电容的等效串联电感 ESL 分别为 0 nH、2 nH 情况下信号波形的差异，AC 端接中电容的等效串联电感会恶化信号质量，因而我们希望这个寄生参数越小越好。

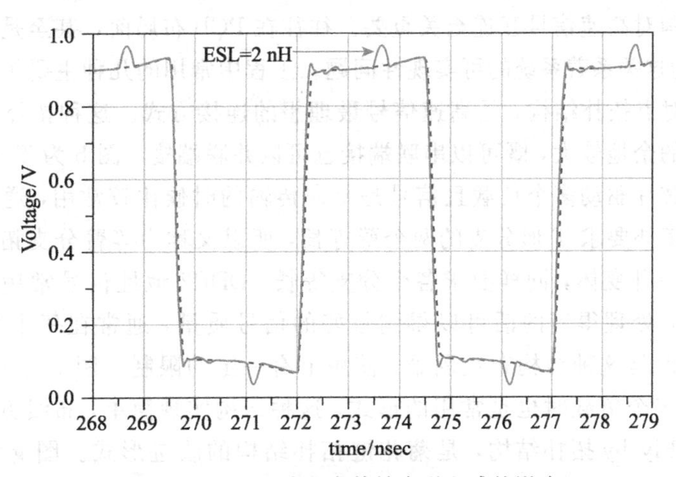

图 4-86　AC 端接电容等效串联电感的影响

另一方面，当电容很大时，信号需要很长时间才能稳定工作。在开始的时候电容电压为 0，信号传输在刚开始的一小段时间内，电容不断充电，电容电压慢慢上升到稳态工作中值电压附近。这段时间内，接收端信号的电压变化范围也不断变化，整体逐渐上抬，图 4-87 显示了这种效应。进入稳定状态的时间如果太长，在有些设计中可能会出现一些问题。

综上所述，*AC* 端接中电容值的选择应满足下面的条件：

$$\tau \gg \mathrm{Max}(2T_{\mathrm{d}},\ NT_{\mathrm{bit}}) \tag{4-44}$$

通常电容值在几百皮法（pF）的量级，工程上使用 *AC* 端接时最好通过仿真来解决，选择多大电容值需要具体问题具体分析，根据特定的应用情况来权衡，不存在经验数值。

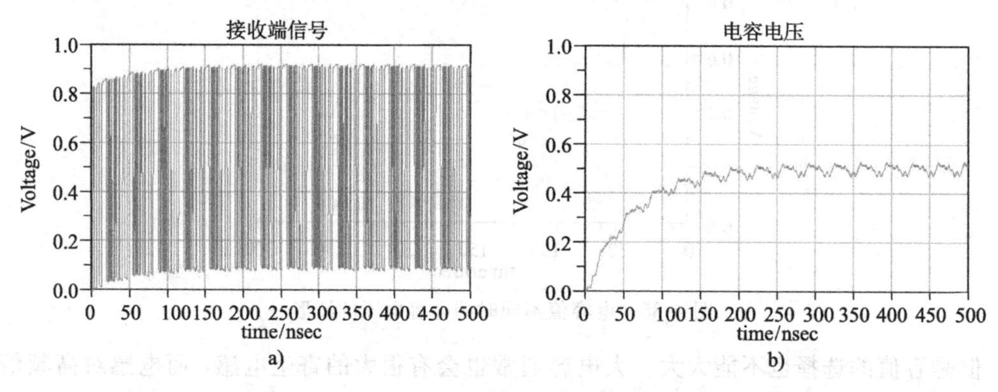

图 4-87　进入稳态的过渡时间

4.19　拓扑结构

互连拓扑结构对高速信号互连至关重要。往往在 PCB 布局前，甚至是系统初期规划阶段就要考虑，因为这关系着系统的可实现性问题。工程中常用的几种主要拓扑形式如图 4-88 所示。图 a 为点对点拓扑结构，是高速信号最理想的连接方式。这种拓扑中的端接方式根据需要可以选择的余地较大，既可以串联端接也可以并联端接。图 b 为 T 形分支拓扑结构，这种结构在一个芯片驱动多个负载且信号是单向传输的时候比较常用，通常使用源端串联端接方式。这种拓扑要求 T 形分支的两个臂等长，所以又称为等臂分支拓扑结构。图 c 是 T 形分支结构的一种变体，同样要求各个分支等长，DDR2 地址信号常用这种结构。图 d 为星形拓扑结构，处理得当的话可以得到较好的信号质量，通常在每个分支的源端分别进行源端端接。但是这种结构布线困难，使用上有一定的限制。图 e 为菊花链拓扑结构，在一个芯片驱动多个负载时也是常用的形式，这种结构实现简单，布线方便，因而得到广泛应用。图 f 为 Fly-by 拓扑结构，是菊花链拓扑结构的改进形式。图 g 为双向总线拓朴结构。

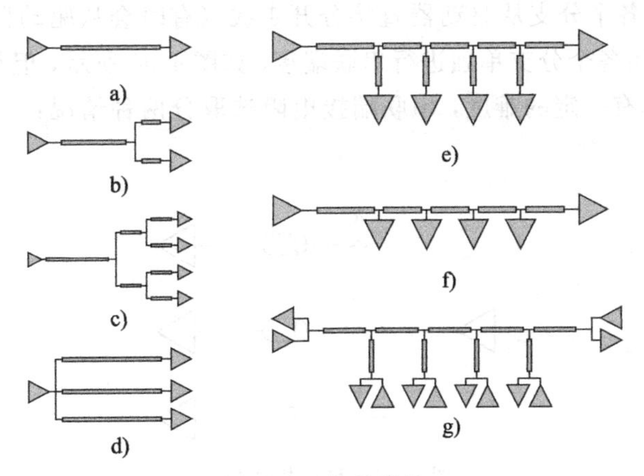

图 4-88　拓扑结构

实际工程中具体使用哪种拓扑结构，需要具体问题具体分析。信号性质不同，对信号质量的要求也不同，关键是要了解各种拓扑结构的特性，然后根据对信号的要求酌情确定拓扑方案。

点对点拓扑互连的特性在本章前面已经大量涉及，这里不再详述。需要强调的一点是，对于关键的信号或对信号质量要求非常高的信号（比如时钟等），在可能的情况下尽量使用点对点拓扑。当然使用其他拓扑也并非一定不行，但必须清楚其他拓扑结构对信号的影响，并在设计时小心地处理。

T 形分支结构 b 和 c 形式类似，这种结构保证信号质量的关键在于各个分支必须等长，一般采用源端端接方式。图 4-89 中显示了各个分支等长及不等长两种情况下接收端信号波形特征。分支等长情况下，接收端波形质量很好，如图 4-89a 所示。如果分支不等长，各个分支处接收端信号波形急剧恶化，如图 4-89b 所示。因此 T 形分支结构中关键是要保证分支等长，因此这种结构也通常叫等臂分支拓扑结构。

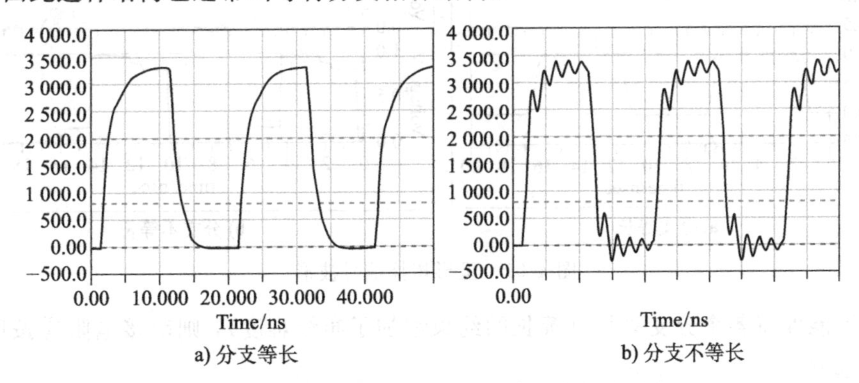

a) 分支等长　　b) 分支不等长

图 4-89　分支等长和不等长对信号波形的影响

星形拓扑结构，各个分支从驱动器直接分开走线（有时会从驱动器拉出极短的一小段线再分支）。通常采用各个分支单独进行串联端接，如图 4-90 所示，但是在星形拓扑结构中串联端接电阻的选择有一定的难度，串联端接电阻选取分两种情况：1）分支等长；2）分支不等长。

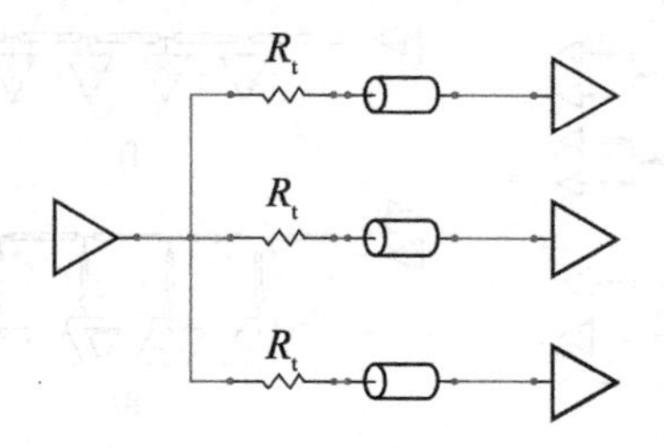

图 4-90 星形拓扑端接

如果能够保证各个分支等长，则串接电阻应按照式（4-45）的约束条件选取

$$R_t = Z_0 - N \cdot Z_{out} \tag{4-45}$$

其中，N 为分支个数；Z_{out} 为驱动器的输出阻抗。如果输出阻抗 $Z_{out} = 10\ \Omega$，且有 3 条支路，传输线的特性阻抗 $Z_0 = 50\ \Omega$，那么端接电阻 $R_t = 20\ \Omega$。在这种等长配置中，每个支路的接收端接收到的信号波形都很理想，如图 4-91a 所示。但是假如驱动器输出阻抗 $Z_{out} = 20\ \Omega$，那么按照约束条件计算的端接阻值为 $R_t = -10\ \Omega$，说明在这种情况下无法通过串联端接的方式来使几个接受信号达到较理想的质量。

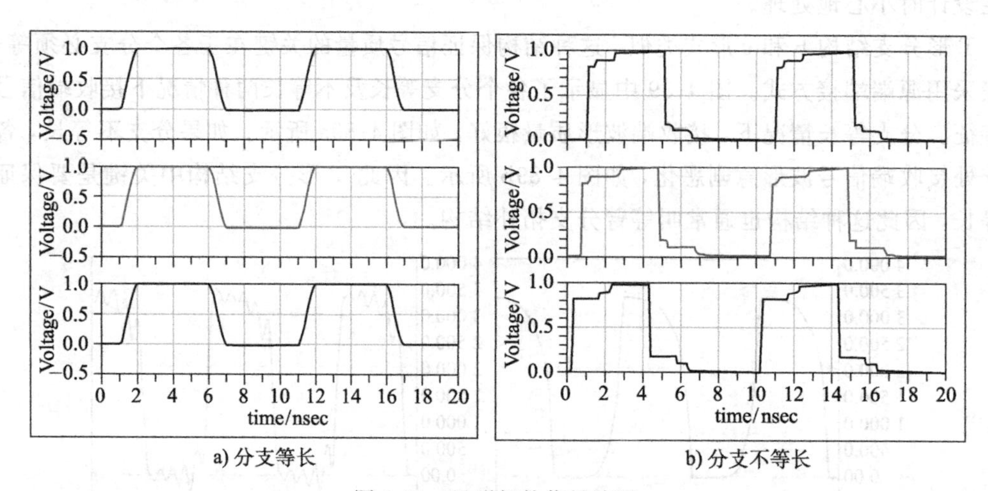

图 4-91 星形拓扑信号波形

如果不能保持各个分支等长（等长的约束增加了布线难度），则串接电阻应按照下面的约束条件选取

$$Z_{out} \ /\!/ \ \left(\frac{R_t+50}{N-1}\right)+R_t=50 \tag{4-46}$$

按照上面同样的参数，计算得到的端接电阻值为 41.8 Ω。图 4-91b 显示了这种端接方式得到的接收端信号典型特征，每个接收端信号的上升沿和下降沿都不是很理想，有形成台阶的趋势。分支数越多，这个台阶就会越低。因此这种端接方式下能够驱动的支路个数是有限制的。但是按照这种方法来进行串联端接，接收端的波形（尤其是台阶的位置）几乎不受各个分支的长短的影响，布线可以相对灵活一些。使用星形拓扑驱动多个负载时，有一定的限制，分支过多可能找不到合适的端接阻值。

菊花链拓扑结构以及 Fly-by 结构是链式结构的两种不同形式，区别在于分支处桩线（stub）的长短。链式结构通常采用末端并联端接方式（上拉、下拉、戴维南等端接方式），很少采用串联端接。串联端接方式中传输线上的信号为半幅度传输，只有当末端反射信号回来后才能达到满幅度。因此，链式结构中如果使用串联端接，最开始的几个分支上的接收器可能很长时间一直处于信号的中值电平附近，信号边沿出现台阶，如果出现干扰噪声，很可能会造成接收器的误判。

使用末端并联端接可以很好地解决这个问题，如图 4-92 所示，上拉、下拉、戴维南等端接方式都可以。这种结构中关键是要保证主干线上第一个分支后的各个分段长度 L_{main} 以及分支桩线长度 L_{stub} 尽量短，最好小于上升时间的 1/8。桩线长度 L_{stub} 对于各个接收端信号的质量影响很大，总体的趋势是桩线长度 L_{stub} 越短，信号质量越好。Fly-by 结构由于桩线长度几乎为 0，因此比菊花链拓扑结构更容易保证信号的质量。

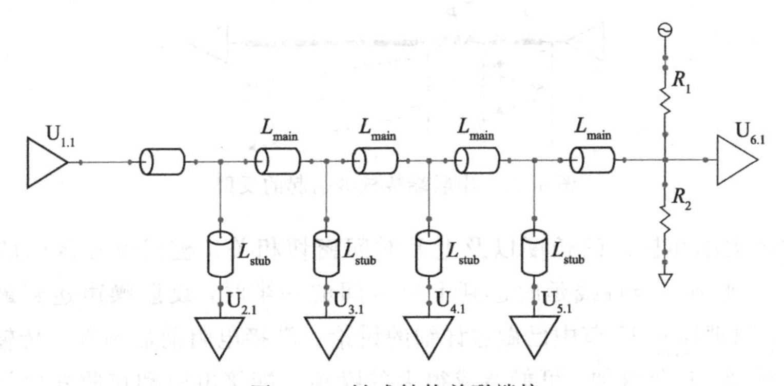

图 4-92　链式结构并联端接

总线结构在系统级互连设计中是常用的结构，每一个节点既可以作为驱动器也可以作为接收器，数据的传输是双向的。各个节点一般都等间隔地分布在总线上。这种结构要求总线两个端点都要进行并联端接。总线上可能挂很多的负载，对驱动器的驱动能力要求很高，为了帮助驱动器更好地驱动信号，通常采用戴维南端接，以补充必要的驱动电流。电路结构及端接如图 4-93 所示。

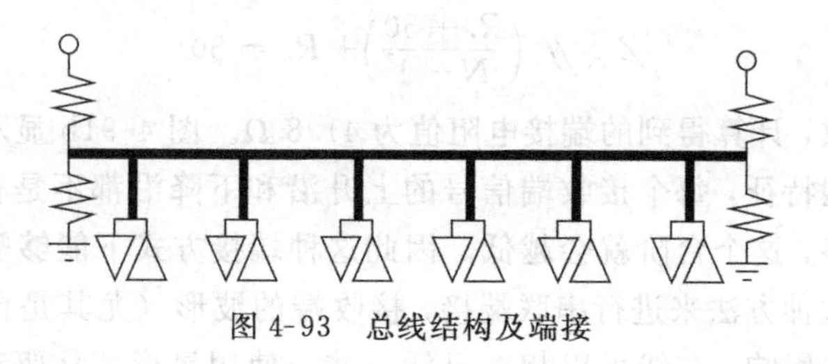

图 4-93　总线结构及端接

4.20　串联端接中的桩线

串联端接的端接电阻最理想的位置是紧靠驱动器，但是实际工程中由于芯片附近空间有限，可能需要拉出一段走线然后放置端接电阻，如图 4-94 所示。串联端接中的桩线会影响端接效果，如果桩线很长，端接电阻就起不到应有的作用。存在桩线的情况下，信号在 4 个位置都会发生反射，如图 4-94 所示。假设传输线的阻抗为 50 Ω，信号经长度为 L_{stub} 的桩线传输到端接电阻 R_t 时感受到的阻抗为 R_t+50，发生正反射，反射信号回到驱动器发生负反射。这样一方面在驱动器和端接电阻之间会有反射信号来回传输震荡。另一方面信号传输到接收器反射后，在端接电阻 R_t 处感受到的阻抗为 R_t+50，也发生正反射，这样端接电阻和接收器之间也会有反射震荡。这些反射信号反复叠加，接收器端的信号波形就可能存在很大的反射噪声。

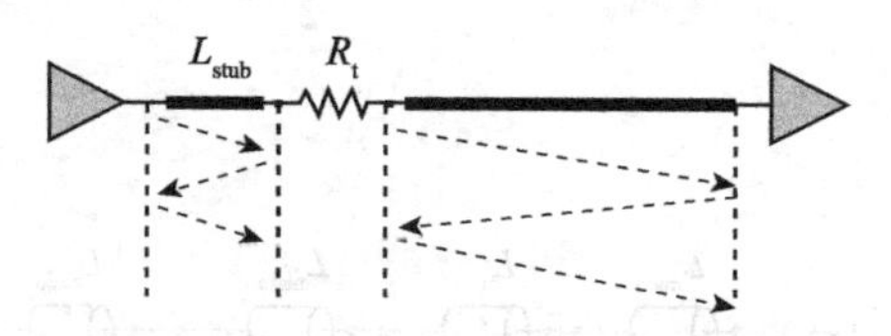

图 4-94　串联端接桩线引起的反射

反射噪声的大小和桩线的长度以及上升时间密切相关。桩线所在区间的反射情况和 4.15 节中的讨论类似。当桩线延时达到上升时间的一半时，反射噪声达到最大。桩线越短，噪声越小，原理在 4.15 节中已做过详细的讨论。端接电阻前后两部分传输线上的反射通过电阻相互传递，反复叠加，可能造成很大的噪声。端接电阻和接收器之间的两个端点都是正反射，反复震荡叠加使噪声更趋严重。如果驱动器输出阻抗越低，端接电阻值就越大，反射量就越大，最终接收端的噪声就越严重。

因此串联端接中要控制桩线的长度，推荐桩线的延时至少要满足下面的条件

$$t_{d\_stub} \leqslant \frac{T_r}{6} \tag{4-47}$$

驱动能力较强的驱动器输出阻抗大约在 10 mΩ 左右，这样如果不考虑端接电阻后面部分的

影响，则桩线末端（端接电阻之前）的信号振铃最大幅度不会超过 5%。此时，接收端噪声基本能控制在 10%以内。如果驱动器的阻抗高于 10 mΩ，接收端噪声还能更小一些。如果上升时间为 300 ps，桩线的延时要小于 50 ps，桩线长度不超过 300 mil 就不会有问题。

4.21　并联端接位置

末端并联端接的电阻最好放在接收器之后，走线先连接到接收器，然后拉出一条“尾巴”，端接电阻放在“尾巴”后面，互连结构如图 4-95 所示，信号先到达接收器，然后才到达端接电阻。这种方式中，“尾巴”长度对接收器的信号波形影响非常小。图 4-96 显示了“尾巴”延时分别为 $T_r/30$ 和 1 倍 T_r 两种情况下接收器的波形，两种情况几乎重合，而且端接效果非常理想，很容易消除信号中的反射噪声。

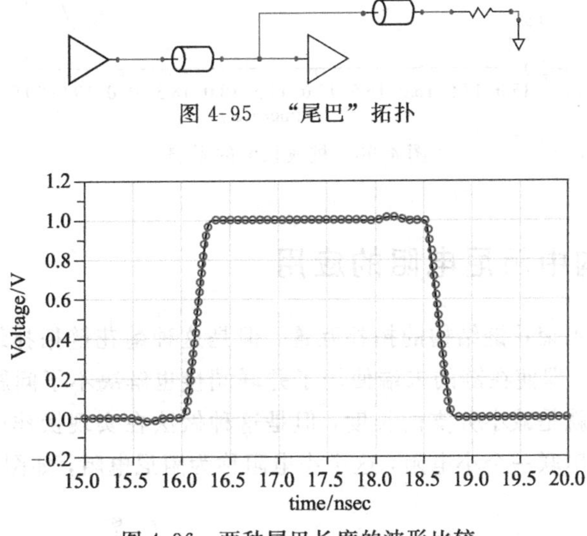

图 4-95　“尾巴”拓扑

图 4-96　两种尾巴长度的波形比较

实际工程中，使用“尾巴”式的并联端接有时候不太方便，拉出的这一段线占据了布线空间，可能会给其他走线造成不便。如果无法使用这种方式，可以在接收器之前放置端接电阻，如图 4-97 所示。端接电阻和接收器之间这一段桩线会影响到接收器的信号波形，如果桩线较长，会使接收器信号噪声很大，产生反射噪声的原理和串联端接中桩线类似。图 4-98 显示了桩线长度（用延时表示）分别为 $T_r/6$ 、$T_r/3$ 、T_r 情况下接收器信号波形对比，可见桩线越短，端接效果越好，推荐桩线的长度（延时）小于 $T_r/6$，如果是 BGA 封装芯片，并联端接电阻可以放在封装芯片下面紧靠引脚位置，这样桩线的影响可减至最小。

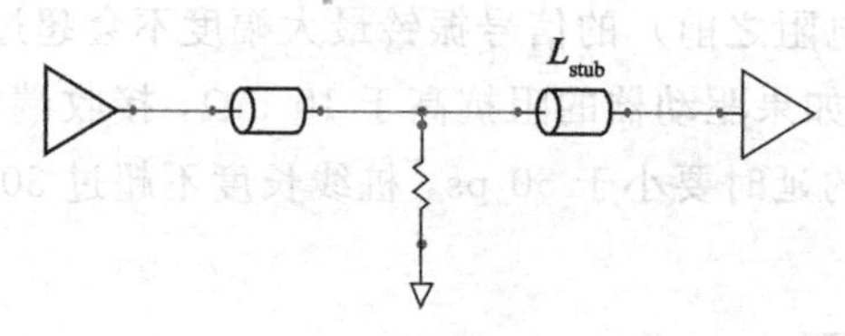

图 4-97　端接电阻在接收器之前

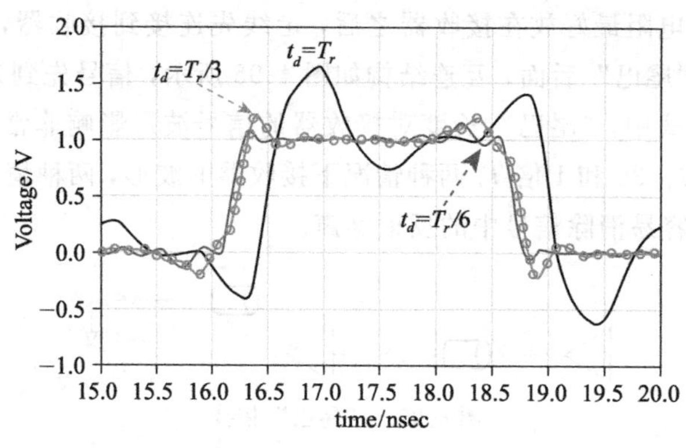

图 4-98　桩线长度的影响

4.22　分支结构中阻尼电阻的应用

工程中经常要用到菊花链结构的拓扑互连，但是这种菊花链拓扑结构中，中间分支的接收器信号往往很差，即使在链的末端使用了并联端接也解决不了问题。菊花链结构改善信号质量的最好办法就是减小分支的长度，但是这种做法在实现操作中有时很难做到，此时可以在每个分支上串联一个小电阻，这个小电阻称为阻尼电阻，如图 4-99 所示。

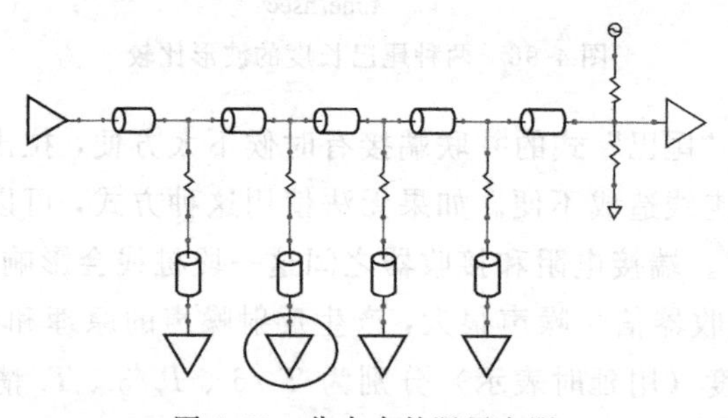

图 4-99　分支中的阻尼电阻

菊花链结构中，之所以中间的接收器信号会有很大的反射噪声，是因为每个接收器都存在一个小的输入电容，信号到达接收器会发生反射，多个接收器的反射信号会在中间分支的各个接收器之间反复地反射震荡叠加，最终恶化了接收器的信号波形。分支中加入阻尼电阻后，阻尼电阻、分支线、接收器输入电容构成 *RC* 网络。阻尼电阻减小了电容的充电电流，使信号上升沿变缓，因此减小了反射。图 4-100 显示了分支中加入阻尼电阻和没有阻尼电阻的信号波形对比，加入阻尼电阻后，上升沿明显变缓，噪声有了明显改善。

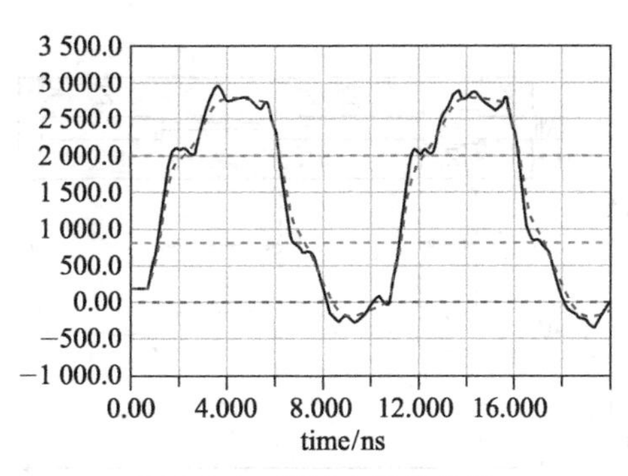

图 4-100　阻尼电阻的作用

4.23　TDR 阻抗测量

本章最后简单介绍一下 TDR 阻抗的测量原理。系统调试，故障定位过程中经常会用到 TDR，使用 TDR 不但可以识别出链路中什么地方发生了阻抗突变，还可以得到阻抗变化的大小。TDR 阻抗测量利用信号的反射来得到链路中的阻抗变化。其工作原理如图 4-101 所示。TDR 测试仪输出阻抗为 50 Ω，通过 50 Ω 测试电缆连接到被测目标链路。仪器输出一个上升沿非常陡峭的阶跃信号，如果被测目标链路有阻抗变化，将发生反射，TDR 根据反射量的大小就可以计算出阻抗变化量。

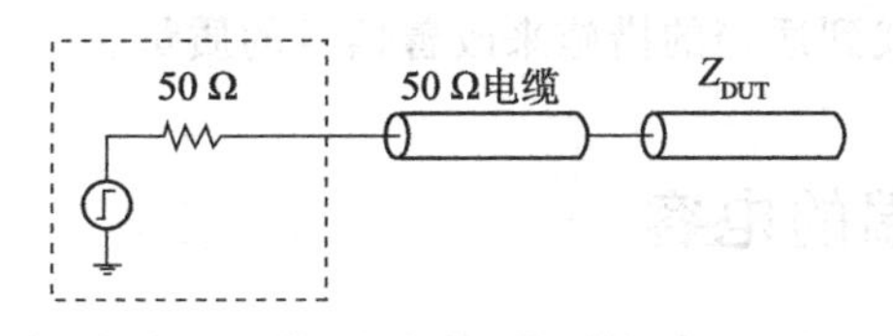

图 4-101　TDR 阻抗测试原理

根据反射公式，即反射系数为 ρ，入射信号为 V_{in}，反射信号为 V_r，被测目标入口处测到的信号为 V_{meas}，则有

$$\rho = \frac{Z_{DUT} - 50}{Z_{DUT} + 50} = \frac{V_r}{V_{in}} \tag{4-48}$$

$$Z_{DUT} = 50\,\frac{1+\rho}{1-\rho} = \frac{V_{in} + V_r}{V_{in} - V_r} = \frac{V_{meas}}{2V_{in} - V_{meas}} \tag{4-49}$$

TDR 输出阻抗、测试电缆阻抗、仪器输出阶跃信号幅度都是确定的，所以可以得到入射信号电压 V_{in}。只要测得被测目标入口处的信号电压 V_{meas} 就可以用式（4-49）计算出 Z_{DUT}。不同位置的阻抗变化引起的反射在 V_{meas} 中处于不同的时间点，因此根据反射噪声时间轴的位置可以计算出阻抗不连续点的空间位置，图 4-102 显示了一个由于线宽变化导致阻抗变化的 TDR 阻抗曲线。

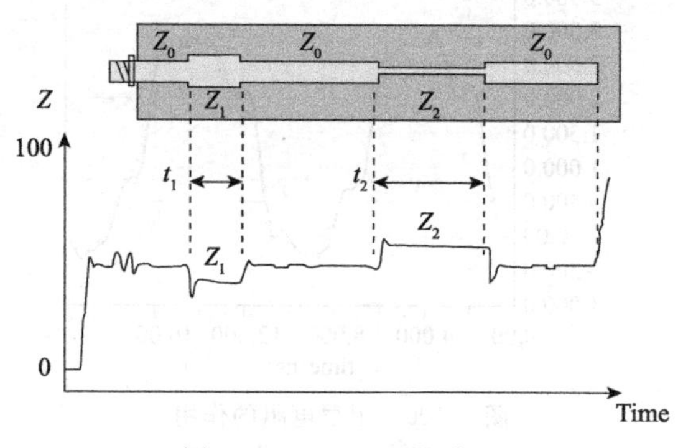

图 4-102　TDR 阻抗曲线

4.24　小结

本章详细讨论了信号的反射现象。反射是最基本的 SI 问题之一，很多现象都与信号的反射有关，清楚反射的行为特征是解决 SI 问题最基本的要求。从工程的角度来说，关键是要清楚各种性质的阻抗不连续点信号反射的特点、各种拓扑结构的特性，以及不同的端接方法对于信号波形的影响。对这些宏观特性建立起"直觉"，在工程设计中对于快速找到解决问题的方法、定位问题的根源都有极大的帮助。通常工程中遇到的互连链路阻抗不连续点很多，信号的反复反射叠加可能使最终的波形变得很乱，但是只要了解了这些反射的特性，结合仿真都可以快速找到适当的措施来改善信号的质量。

附录 4.1　线路末端的电容

假设入射信号幅度为 1，上升时间为 T_r 的激励源，入射信号可表示为

$$V^+(t)=\begin{cases}\dfrac{t}{T_r} & t\in[0,\ T_r]\\ 1 & t\in(T_r,\ \infty)\end{cases}$$

则电容上的电压和电流分别为

$$\begin{cases}V_c=V^+(t)+V^-(t)\\ I_c=\dfrac{V^+(t)}{Z_0}-\dfrac{V^-(t)}{Z_0}=C\dfrac{\mathrm{d}V_c}{\mathrm{d}t}\end{cases}$$

整理后得

$$\frac{V^{+}(t)}{Z_0C}-\frac{V^{-}(t)}{Z_0C}=\frac{\mathrm{d}V^{+}(t)}{\mathrm{d}t}+\frac{\mathrm{d}V^{-}(t)}{\mathrm{d}t}$$

当 $t\in[0,T_r]$ 时

$$\frac{\mathrm{d}V^{-}(t)}{\mathrm{d}t}+\frac{V^{-}(t)}{\tau}=\frac{1}{T_r}\frac{t}{\tau}-\frac{1}{T_r}$$

其中，$\tau=Z_0C$。解微分方程所得反射信号为

$$V^{-}(t)=\frac{t}{T_r}-\frac{2\tau}{T_r}\left(1-\mathrm{e}^{-\frac{t}{\tau}}\right)\qquad t\in[0,T_r]$$

接下来再看反射电压的最大幅度，先假设极值点的导数存在，则其一阶导数为 0。

$$\frac{\mathrm{d}V^{-}(t)}{\mathrm{d}t}=\frac{1}{T_r}-\frac{2}{T_r}\mathrm{e}^{-\frac{t}{\tau}}=0$$

解得：$t=\tau\cdot\ln2$。注意这里有一个前提条件，就是 $t\in[0,T_r]$。如果 $T_r>\tau\cdot\ln2$，在 $[0,T_r]$ 内极值点存在导数，负反射电压在 $t=\tau\cdot\ln2$ 达到最大幅度。

$$V^{-}(t)_{\max}=\frac{\tau}{T_r}(\ln2-1)$$

如果 $T_r\leqslant\tau\cdot\ln2$，在 $[0,T_r]$ 内极值点导数不存在，负反射电压单调变化，当 $t=T_r$ 达到最大幅度。此时，

$$V^{-}(t)_{\max}=1+\frac{2\tau}{T_r}\left(\mathrm{e}^{-\frac{T_r}{\tau}}-1\right)$$

综上所述，反射电压最大幅度：

$$V^{-}(t)_{\max}=\begin{cases}-\frac{\tau}{T_r}(1-\ln2) & T_r>\tau\cdot\ln2\\ 1-\frac{2\tau}{T_r}\left(1-\mathrm{e}^{-\frac{T_r}{\tau}}\right) & T_r\leqslant\tau\cdot\ln2\end{cases}$$

当 $t\leqslant T_r$ 时，电容电压可表示为

$$V_C(t)=V^{+}(t)+V^{-}(t)=\frac{2t}{T_r}-\frac{2\tau}{T_r}\left(1-\mathrm{e}^{-\frac{t}{\tau}}\right)$$

当 $t>T_r$ 时，相当于具有一定初始条件的电路，施加恒定电压时的全响应，根据电路相关理论知识，全响应可表示为

$$y(t)=y(\infty)\left(1-\mathrm{e}^{-\frac{t-T_r}{\tau}}\right)+y(0_+)\mathrm{e}^{-\frac{t-T_r}{\tau}}$$

对于本例，

$$y(\infty)=1,\ y(0_+)=2-\frac{2\tau}{T_r}\left(1-\mathrm{e}^{-\frac{T_r}{\tau}}\right)$$

故

$$V_C(t) = \left(1 + \mathrm{e}^{-\frac{t-T_r}{\tau}}\right) - \frac{2\tau}{T_r}\left(\mathrm{e}^{\frac{T_r}{\tau}} - 1\right)\mathrm{e}^{-\frac{t}{\tau}}$$

综上所述

$$V_C(t) = \begin{cases} \dfrac{2t}{T_r} - \dfrac{2\tau}{T_r}\left(1 - \mathrm{e}^{-\frac{t}{\tau}}\right) & t \in [0,\ T_r] \\ \left(1 + \mathrm{e}^{-\frac{t-T_r}{\tau}}\right) - \dfrac{2\tau}{T_r}\left(\mathrm{e}^{\frac{T_r}{\tau}} - 1\right)\mathrm{e}^{-\frac{t}{\tau}} & t \in (T_r,\ \infty) \end{cases}$$

附录 4.2　线路中间的电容

设入射信号幅度为 1，上升时间不为 0 的激励源，入射信号可表示为

$$V^+(t) = \begin{cases} \dfrac{t}{T_r} & t \in [0,\ T_r] \\ 1 & t \in (T_r,\ \infty) \end{cases}$$

则电容上的电压和电流分别为

$$\begin{cases} V_c(t) = V^+(t) + V^-(t) \\ I_c(t) = \dfrac{V^+(t)}{Z_0} - \dfrac{V^-(t)}{Z_0} = C\dfrac{\mathrm{d}V_c(t)}{\mathrm{d}t} + \dfrac{V_c(t)}{Z_0} \end{cases}$$

整理后得

$$\frac{V^+(t)}{Z_0} - \frac{V^-(t)}{Z_0} = C\frac{\mathrm{d}V^+(t)}{\mathrm{d}t} + C\frac{\mathrm{d}V^-(t)}{\mathrm{d}t} + \frac{V^+(t)}{Z_0} + \frac{V^-(t)}{Z_0}$$

在 $t \in [0,\ T_r]$ 内有

$$\frac{\mathrm{d}V^-(t)}{\mathrm{d}t} + \frac{V^-(t)}{\tau} + \frac{1}{T_r} = 0$$

其中 $\tau = \dfrac{Z_0 C}{2}$。解微分方程得反射信号为

$$V^-(t) = -\frac{\tau}{T_r}\left(1 - \mathrm{e}^{-\frac{t}{\tau}}\right)$$

这是关于时间参数 t 的单调函数。当 $t = T_r$ 时，负反射电压达到最大值，其最大幅度为

$$V^-(t)_{\max} = -\frac{\tau}{T_r}\left(1 - \mathrm{e}^{-\frac{T_r}{\tau}}\right)$$

因为入射信号为分段函数，所以电容上的电压也是分段函数。当 $t \in [0,\ T_r]$ 时，

$$V_c(t) = \frac{t}{T_r} - \frac{\tau}{T_r}\left(1 - \mathrm{e}^{-\frac{t}{\tau}}\right)$$

当 $t > T_r$ 时，入射信号的电压不变，相当于对具有一定初始电压的电容进行充电。根据瞬态电路理论，全响应为

$$y(t) = y(\infty)\left(1 - \mathrm{e}^{-\frac{t-T_r}{\tau}}\right) + y(0_+)\mathrm{e}^{-\frac{t-T_r}{\tau}}$$

本例中

$$V_c(0_+) = V_c(t)\big|_{t=T_r} = 1 + \frac{\tau}{T_r}\left(\mathrm{e}^{-\frac{T_r}{\tau}} - 1\right)$$

$$V_c(\infty) = 1$$

所以有

$$V_c(t) = 1 + \frac{\tau}{T_r}\left(1 - \mathrm{e}^{\frac{T_r}{\tau}}\right)\mathrm{e}^{-\frac{t}{\tau}}$$

综上所述

$$V_c(t) = \begin{cases} \dfrac{t}{T_r} - \dfrac{\tau}{T_r}\left(1 - \mathrm{e}^{-\frac{t}{\tau}}\right) & t \in [0,\ T_r] \\ 1 + \dfrac{\tau}{T_r}\left(1 - \mathrm{e}^{\frac{T_r}{\tau}}\right)\mathrm{e}^{-\frac{t}{\tau}} & t \in (T_r,\ \infty) \end{cases}$$

附录 4.3　线路末端的电感

当电感位于传输线的末端时，各部分电压及电流如图 4-103 所示：

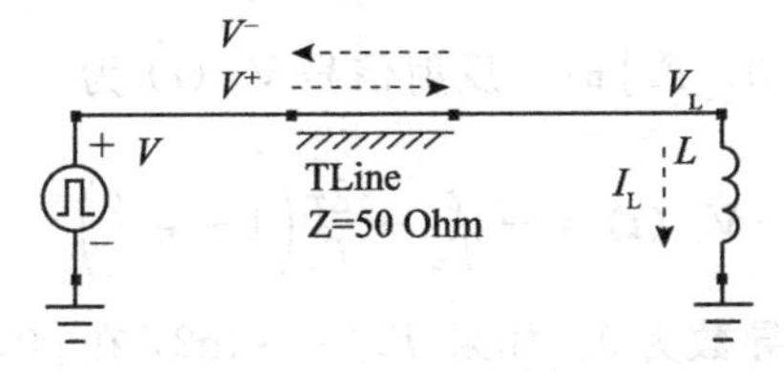

图 4-103　位于线路末端电感电压、电流的分布图

假设入射信号幅度为 A，上升时间为 T_r 的激励源，入射信号可表示为

$$V^+(t) = \begin{cases} \dfrac{t}{T_r} & t \in [0,\ T_r] \\ 1 & t \in (T_r,\ \infty) \end{cases}$$

可得方程组：

$$\begin{cases} V_L(t) = V^+(t) + V^-(t) = L\,\dfrac{\mathrm{d}I_L}{\mathrm{d}t} \\ I_L(t) = \dfrac{V^+(t)}{Z_0} - \dfrac{V^-(t)}{Z_0} \end{cases}$$

当 $t \in [0,\ T_r]$ 时，变量代换得到：

$$\frac{\mathrm{d}V^{-}(t)}{\mathrm{d}t}+\frac{V^{-}(t)}{\tau}=\frac{\mathrm{d}V^{+}(t)}{\mathrm{d}t}-\frac{V^{+}}{\tau}$$

其中，$\tau=\frac{L}{Z_0}$，齐次微分方程的通解为

$$g(t)=C\cdot \mathrm{e}^{-\frac{t}{\tau}}$$

根据变异系数法求非齐次方程的解。用 $C(t)$ 替换通解中的 C，带入微分方程得：

$$C'(t)\mathrm{e}^{-\frac{t}{\tau}}=\frac{1}{T_r}-\frac{t}{T_r}\cdot\frac{1}{\tau}$$

等式变换，并两边积分得：

$$C(t)=\frac{1}{T_r}\int \mathrm{e}^{\frac{t}{\tau}}\mathrm{d}t-\frac{1}{T_r}\int\frac{t}{\tau}\mathrm{e}^{\frac{t}{\tau}}\mathrm{d}t+k=\frac{\tau}{T_r}\int \mathrm{e}^{\frac{t}{\tau}}\mathrm{d}\frac{t}{\tau}-\frac{\tau}{T_r}\int\frac{t}{\tau}\mathrm{e}^{\frac{t}{\tau}}\mathrm{d}\frac{t}{\tau}+k$$

根据积分等式 $\int x\mathrm{e}^x\mathrm{d}x=(x-1)\mathrm{e}^x$ 有

$$C(t)=\frac{2\tau}{T_r}\mathrm{e}^{\frac{t}{\tau}}-\frac{t}{T_r}\mathrm{e}^{\frac{t}{\tau}}+k$$

进而得到反射电压值为

$$V^{-}(t)=\frac{2\tau}{T_r}-\frac{t}{T_r}+k\mathrm{e}^{-\frac{t}{\tau}}$$

由于入射电压到达电感的瞬间，电压为 0，因此有：

$$V^{-}(0_{+})=0$$

解得 $k=-\frac{2\tau}{T_r}$，所以当 $t\in[0,T_r]$ 时，反射信号 $V^{-}(t)$ 为

$$V^{-}(t)=-\frac{t}{T_r}+\frac{2\tau}{T_r}\left(1-\mathrm{e}^{-\frac{t}{\tau}}\right)$$

当 $t=\tau\cdot\ln 2$ 时，$V^{-}(t)$ 一阶导数为 0。如果 $T_r>\tau\cdot\ln 2$，在 $[0,T_r]$ 内极值点存在导数，反射电压在 $t=\tau\cdot\ln 2$ 达到最大幅度。

$$V^{-}(t)_{\max}=\frac{\tau}{T_r}(1-\ln 2)$$

如果 $T_r\leqslant\tau\cdot\ln 2$，在 $[0,T_r]$ 内极值点导数不存在，因此负反射电压单调变化，当 $t=T_r$ 时反射电压达到最大幅度。此时

$$V^{-}(t)_{\max}=-1+\frac{2\tau}{T_r}\left(1-\mathrm{e}^{-\frac{T_r}{\tau}}\right)$$

综上所述，反射电压最大幅度为

$$V^{-}(t)_{\max}=\begin{cases}\frac{\tau}{T_r}(1-\ln 2) & T_r>\tau\cdot\ln 2\\ -1+\frac{2\tau}{T_r}\left(1-\mathrm{e}^{-\frac{T_r}{\tau}}\right) & T_r\leqslant\tau\cdot\ln 2\end{cases}$$

当 $t \leqslant T_r$ 时，电感电压可表示为

$$V_{\mathrm{L}}(t) = V^{+}(t) + V^{-}(t) = \frac{2\tau}{T_r}\left(1 - \mathrm{e}^{-\frac{t}{\tau}}\right)$$

当 $t > T_r$ 时，相当于具有一定初始条件的电路，施加恒定电压时的全响应，根据电路相关理论知识，全响应可表示为

$$y(t) = y(\infty)\left(1 - \mathrm{e}^{-\frac{t-T_r}{\tau}}\right) + y(0_+)\mathrm{e}^{-\frac{t-T_r}{\tau}}$$

对于本例，

$$y(\infty) = 0,\ y(0_+) = \frac{2\tau}{T_r}\left(1 - \mathrm{e}^{-\frac{T_r}{\tau}}\right)$$

所以

$$V_{\mathrm{L}}(t) = \frac{2\tau}{T_r}\left(1 - \mathrm{e}^{-\frac{T_r}{\tau}}\right)\mathrm{e}^{-\frac{t-T_r}{\tau}} = \frac{2\tau}{T_r}\left(\mathrm{e}^{\frac{T_r}{\tau}} - 1\right)\mathrm{e}^{-\frac{t}{\tau}}$$

综上所述

$$V_{\mathrm{L}}(t) = \begin{cases} \dfrac{2\tau}{T_r}\left(1 - \mathrm{e}^{-\frac{t}{\tau}}\right) & t \in [0,\ T_r] \\ \dfrac{2\tau}{T_r}\left(\mathrm{e}^{\frac{T_r}{\tau}} - 1\right)\mathrm{e}^{-\frac{t}{\tau}} & t \in (T_r,\ \infty) \end{cases}$$

附录 4.4　线路中间的电感

电感位于互连线中间时，互连线中各点以及各个元件的电压及电流如图所示。

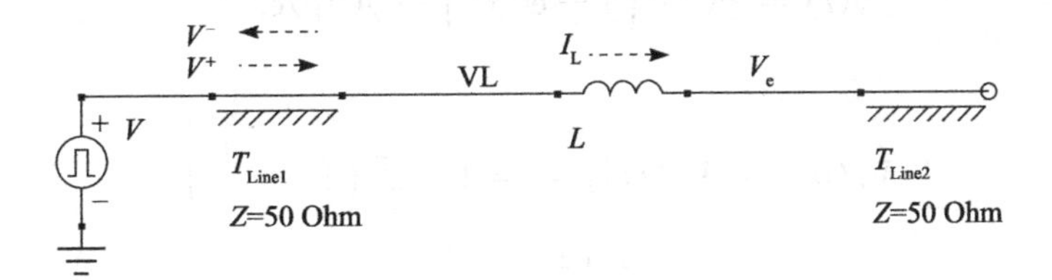

图 4-104　位于线路中间电感电压、电流的分布图

设入射信号幅度为 1，上升时间不为 0 的激励源，入射信号可表示为

$$V^{+}(t) = \begin{cases} \dfrac{t}{T_r} & t \in [0,\ T_r] \\ 1 & t \in (T_r,\ \infty) \end{cases}$$

则可得到下面一组关系式：

$$\begin{cases} V_{\mathrm{L}} = V^{+}(t) + V^{-}(t) \\ L\dfrac{\mathrm{d}I_{\mathrm{L}}(t)}{\mathrm{d}t} = V_{\mathrm{L}} - V_{\mathrm{e}} \\ V_{\mathrm{e}} = Z_0 \cdot I_{\mathrm{L}}(t) \\ I_{\mathrm{L}}(t) = \dfrac{V^{+}(t)}{Z_0} - \dfrac{V^{-}(t)}{Z_0} \end{cases}$$

将上述方程进行代换得：

$$V^{+}(t) + V^{-}(t) = L\frac{\mathrm{d}I_{\mathrm{L}}(t)}{\mathrm{d}t} + V_{\mathrm{e}} = L\left[\frac{\mathrm{d}}{\mathrm{d}t}\frac{V^{+}(t)}{Z_0} - \frac{\mathrm{d}}{\mathrm{d}t}\frac{V^{-}(t)}{Z_0}\right] + V^{+}(t) - V^{-}(t)$$

当 $t \in [0, T_r]$ 时，将 $V^{+}(t)$ 代入上式，进一步整理得：

$$\frac{\mathrm{d}}{\mathrm{d}t}V^{-}(t) + \frac{V^{-}(t)}{\tau} = \frac{1}{T_r}$$

其中，$\tau = \dfrac{L}{2Z_0}$。解此微分方程得：

$$V^{-}(t) = \frac{\tau}{T_r}\left(1 - \mathrm{e}^{-\frac{t}{\tau}}\right)$$

反射电压是关于参数 t 的单调函数。当 $t = T_r$ 时，负反射电压达到最大值，其最大幅度为

$$V^{-}(t)_{\max} = \frac{\tau}{T_r}\left(1 - \mathrm{e}^{-\frac{T_r}{\tau}}\right)$$

进一步可求得：

$$V_{\mathrm{e}}(t) = V^{+}(t) - V^{-}(t) = \frac{t}{T_r} - \frac{\tau}{T_r}\left(1 - \mathrm{e}^{-\frac{t}{\tau}}\right)$$

当 $t > T_r$ 时，根据瞬态电路理论，全响应为

$$y(t) = y(\infty)\left(1 - \mathrm{e}^{-\frac{t-T_r}{\tau}}\right) + y(0_{+})\mathrm{e}^{-\frac{t-T_r}{\tau}}$$

本例中

$$V_{\mathrm{e}}(0_{+}) = V_{\mathrm{e}}(t)\big|_{t=T_r} = 1 - \frac{\tau}{T_r}\left(1 - \mathrm{e}^{-\frac{T_r}{\tau}}\right)$$

$$V_{\mathrm{e}}(\infty) = 1$$

所以有

$$V_{\mathrm{e}}(t) = 1 + \frac{\tau}{T_r}\left(1 - \mathrm{e}^{\frac{T_r}{\tau}}\right)\mathrm{e}^{-\frac{t}{\tau}}$$

综上所述

$$V_{\mathrm{e}}(t) = \begin{cases} \dfrac{t}{T_r} - \dfrac{\tau}{T_r}\left(1 - \mathrm{e}^{-\frac{t}{\tau}}\right) & t \in [0, T_r] \\ 1 + \dfrac{\tau}{T_r}\left(1 - \mathrm{e}^{\frac{T_r}{\tau}}\right)\mathrm{e}^{-\frac{t}{\tau}} & t \in (T_r, \infty) \end{cases}$$

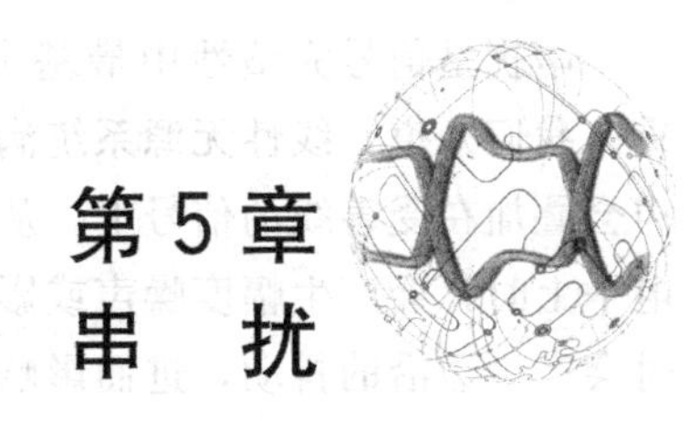

第5章 串扰

当PCB板上走线间距较近，一条走线上传输信号时，会在邻近的走线上引起噪声，这种现象称为串扰。串扰实际上是相邻走线之间的一种能量传递现象。图5-1显示了这种串扰现象，上方的走线传输信号，不论下方的走线是否有信号在传输其两端都会产生噪声。通常将产生干扰的信号线称为攻击线，被干扰的信号线称为受害线。

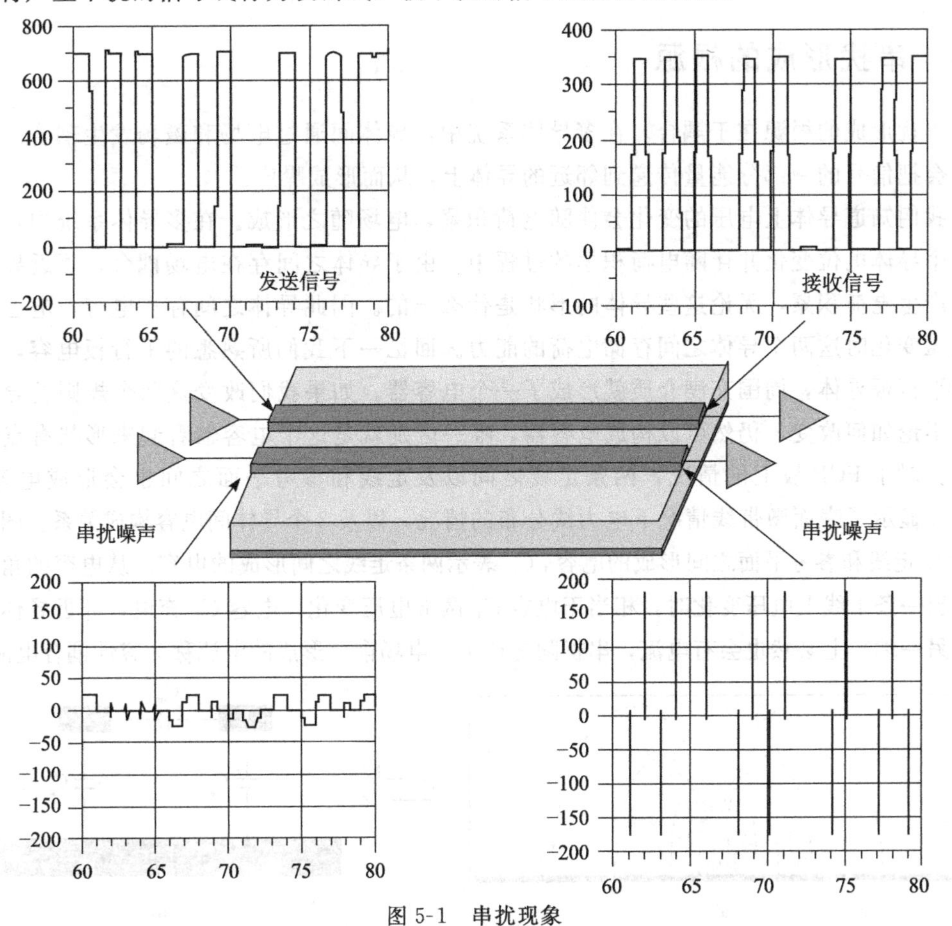

图5-1　串扰现象

串扰是信号完整性中最基本的现象之一，在板上走线密度很高时串扰的影响尤其严重。我们知道，线性无源系统满足叠加定理，如果受害线上有信号的传输，串扰引起的噪声会叠加在受害线的信号上，从而使其信号产生畸变。当串扰噪声叠加在受害信号的高低电平上时，会产生幅度噪声或影响眼图高度。当串扰噪声叠加在受害信号的跳变边沿位置时会产生边沿的抖动，进而影响时序或者是眼图宽度。从统计的角度来说，由于干扰源的不确定性，串扰噪声一般会同时影响信号的边沿和幅度。因此，对于串扰来说两个方面的影响都应该考虑。对于现代电子系统，由于布线密度很高，经常会出现很多信号线长距离平行走线，对于其中一根走线来说，周围的所有走线都会对其产生串扰，多个攻击信号产生的噪声也满足叠加定理。所有这些串扰噪声叠加在一起，如果不加控制很可能会使信号质量严重恶化，进而影响系统功能的实现。本章将详细讨论串扰形成的机理、特征、影响和预防措施等。

5.1　串扰形成的根源

串扰形成的根源在于耦合。在多导体系统中，导体间通过电场和磁场发生耦合。这种耦合会把信号的一部分能量传递到邻近的导体上，从而形成噪声。

我们知道导体上电压的变化会伴随电荷积聚，电场随之形成。在多导体系统中，当其中一个导体电位变化并伴随电荷积累的过程中，由于导体之间存在电场耦合，邻近导体上也会产生电荷积累，无论这些导体的形状是什么样的。因此导体之间存在电容，电容表征了电压变化时这两个导体之间存储电荷的能力。回忆一下我们所熟悉的平行板电容，两个规则平行板导体，周围充满介质就形成了一个电容器。如果我们改变这两个规则的导体形状，不论如何改变，仍然可以构成电容器，唯一区别就是这个电容器看起来形状有点奇怪而已。对于 PCB 板上的情况，两条走线之间以及走线和参考平面之间也会形成电容器，图 5-2 显示了表面微带线情况下电力线分布的情况，以及 3 个导体间电容构成关系。图 b 中 C_g 表示走线和参考平面之间形成的电容，C_m 表示两条走线之间形成的电容。从电容的角度来看，当一条走线上电压变化时，相当于电容 C_m 两端电压变化，电容 C_m 充电，邻近导体（电容的另一端）上必然也会有电流，串扰随之产生。电场耦合形成的电流称为容性耦合电流。

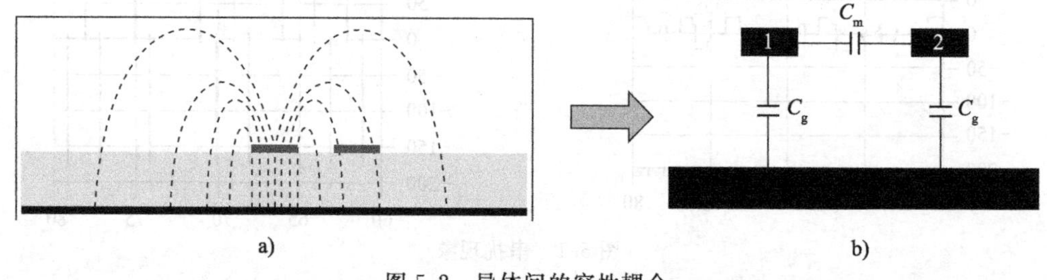

图 5-2　导体间的容性耦合

使用场求解器有助于我们了解PCB板上走线之间电容的大小，多导体之间的电容关系通常使用电容矩阵来描述。如果走线在PCB板表层（走线上方无绿油），当线宽为6 mil，线间距gap（边到边的距离）为7 mil，介质厚度为4 mil，介电常数为4.5，特性阻抗大约为50 Ω，电容矩阵如图5-3所示。走线和参考平面之间的电容C_g =2.94 pF/inch，两条走线之间的电容C_m = 0.139 pF/inch。C_m大约是C_g的5%。

T1　T2

pF/inch	T1	T2
T1	2.94	0.139
T2	0.139	2.94

图5-3　电容矩阵

走线之间的电容与走线之间的间距密切相关，图5-4显示了线间距不同时两条走线之间耦合电容的大小，电容值用pF/inch表示。对于表层微带线，当线间距*gap*等于1倍线宽时，C_m大约是C_g的5%。当线间距*gap*等于2倍线宽时，C_m大约是C_g的2%。当线间距*gap*等于3倍线宽时，C_m大约是C_g的1%。当间距增大时，耦合电容迅速减小，耦合作用急剧减弱。

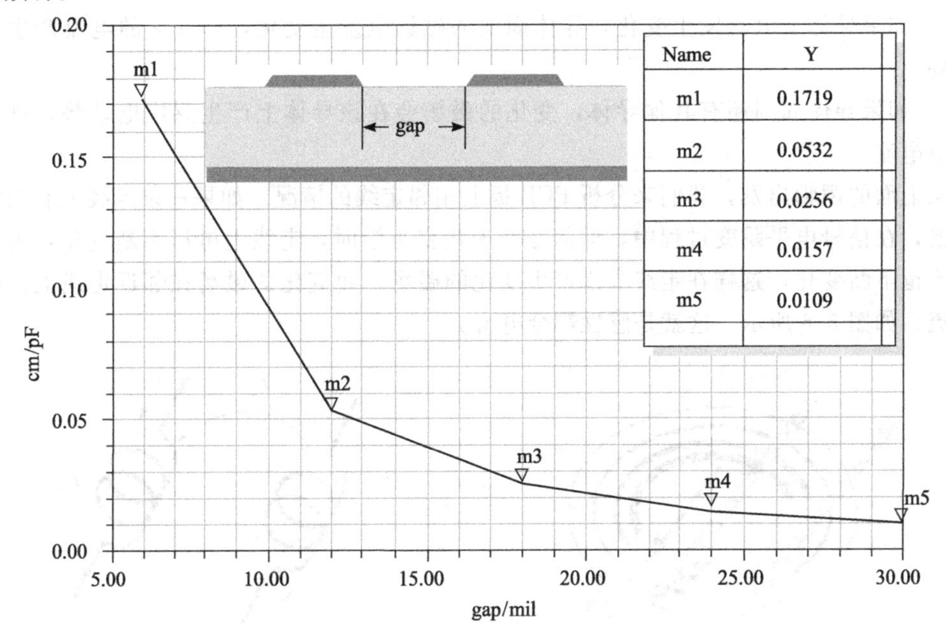

图5-4　耦合电容与线间距关系

当两条走线拉开距离时，耦合电容减小，如果在两条走线之间放入另一根走线，这两条走线之间耦合电容会进一步减小。图5-5显示了3种不同配置情况下trace1和trace2之间的互容大小。我们看到，当走线之间间距*gap*值从1倍线宽增加到3倍线宽时，两条走线互容迅速减小为每英寸0.0256 pF，在两条走线之间加入一根走线后，互容进一步减小为每英寸0.0179 pF。这种现象正是使用隔离地线抑制串扰的出发点之一，当然，隔离线的问题稍显复杂，还要考虑其他方面的因素，具体的内容我们在保护地线一节详细阐述。

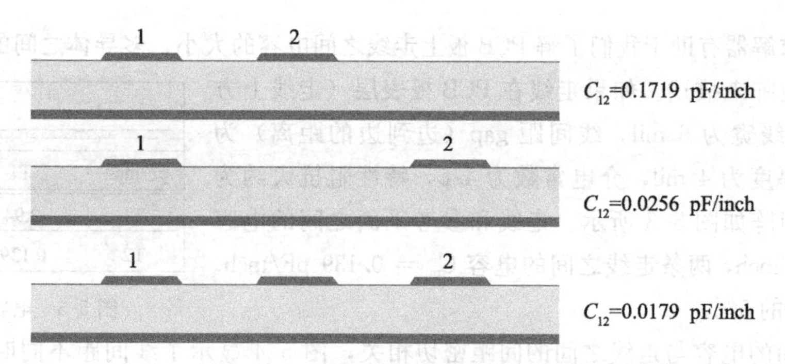

图 5-5　不同配置下的耦合电容

除了电场耦合外，两条走线之间还有磁场耦合。要理解磁场耦合的机理，首先需要了解电磁感应原理。关于磁耦合，我们按照下面的逻辑顺序可以很容易理解：

- 如果导体上存在电流，导体周围必然存在磁场，磁力线方向满足右手螺旋法则。
- 如果导体上电流发生变化，导体周围的磁场也发生变化，即变化的电流产生变化的磁场。
- 如果导体周围还有其他导体，变化的磁场会在该导体上产生感应电动势，进而产生感应电流。

从上面的逻辑出发，我们来分析 PCB 板上相邻走线的情况。如果一条走线上有数字信号传输，在信号电平跳变过程中，即信号处于跳变边沿时，走线上电压不断变化，走线上的电流也不断变化，这样在走线周围产生变化的磁场，而变化的磁场在邻近走线上产生感应电流，如图 5-6 所示，这就是感性耦合电流。

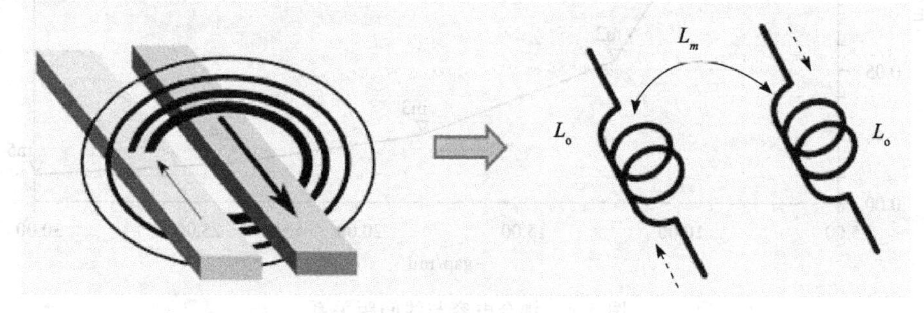

图 5-6　感性耦合

感应电流的大小可以用两条走线之间的互感来表征。两条走线间互感和他们之间的间距密切相关，图 5-7 显示了当两条走线之间间距不同时，走线之间的互感大小，互感用 nH/inch 表示。走线线宽为 6 mil，50 Ω 阻抗控制的表层走线。图中可见，走线间距越大，互感越小，耦合作用也越弱。拉开 PCB 板上走线的间距，能明显减小两条走线之间的相互干扰。增大走线的间距，是减小感性耦合的主要手段。

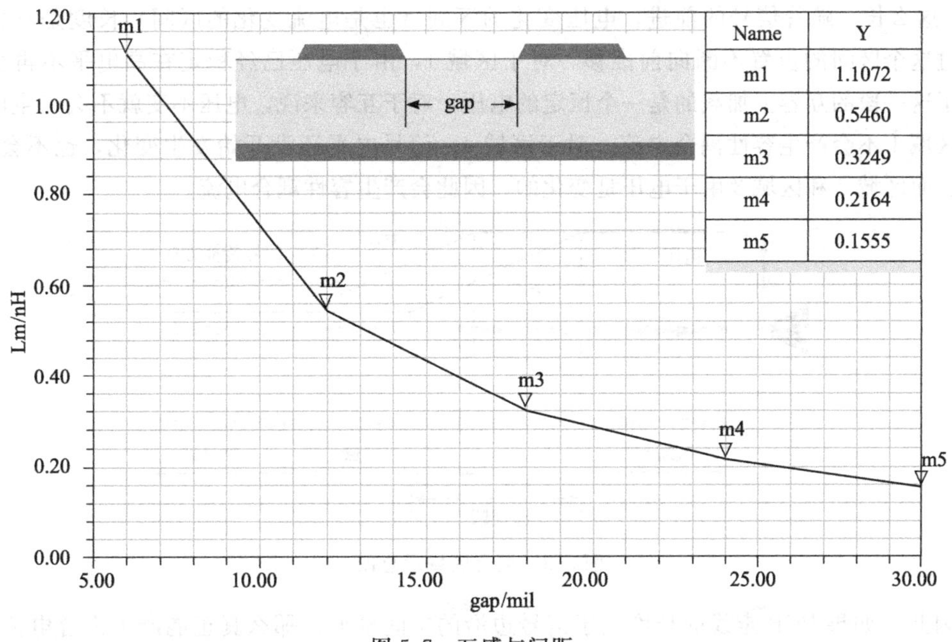

图 5-7　互感与间距

5.2　耦合长度

电场耦合会产生容性耦合电流，磁场耦合会产生感性耦合电流。从两种耦合电流产生的机理来看，要产生容性耦合电流，需要一个变化的电压，要产生感性耦合电流需要一个变化的电流。当信号沿 PCB 走线向前传播时，这个变化的电压和变化的电流在传播过程中局限在一个有限的区间内。要理解这种现象必须建立传输线的概念。信号并不是一下子就到达传输线的末端，它在走线中有一个向前行进的过程。信号在 PCB 走线上向前传播的过程类似于海浪的行进过程，浪头的前端会形成一个斜坡，图 5-8 说明了这种现象。当 $t=0$ 时，一个上升沿信号加载到一条走线上，信号上升时间不可能是 0，因此在走线的入口处电压需要经过一段时间才能逐渐上升到高电平，电压不会产生突变。当信号加载到传输线上后就会向前传播，无论入口处电压是否达到高电平。当入口处电压从 0 上升到高电平的这段时间内，信号已经在传输线上向前传播一段距离了。如果信号的传播速度为 v，上升时间为 T_r，当入口处电压达到高电平时，在距离入口 $v \cdot T_r$ 处的电压刚刚准备上升，PCB 走线上长度为 $v \cdot T_r$ 的一段区间就是信号前沿在空间上的延伸。这样走线上长度为 $v \cdot T_r$ 的一段区间内，各个点的电压都不同。随着时间的推移，这个区间也会逐渐向远处推进，类似于浪头前面的斜坡。在 $t=t_1$ 的时刻，区域 2 中各点电压如图 5-8 所示，在 $t=t_2$ 的时刻，这个区间移动到了区域 3。因此，即使走线非常长，走线上电压变化的区间（也是电流变化的区间）也只有

$v \cdot T_r$ 这么长。随着信号的前进，电压变化的区间（也是电流变化的区间）长度是不变的，只不过这个区间的位置不断向前推移。对于区域 1，由于电压已经稳定在高电平不再变化，相当于这一段的互容上加载的是一个恒定的电压，对于互容来说，电压不变就不会产生电流，因此区域 1 不会产生容性耦合电流。对于区域 4，信号电平还没开始发生变化，也不会产生电流。而区域 2 和区域 3 由于电压是变化的，因此会产生容性耦合电流。

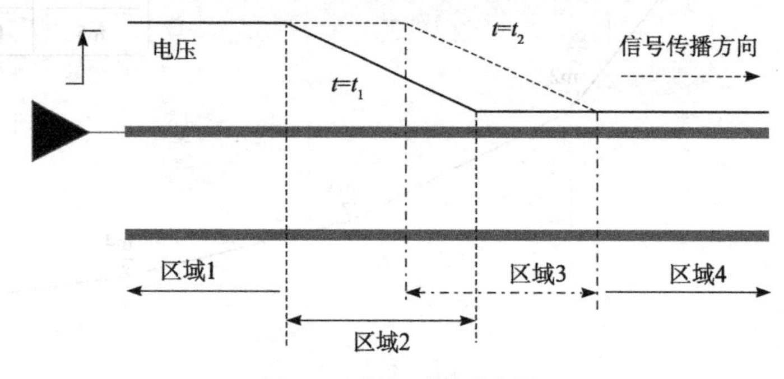

图 5-8　耦合区域示意图

因此，如果 PCB 走线的长度大于信号边沿的空间延伸，那么真正能产生耦合电流的区域也只是信号前沿的空间延伸这一小段走线。两条走线的耦合长度就是 $v \cdot T_r$。如果走线长度小于该值，那么耦合长度就是走线的长度。

耦合长度的概念实际上暗示了串扰有可能发生饱和，即达到某一个值后串扰量将不再增加，5.6 节和 5.7 节将详细讨论串扰的饱和。

5.3　容性串扰

两条走线之间的电容是一种分布电容，为了说明问题，我们用集总模型来近似。把耦合传输线分成很多小段，每一个小段使用一个集总电容代替，如图 5-9 所示。

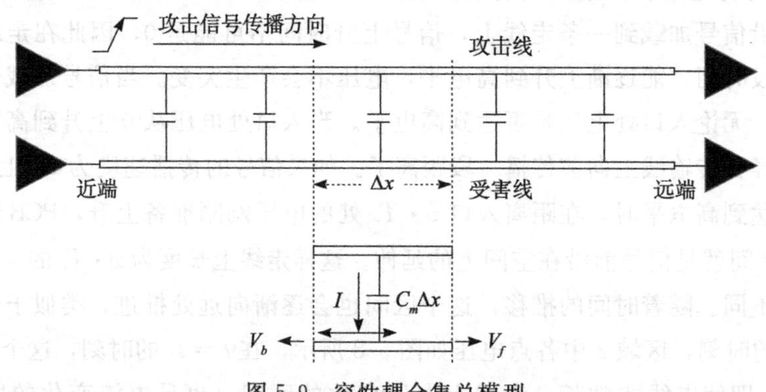

图 5-9　容性耦合集总模型

对于传输线上的任意一个小段，假设长度为 Δx，互容为 $C_m \cdot \Delta x$，在信号跳变沿通过这一小段传输线的过程中，这个小电容上的电压不断变化，因此就有电流流过电容，电流可表示为

$$I = C_m \cdot \Delta x \frac{dV}{dt} \tag{5-1}$$

电流流入受害线后，由于受害线两个方向上的阻抗相同，因此电流同时向两个方向流动，且大小相等。耦合电流在两个方向上都产生电压。与攻击信号传播方向相同的耦合电流产生的电压称为前向电压，记为 V_f。与攻击信号传播方向相反的耦合电流产生的电压称为后向电压，记为 V_b。图 5-10 显示了这种关系。耦合电流可表示为

$$\frac{V_b}{Z_0} + \frac{V_f}{Z_0} = C_m \cdot \Delta x \frac{dV}{dt} \tag{5-2}$$

假设攻击信号的幅度为 V_0，则电压变化率可近似表示为

$$\frac{dv}{dt} = \frac{V_0}{T_r} \tag{5-3}$$

所以，式（5-2）可改写为

$$\frac{V_b}{Z_0} + \frac{V_f}{Z_0} = C_m \cdot \Delta x \frac{V_0}{T_r} \tag{5-4}$$

又因为两个方向上的耦合电流大小相等，所以

$$V_b = V_f = \frac{1}{2} Z_0 C_m \cdot \Delta x \frac{V_0}{T_r} \tag{5-5}$$

在 T_r 时间段内，这一小段线上电压持续变化。因而，攻击信号在这一小段线上产生一个时间宽度近似为 T_r 的串扰电压波形。

从整条耦合线来看，脉宽为 T_r 的串扰电压波形沿着受害线向前、后两个方向传播，传播速度与攻击信号传播速度相同。前向串扰电压 V_f 与攻击信号同步向前传播，攻击信号持续注入电流，V_f 不断积累，随着耦合线的长度增加而增加。如果耦合线长度为 l，则有

$$V_f = \frac{1}{2} Z_0 C_m \cdot l \frac{V_0}{T_r} \tag{5-6}$$

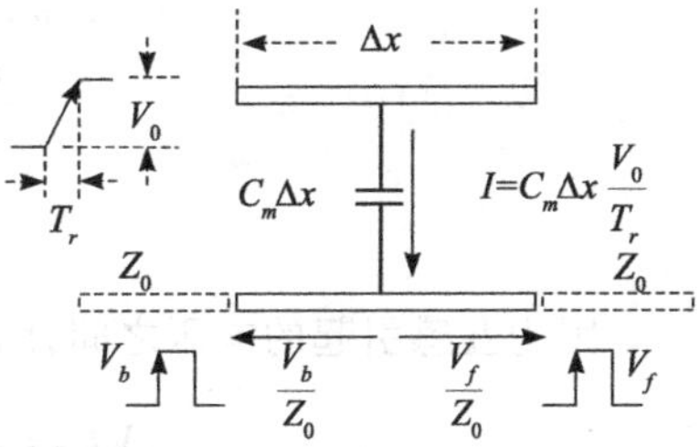

图 5-10 容性串扰电压

后向串扰电压情形稍有不同，后向串扰电压传播方向与攻击信号传播方向相反，速度相同。即使耦合线的长度远大于信号前沿空间延伸长度（T_r 时间内信号传播的距离）时，攻击线能注入电流的时间也只有 $T_r/2$，因此后向串扰电压最大值可表示为

$$V_b = \frac{1}{2} Z_0 C_m \cdot \frac{V_0}{T_r} \cdot \frac{T_r}{2} V_p \tag{5-7}$$

其中，V_p 为信号传播速度。又因为

$$V_p = \frac{1}{\sqrt{L_0(C_m + C_g)}} \tag{5-8}$$

$$Z_0 = \sqrt{\frac{L_0}{C_m + C_g}} \tag{5-9}$$

将式（5-8）和式（5-9）代入式（5-7）中，并设 $C = C_m + C_g$，则后向串扰电压可表示为

$$V_b = \frac{1}{4}\frac{C_m}{C}V_0 \tag{5-10}$$

这是后向容性串扰所能达到的最大幅度。$K_{NECap} = \frac{V_b}{V_0} = \frac{1}{4}\frac{C_m}{C}$ 称为容性后向串扰系数。

5.4　感性串扰

与容性串扰分析类似，我们仍假定耦合线长度远大于信号前沿的空间延伸。分析其中一小段耦合线的感性耦合，原理图如图 5-11 所示。

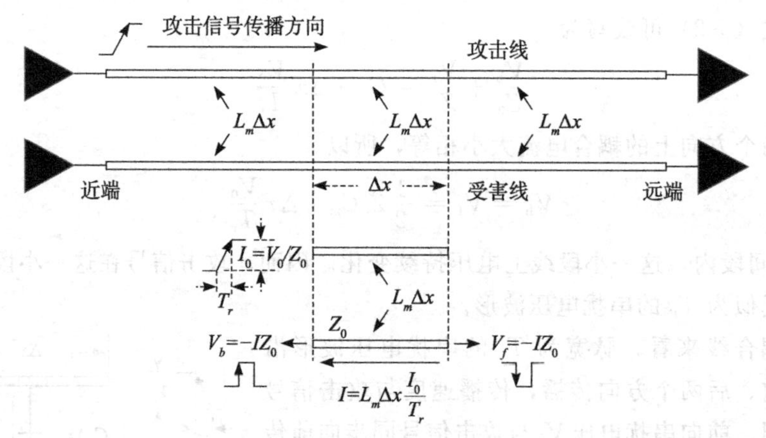

图 5-11　感性耦合集总模型

因为互感引起的电压之间存在如下关系：

$$V_b = L_m\Delta x\frac{di}{dt} + V_f = L_m\Delta x\frac{I_0}{T_r} + V_f \tag{5-11}$$

其中，I_0 为攻击信号的电流幅度，且 $I_0 = V_0/Z_0$。对于受害线，电流是连续的，所以 $V_b/Z_0 = -V_f/Z_0$，代入式（5-11）并整理得

$$V_b = \frac{L_m\Delta x V_0}{2T_r Z_0} = -V_f \tag{5-12}$$

接下来与容性串扰分析类似，当耦合线长度 l 远大于信号前沿的空间延伸时，

$$V_b = \frac{L_m V_0}{4L_0} \tag{5-13}$$

$$V_{\mathrm{f}}=-\frac{L_{\mathrm{m}} l V_{0}}{2 T_{r} Z_{0}} \tag{5-14}$$

其中，$K_{\mathrm{NEInd}}=\frac{1}{4} \cdot \frac{L_{\mathrm{m}}}{L_{0}}$ 为感性后向串扰系数。

5.5　近端串扰和远端串扰

尽管我们从容性耦合与感性耦合两方面分开来讨论串扰现象，但实际上两种耦合总是同时发生的，受害线上同时包含了容性耦合电流与感性耦合电流。在两根信号线耦合较弱时，总串扰近似为容性串扰与感性串扰的累加。受害线上与攻击信号传播方向相反的一端称为近端，与攻击信号传播方向相同的一端称为远端。由于两种耦合，在受害线的近端产生的串扰称为近端串扰，记为 V_{NEXT}，在受害线的远端产生的串扰称为远端串扰，记为 V_{FEXT}。图 5-12 直观地显示了两种耦合电流的产生、流动方向、近端串扰和远端串扰以及它们之间的关系。

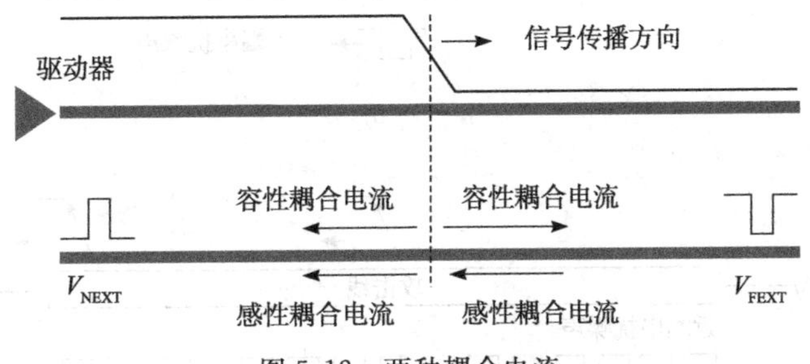

图 5-12　两种耦合电流

近端串扰和远端串扰表现出不同的特征，我们以表层微带线为例，并假设耦合线长度远大于信号前沿的空间延伸，这样我们就能“看到”攻击信号的前沿在传输线上逐渐向前移动，并“观察”这一过程中受害线上发生了什么。

攻击信号入射的同时，受害线上就会产生耦合电流，因此受害线的近端串扰在攻击信号入射的瞬间就会发生，耦合电流向前流动的分量则刚刚开始起步，因此受害线的远端感受不到这个噪声，图 5-13a 为这种情况下的串扰。

攻击信号向前传播过程中，随着前沿不断移动，不断耦合出串扰电流。后向串扰电流引起的噪声由于产生的时刻不同，会像“接力”一样向受害线近端传播。而前向串扰电流引起的串扰噪声与攻击信号同步向远端传播。不同时刻产生的串扰电压会逐渐积累起来，幅度不断增加，图 5-13b 显示了攻击信号尚未到达末端时的串扰。

当攻击信号到达末端时，如图 5-13c 所示，远端串扰噪声也同时达到受害线末端，并仅仅持续一个时间 T_r 便消失。而此时后向耦合电流产生的噪声刚刚产生，还需要一个传输线的延迟才能传回到受害线的近端，如图 5-13d 所示。

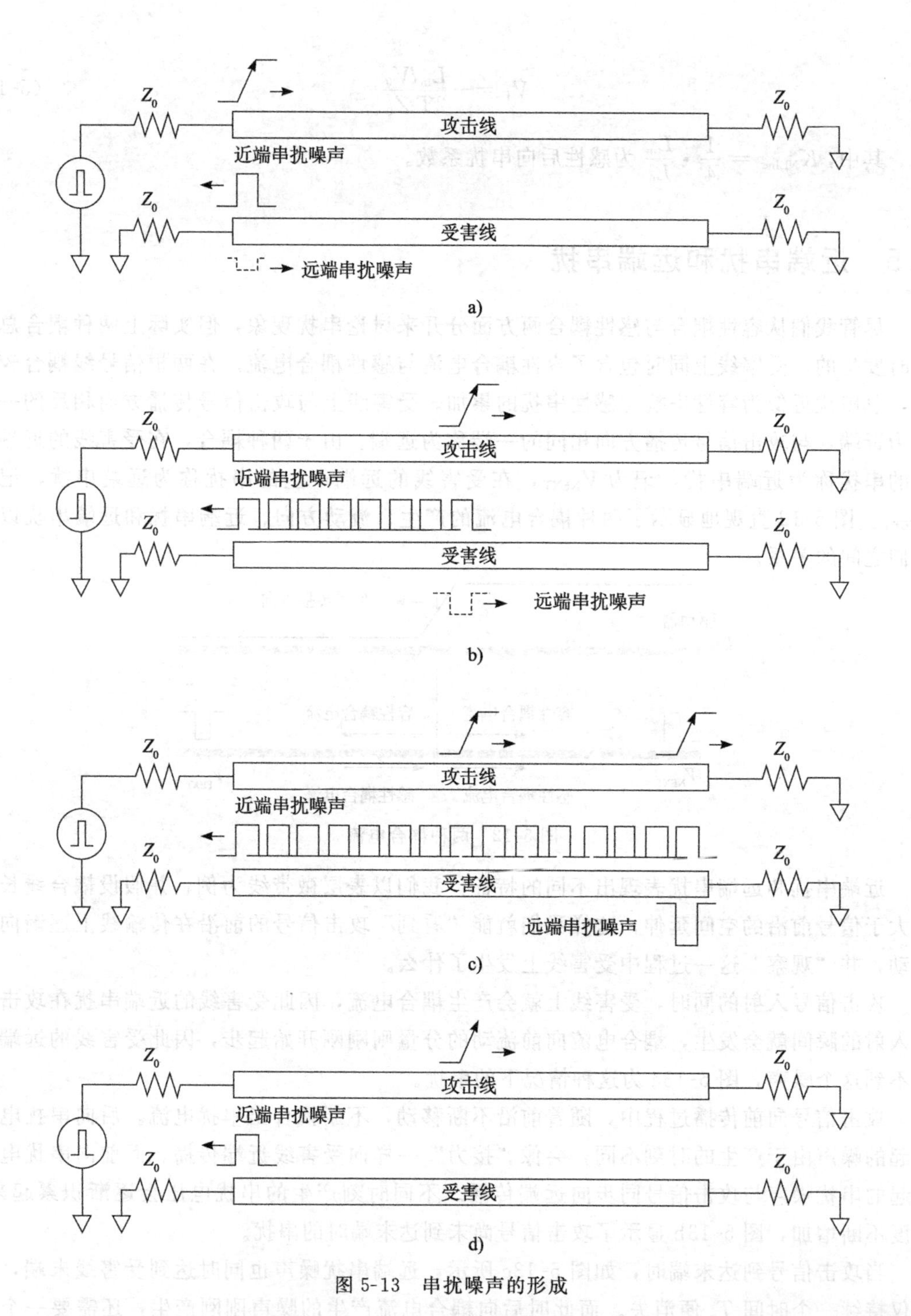

图 5-13 串扰噪声的形成

因此，如果耦合线长度远大于信号前沿的空间延伸，近端串扰表现为幅度不高但时间上展宽的宽脉冲，脉冲宽度为传输线的往返时间延迟加上信号上升时间 T_r。远端串扰噪声则呈现为宽度很窄但幅度很高的窄脉冲。图 5-14 显示了近端串扰和远端串扰噪声的典型特征。

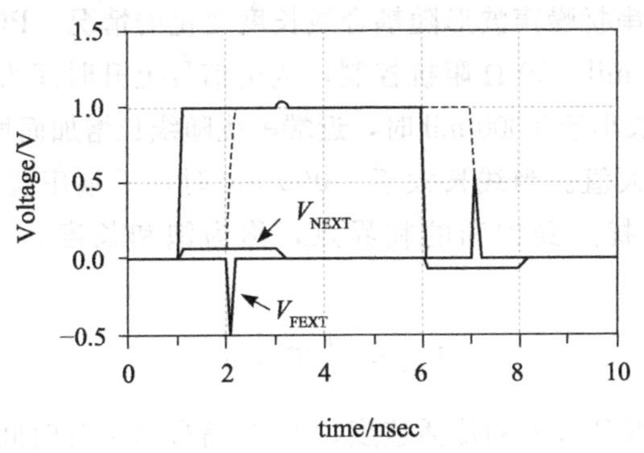

图 5-14　串扰噪声特征

内层带状线的串扰与表层走线稍有不同。近端串扰与表层走线类似，但是远端串扰明显不同。表层走线有很大的远端串扰，而内层走线的远端串扰几乎为 0。从数学关系上看，内层走线 Z_0C_m 与 $\frac{L_m}{Z_0}$ 刚好抵消，这种现象的成因在 5.7 节给出详细的解释。

5.6　近端串扰的饱和

近端串扰电压的波形与耦合线的长度有关。综合考虑容性串扰与感性串扰，则一小段耦合区域产生的后向串扰噪声可表示为

$$V_b = \frac{1}{2T_r}\left(Z_0C_m + \frac{L_m}{Z_0}\right)\Delta x V_0 \tag{5-15}$$

当耦合区域小于 1/2 信号前沿的空间延伸时，信号的往返时间延迟小于 T_r。这种情况下，攻击信号到达末端时产生的后向串扰噪声传回到近端后，整个耦合区域中各点的电压仍然处于不断变化的过程中，串扰电流还没有达到最大值。近端串扰噪声幅度也达不到最大值。由于耦合区域有限，耦合到受害线的能量受限，串扰噪声的幅度和总的耦合长度有关，耦合长度越大，串扰噪声幅度越大。

当耦合区域大于 1/2 信号前沿的空间延伸时，信号的往返时间延迟大于 T_r。攻击信号在末端产生的后向串扰噪声传回到近端时，靠近驱动器的区段上电压已经不再变化，所以不再产生耦合电流。这种情况下，近端串扰幅度能够达到最大值，不再随耦合线长度增加而增大，而是在时间上展宽。这种现象称为串扰的饱和。饱和值为

$$V_b = \frac{1}{4}\left(\frac{C_m}{C} + \frac{L_m}{L_0}\right)V_0 \tag{5-16}$$

通常使用后向串扰系数来衡量近端串扰的最大串扰量，后向串扰系数定义为

$$K_b = \frac{V_b}{V_0} = \frac{1}{4}\left(\frac{C_m}{C} + \frac{L_m}{L_0}\right) \tag{5-17}$$

图 5-15 显示了近端串扰噪声波形随耦合线长度变化的情况。PCB 走线为表层线，线宽 6 mil，线间距（*gap*）9 mil，50 Ω 阻抗控制，攻击信号上升时间为 1 ns，对应前沿的空间延伸为 6 000 mil，当线长小于 3 000 mil 时，近端串扰随线长增加而增大。线长等于 3 000 mil 时近端串扰刚好达到最大值。当线长大于 3 000 mil 时，近端串扰幅度不再增加，波形展宽。3 000 mil 为近端串扰达到饱和的临界点，称为饱和长度。一般地，串扰的饱和长度为

$$L_{sat} = \frac{1}{2} T_r \cdot v_p \tag{5-18}$$

其中，v_p 为信号在 PCB 板上的传播速度；T_r 为信号的上升时间。饱和长度等于信号前沿空间延伸的一半。

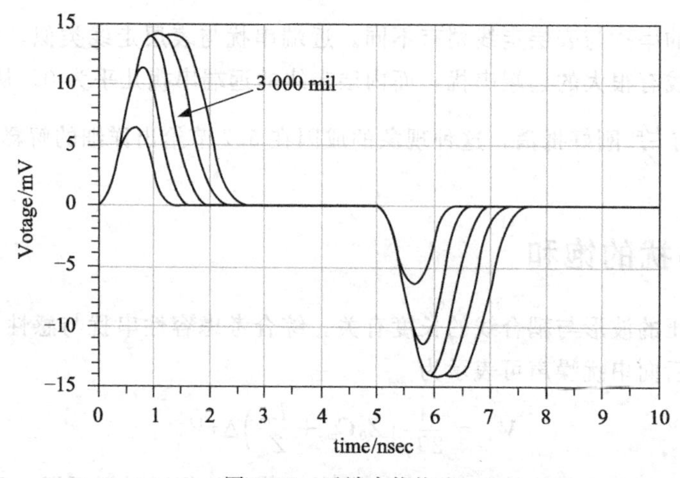

图 5-15　近端串扰饱和

由于近端串扰会发生饱和，在特定的几何结构中这个最大值是可预期的。因此饱和情况下串扰噪声的幅度为我们提供了重要的设计依据，只要最坏情况是可控的，那么就有办法保障设计的安全。

接下来我们观察线间距（*gap*）对饱和串扰量的影响。图 5-16 显示了 50 Ω 阻抗控制，不同线间距的情况下，近端串扰噪声情况。线宽记为 *w*，线间距（*gap*）为线宽的整数倍，分别为 1*w*、2*w*、3*w*。攻击信号入射到传输线上的高电平为 500 mV，攻击线末端 50 Ω 端接，受害线两端都进行 50 Ω 端接，以消除反射的影响。这样排除了反射的影响后我们可以清晰地观察到串扰本身的特征。图 5-16 中可见，*gap* 值越大，近端串扰的饱和值越小，*gap* 值为 2*w* 时，近端串扰量约为入射信号幅度的 2%左右。增加走线间距能明显减小串扰

噪声。

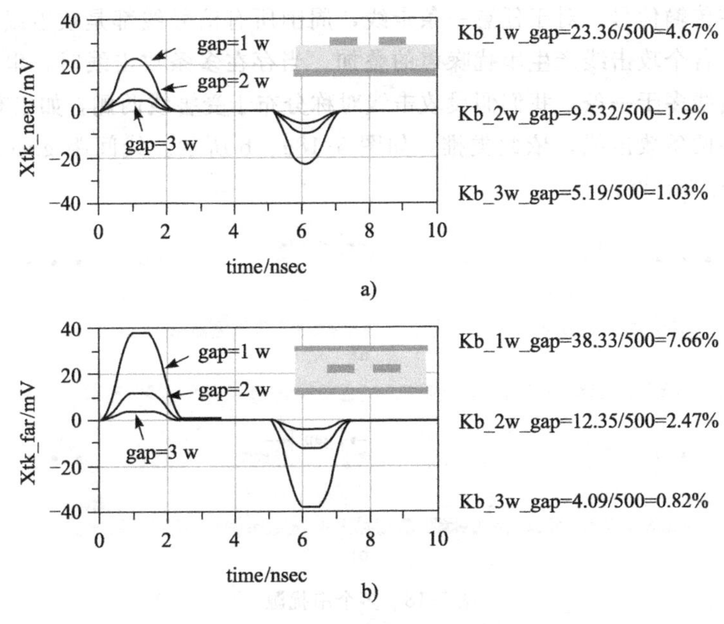

图 5-16　间距与近端串扰

图 5-16 还反映了另外一个信息，在 gap 值很小时，比如 $1w$、$2w$ 情况下，内层走线的近端串扰比表层稍大，而 gap 值进一步增大时内层走线近端串扰小于表层。这种趋势反映了一个普遍的规律：内层走线的饱和串扰量对间距（gap）更敏感。图 5-17 显示了 gap 不同时，表层走线和内层走线近端串扰系数的比较，尽管在 gap 较小时，内层走线近端串扰量稍高于表层，但内层近端串扰随 gap 增大衰减更快。

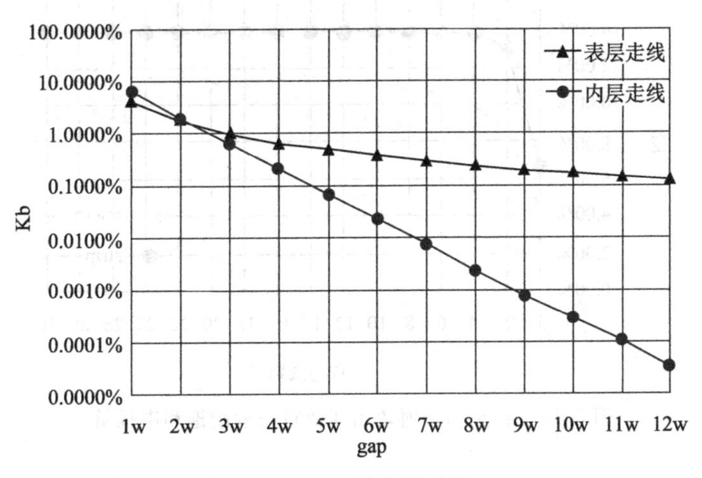

图 5-17　近端串扰系数

前面的讨论都是两条耦合线之间的串扰。实际 PCB 板上平行走线可能会有很多条，每一条走线上都在传输信号。对于任意一条走线，周围所有信号线都是攻击线。受害线上总的串扰近似等于各个攻击线产生串扰噪声的叠加。当存在多条攻击线时，串扰噪声会增加多少？如果攻击线多于一条，我们假设攻击线对称分布于受害线两侧，如果有 4 条攻击线，则受害线两边各两条攻击线，依此类推，如图 5-18a、b 所示。线间距 gap 为线宽的整数倍，即 $1w$、$2w$、$3w$ 等。

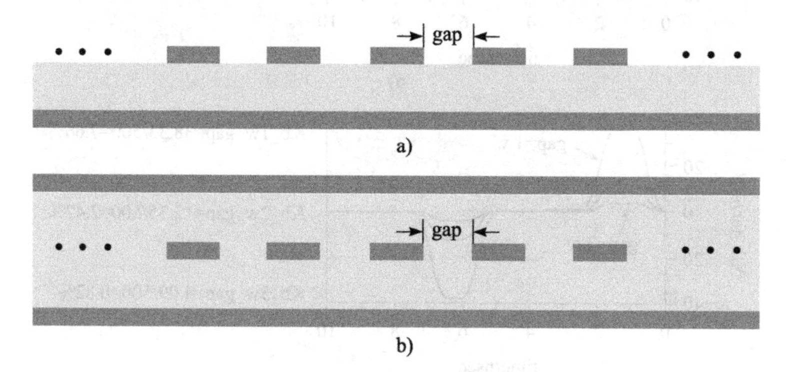

图 5-18　多个串扰源

图 5-19～图 5.21 显示了线间距 gap 分别为 $1w$、$2w$、$3w$ 三种情况下，当攻击线数目不同时，表层及内层走线近端串扰的变化情况。当攻击线数目增加时，串扰量增加，但攻击线数目增加到一定数目后串扰量几乎不再增加，这是因为：1）攻击线越多，外层的攻击线距离受害线越远。2）距离越远，耦合越弱，当距离很远时耦合效应极其微小，几乎消失。

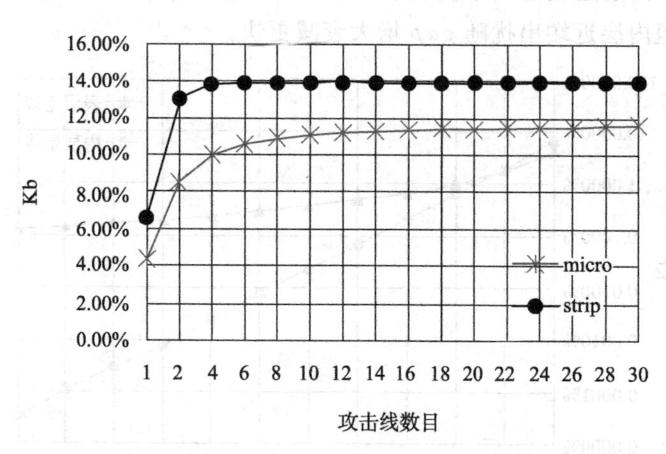

图 5-19　$gap=1w$ 时攻击线数目与近端饱和串扰量

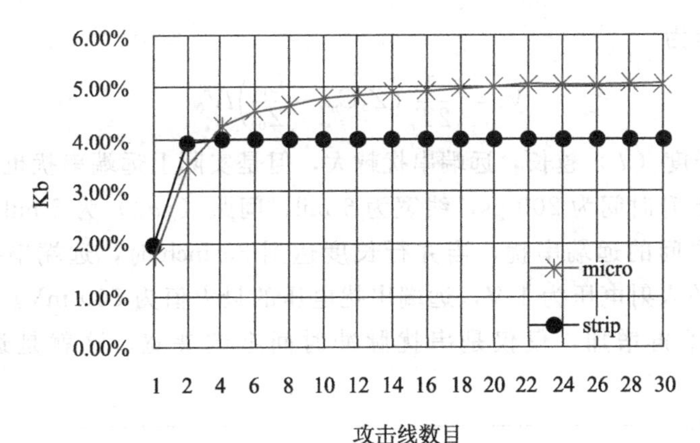

图 5-20　$gap=2w$ 时攻击线数目与近端饱和串扰量

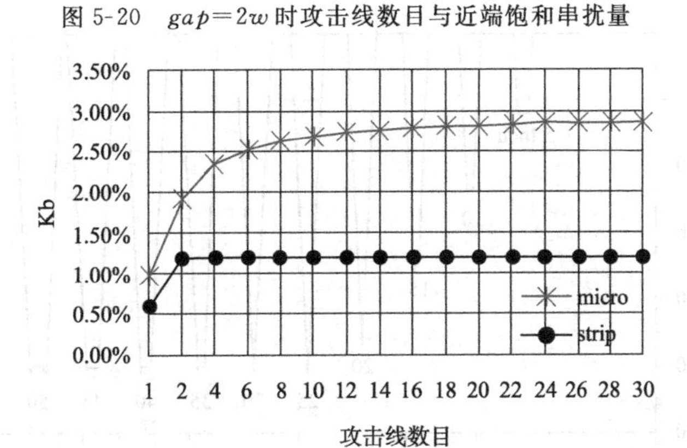

图 5-21　$gap=3w$ 时攻击线数目与近端饱和串扰量

从上面的讨论可以得到表层和内层走线情况下非常有用的近端串扰量近似估计，表 5-1 显示了不同线间距下可能的最大串扰量。尽管这些最大串扰量不精确，在 PCB 层叠不同时可能会有微小差异，但是只要是 50 Ω 控制走线，这种近端串扰量的近似估计能给我们提供非常好的直觉。很多时候快速得到近似估计比花很长时间得到精确结果更重要，尤其在设计决策阶段。

表 5-1　最大近端串扰量

项目	1w	2w	3w
表层	12%	5%	3%
内层	15%	4%	1.5%

5.7　远端串扰的饱和与模态分解

对于远端串扰特性的分析，我们先从其数学表达式开始。从对两种耦合的分析可知，

远端串扰可以表示为

$$V_{\mathrm{f}} = \frac{1}{2T_r}\left(Z_0 C_{\mathrm{m}} - \frac{L_{\mathrm{m}}}{Z_0}\right) l V_0 \tag{5-19}$$

似乎耦合线长度（l）越长，远端串扰越大，但是实际上远端串扰也会饱和。图 5-22 显示了攻击信号上升时间为 200 ps，线宽为 6 mil，间距（gap）为 6 mil，50 Ω 阻抗控制的两条表层走线之间的远端串扰，当并行长度达到 25 inch 时，远端串扰幅度达到最大值，这里攻击线的入射电压为 1 V，远端串扰电压的最大值为 500 mV。走线并行长度继续增加时，幅度不再增加，仅仅是串扰脉冲时间上的展宽。这就是远端串扰的饱和现象。

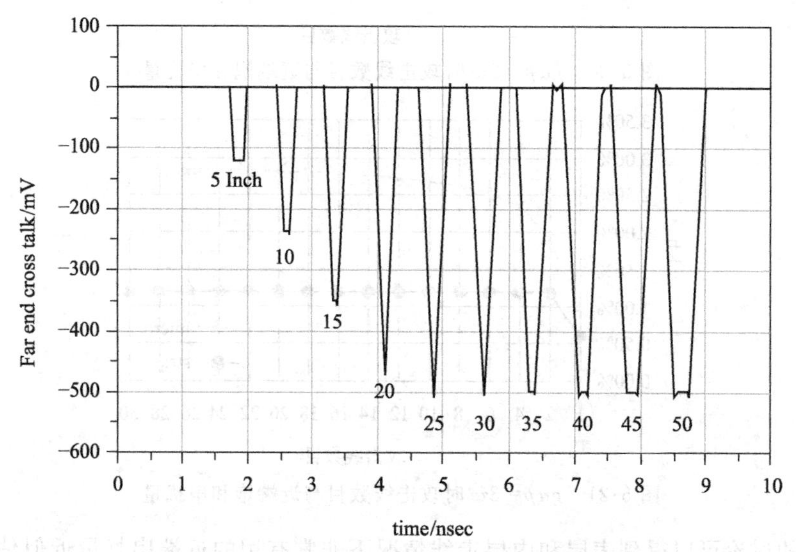

图 5-22 远端串扰的饱和（上升时间为 200 ps）

远端串扰的饱和长度远大于近端串扰的饱和长度。那么远端串扰的饱和长度与什么有关？保持耦合线的几何结构不变，改变攻击信号的上升时间为 100 ps 时，远端串扰如图 5-23 所示。耦合线长度为 15 inch 时，远端串扰就达到了饱和。因此，攻击信号上升时间越短，远端串扰饱和长度就越小。

另一方面，我们保持攻击信号上升时间为 200 ps，改变耦合线的间距（gap）为 12 mil，远端串扰如图 5-24 所示。耦合线长度达到 35 inch 时，远端串扰才达到饱和。耦合线间距越大，饱和长度越大。

远端串扰具有以下 4 个特性：

1）表层走线有远端串扰，内层走线之间可近似认为不存在远端串扰。

2）远端串扰也会饱和，饱和串扰量为攻击信号幅度的一半，即 50%。

3）远端串扰的饱和长度一般很大，远大于近端串扰的饱和长度。

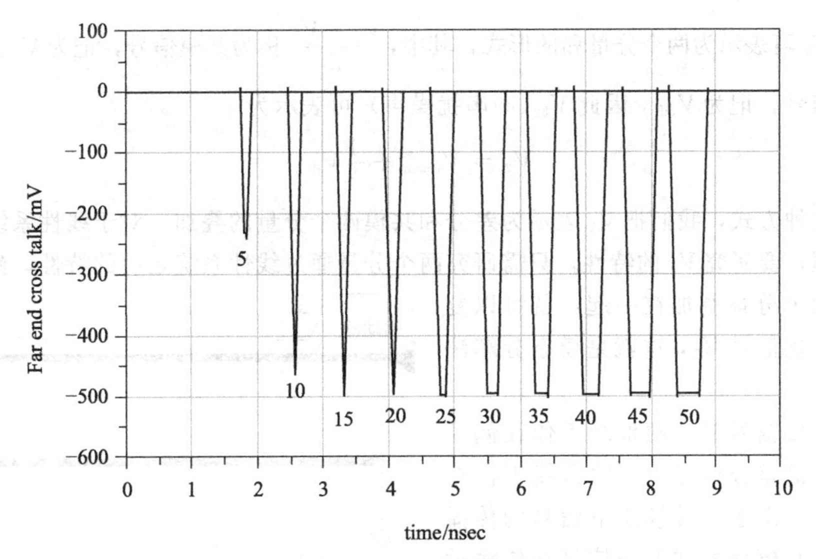

图 5-23　远端串扰饱和（上升时间 100 ps）

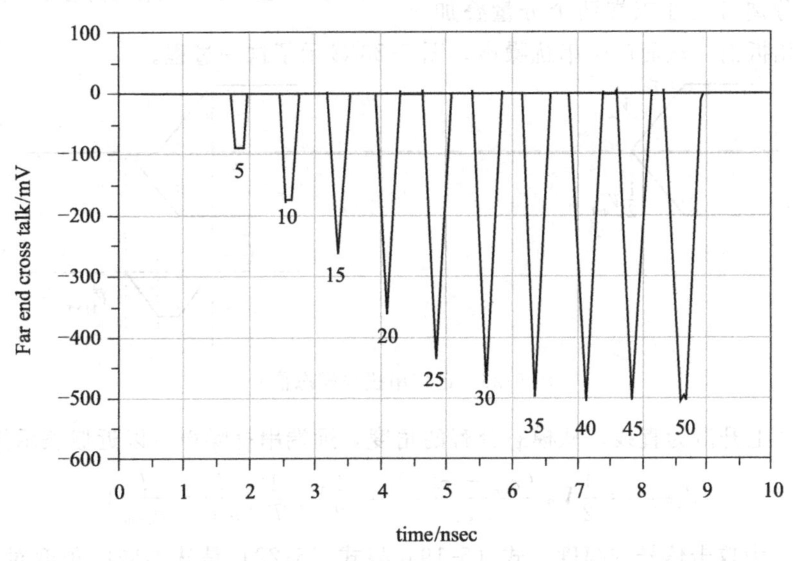

图 5-24　远端串扰饱和（间距增大）

4）远端串扰饱和长度与信号上升时间、耦合线间距等因素有关。

为什么会产生这样的特征？到目前为止，我们所做的定性分析都无法解释这一现象。接下来我们从模态分解的角度来分析远端串扰的形成机理。图 5-25 中，攻击信号的幅度为 V_1，受害线上的信号（实质为前向串扰噪声）的幅度为 V_2，V_2 可表示为以下形式

$$V_2=\frac{V_2+V_1}{2}+\frac{V_2-V_1}{2} \tag{5-20}$$

这样 V_2 可表示为两个分量和的形式，其中，$\frac{V_2+V_1}{2}$ 称为共模信号，记为 V_{comm}，V_2-V_1 称为差分信号，记为 V_{diff}，因此 V_2（即串扰噪声）可表示为

$$V_2 = V_{comm} + \frac{1}{2}V_{diff} \tag{5-21}$$

通过这种方式，我们把 V_2 表示为差分和共模两个分量的叠加。对于线性系统，由于满足叠加定理，要研究 V_2 的特性，只需研究两个分量通过线性系统之后的特性，然后在传输线末端将两个分量叠加在一起，就可以复原出远端串扰信号 V_2，这就是模态分解法的机理。

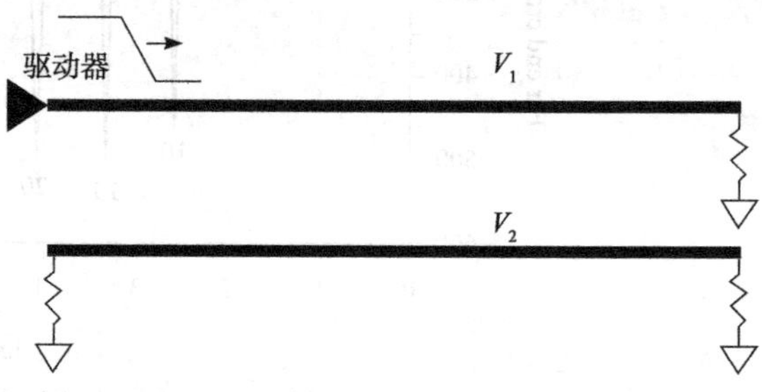

图 5-25　耦合线的信号分解

传输共模信号时，两根线工作在偶模状态下。传输差分信号时，两根线工作在奇模状态下。由于两种模态下信号的传播速度不同，共模信号和差分信号在传输过程中会逐渐分离开，在末端两个分量叠加后，不能互相抵消，从而产生串扰噪声，图 5-26 显示了这一过程。

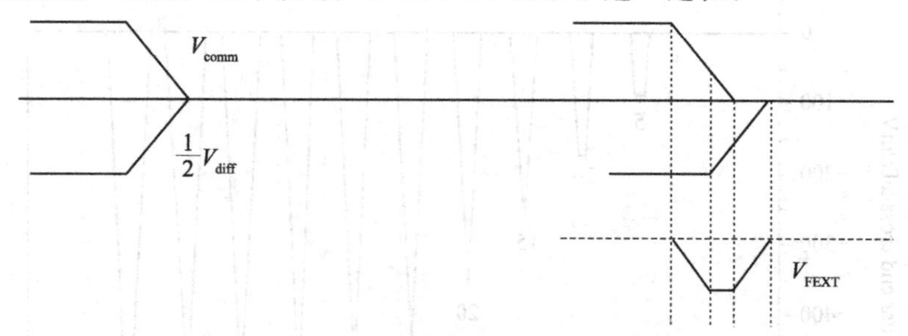

图 5-26　远端串扰与模态信号

假设信号上升沿为直线，从模态分解的角度，远端串扰噪声可以近似表示为

$$V_{FEXT} = \frac{1}{2}V_0\,\frac{(\tau_{odd}-\tau_{even})}{T_r} = \frac{1}{2}V_0\,\frac{1}{T_r}\left(\frac{l}{v_{odd}}-\frac{l}{v_{even}}\right) \tag{5-22}$$

其中，V_0 为攻击信号的幅度。式（5-19）与式（5-22）是从不同的角度对远端串扰的描述，因此两种表达方式一定是等价的。实际上 $Z_0C_m-\frac{L_m}{Z_0}$ 近似等于 $\frac{1}{v_{odd}}-\frac{1}{v_{even}}$，具体推导过程参见本章附录。

从模态分解的角度很容易理解为什么表层走线远端串扰很大，而内层走线远端串扰几乎为 0。对于表层走线，因为介质不是均匀的（一侧是空气，另一侧是板材），两种模态下的场分布不同，奇模速度和偶模速度也不同，因而存在远端串扰。内层走线由于介质近似均匀，两种模态下信号的传播速度几乎相同，因此远端串扰也近似为 0。图 5-27 显示了表

层走线线间距取不同值时奇模速度与偶模速度的对比。图 5-28 为内层走线奇模速度与偶模速度的对比。

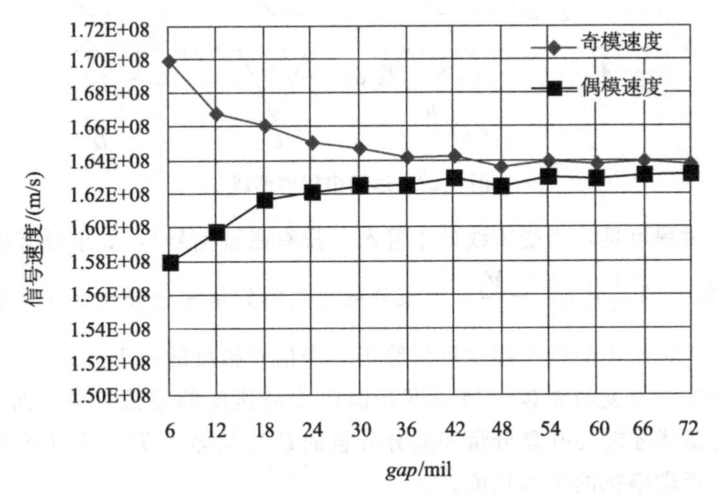

图 5-27 表层走线信号速度

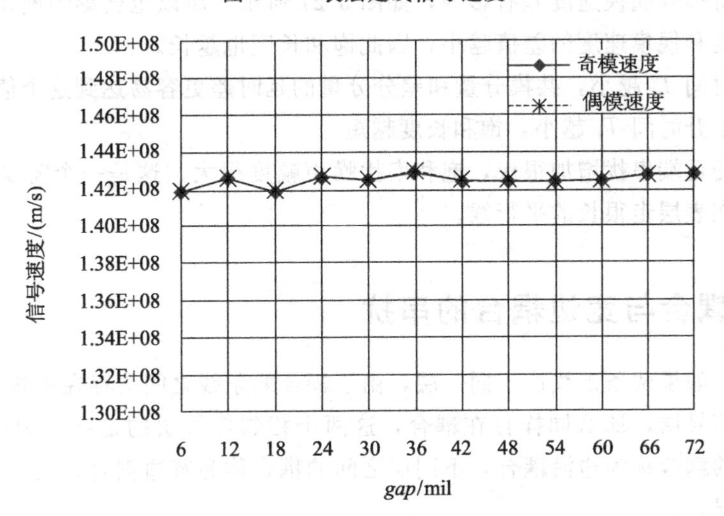

图 5-28 内层走线信号速度

对于表层走线，如果走线很短，共模分量和差分分量几乎同时到达末端，这时远端串扰很小，几乎为 0，如图 5-29 中波形 A。当走线长度增加，但共模分量和差分分量的延时差小于 T_r 时，远端串扰随着线长增加而增大，如图 5-29 中波形 B。如果走线进一步加长，共模分量和差分分量的延时差刚好等于 T_r 时，远端串扰波形类似一个三角形脉冲，幅度达到最大值，如图 5-29 中波形 C。平行走线进一步加长，共模分量和差分分量的延时差大于 T_r 时，远端串扰幅度不再增加，波形在时间上展宽，如图 5-29 中波形 D。

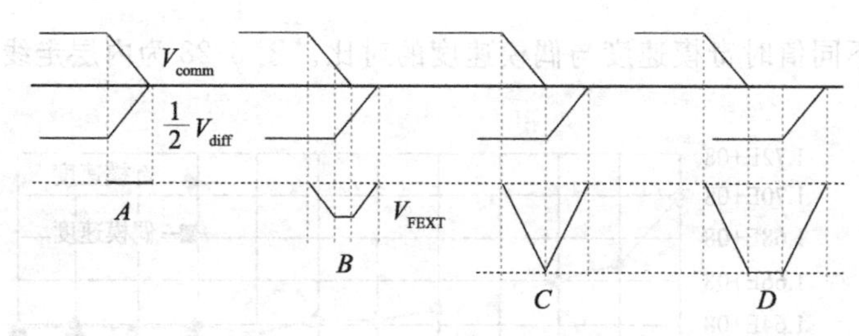

图 5-29　远端串扰的形成

从远端饱和过程可见，当受害线处于静态（没有激励信号），如果没有串扰的话，$V_2=0$。施加到耦合线上的 $\frac{1}{2}V_{diff}=-\frac{V_1}{2}$，当该分量与共模分量完全分开（延时差大于 T_r）时，远端串扰饱和，受害线上的噪声幅度近似等于攻击信号幅度的一半。

远端串扰的饱和长度与奇模传播速度和偶模传播速度的差值有关，而这个差值很小，因此需要很长的走线才能使共模分量和差分分量的延时差等于 T_r，所以远端串扰的饱和长度较长，远大于近端串扰的饱和长度。

线间距对奇模和偶模速度差有影响，如图 5-27 所示。所以也会影响饱和长度。线间距越大，奇模速度和偶模速度的差值越小，因此饱和长度也越长。

信号上升时间 T_r 越小，共模分量和差分分量的延时差更容易达到这个值，因此也更容易饱和。信号上升时间 T_r 越小，饱和长度越短。

表层走线的远端串扰增加很快，饱和串扰噪声幅度很大，这是一个需要特别注意的问题，尽量不要在表层走很长的平行线。

5.8　边沿耦合与宽边耦合的串扰

我们知道，如果两条走线位于同一层，由于耦合两条线之间会存在串扰。如果 PCB 层叠中有相邻的信号层，那么同样存在耦合，这两个相邻信号层的走线之间也会存在串扰。同层走线之间的耦合称为边沿耦合，不同层之间的耦合称为宽边耦合，图 5-30 显示了两种典型的耦合情况。

图 5-30　两种耦合方式

和边沿耦合相比，宽边耦合产生的串扰要大得多。以内层走线为例，FR4 板材，3 个介质层厚度均为 6 mil，走线宽度为 6 mil，不论走线在哪一个走线层，阻抗都近似为 50 Ω。对于同层走线，通常线间距（*gap*）最小值为 1 倍线宽时达到最强的耦合（通常情况下间距不会小于线宽）。不同层走线之间可能上下完全重叠，这时两条走线达到最强耦合。图 5-31 显示了攻击信号为 1 V 时，两种情况下近端串扰波形的比较。每条走线的两端都做了严格的阻抗匹配，消除反射的影响。可见宽边耦合产生的串扰远远大于边沿耦合的串扰。

200
150
100
50
0
Voltage/mV
宽边耦合
边沿耦合
0.0
0.5
1.0
1.5
2.0
time/nsec

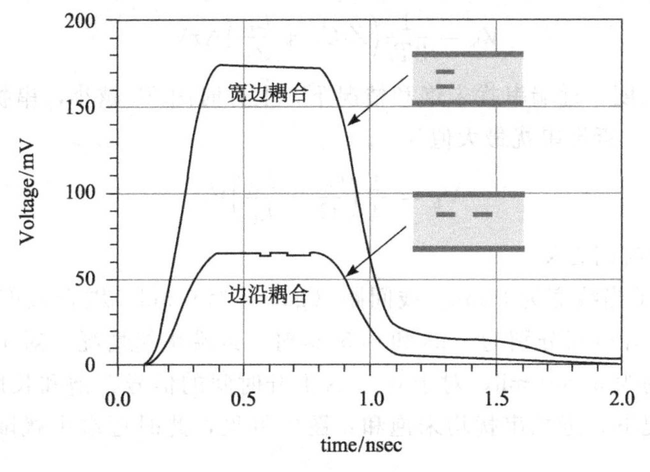

图 5-31　两种耦合方式的串扰比较

对于不同层的走线，当两条走线相互错开时，串扰同样逐渐减小。图 5-32 显示了相互错开距离不同时，近端串扰的大小。作为比较，给出了同样层叠结构下，同层走线之间 1 倍线宽间距下的串扰量。

gap=6 mil
Kb=6.7%
gap=-6 mil
Kb=15.6%
gap=-3 mil
Kb=14.5%
gap=0 mil
Kb=11.4%
gap=3 mil
Kb=8.1%
gap=6 mil
Kb=5.3%
gap=9 mil
Kb=3.3%
gap=12 mil
Kb=2.1%

图 5-32　间距与近端串扰量

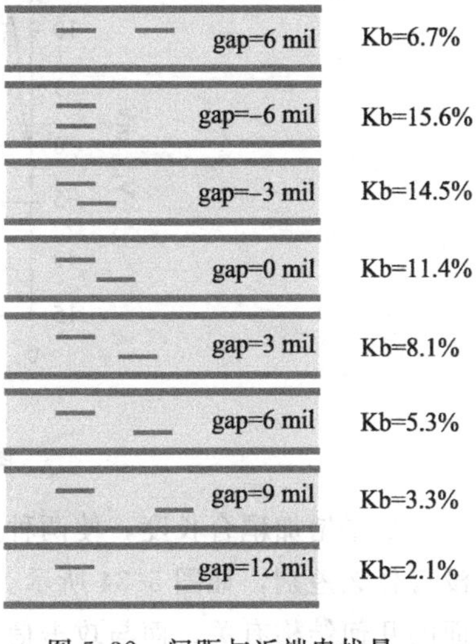

在设计层叠结构的时候，如果让信号层相邻，布线的时候很容易使两个信号层的走线互相重叠，串扰会很难控制。尤其是当每个信号层走线都很密集的情况下，上下两层的走线之间没有足够的空间相互错开，那么串扰就可能是主要的噪声源，要重点关注。对于设计余量很紧张的 PCB 板，使用一层信号，一层铜皮交替叠板，可以达到更好的信号质量。如果必须设计成信号层相邻，那么对于敏感信号要仔细评估。

5.9　影响串扰的因素

耦合长度、线间距、信号上升时间、介质厚度、介电常数等都会影响串扰噪声的大小。在前几节中，耦合长度和线间距的影响已经做了大量的论述。本节主要介绍信号上升时间、介质厚度以及介电常数的影响。

1. 信号上升时间的影响

信号上升时间的影响需要分两种情况区别对待：串扰未饱和、串扰达到饱和。

首先我们看近端串扰情况。未饱和情况下，近端串扰噪声可表示为

$$V_b = \frac{1}{2T_r}\left(Z_0 C_m + \frac{L_m}{Z_0}\right)\Delta x V_0 \tag{5-23}$$

其中，Δx 为耦合长度。近端串扰未饱和情况下，上升时间 T_r 越小，串扰噪声越大。但是当串扰发生饱和时，近端串扰最大值为

$$V_b = \frac{1}{4}\left(\frac{C_m}{C} + \frac{L_m}{L_0}\right)V_0 \tag{5-24}$$

饱和量和信号上升时间无关。

图 5-33 显示了当线宽为 6 mil。线间距（*gap*）为 9 mil，耦合长度为 1 000 mil，介电常数为 4.2，上升时间分别为 1 ns 和 0.5 ns 时，近端串扰情况。对于 1 ns 上升时间的信号，饱和长度约为 3 000 mil，对于 0.5 ns 上升时间的信号，饱和长度约为 1 500 mil。两种上升时间情况下，近端串扰均未饱和，图中可见，此时近端串扰随上升时间减小而增大。

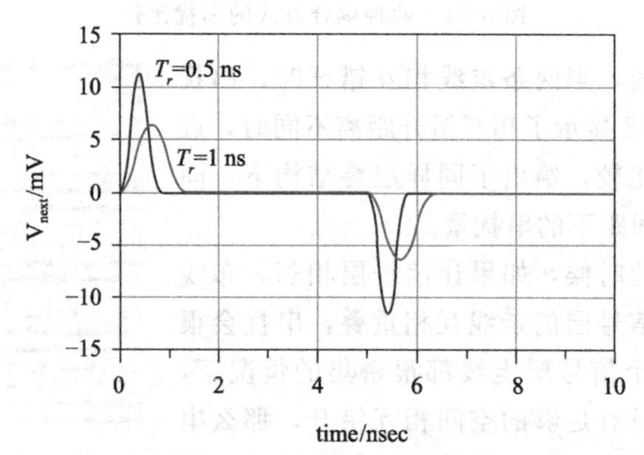

图 5-33　上升时间与串扰的关系

如果增加耦合长度，使两种上升时间情况下的近端串扰都发生饱和，最大串扰量几乎没有什么差别，如图 5-34 所示。这是一种普遍的规律，近端串扰的饱和值只和传输线横截面的几何结构有关，而与攻击信号的情况无关。

远端串扰和近端串扰情况类似，在没有饱和的情况下，串扰量随上升时间减小而增大，如图 5-35 所示。当远端串扰发生饱和时，饱和值接近于攻击信号幅度的一半，与信号上升时间无关。通常情况下，我们很少使用表层走很长的并行走线，比如达到几十英寸，很难达到远端串扰饱和的条件，因此，通常情况下远端串扰随着上升时间减小而增大。

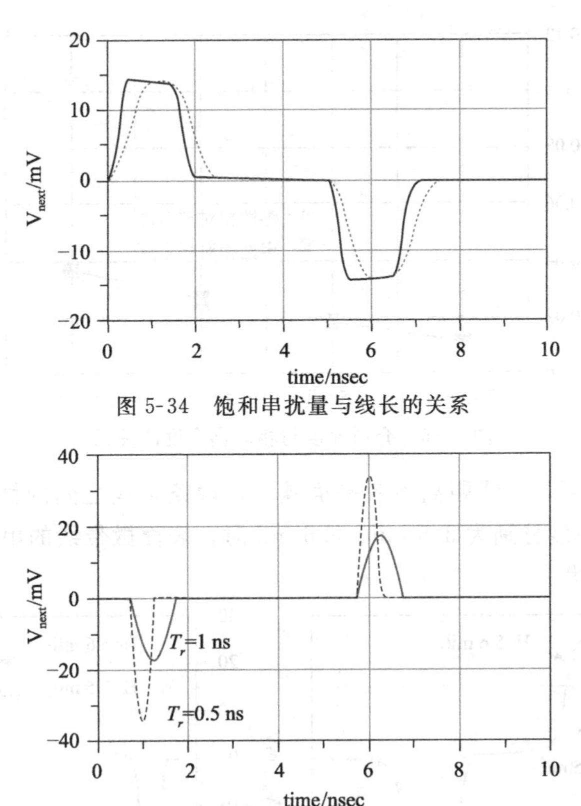

图 5-34 饱和串扰量与线长的关系

图 5-35 远端串扰与上升时间的关系

2. 介质厚度的影响

介质厚度会改变传输线之间的耦合情况，因此也会影响串扰。通常电路板上走线都是 50 Ω 控制线，线宽不同时，为了控制阻抗，介质厚度也会不同。线宽越大，介质厚度也越大。

为了评估介质厚度的影响，引入相对耦合度概念。容性相对耦合度表示为 $\frac{C_m}{C}$，感性相对耦合度表示为 $\frac{L_m}{L_0}$。其中，C_m 为两条走线的单位长度互容，C 为其中一条走线感受到的总的单位长度电容，包含了走线和平面之间的电容 C_g 与走线之间互容 C_m 两部分的和。L_m 为两条走线的单位长度互感，L_0 为一条走线的单位长度回路电感。相对耦合度的大小反映了互容分量或互感分量在总量中所占的比率，反映了两条走线之间的耦合强弱程度。如果相对耦合度数值较大，说明互容或互感较大，两条走线耦合更强，串扰也更大。

介质厚度不同时，相对耦合度也不同。图 5-36 显示了介电常数为 4.2，50 Ω 阻抗控制情况下，线宽分别为 4 mil、6 mil、8 mil、10 mil 时，介质厚度分别为 2.34 mil、3.5 mil、4.55 mil、5.6 mil。线间距（*gap*）为 12 mil 保持不变时，介质厚度和相对耦合度之间关系。介质厚度越大，相对耦合度越大，串扰也越大。

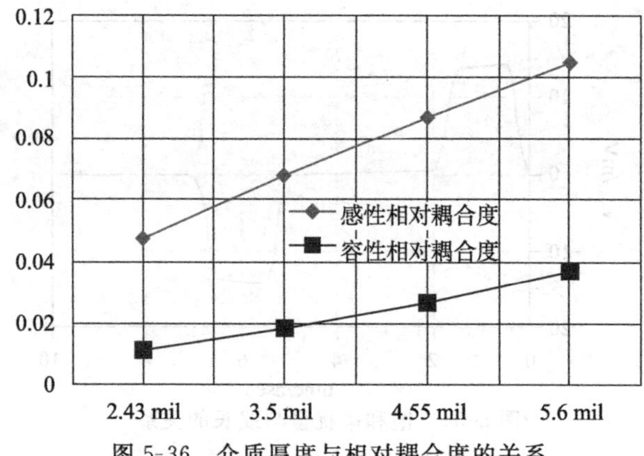

图 5-36　介质厚度与相对耦合度的关系

在阻抗控制情况下，走线距离参考平面越远，两条走线之间的耦合越强，串扰越大。图 5-37 显示了层叠厚度分别为 3.5 mil、5.6 mil 时，表面微带线的串扰波形，a 图为近端串扰，b 图为远端串扰。

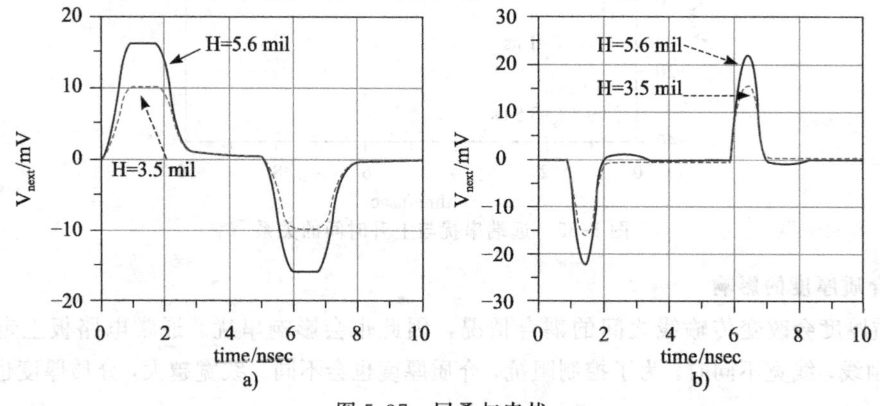

图 5-37　层叠与串扰

线宽、介质厚度、线间距（*gap*）、串扰量等几个参量之间存在着微妙的关系。对于阻抗控制线，线宽越宽，介质越厚，线间距（*gap*）固定情况下，串扰越大。从另一个方面来看，12 mil 间距对于 4 mil 走线来说，相当于 3 倍线宽，但对于 12 mil 走线，相当于 1 倍线宽。从间距与线宽关系来看也符合串扰变化规律。

3. 介电常数 E_r 的影响

我们经常听到这样一种说法：Lower Er，Lower Crosstalk，似乎介电常数会直接影响串扰的大小。但实际上介电常数和串扰之间的关系并非如此简单。

就介电常数 E_r 本身来说，对串扰的影响微乎其微。对于图 5-38 所示的横截面积尺寸，当介电常数为 4.2 时，阻抗约为 51 Ω。如果不考虑阻抗控制，保持横截面几何结构不变，仅仅换成介电常数为 3.4 的板材，容性相对耦合度与感性相对耦合度变化趋势如图 5-39 所示，横轴表示介电常数，纵轴表示相对耦合度。介电常数的变化对于相对耦合度几乎没有影响。图5-40是两种介电常数下近端饱和串扰波形，两种情况下，近端串扰的饱和串扰量没有区别。因此介电常数E_r本身并不影响串扰的大小。

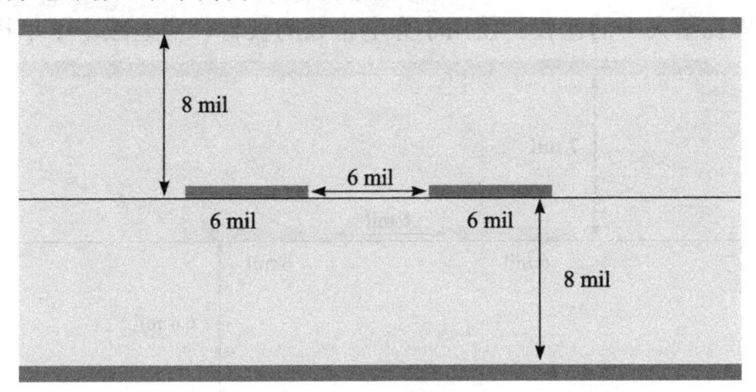

图5-38 层叠结构

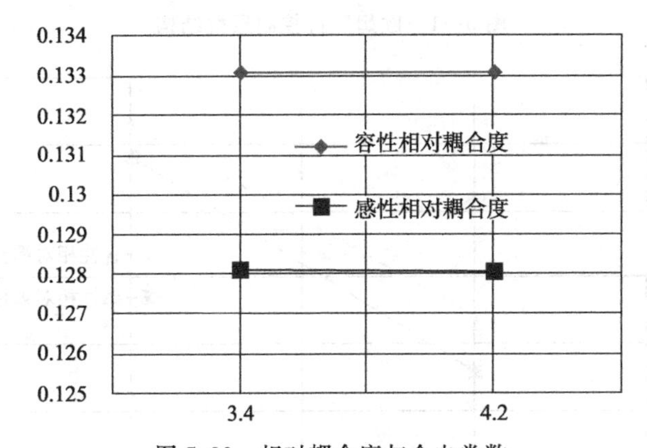

图5-39 相对耦合度与介电常数

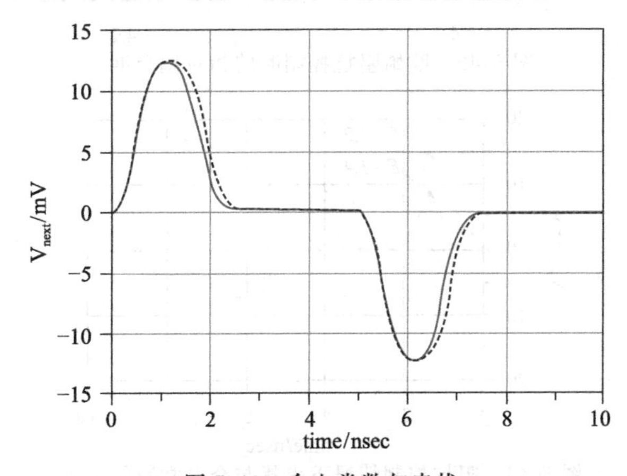

图5-40 介电常数与串扰

当使用小介电常数的板材时，为了阻抗控制，必须使用更薄的介质，介电常数为 3.4 时，为了阻抗保持为 51 Ω，需要修改横截面尺寸，如图 5-41 所示，介质变薄。此时相对耦合度如图 5-42 所示。介电常数为 3.4 时，相对耦合度明显减小。图 5-43 为阻抗控制、两种介电常数情况下近端饱和串扰量大小的比较。使用小介电常数的板材，明显减小了串扰。

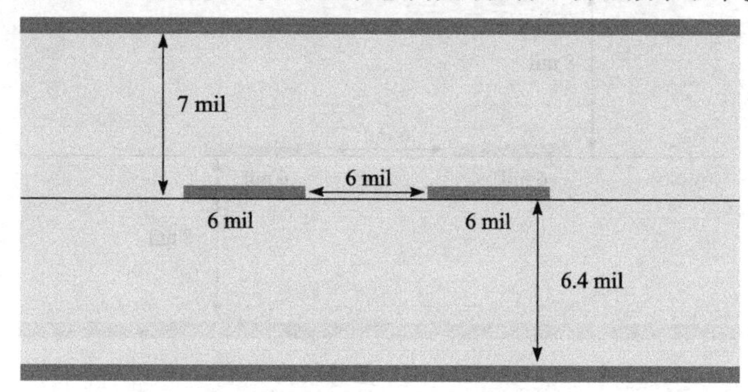

图 5-41　欧姆阻抗控制层叠结构

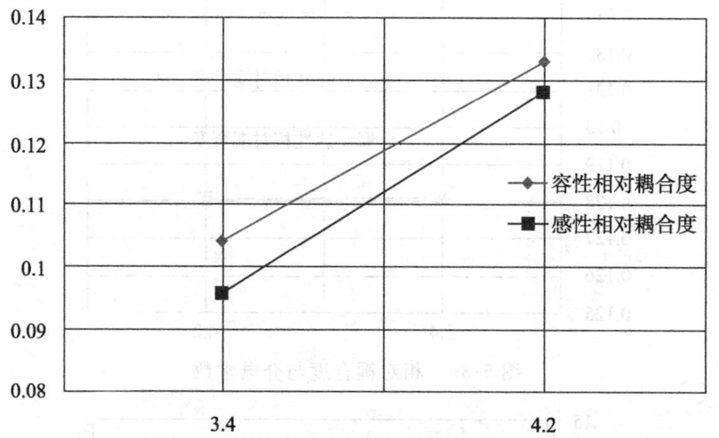

图 5-42　欧姆阻抗控制时的相对耦合度

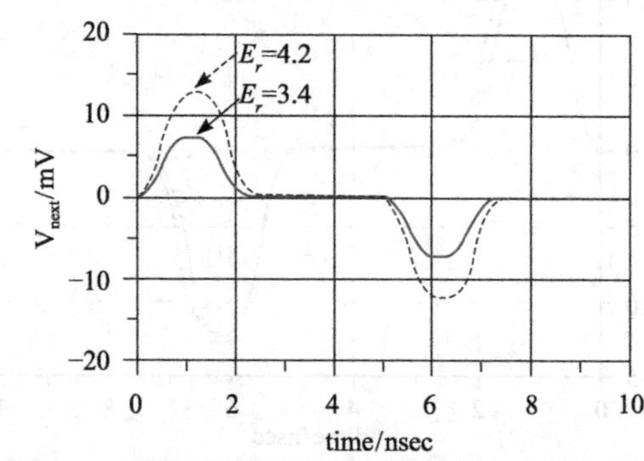

图 5-43　阻抗控制情况下串扰与介电常数的关系

介电常数和串扰之间的关系很微妙，介电常数本身并不能减小串扰，但是为了阻抗控制，使用小介电常数的板材时，必须减小层叠的厚度，而串扰对层叠厚度很敏感，因此间接地减小了串扰。

5.10 串扰对信号的影响

在SI设计过程中，我们总是努力减小串扰噪声。那么串扰噪声有哪些危害，是如何影响信号的呢？了解这些细节问题能够让我们在设计过程中进行更好的权衡。如果某个信号对这些影响不敏感，那么我们就可以适当放宽这方面的约束，如果某个信号对这些影响非常敏感，那么就需要严格控制。所以尽可能多地了解问题的细节，设计过程中就会更灵活。

串扰对于信号的影响主要表现在两个方面：边沿的抖动；幅度上的噪声。这两方面的影响主要是因为攻击信号和受害信号相位关系不同而产生的，为了处理方便，我们使用相对时间延迟来表示信号间的相位关系。当攻击信号和受害信号同时同向跳变，如图5-44a所示，两个信号相位相同。当攻击信号和受害信号同时反向跳变，如图5-44d所示，两个信号相位相反，即相差180°。当两个信号同向但不同时跳变时，两个信号存在一个相位差，相位差介于0～180°。

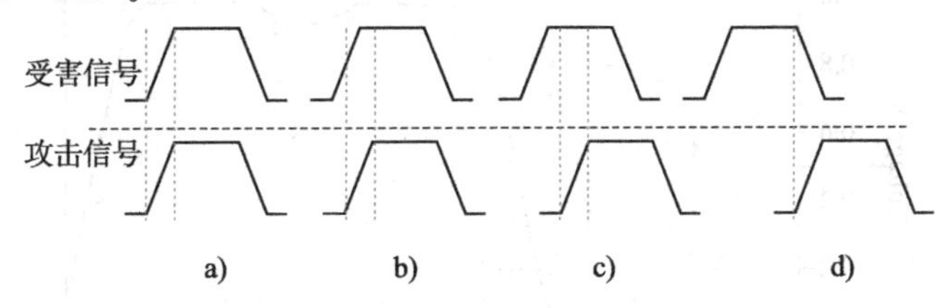

图5-44 攻击信号和受害信号的相位关系

当两个信号的相位差为0或很小情况下，由于串扰的影响，受害信号上升沿发生变化。图5-45显示了表面微带线情况下，由于远端串扰而引起的受害信号上升沿变化。作为参考，图中画出了没有串扰情况下正常的波形，当攻击信号和受害信号同相位时，类似图5-44a所示的情况，受害信号的上升沿被向后推迟。当两个信号之间有很小的相位差时，串扰噪声仍然能影响到受害信号的上升沿，并引起上升沿畸变，被干扰的时间段内的波形向后延迟。

当两个信号相位差进一步增加，即相应的时间上错位更大，典型的如图5-44c中所示的情况，攻击信号上升沿对齐到受害信号高电平的中点附近，此时受害信号的边沿可能不受影响，而只是幅度上叠加了一个串扰噪声。图5-46显示了这种情况下受害信号的典型波形。

大多数情况下，互相干扰的信号之间相位关系具有某种随机性，因此串扰产生的两个方面影响会同时表现出来，既有边沿的抖动也有幅度上的噪声。

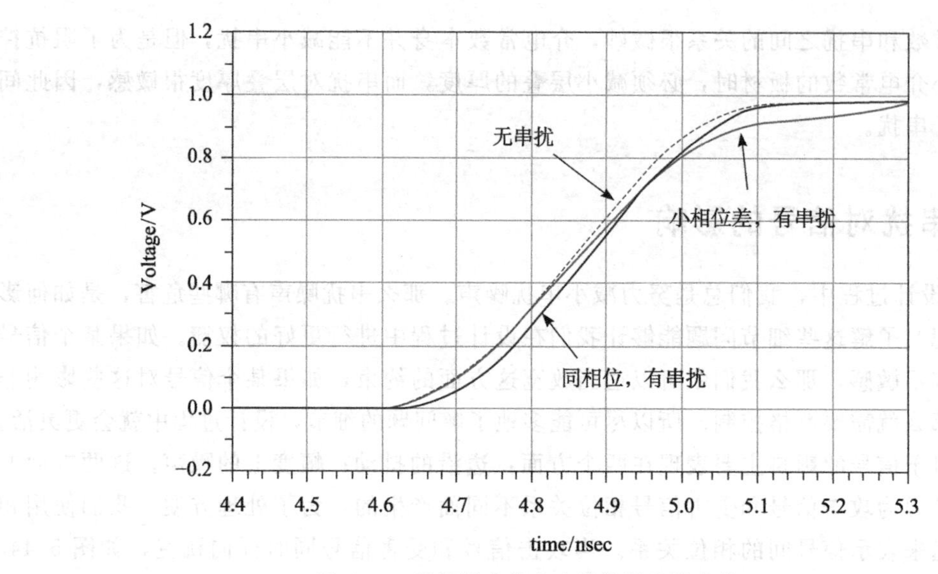

图 5-45　微带线串扰产生的信号边沿变化

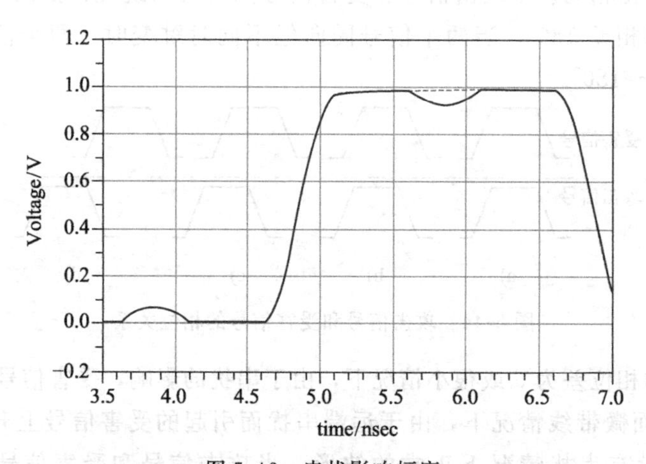

图 5-46　串扰影响幅度

本章开头已经提到，线性无源系统满足叠加定理，串扰引起的噪声叠加在受害线的信号上，从而使其信号产生畸变。这种叠加特性在幅度噪声上能够很直观地看到，相反对于边沿的影响中，这种叠加效应比较隐蔽，实际上边沿的抖动也是由于串扰噪声叠加在原信号上而引起的。图 5-47 显示了这种叠加是如何改变信号上升沿的，图中虚线是没有串扰情况下的理想的波形，点画线为同相位的攻击信号在受害线上产生的远端串扰噪声，远端串扰噪声在末端和受害信号叠加，由于方向相反，使得受害信号上升沿区域被整体下拉，从时间轴上看就像是信号边沿被推迟了一样。由于远端串扰噪声持续时间刚好是信号上升时间，因此最终结果就是串扰仅仅影响了受害信号的上升时间，而幅度不受影响。

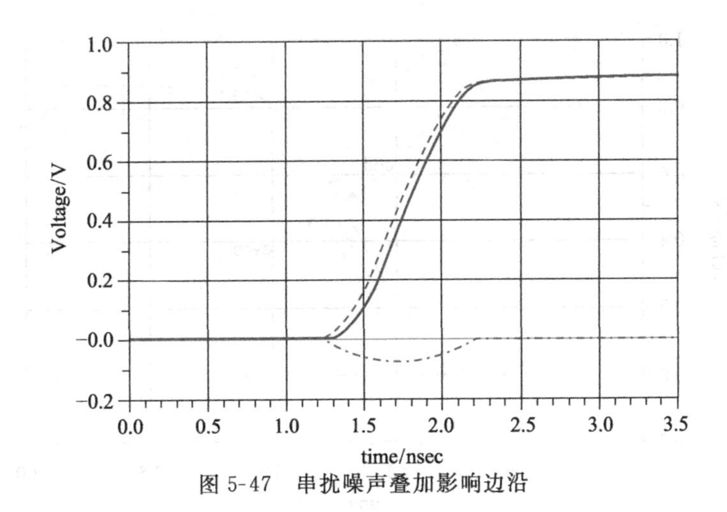

图 5-47　串扰噪声叠加影响边沿

5.11　串扰与时序

根据上节的讨论，当串扰噪声叠加在信号的边沿上，会引起信号边沿的畸变，进而导致边沿的抖动。在时序设计中，信号边沿的位置是计算时序的重要参照点，边沿的不确定性必然消耗掉一部分时序余量。并行总线数据的速率越来越高，时序越来越紧张，串扰引起的时序问题越发重要。

串扰噪声可能引起信号边沿到达时间的延迟，也可能使信号边沿提前到达，这取决于串扰噪声的跳变方向与信号的跳变方向是否一致。当串扰噪声的跳变方向和信号的跳变方向相反时，串扰会使信号边沿延迟到达，当串扰噪声的跳变方向和信号的跳变方向相同时，串扰会使信号边沿提前到达。对于表层走线来说，如果攻击信号和受害信号同相，即同时同方向跳变（偶模工作状态），那么攻击信号产生的远端串扰噪声和受害信号的跳变方向相反，受害信号延迟到达。如果攻击信号和受害信号反相，即同时反方向跳变（奇模工作状态），那么攻击信号产生的远端串扰噪声和受害信号的跳变方向相同，受害信号提前到达。图 5-48 显示了表层微带线，两种工作状态下，受害信号的边沿情况。由于数据传输的随机性，因此受害信号的边沿可能提前到达，也有可能延迟到达，两种工作状态下边沿位置在时间上的跨度即为串扰消耗掉的时序余量。

攻击信号和受害信号的工作状态不仅仅只有奇模和偶模两种，但其他工作状态下受害信号的边沿位置基本都落在奇模和偶模这两种情况所覆盖的时间范围内，因此在评估串扰引起的时序问题的时候，通常只评估奇模和偶模两种工作状态下的边沿位置即可。

评估串扰对时序的影响的时候，还要分清表层、内层、传播方向相同、传播方向相反等几种情况。对于表层走线，远端串扰的影响更为严重，因此会更关注同向传播信号之间的远端串扰。当传播方向相反的信号相邻时，主要关注近端串扰的影响。对于内层走线，由于远端串扰

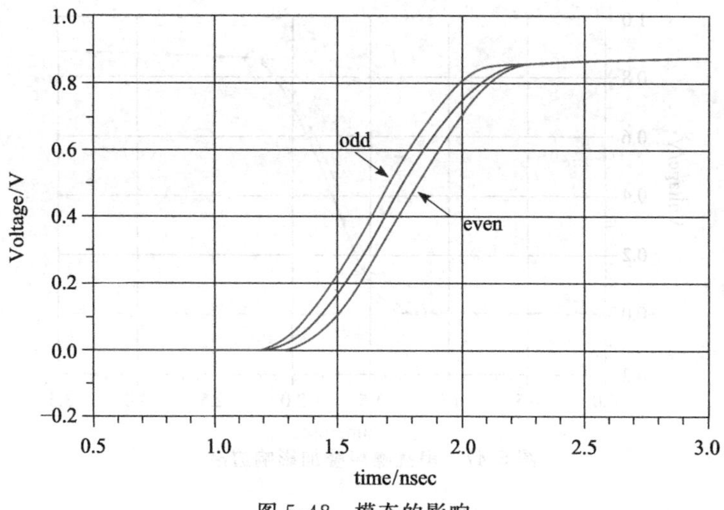

图 5-48　模态的影响

近似为 0，因此，主要关注传播方向相反的信号之间由近端串扰而引起的时序不确定性。

从以上讨论也可以看出，对于时序很紧张的并行总线设计，如果让信号都走在内层，那么我们只需要关注传播方向相反的信号之间的串扰即可，设计起来会更容易一些。

5.12　蛇形走线与信号的延迟

并行总线的 PCB 布线过程中，为了满足时序要求，信号线之间通常会有等长要求。一般通过绕线的方式调整走线长度，这就是通常所说的蛇形走线，如图 5-49 所示。蛇形走线的最终目的是为了调整信号的延时，让有时序约束的一组信号同时到达接收端。

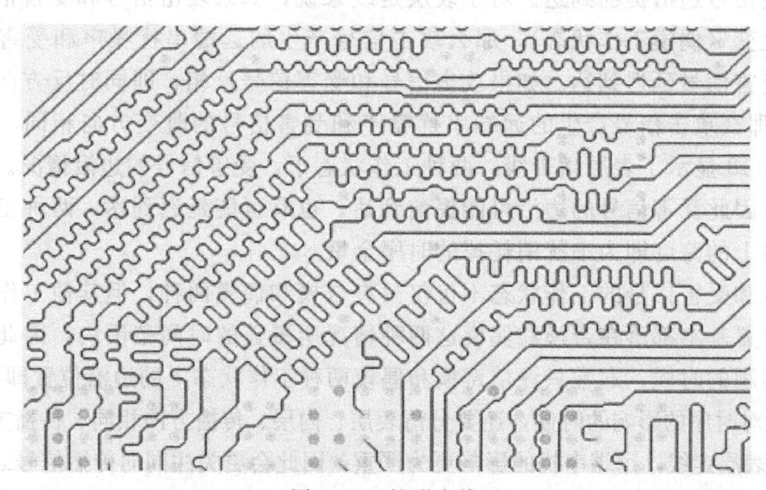

图 5-49　蛇形走线

对于蛇形线，尽管布线过程中通常只是监控走线的长度，但是要时刻牢记，信号延时才是最终的调控目标。走线的长度相同，信号的延时不一定相同。任何影响信号延时的因素都要加以仔细考虑。蛇形线能够在多大程度上达到延时的效果，主要和绕线方式密切相关。PCB布线软件会给出多种绕线方式，比如Allegro软件中给出了如图5-50所示的绕线选项。如果需要等长布线的时候应该选用哪种绕线方式？绕线过程中应该注意哪些问题？

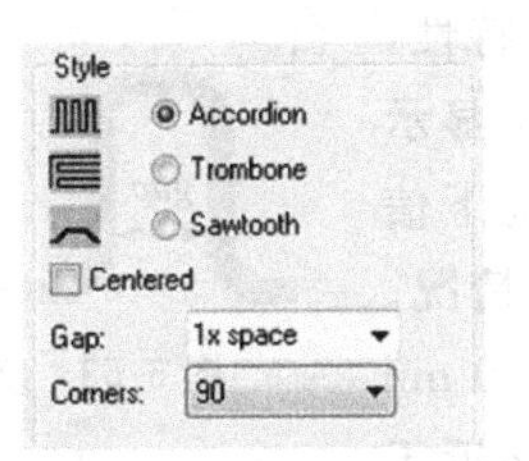

图5-50　软件中的绕线方式

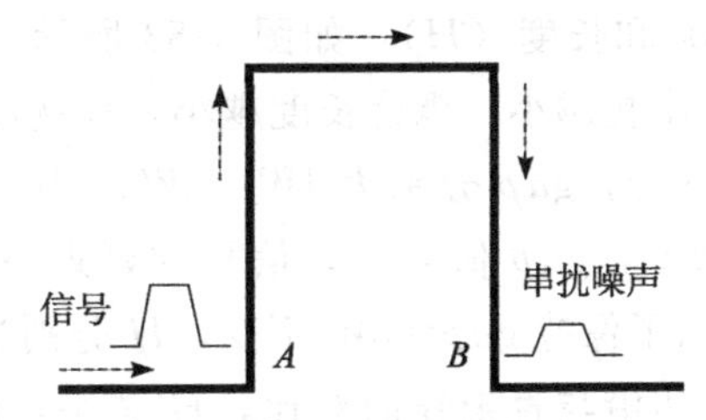

图5-51　蛇形线内的串扰机理

从5.11节我们知道，串扰会影响信号的延迟。对于蛇形走线，由于其特殊的走线方式，也会在绕线区域产生类似的问题。图5-51显示了这种问题的机理。在信号进入绕线区域的A点瞬间，由于两条垂直的线段之间存在耦合，B点开始出现串扰噪声，这是一种近端串扰，串扰噪声的跳变方向和信号的跳变方向相同。随着信号在左侧垂直线段向上传播，B点持续产生串扰噪声，当信号沿着绕线路径到达B点时，信号和这个串扰噪声叠加，由于跳变方向相同，噪声的叠加使得信号的上升沿各点电位被不同程度地抬高，从时间轴上看，信号似乎提前到达B点。图5-52展示了串扰噪声的产生，以及串扰噪声是如何叠加在信号上从而改变信号上升沿的。作为参考，虚线显示了不绕线情况下信号的边沿情况。

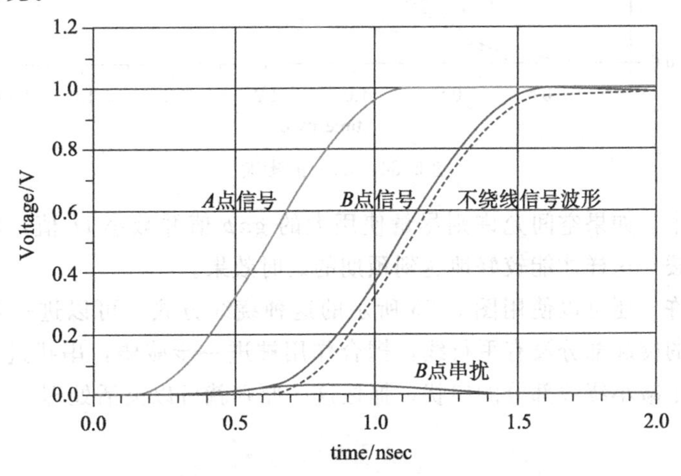

图5-52　蛇形线内串扰对信号延迟的影响

蛇形线内部的串扰由信号产生，反过来又叠加到信号本身，可以看作是特殊走线方式下信号对其自身的干扰。蛇形线内部的串扰总是表现为近端串扰，串扰噪声的跳变方向和信号相同，因此这种串扰总是加速信号的传播，使信号提前到达接收端。如果绕线处理不好，就会较多地偏离预期延迟值，达不到预期效果。

既然造成信号加速的原因是绕线区域的串扰，那么只要能最大限度地减小这种串扰，就不会对信号的延迟甚至造成太大的影响。在绕线过程中有两个参数是很容易控制的，即间距（*gap*）和长度（*H*），如图 5-53 所示。根据串扰的特性，间距越大，串扰越小。耦合长度越小，串扰越小。图 5-54 显示了保持 *H* 不变，*gap* 分别为 1*W*、2*W*、3*W* 以及直线情况下信号边沿的情况，*gap* 值越大，信号的延迟越接近于直线情况。图 5-55 显示了保持 *gap*=3*W* 不变，*H* 分别为 200 mil 和 50 mil 情况下信号边沿与直走线的对比，*H* 越小，信号延迟越接近于直线情况。

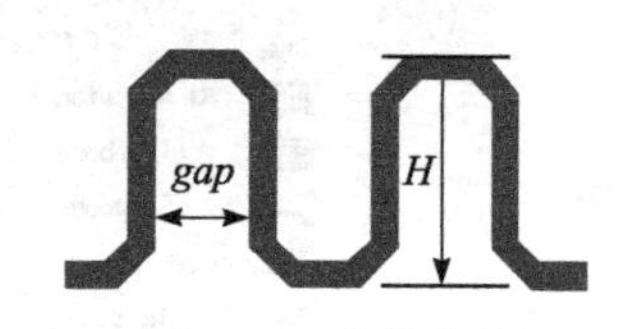

图 5-53　绕线参数

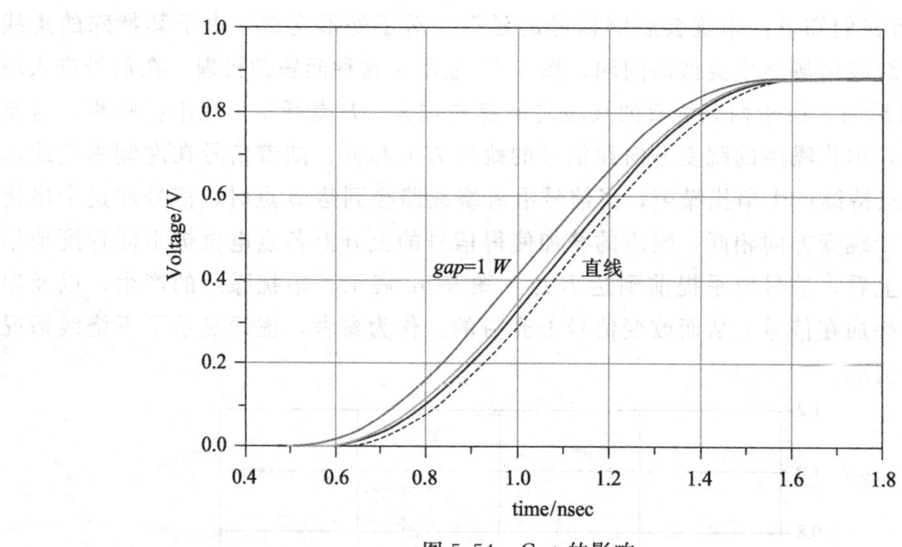

图 5-54　*Gap* 的影响

在蛇形绕线中，如果空间允许则尽量使用大的 *gap* 值并减小 *H* 值，即蛇形线的那些突起要尽量宽且矮，这样才能较好地达到预期的延时效果。

如果空间允许，还可以使用图 5-56 所示的这种绕线方式，可以进一步减小串扰的影响，由于蛇形线的突起部分没有平行线，耦合作用被进一步减弱，串扰进一步减小。总之蛇形绕线关键在于减小绕线部分的串扰，抓住这一原则就可以灵活处理。

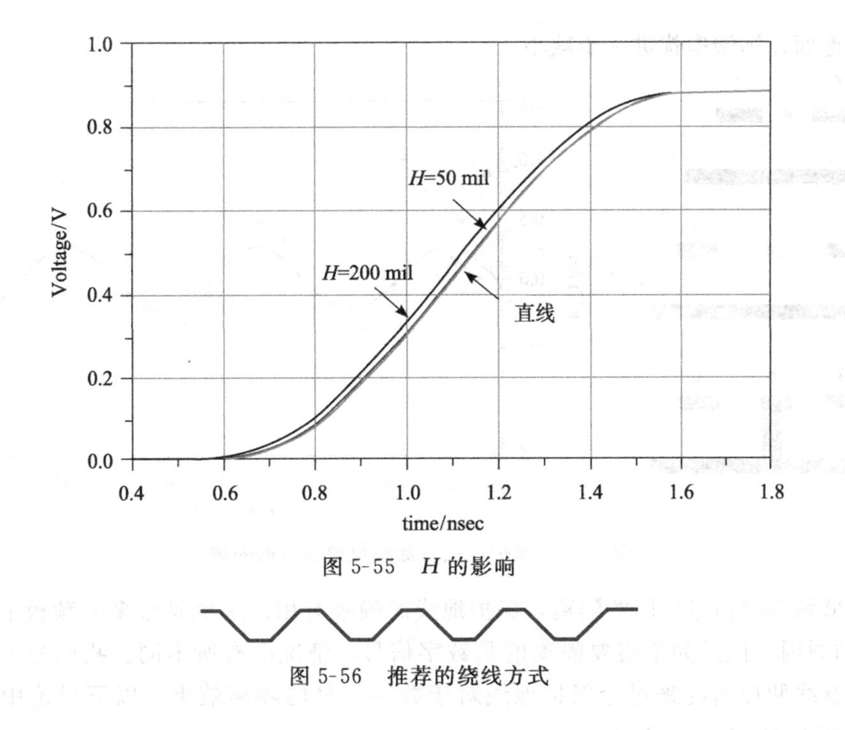

图 5-55 *H* 的影响

图 5-56 推荐的绕线方式

5.13 保护地线

工程界常常使用保护地线进行隔离，来抑制信号间的相互干扰。的确，保护地线有时能够提高信号间的隔离度，但是保护地线并不总是有效的，有时甚至反而会使干扰更加恶化。使用保护地线必须根据实际情况仔细分析，并认真处理。

保护地线是指在两个信号线之间插入的一根网络为 GND 的走线，用于将两个信号隔离开，地线两端打 GND 过孔和 GND 平面相连，如图 5-57 所示。有时敏感信号的两侧都放置保护地线。

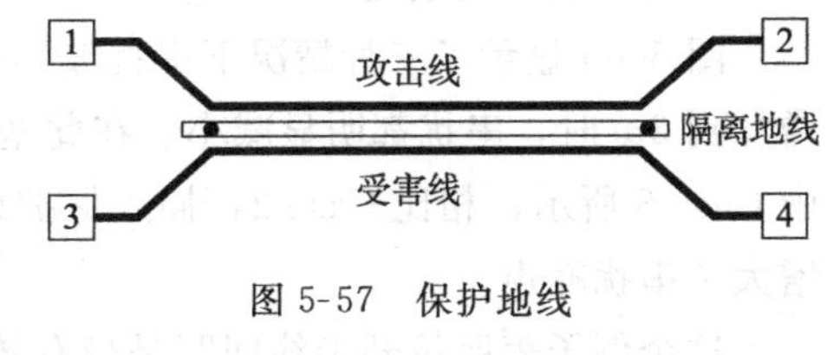

图 5-57 保护地线

要想加入保护地线，首先必须把两个信号线的间距拉开到足以容纳一根保护地线的空间，由于拉开了信号线的间距，即使不插入保护地线，也会减小串扰。插入保护地线会有多大的作用？我们来看表层微带线情况下串扰的大小。假设走线是 50 Ω 阻抗控制的，线宽为 6 mil，介质厚度为 3.6 mil，介电常数为 4.5。并假设两路信号都是载波频率为 30 MHz，带宽为 2 MHz 的模拟信号。图 5-58 显示了三种情况下的远端串扰情况。当线间距为 6 mil 时，由于两条走线紧密耦合，远端串扰较大。把间距增加到 18 mil，远端串扰明显减小。进一步，在两条走线之间加入保护地线，地线两端使用过孔连接到地面，远端串扰进一步减小。

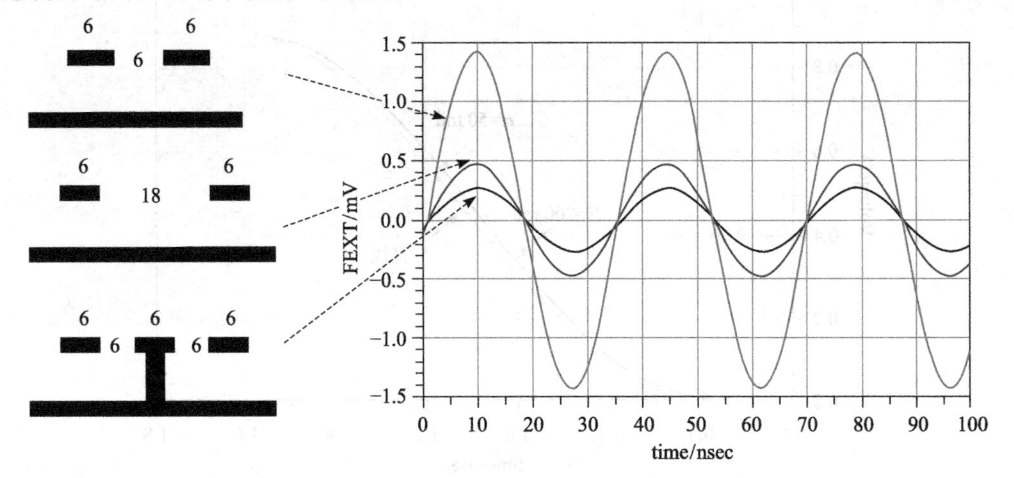

图 5-58　保护地线对低频模拟信号的隔离

对于低频模拟信号之间的隔离，保护地线的确很有用。这也是很多低频板上经常见到"包地"的原因。但是如果需要隔离的是数字信号，情况会有所不同。我们分表层微带线和内层带状线两种情况来讨论保护地线对于数字信号的隔离效果。以下讨论中我们假定 PCB 走线都是 50 Ω 阻抗控制的。

1. 表层走线

仍然使用上面的表层走线层叠结构，线宽为 6 mil，介质厚度为 3.6 mil，介电常数为 4.5。攻击信号为上升时间 $T_r=200$ ps 的阶跃波形。考虑以下三种情况下的近端串扰和远端串扰情况，如图 5-59 所示，其中耦合段长度为 2 000 mil。

- Case1：两条走线间距 $gap=1w$（$w=6$ mil 表示线宽）。
- Case2：两条走线间距 $gap=3w$，仅仅拉大到能够放下一条保护线的间距，但不使用保护线。
- Case3：两条走线间距 $gap=3w$，中间使用保护地线，并在两端打 GND 过孔。

图 5-60 显示了三种情况下串扰波形，无论是近端串扰还是远端串扰，走线间距从 $1w$ 增加到 $3w$ 时，串扰都明显减小。在此基础上，走线间插入保护地线，串扰情况如图 5-60 中 Case 3 所示，相比 Case 2，插入保护地线，不但没有起到进一步减小串扰的作用，反而增大了串扰噪声。

这个例子表明拉开走线间距是最有效的减小串扰的方法。保护地线如果使用不当，可能反而会恶化串扰，因此，在使用保护地线时需要根据实际情况仔细分析。保护地线要想起到应有的隔离作用，需要在地线上添加很多 GND 过孔，过孔间距应小于 $\frac{1}{10}\lambda$，如图 5-61 所示。λ 为信号中最高频率成分对应的波长。信号的 3 dB 带宽可表示为

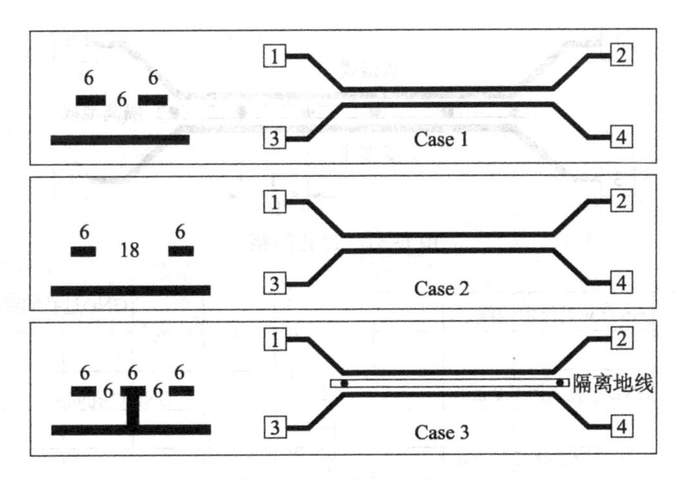

图 5-59 三种配置示例

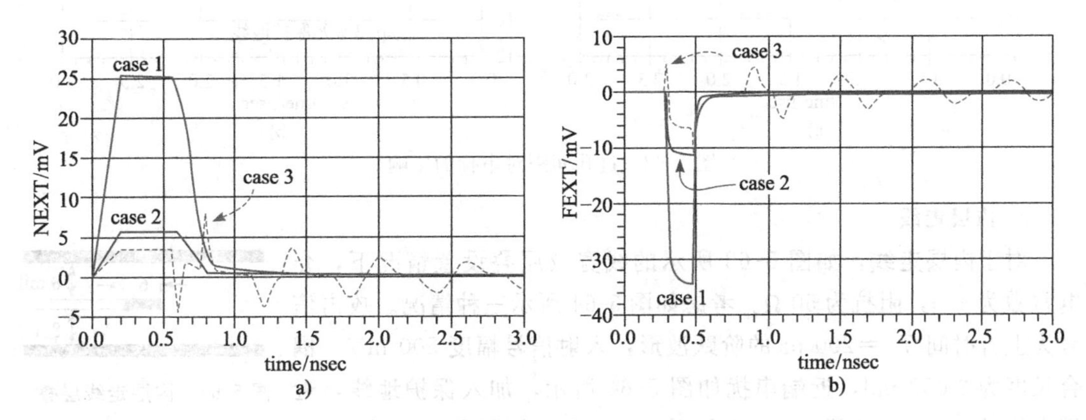

图 5-60 三种情况下串扰噪声的比较

$$f_{3\text{ dB}} = \frac{0.35}{T_r} \tag{5-25}$$

3 dB 截止频点对应的波长为

$$\lambda = v \cdot T = \frac{v}{f_{3\text{ dB}}} = \frac{v \cdot T_r}{0.35} \tag{5-26}$$

其中，v 表示信号在 PCB 上的传播速度。对于前面使用的层叠结构，信号的速度约为 7 mil/ps。如果信号的上升时间 $T_r = 200$ ps，则 $\lambda = 4\ 000$ mil。如果 GND 过孔间距小于 400 mil，保护地线可以进一步减小串扰，图 5-62 显示了 GND 过孔间距为 400 mil、200 mil、走线间距 $gap=3w$ 且没有保护地线三种情况下串扰噪声的比较。过孔间距为 400 mil 时，有轻微改善，过孔间距为 200 mil 时才出现明显的改善。因此，对于表层微带线来说，保护地线要想起到预期的作用，可能需要非常密集的 GND 过孔，信号上升时间越短，GND 过孔就越密集。

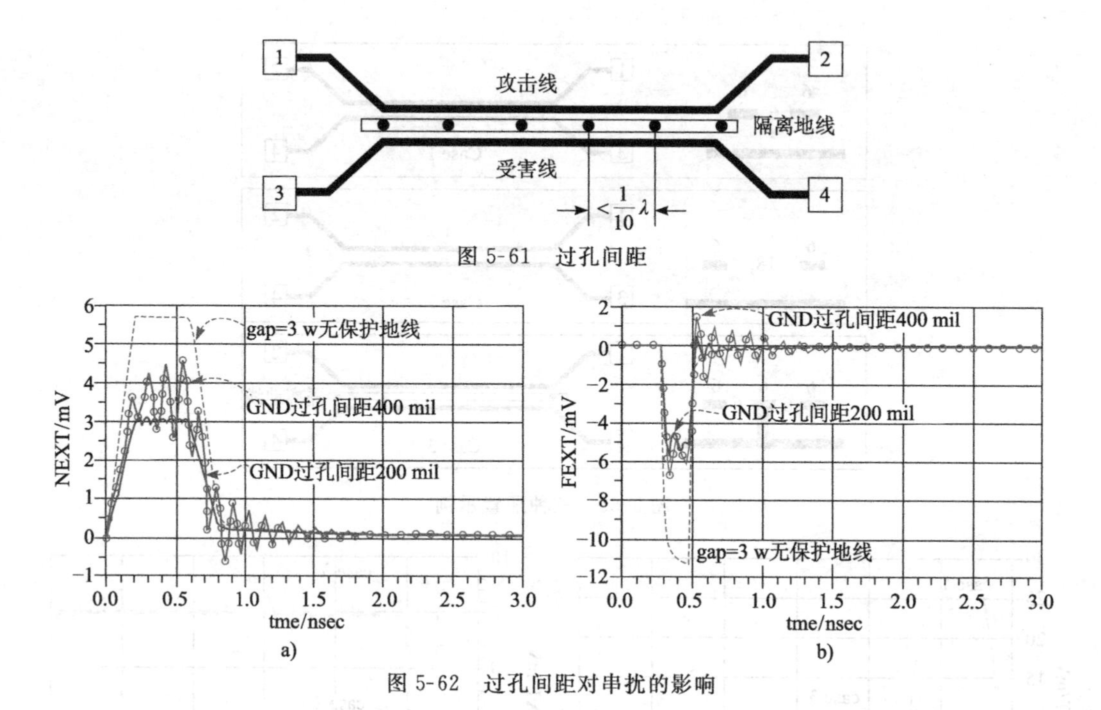

图 5-61　过孔间距

图 5-62　过孔间距对串扰的影响

2. **内层走线**

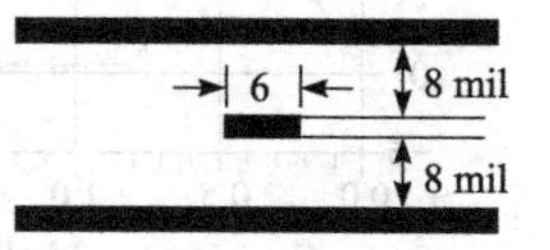

图 5-63　内层走线层叠

对于内层走线，如图 5-63 所示的线宽及层叠设置情况下，介电常数为 4.5，阻抗为 50 Ω。考虑如图 5-64 所示三种情况。攻击信号为上升时间 T_r =200 ps 的阶跃波形，入射信号幅度 500 mV，耦合长度为 2 000 mil，近端串扰如图 5-64 所示，加入保护地线，近端串扰从 3.44 mV 进一步减小到 0.5 mV。信号隔离度提高了 16 dB。对于内层走线，加入保护地线能够获得更大的隔离度。

$$20\times\log_{10}(0.5/500)-20\times\log_{10}(3.44/500)=-16.75\ \text{dB}。\tag{5-27}$$

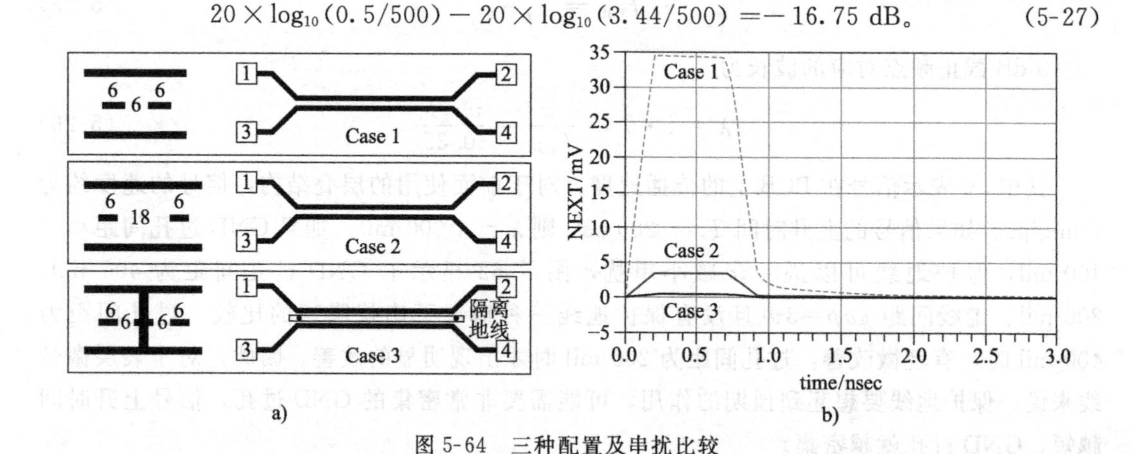

图 5-64　三种配置及串扰比较

对于表层走线来说，使用密集的 GND 过孔，对提高隔离效果是有好处的。但是对于内层走线来说，使用密集的 GND 过孔几乎得不到额外的好处，图 5-65 中对比了 GND 过孔间距为 2 000 mil（保护地线两端打 GND 过孔）和 GND 过孔间距为 400 mil 时的近端串扰情况，串扰量几乎没有变化。

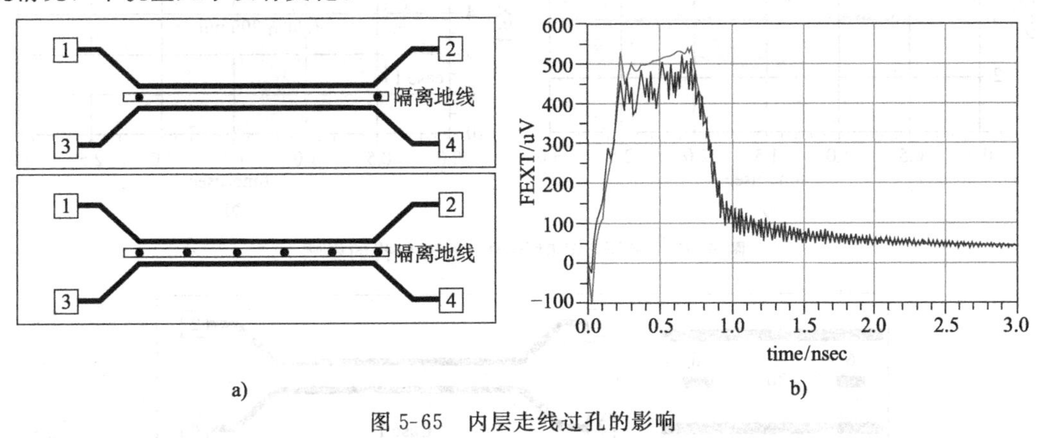

图 5-65　内层走线过孔的影响

3. 间距加大到 5*W* 时情况如何

当走线间距进一步加大，保护地线仍保持在 6 mil 的线宽时，对于表层走线来说，保护地线的作用减小。图 5-66 中两条线间距加大到 5*W* 时，两种情况下近端串扰和远端串扰噪声波形如图 5-67 所示。地孔间距很大时仍然可能使串扰恶化。当使用很密集的过孔时，串扰量和不用保护地线情况相当，没有明显改善。因此对于表层走线来说，走线间距很大时，中间再加入保护地线，几乎没什么效果，如果处理不好反而会使串扰恶化。

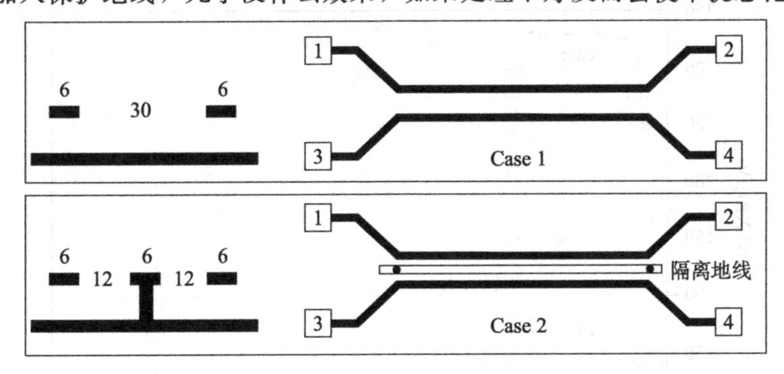

图 5-66　5*W* 两种配置

对于内层走线来说，保护地线仍然会起很大作用。图 5-68 中内层线间距 5*W*，两种情况下近端串扰噪声波形如图 5-69 所示。中间加入保护地线，能明显改善近端串扰。

保护走线对低频模拟信号的隔离通常都是有效的。但是在数字信号之间的保护走线并不是那么有用，有时反而会使情况更恶化。对于表层走线，如果保护地线的 GND 孔间距

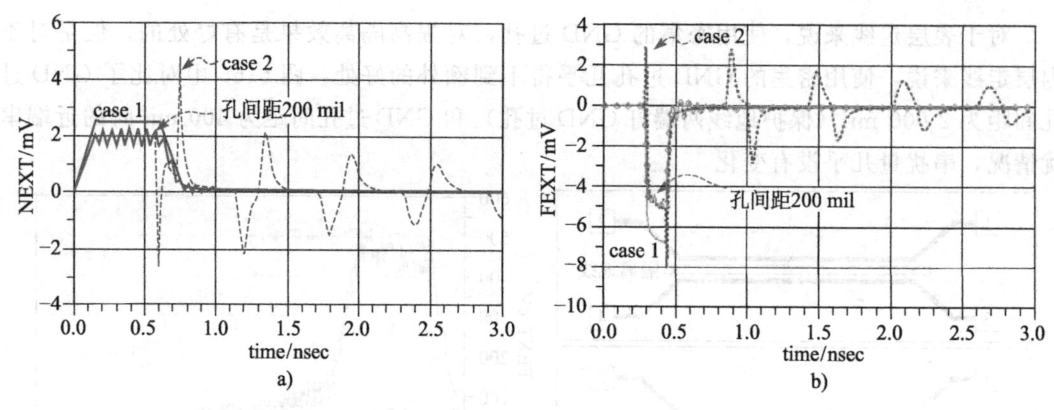

图 5-67　表层 5W 时保护地线对串扰的影响

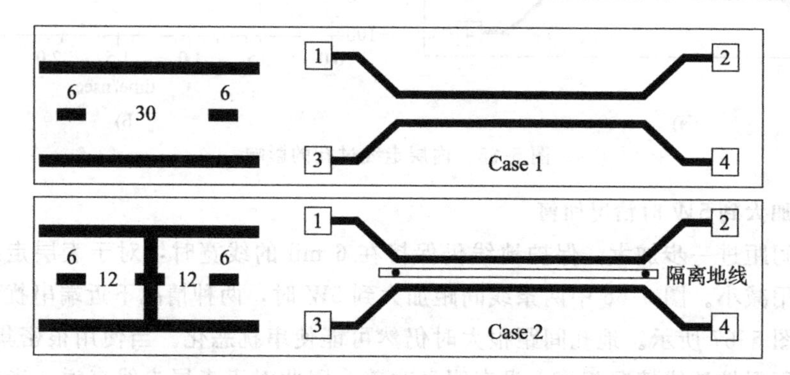

图 5-68　内层走线 5W 的配置

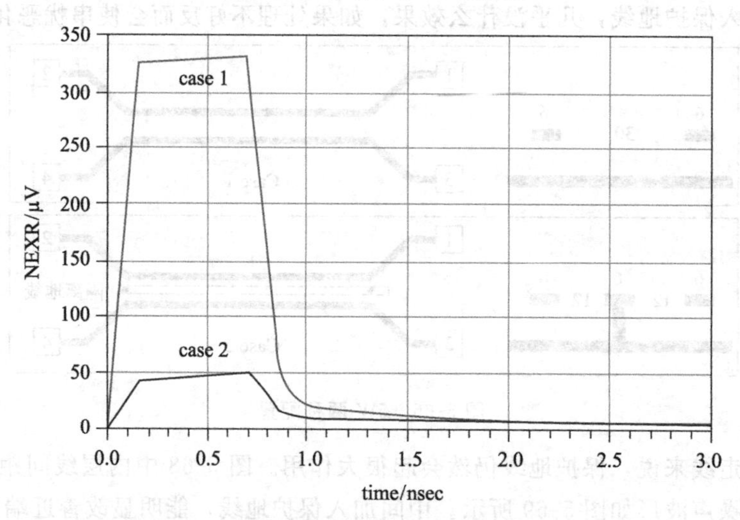

图 5-69　内层走线 5W 时保护地线对串扰的影响

很大，可能使串扰更加严重，必须使用非常密集的 GND 孔才能起到隔离的效果。对于内层走线，保护地线可以减小近端串扰。

5.14　端接与串扰

对数字信号进行适当的端接也可以有效减小串扰。一方面，如果没有匹配端接，后向传播的串扰信号到达受害线的近端时，由于受害线驱动器输出阻抗小于传输线阻抗，串扰信号在近端发生负反射，反射后向远端传播。由于输入端的输入阻抗很高，相当于开路，反射的串扰噪声到达受害线接收端发生正发射，反射波又向近端传播，如此周而复始，直至幅度衰减为 0。同样的过程也发生在远端串扰噪声上。因此，没有端接的情况下，两种串扰噪声在传输线中反复反射叠加。图 5-70 就显示了这一过程。

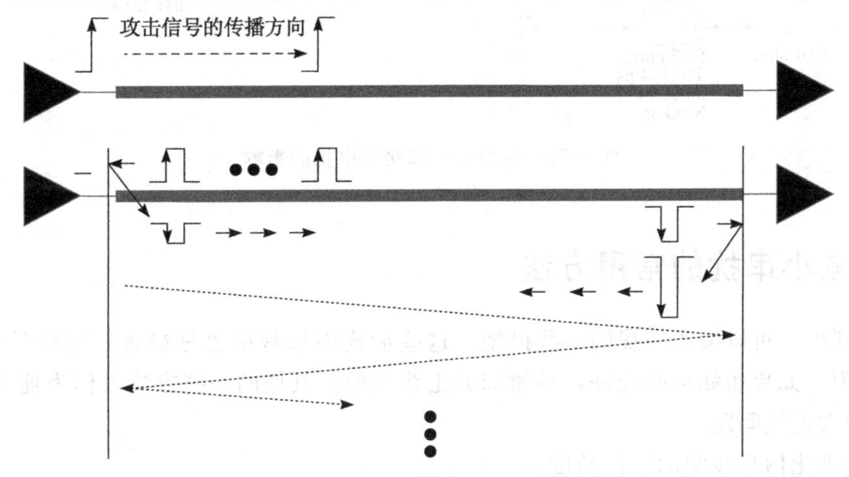

图 5-70　串扰噪声的反射

另一方面，由于没有端接，攻击信号满幅度传播到末端后，由于全反射，产生一个幅度很高的反射信号向回传播，这个反射回来的信号在受害线中也会产生串扰噪声。攻击信号的每一次反射都会在受害线中产生串扰，直到反射波逐渐衰减为 0。

两个方面综合起来，由于反复的反射干扰并叠加，最终使受害线的近端串扰和远端串扰都增加。图 5-71 显示了表层走线情况下，匹配端接对于串扰的影响。不论近端串扰还是远端串扰，都会因适当地端接而改善。

在信号完整性中，很多问题都是互相关联的，解决了其中一个问题，可能其他方面也会有改善，分析清这些问题之间的联系，才能更好地把握该怎样采取措施来解决问题。尽管反射和串扰的成因不同，但是减小反射确实能间接地减小串扰。

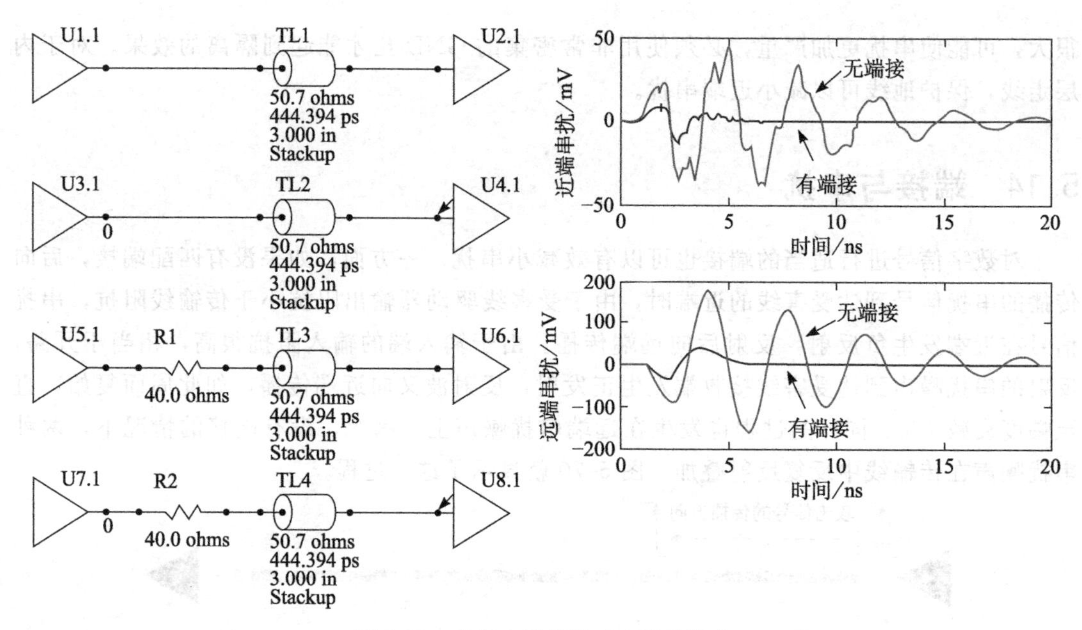

图 5-71　表层走线端接对串扰的影响

5.15　减小串扰的常用方法

下面列出了可以减小串扰的一些措施，这些措施中最常用也是最重要的就是增加走线之间的间距，如果布线空间允许，尽量加大走线间距。其他的一些方法可作为辅助措施。

1）增大走线间距。

2）最小化信号线间的平行长度。

3）做好匹配端接，减小串扰噪声的反射。

4）相邻的信号层，走线彼此正交。

5）在内层布线，以消除远端串扰。

6）在满足时序要求的前提下，增大信号的上升时间。

7）个别特殊信号（低频模拟信号）可使用保护地线。

8）高速数字信号谨慎使用保护地线。

9）阻抗控制情况下，使用小介电常数的板材。

5.16　小结

本章详细分析了串扰形成的机理、形成过程以及串扰的特征。只有深入理解产生串扰的根源，才能在工程中识别串扰来源并相应地采取针对性措施。要想有效地减小串扰，必须清楚有哪些因素会影响串扰的大小，是如何影响的，本章对此作了针对性的说明。了解串扰对信号有哪些影响，串扰、反射、抖动、噪声之间有怎样的关系，就能更容易地找到问题的根源，对于工程中的故障定位非常有帮助，更容易解决工程问题。另外，本章最后还澄清了保护地线使用中的一些误区。

附录 远端串扰两种解释的等效性证明

远端串扰可从两种角度来解释：1）耦合角度。2）模态分解角度。

从耦合角度来看，远端串扰可以表示为

$$V_{FE}=\frac{1}{2T_r}\left(Z_0C_m-\frac{L_m}{Z_0}\right)lV_0$$

从模态分解角度来看，远端串扰表示为

$$V_{FE}=\frac{1}{2T_r}\left(\frac{1}{v_{odd}}-\frac{1}{v_{even}}\right)lV_0$$

两种表达方式是对同一现象从不同角度的描述，因此两者必然是等价的，下面的等式必然成立。

$$\frac{1}{v_{odd}}-\frac{1}{v_{even}}=Z_0C_m-\frac{L_m}{Z_0}$$

下面给出数学证明。耦合传输线的寄生参数如图5-72所示。表中列出了不同模态下单根传输线的等效电容和等效电感。L_0 表示传输线自感，L_m 表示传输线互感，C_g 表示传输线与参考平面之间的电容，C_m 表示传输线之间的互容。为表述方便，令 $C=C_g+C_m$。

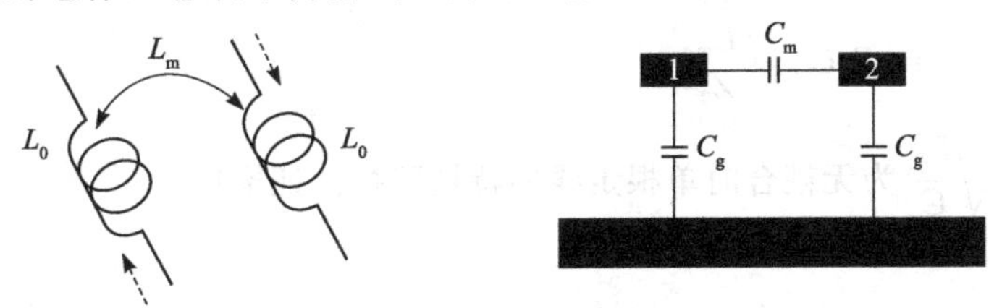

图5-72 耦合传输线的寄生参数

模态	等效电容	等效电感
Even	$C-C_m$	L_0+L_m
Odd	$C+C_m$	L_0-L_m
Quiet	C	L_0

奇模速度：

$$v_{odd}=\frac{1}{\sqrt{(L_0-L_m)(C+C_m)}}$$

偶模速度：

$$v_{\text{even}}=\frac{1}{\sqrt{(L_0+L_{\text{m}})(C-C_{\text{m}})}}$$

所以有

$$\frac{1}{v_{\text{odd}}}=\sqrt{(L_0-L_{\text{m}})(C+C_{\text{m}})}$$

$$=\sqrt{L_0C-L_{\text{m}}C+L_0C_{\text{m}}-L_{\text{m}}C_{\text{m}}}=\sqrt{L_0C}\sqrt{1-\frac{L_{\text{m}}}{L_0}+\frac{C_{\text{m}}}{C}-\frac{L_{\text{m}}C_{\text{m}}}{L_0C}}$$

$$\approx\sqrt{L_0C}\left(1-\frac{1}{2}\frac{L_{\text{m}}}{L_0}+\frac{1}{2}\frac{C_{\text{m}}}{C}-\frac{1}{2}\frac{L_{\text{m}}C_{\text{m}}}{L_0C}\right)$$

$$\frac{1}{v_{\text{even}}}=\sqrt{(L_0+L_{\text{m}})(C-C_{\text{m}})}=\sqrt{L_0C+L_{\text{m}}C-L_0C_{\text{m}}-L_{\text{m}}C_{\text{m}}}$$

$$=\sqrt{L_0C}\sqrt{1+\frac{L_{\text{m}}}{L_0}-\frac{C_{\text{m}}}{C}-\frac{L_{\text{m}}C_{\text{m}}}{L_0C}}$$

$$\approx\sqrt{L_0C}\left(1+\frac{1}{2}\frac{L_{\text{m}}}{L_0}-\frac{1}{2}\frac{C_{\text{m}}}{C}-\frac{1}{2}\frac{L_{\text{m}}C_{\text{m}}}{L_0C}\right)$$

$$\frac{1}{v_{\text{odd}}}-\frac{1}{v_{\text{even}}}\approx\sqrt{L_0C}\left(1-\frac{1}{2}\frac{L_{\text{m}}}{L_0}+\frac{1}{2}\frac{C_{\text{m}}}{C}-\frac{1}{2}\frac{L_{\text{m}}C_{\text{m}}}{L_0C}\right)$$

$$-\sqrt{L_0C}\left(1+\frac{1}{2}\frac{L_{\text{m}}}{L_0}-\frac{1}{2}\frac{C_{\text{m}}}{C}-\frac{1}{2}\frac{L_{\text{m}}C_{\text{m}}}{L_0C}\right)$$

$$=\sqrt{L_0C}\left(\frac{C_{\text{m}}}{C}-\frac{L_{\text{m}}}{L_0}\right)=\sqrt{\frac{L_0}{C}}C_{\text{m}}-\frac{L_{\text{m}}}{\sqrt{L_0/C}}$$

$$=Z_0C_{\text{m}}-\frac{L_{\text{m}}}{Z_0}$$

其中，$Z_0=\sqrt{\frac{L_0}{C}}$ 为无耦合时单根走线的特性阻抗。证毕！

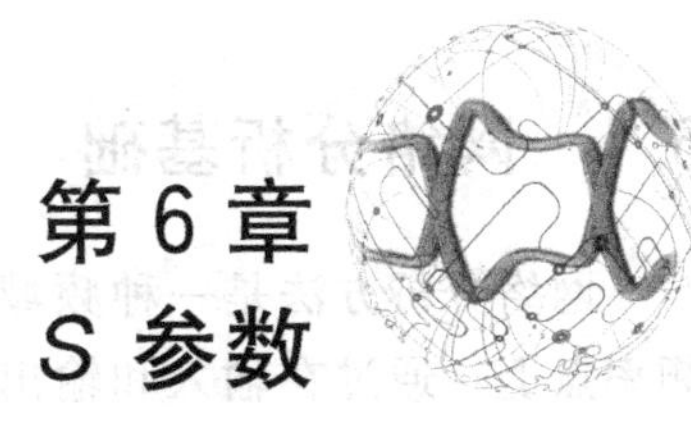

第6章 S参数

在低速设计时代，工程界普遍使用等效集总电路模型来描述互连通道的过孔、连接器等各部分。对于上升时间达到几个 ns 的低速数字信号，甚至可以使用一个 0 Ω 电阻代替连接器，分析的结果也不会和实际情况有太大的差别。但是当传输速率达到 GHz 以上时，这种使用集总电路模型的等效方法就会和实际情况偏离较大。使用一个小电容来代替过孔是另外一种常见的近似，对于上升时间达到几个 ns 的低速数字信号，这种近似能够很好地模拟过孔的行为，图 6-1a 显示了这种近似对信号波形的模拟几乎没有偏差。但是对于边沿非常陡峭的高速信号，这种近似的误差是不可忍受的，图 6-1b 中信号为 10 GHz，上升时间为 30 ps，使用电容近似明显偏离过孔的实际特性。因此，随着信号速率的提高，需要新的模型来表示互连线中的各种结构。

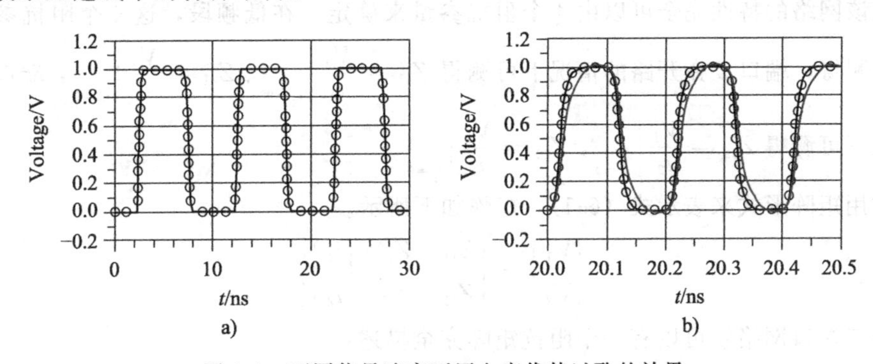

图 6-1　不同信号速率下用电容代替过孔的效果

S 参数作为描述线性无源互连结构的一种行为模型，来源于网络分析方法。这种模型不考虑互连结构的具体形式，把互连结构当成“黑盒子”，仅仅通过在端口处的参量就能完全描述互连结构的全部行为特征，在高频领域得到非常广泛的应用。在 SI 领域，由于信号速率的提高，常常需要考虑到几十个 GHz 范围内的频率成分，因此 S 参数已成为信号完整性分析与设计中必不可少的重要工具。

本章并非是对 S 参数严谨的数学说明，而是基于信号完整性的设计，从使用 S 参数的角度出发，提供一些观察与分析的方法，以帮助读者更直观地理解 S 参数。

6.1 网络分析基础

网络分析方法是一种频域方法，在一组离散频率点上，通过在输入和输出端口得到的参量完全描述线性时不变系统，无需了解系统内部的详细结构，把目标对象当作黑匣子来处理。在进行网络分析时，关注的是端口处的激励和响应之间的关系。例如，一个二端口网络具有两个端口，如果这个网络是线性的，那么在任何一个频率点该网络的“行为”都可以由两个等式来完全描述。首先我们来看使用阻抗参数如何描述该网络。二端口网络如图6-2所示，该网络可用下面两个等式来描述

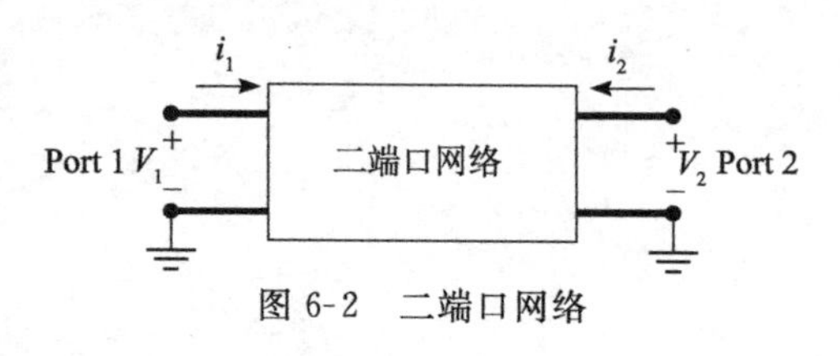

图6-2　二端口网络

$$\begin{aligned} V_1 &= Z_{11} i_1 + Z_{12} i_2 \\ V_2 &= Z_{21} i_1 + Z_{22} i_2 \end{aligned} \tag{6-1}$$

如果 Z_{11}、Z_{21}、Z_{12}、Z_{22} 4个参量已知，那么根据施加的激励，就可以得到响应。如果端口1存在电流激励源 i_1，那么端口1和端口2的响应（电压）都可以得到，$V_1 = Z_{11} i_1$，$V_2 = Z_{21} i_1$。

因此该网络的特性完全可以由4个阻抗参量来确定。在低频段，这4个阻抗参量可以在端口处测得，端口2在开路的情况下可测得 $Z_{11} = \left.\frac{V_1}{i_1}\right|_{i_2=0}$、$Z_{21} = \left.\frac{V_2}{i_1}\right|_{i_2=0}$，端口1在开路的情况下可测得 $Z_{12} = \left.\frac{V_1}{i_2}\right|_{i_1=0}$，$Z_{22} = \left.\frac{V_2}{i_2}\right|_{i_1=0}$。

通常用矩阵形式来表示式（6-1），矩阵如下所示。

$$\begin{bmatrix} V_1 \\ V_2 \end{bmatrix} = \begin{bmatrix} Z_{11} & Z_{12} \\ Z_{21} & Z_{22} \end{bmatrix} \begin{bmatrix} i_1 \\ i_2 \end{bmatrix} \tag{6-2}$$

这样二端口网络就可以有一个阻抗矩阵完全描述：

$$\begin{bmatrix} Z_{11} & Z_{12} \\ Z_{21} & Z_{22} \end{bmatrix} \tag{6-3}$$

用阻抗矩阵来描述二端口网络尽管简单直观，但是在高频时却无法使用。因为阻抗矩阵的4个参量需要在端口处测量得到，测量时需要让其中一个端口完全开路，高频时很难做到完全开路，即使是一个很小的寄生电容也可能会严重影响测量结果的正确性。因此需要使用另外的方式来描述网络，S 参数避免了阻抗矩阵测试中的问题，并且测量准确方便，因此得到了广泛的应用。

应该指出的是，阻抗矩阵对分析某些问题非常有用且方便。尽管高频时无法通过测量得到准确的阻抗矩阵，但是如果能够通过其他间接的方法转换得到阻抗矩阵，就能充分发

挥阻抗矩阵在分析问题中的作用。

6.2　S 参数定义

用 S 参数来表征线性网络是基于波的传播理论，反映的是信号的入射波与反射波之间的关系。根据波传播方程，端口处的电压可表示为

$$V(z) = V(z)^{+} e^{-\gamma z} + V(z)^{-} e^{-\gamma z} \tag{6-4}$$

假设端口阻抗为 Z_0，则端口的电流可表示为

$$I(z) = I(z)^{+} e^{-\gamma z} - I(z)^{-} e^{-\gamma z} = \frac{V(z)^{+}}{Z_0} e^{-\gamma z} - \frac{V(z)^{-}}{Z_0} e^{-\gamma z} \tag{6-5}$$

因此，如果能够得到端口处的入射信号和反射信号之间的关系，那么也可以完全反映网络的特性。以二端口网络为例，图 6-3 显示了以入射波和反射波表征网络的方法。定义了 4 个表征入射波和反射波的参量 a_1 、b_1 、a_2 、b_2 。

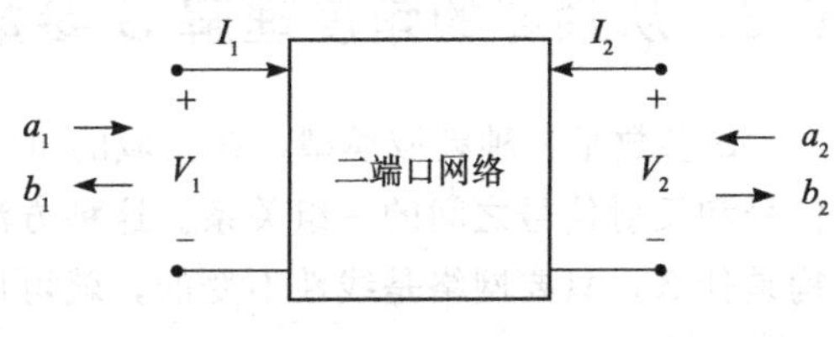

图 6-3　入射波和反射波

$$\begin{aligned} a_1 &= \frac{V_1^{\ +}}{\sqrt{Z_0}} \\ b_1 &= \frac{V_1^{\ -}}{\sqrt{Z_0}} \\ a_2 &= \frac{V_2^{\ +}}{\sqrt{Z_0}} \\ b_2 &= \frac{V_2^{\ -}}{\sqrt{Z_0}} \end{aligned} \tag{6-6}$$

可以使用下面的两个等式表征二端口网络：

$$\begin{aligned} b_1 &= S_{11} a_1 + S_{12} a_2 \\ b_2 &= S_{21} a_1 + S_{22} a_2 \end{aligned} \tag{6-7}$$

其矩阵形式为

$$\begin{pmatrix} b_1 \\ b_2 \end{pmatrix} = \begin{pmatrix} S_{11} & S_{12} \\ S_{21} & S_{22} \end{pmatrix} \begin{pmatrix} a_1 \\ a_2 \end{pmatrix} \tag{6-8}$$

从定义可见，$a_i(i = 1,2)$ 表示的是阻抗归一化的入射信号电压，$b_i(i = 1,2)$ 表示的是阻抗归一化的反射信号电压，因此 S_{ij} 将入射信号和反射信号联系起来。这组参数 S_{ij} 就称为 S 参数。

如果确定了入射信号和反射信号情况，那么端口处的电压和电流也就确定了。为方便

分析，忽略 $e^{-\gamma z}$，电压电流和入射信号及反射信号之间的关系可简写为

$$V = V^{+} + V^{-}$$
$$I = \frac{V^{+}}{Z_0} - \frac{V^{-}}{Z_0} \tag{6-9}$$

入射信号及反射信号也可以使用端口处的电压和电流表示

$$V^{+} = \frac{1}{2}(V + Z_0 I)$$
$$V^{-} = \frac{1}{2}(V - Z_0 I) \tag{6-10}$$

6.3　从频域的角度理解 S 参数

S 参数是一种频域模型，在频域的每一个频点都可以通过该频点的 S 参数来得到入射信号和反射信号之间的一组关系。这种方法不关注网络内部的具体结构，无论网络内部结构是什么，只要网络是线性不变的，就可以当作“黑盒子”处理。不论哪个端口有入射信号进入这个黑匣子，就能够通过 S 参数得到这个黑匣子从各个端口散射出来的信号，S 参数实际上正是散射参数（Scatter Parameters）的简称。

为了反映网络的行为特性（比如对激励信号的时域响应），需要很多频率点的 S 参数。通常，所有把测试频点的 S 参数收集汇总起来，存储到一个数据文件中，文件后缀为 .sNp，N 表示端口数，如二端口网络的 S 参数文件后缀为 s2p。文件中数据存储的格式为 touchstone 格式。

图 6-4 显示了一个典型的 S 参数文件格式。文件中有频率点信息，每个频率点对应一组 S 参数。R 50 表示端口参考阻抗为 50 Ω。每一个 S_{ij} 都是复数，可以以多种形式给出，如 MA（幅度－相位）、DB（dB－相位），RI（实部－虚部）等。

```
! Touchstone file
# GHZ S MA R 50.000000

!        S11                 S21                 S12                 S22
! Freq   Mag      Angle      Mag      Angle      Mag      Angle      Mag      Angle

0.3      0.0144   -92.7      0.999    -1.61      0.999    -1.61      0.0145   -90.3
0.4      0.0192   -93.3      0.999    -2.14      0.999    -2.14      0.0194   -90.9
0.5      0.024    -94        0.999    -2.67      0.999    -2.67      0.0242   -91.5
0.6      0.0288   -94.6      0.999    -3.21      0.999    -3.21      0.0291   -92
0.7      0.0337   -95.3      0.998    -3.74      0.998    -3.74      0.0339   -92.4
0.8      0.0385   -96.1      0.998    -4.27      0.998    -4.27      0.0388   -92.9
0.9      0.0433   -96.8      0.997    -4.8       0.997    -4.8       0.0436   -93.3
1        0.0481   -97.5      0.997    -5.33      0.997    -5.33      0.0485   -93.6
```

图 6-4　S 参数文件结构

从频域的角度可以大大简化对 S 参数的理解。频域内单个频点对应的是时域单频正弦信号，图 6-5 显示了频域、时域对应关系，因此可以说频域只存在一种信号，即正弦信号。在信号完整性中，S 参数通常用来描述无源线性的互连结构，某一频点的 S 参数可看成是

互连结构对正弦信号的响应。由于互连结构是无源的，散射信号的频率一定是和入射信号的频率相同，从端口进入的是正弦信号，从端口出来的也一定是同频率的正弦信号。S 参数可以简化为从端口出来的正弦信号与进入端口的正弦信号的比值。对于二端口互连结构（比如单根传输线），有以下两公式。

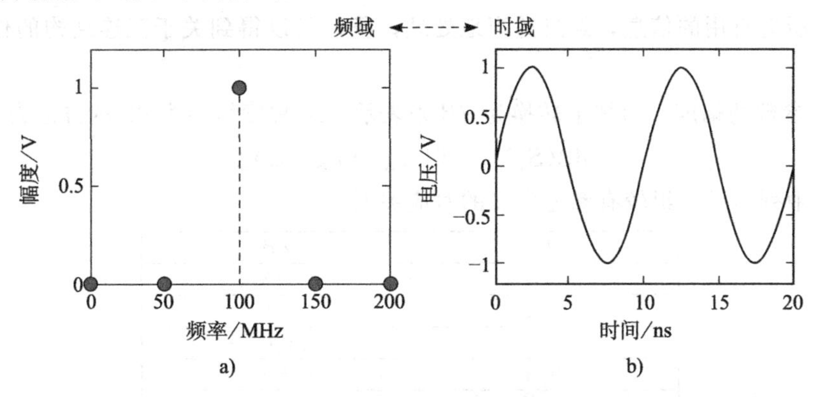

图 6-5　频域、时域对应关系

$$S_{11}=\frac{b_1}{a_1}=\frac{\text{端口 1 出来的正弦信号}}{\text{端口 1 进入的正弦信号}} \tag{6-11}$$

$$S_{21}=\frac{b_2}{a_1}=\frac{\text{端口 2 出来的正弦信号}}{\text{端口 1 进入的正弦信号}} \tag{6-12}$$

正弦波有两个重要的参量：幅度（ *Mag* ）和相位（ *Phase* ），因此作为反映两个正弦波比值的 S 参数，也必然反映出这两个正弦波幅度和相位的关系。S 参数的幅度、相位和正弦波幅度相位的关系为

$$Mag(S_{ij})=\frac{Mag(i\text{ 口出来的正弦信号})}{Mag(j\text{ 口进入的正弦信号})}$$

$$Phase(S_{ij})=Phase(i\text{ 口出来的正弦信号})-Phase(j\text{ 口进入的正弦信号}) \tag{6-13}$$

以图 6-4 中 300 MHz 频点 S_{11} 为例，幅度为 0.0144，相位为−92.7°。说明如果 1 口进入的正弦信号幅度为 1，从 1 口出来的正弦信号幅度为 0.0144，相位滞后于入射波 92.7°，波形关系如图 6-6 所示。

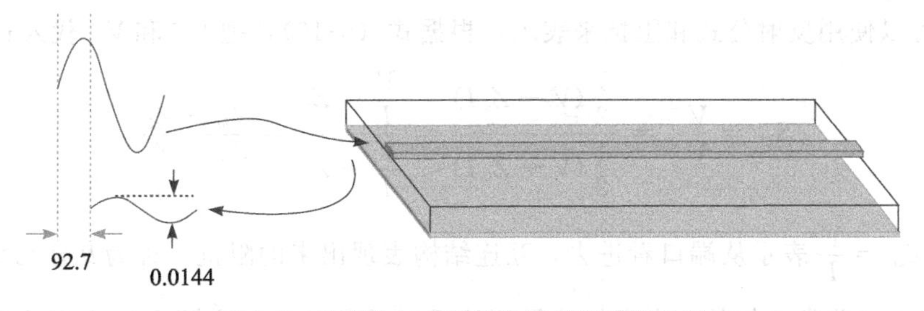

图 6-6　S 参数与入射信号和反射信号关系

从傅里叶分解的角度来说，任何复杂的信号都可以分解成一系列正弦信号的叠加。有了频域的响应，就能根据傅里叶变换的对应关系，得到对时域的各种复杂波形的响应特性。使用 S 参数从频域来描述互连结构，尽管没有阻抗矩阵那样直观，但是描述却非常简单，仅仅使用在正弦信号激励下的响应特性就能完全描述互连结构所有的行为特征。S 参数中包含了所有有用的信息，经过适当地处理，我们可以得到关于互连结构的任何想要的信息。

对于 S 参数的幅度，习惯上转换为 dB 来表示，S_{ij} 幅度转换为 dB 的方法为

$$\mathrm{dB}(S_{ij}) = 20\log_{10}[Mag(S_{ij})] \tag{6-14}$$

图 6-7 中列出了几组较有参考意义的对应关系

Mag	*dB*
70%	−3
50%	−6
30%	−10
10%	−20
3%	−30
1%	−40

图 6-7　S 参数幅度与 dB

6.4　S_{11} 的含义

PCB 上的互连结构是线性无源的，在传输信号时激励源只有一个，即驱动器发出的信号。如果正弦信号从端口 1 进入，根据 S_{11} 定义，S_{11} 表示端口 1 出来的正弦信号和端口 1 进入的正弦信号的比值。工程上通常把 S_{11} 称为回波损耗（Return Loss）。在只有一个激励源的情况下，端口 1 出来的正弦信号来源只有一个，即由端口 1 进入的正弦信号和互连结构相互作用而引起的。很明显端口 1 出来的是正弦信号进入互连结构后反射回来的信号，因此 S_{11} 表示的就是互连结构对信号的反射。可以用入射信号和反射信号来表示 S_{11}。

$$S_{11} = \frac{b_1}{a_1} = \frac{V^-/\sqrt{Z_0}}{V^+/\sqrt{Z_0}} = \frac{V^-}{V^+} \tag{6-15}$$

S_{11} 也可以使用反射公式和阻抗来表示，根据式（6-10），把 V^- 和 V^+ 代入式，

$$S_{11} = \frac{V^-}{V^+} = \frac{\frac{1}{2}(V - Z_0 I)}{\frac{1}{2}(V + Z_0 I)} = \frac{\frac{V}{I} - Z_0}{\frac{V}{I} + Z_0} = \frac{Z_{in} - Z_0}{Z_{in} + Z_0} \tag{6-16}$$

其中，$Z_{in} = \frac{V}{I}$ 表示从端口看进去，互连结构表现出来的阻抗，称为互连结构的输入阻抗。阻抗表达式非常类似某一个阻抗分界面的反射系数公式，实际上这个表达式正是端口

1 处的复反射系数。因此 S_{11} 又可以表示为

$$S_{11}=\frac{Z_{in}-Z_0}{Z_{in}+Z_0}=\Gamma(f) \tag{6-17}$$

其中，$\Gamma(f)$ 表示复反射系数。复反射系数和频率有关，不同频率点处反射系数不同，因此这里我们把它写成频率的函数。

要理解反射系数和频率的关系，最简单的方法还是从正弦信号入手（记住一点，频域只有一种信号：正弦信号）。考虑如图 6-8 所示的一端匹配的互连结构，A 点和 B 点反射系数会有什么不同？

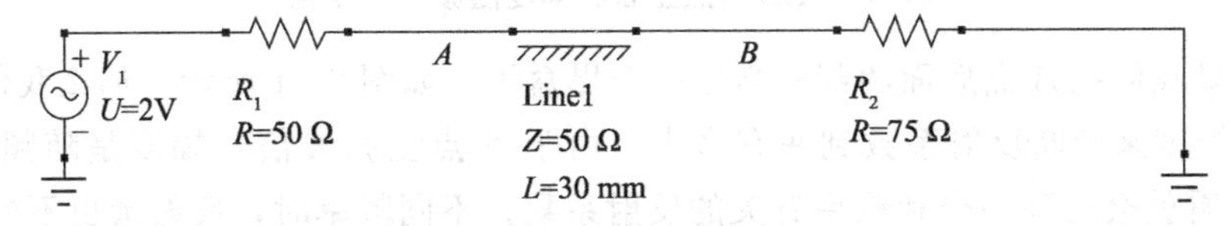

图 6-8　一端匹配端接互连结构

A 点激励源的输出阻抗和传输线阻抗是匹配的，因此如果有正弦信号沿传输线向左侧 A 点传播遇到 R_1 时不会发生反射。在 B 点，无论正弦信号的频率是多少，正弦信号沿传输线向右侧传播，遇到 R_2 后反射系数为

$$\rho(f)=\frac{75-50}{75+50}=0.2 \tag{6-18}$$

因此，B 点的反射系数是常数。由于这个一端匹配的互连结构只发生一次反射，现在我们考虑正弦信号频率不同时 A 点的波形。A 点入射正弦波幅度为 1 V，从 B 点反射回来的正弦波幅度为 0.2 V。如果传输线延时是正弦波周期的一半，反射回来的正弦波和入射正弦波刚好相位相同，反射回来的正弦波在 A 点和入射正弦波叠加后，幅度为 1.2 V。如果传输线延时是正弦波周期的 1/4，那么反射回来的正弦波恰好和入射正弦波相位相反，叠加后幅度为 0.8 V。图 6-9 显示了两种情况下叠加的结果。频率不同时，传输线延时与正弦波周期的比例不同，因此，A 点叠加出来的正弦波幅度也不同，但 B 点的正弦波幅度却是恒定的。图 6-10 显示了 A、B 两点正弦波幅度随频率变化的情况。

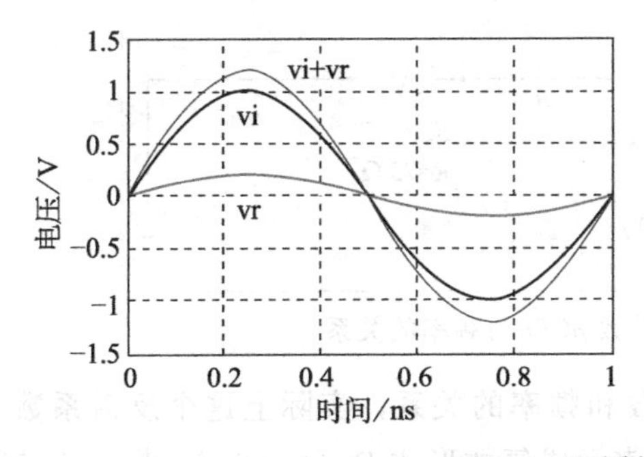

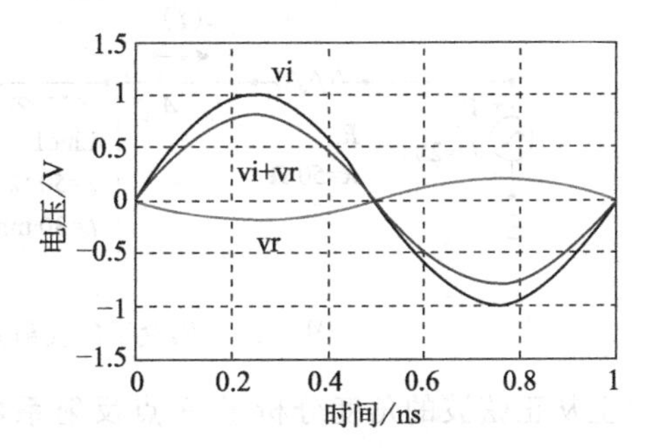

图 6-9　不同相位信号的叠加

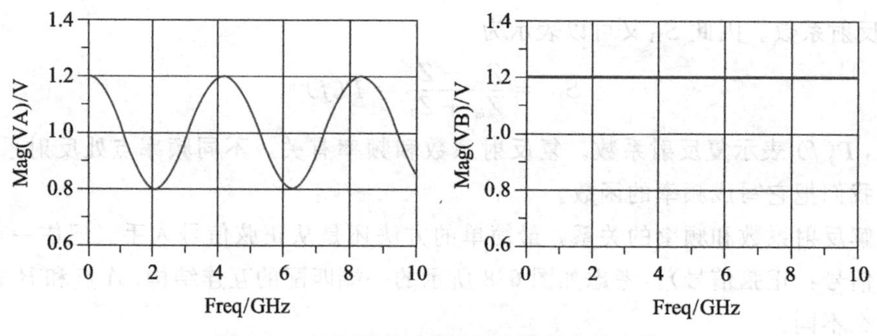

图 6-10 AB 两点正弦波幅度随频率的变化

现在如果我们把 A 点后面的部分当作一个黑盒子，如图 6-11 所示。那么我们只能根据 A 点信号的幅度来判断反射系数到底有多大，由于 A 点正弦波信号幅度是随频率变化的，因此从 A 点看就会得到一个和频率有关的反射系数，不同频率时，反射量也不同。图 6-11 显示了黑盒子的反射系数 $\rho(f)$ 和频率的关系，注意这里的反射系数是在 A 点信号感觉到的反射系数。

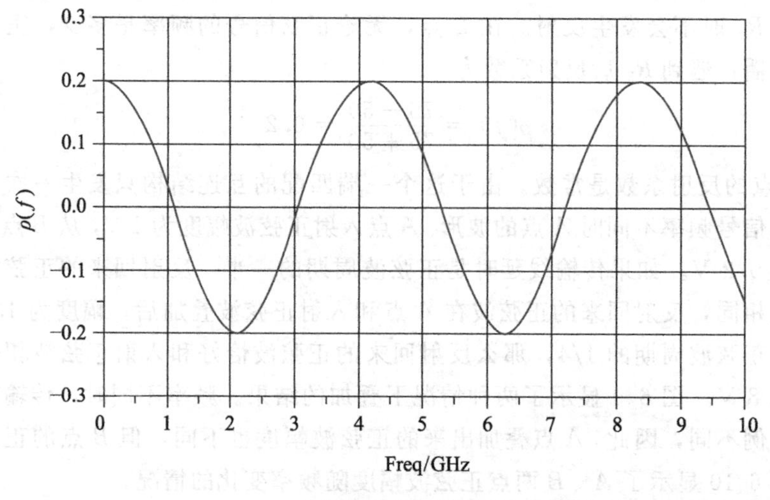

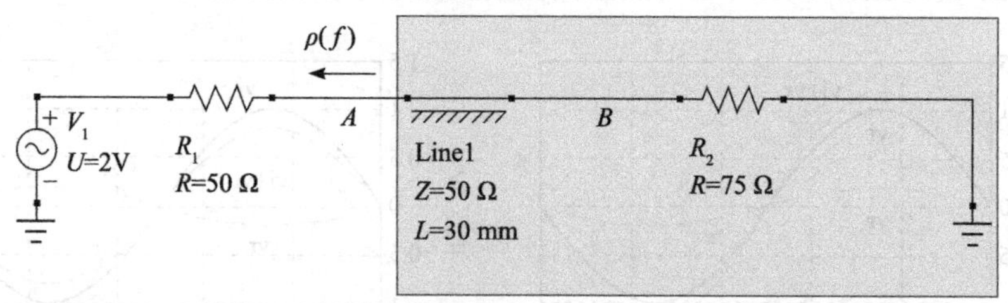

图 6-11 黑盒子的反射系数 $\rho(f)$ 与频率的关系

以上从正弦波的角度分析了 A 点反射系数和频率的关系，实际上这个反射系数 $\rho(f)$ 本身是一个幅度为 0.2 的正弦波，因此也可以表示成复数形式 $\Gamma(f)=0.2\cdot e^{j\theta(f)}$，这就是复反射系数。根据式(6-17)，$S_{11}$ 等于复反射系数 $\Gamma(f)$，对于上述一端匹配的特殊互连结构，其 S_{11} 如图 6-12 所示，图 6-12a 表示为实部和虚部，图 6-12b 表示为幅度和相位。注意一点，在上述特殊的结构中，复反射系数幅度是恒定的，与 $\rho(f)$ 不同，这是由于表示方式不同引起的。

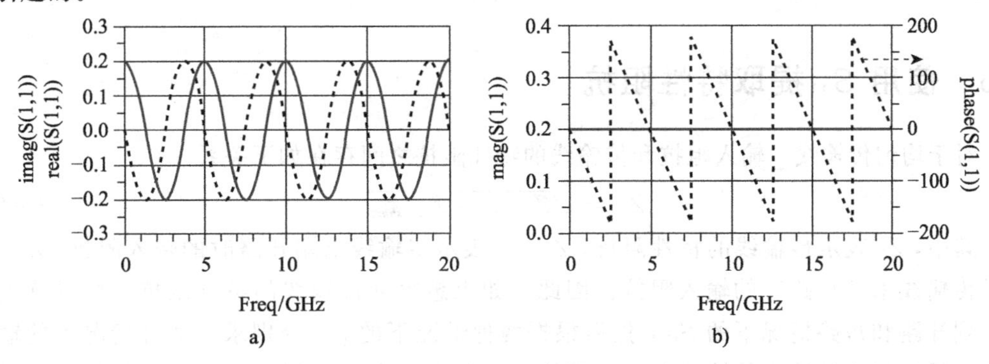

图 6-12　一端匹配的 S_{11}

6.5　S_{11}与输入阻抗

我们将 S_{11} 、$\Gamma(f)$ 和输入阻抗 Z_{in} 的关系重写如下

$$S_{11}=\frac{Z_{in}-Z_0}{Z_{in}+Z_0}=\Gamma(f) \tag{6-19}$$

从上节可知，对于不同频率，A 点“感受”到的反射量也不同。因此从 A 点看进去的互连结构的阻抗也一定和频率有关。通过式（6-20）可以将输入阻抗表示为 S_{11} 的函数

$$Z_{in}=Z_0\,\frac{1+S_{11}}{1-S_{11}} \tag{6-20}$$

其中，Z_0 为 A 点所在端口的参考阻抗。如图 6-8 所示的一端匹配的互连结构，A 点看进去的输入阻抗为复数，因此输入阻抗的幅度与相位如图 6-13 所示。

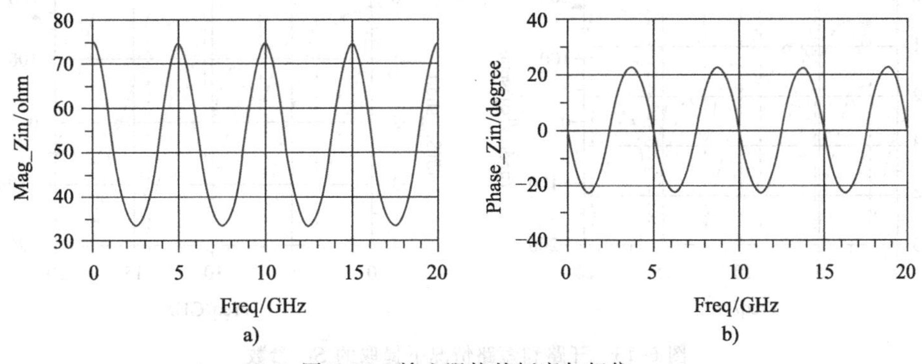

图 6-13　输入阻抗的幅度与相位

S_{11} 反映的是互连结构作为一个整体（黑盒子）的反射情况，这个反射是端口阻抗和“黑盒子”的输入阻抗 Z_{in} 不匹配而产生的，不同频率下“黑盒子”表现出来的输入阻抗不同，因此反射量也不同，这就是 S_{11} 所代表的真实信息。S_{11} 对于互连结构的输入阻抗非常敏感。

6.6 使用 S_{11} 提取特性阻抗

对于均匀传输线，输入阻抗和传输线的特性阻抗之间存在如下关系

$$Z_0 = \sqrt{Z_{in\_open} \cdot Z_{in\_short}} \tag{6-21}$$

其中，Z_0 表示传输线的特性阻抗，Z_{in_open} 表示传输线末端开路时的输入阻抗，Z_{in_short} 表示传输线末端短路时的输入阻抗。因此，如果想得到传输线的特性阻抗，可以首先仿真得到开路和短路情况下的 S_{11}，然后根据两种情况下的 S_{11} 分别求得两种情况下的输入阻抗，最后就能计算出传输线的特性阻抗。这种方法在仅拿到传输线的 S 参数，但对传输线情况一无所知的情况下尤其有用。开路和短路仿真结构如图 6-14 所示，开路和短路情况下提取 S_{11} 的参数，如图 6-15 所示，a 图是开路情况的 S_{11}，b 图为短路情况的 S_{11}。图 6-16 显示了根据两个 S_{11} 计算出的输入阻抗。图 6-17 是根据式（6-21）计算得出的特性阻抗，特性阻抗表现出随频率变化的特性，这是一段有损传输线，特性阻抗约为 67.5 Ω。

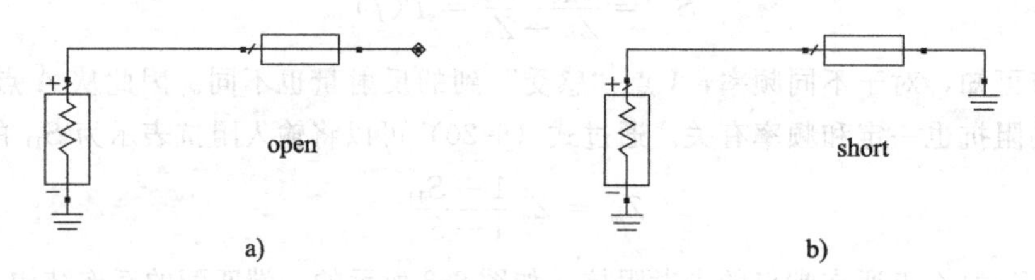

图 6-14　开路和短路仿真结构

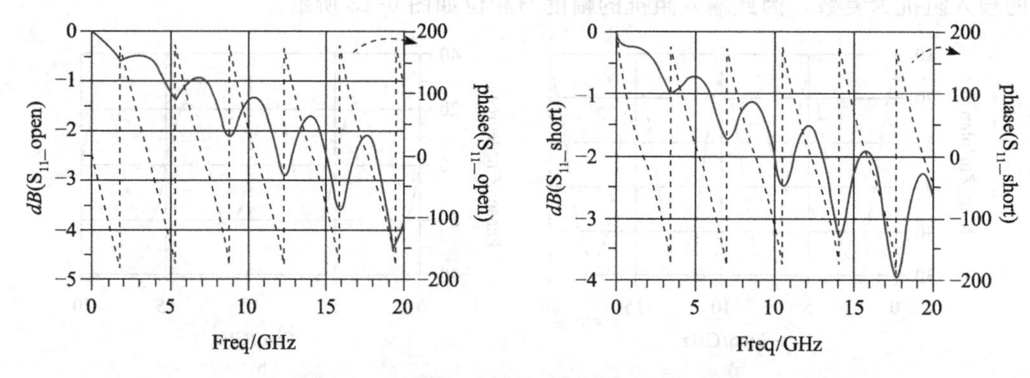

图 6-15　开路和短路情况下提取的 S_{11} 参数

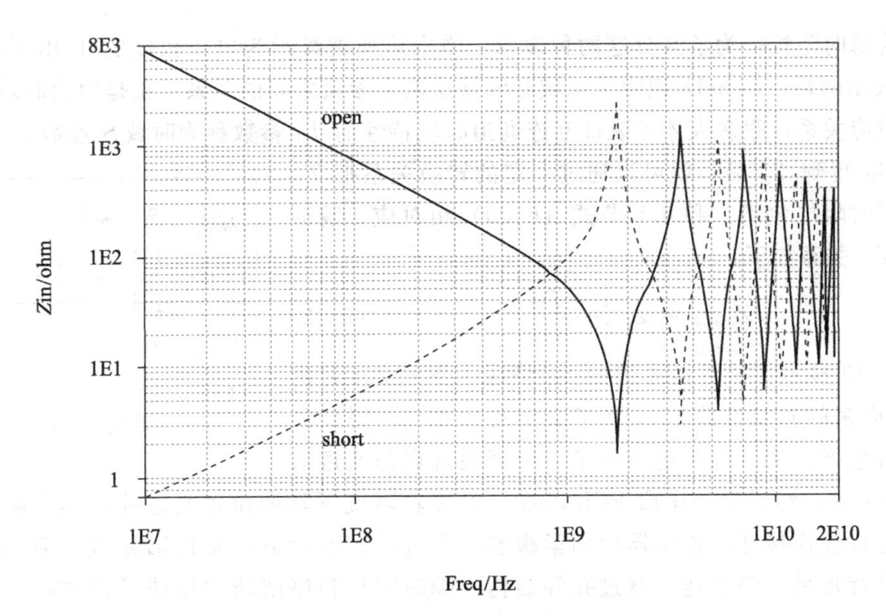

图 6-16　开路和短路输入阻抗

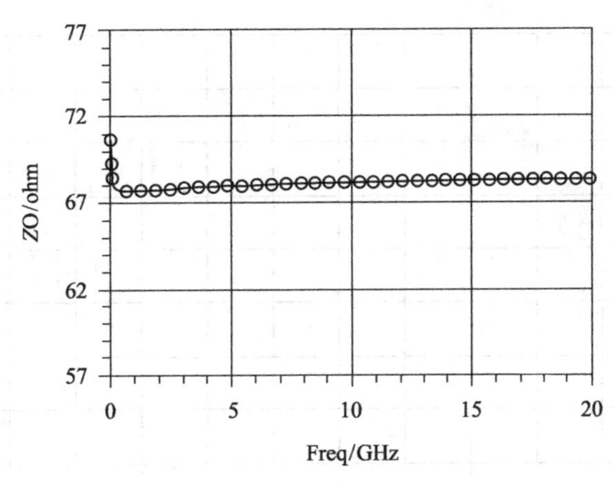

图 6-17　根据开路和短路法得到的特性阻抗

6.7　S_{11}与瞬时阻抗

尽管 S_{11} 包含了互连通道的所有反射信息，但是 S_{11} 并不能直观地反映出通道的哪个位置存在阻抗不连续点，以及有多大的阻抗变化。TDR 从时域反映了互连通道的反射情况，能直观地反映通道哪个位置存在阻抗突变。S_{11} 和 TDR 表征的都是信号的反射，两个参数包含着完全相同的信息，是同一个现象从不同角度的表现，S_{11} 可以通过傅里叶变换转换为 TDR（与阶跃波形的频谱卷积后再变换）。TDR 波形在时域上可以显示为电压幅度，也可以显示为瞬时阻抗，为了区分这两种表示，本书后面把显示为电压幅度的 TDR 称为 T_{11}，这里 T 表示时域。图 6-18 说明了时域和频域这两个参量之间的关系。正是因为时域和频域的这种对应关系，很多人才把表征互连通道时域特性的 T_{ij} 参数称为时域 S 参数。

由 S_{11} 得到 T_{11} 后，就可以通过一定的转换关系把 T_{11} 转换为瞬时阻抗包络。和 6.5 节式（6-20）相对应，瞬时阻抗和 T_{11} 关系如下：

$$Z_{instant} = Z_0 \frac{1+T_{11}}{1-T_{11}} \tag{6-22}$$

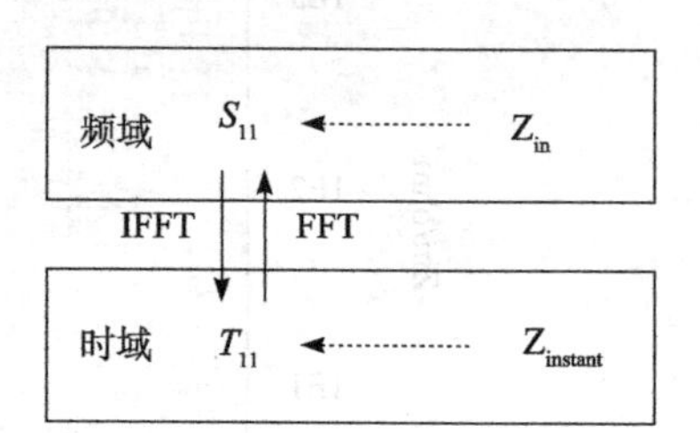

图 6-18 时域和频域的参数关系

图 6-19 显示了某互连通道的 S_{11} 情况。图 6-20a 是由 S_{11} 变换而来的时域参数 T_{11}，图 6-20b 是根据 T_{11} 得到的瞬时阻抗包络。瞬时阻抗包络中第一个高阻抗点是通道入口的 SMA 头，然后是一小段 PCB 走线，紧接着阻抗下降的位置是过孔，然后阻抗升高的位置是背板连接器，连接器后面紧跟着一个过孔，然后是背板 PCB 走线。后面的阻抗波动处是背板另一侧的连接器过孔等结构。瞬时阻抗包络清晰地反映了通道各点的阻抗变化情况。

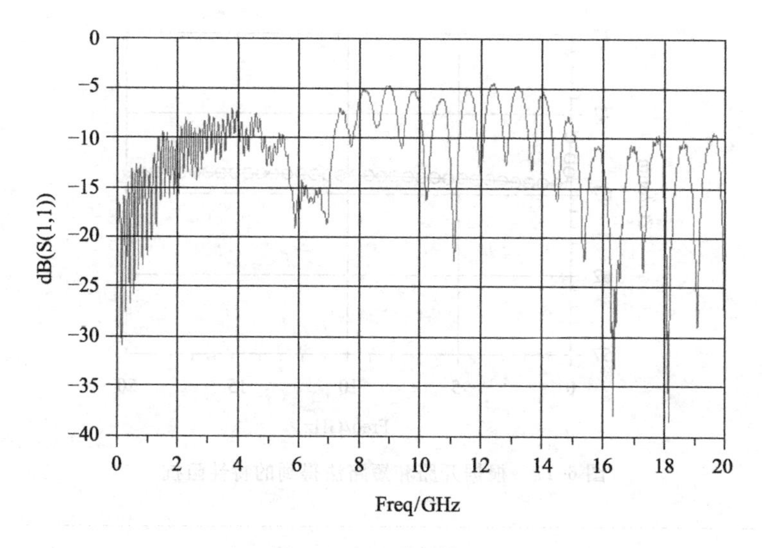

图 6-19 通道实测 S_{11}

尽管频域参数和时域参数包含的信息相同，但由于表现方式不同而各有优势。分析问题时应根据需要灵活选择使用哪一种方式。把频域和时域结合起来，从两个角度来分析问题，很多时候都能会让问题呈现的更清楚、更明白。当然，S_{11} 参数和 TDR 曲线的转化，可以使用仿真软件来完成，有些测试仪器自带的软件也可以直接由 S 参数得到 TDR 曲线。

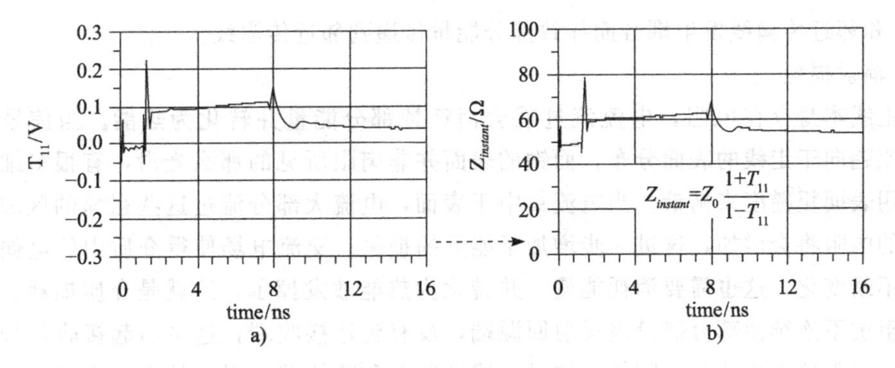

图 6-20 T_{11}与阻抗包络

6.8 S_{21}的含义

根据 S_{21} 定义，S_{21} 表示从端口 2 出来的正弦波和从端口 1 进入的正弦波的比值。工程中通常把 S_{21} 称为插入损耗（Insertion Loss）。因此 S_{21} 表示的是各个频点的正弦信号传输到互连结构末端的情况。幅度通常转换为 dB 表示。图 6-21 为 FR4 板材上长度为 1 英寸的互连线插入损耗（ S_{21} ）以及传输到端口 2 正弦波幅度情况。在 10 GHz 频点 S_{21} 幅度约为 −1 dB，说明如果该互连线的端口 1 进入一个 10 GHz 的正弦波，端口 2 输出正弦波被衰减了 1 dB，正弦波幅度变为入射波的 90%。

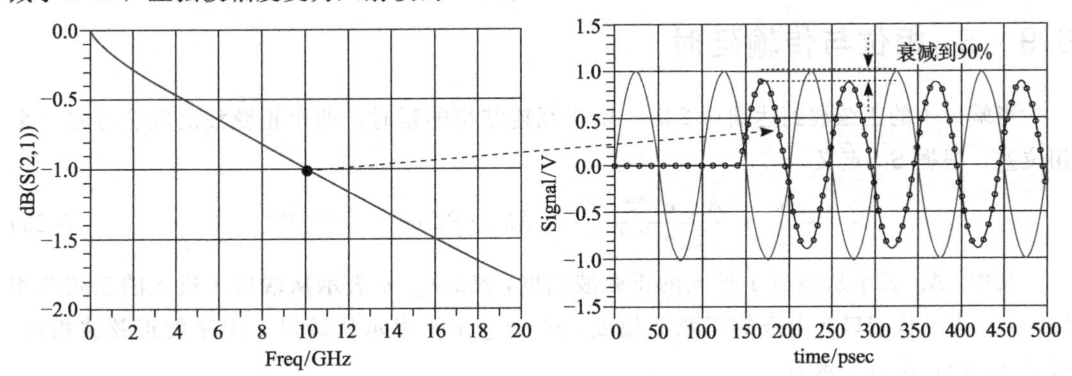

图 6-21 插入损耗与传输信号幅度

端口 1 进入的信号并不能完整无损的到达互连结构的末端，“透明”的互连结构在真实世界中是不存在的，任何互连结构都会使其中传输的信号产生损耗。互连通道产生的损耗主要有以下几种：

1）电阻性损耗。

2）介质的极化损耗，通常称为介质损耗。

3）信号反射引起的损耗。

4）和邻近传输线发生耦合而导致部分能量传递到邻近传输线。

5）辐射损耗。

铜走线本身存在电阻，电流流过就会消耗掉部分能量并转化为热能。当信号频率升高，电流趋向于走线的表面分布，而铜的表面并非肉眼所见的那么光滑，有很多细小的突起，常用表面粗糙度来衡量。当电流集中于表面，电流大部分流过这些粗糙的区域，电流感受到的电阻将会增加，这进一步增加了能量的损失。交流电场使得介质中的电偶极子极化方向不断变化，这也需要消耗能量，并转化为热能散发掉了，这就是介质损耗。互连结构中的阻抗不连续使部分能量被反射回源端，没有到达接收端，这也引起接收信号的能量损失。除了阻抗不连续的原因外，如过孔残桩谐振和腔体谐振引起的损失也可以归类为反射的影响。和邻近传输线之间的耦合产生串扰，串扰噪声正是信号损失的且耦合到邻近线的部分能量。信号传输时对外的辐射，尽管从 EMC 角度来说很重要，但是由于绝对能量很少，对信号传输不会产生显著的影响。

把 S_{21} 称为“插入损耗”是历史遗留问题，这种名词在工程界被广泛使用，这个名字本身并没有反映出 S_{21} 的全部内涵。从端口 2 出来的正弦波和从端口 1 进入的正弦波的比值，不仅仅包含幅度的变化，还包含相位的变化。在互连结构中传输引起的正弦波相位变化是 S_{21} 的另外一个重要内涵。图 6-21 中从 2 端口出来的正弦波明显地显示出信号的延时，这个信息包含在 S_{21} 的相位中。

6.9 S_{21}相位与传输延时

当端口 1 的正弦波到达端口 2 时，由于互连结构的延时，两个正弦波之间会存在一个相位差，根据 S_{21} 定义

$$S_{21}=\frac{b_2}{a_1}=\frac{A_{recv}\mathrm{e}^{\mathrm{j}\cdot phase\_recv}}{A_{in}\mathrm{e}^{\mathrm{j}\cdot phase\_in}}=Mag(S_{21})\mathrm{e}^{\mathrm{j}\cdot(phase\_recv-phase\_in)} \tag{6-23}$$

其中：A_{in} 表示从端口 1 进入的正弦波幅度，$phase\_in$ 表示从端口 1 进入的正弦波相位，A_{recv} 表示从端口 2 出来的正弦波幅度，$phase\_recv$ 表示从端口 2 出来的正弦波相位。所以 S_{21} 的相位可表示为

$$\theta(S_{21})=phase\_recv-phase\_in \tag{6-24}$$

如果没有任何延迟，这个相位将是 0。如果存在延迟，相位可表示为

$$\theta(S_{21})=2\pi f\cdot\tau_{delay} \tag{6-25}$$

这样就可以根据 S_{21} 相位得到互连结构的延时

$$\tau_{delay}=\frac{\theta(S_{21})}{2\pi f} \tag{6-26}$$

图 6-22a 显示了 FR4 板材上长度为 1 英寸的均匀传输线 S_{21} 的相位。从 S_{21} 的数据中得

到的相位只能在 $[-\pi, \pi]$ 之间取值，当传输延迟大于正弦波的二分之一周期时，得到的相位为正值，但传输到末端的信号是不可能超前于入射信号的，所以必须对相位进行解缠（*unwrap*）处理，图 6-22b 为处理后的相位。

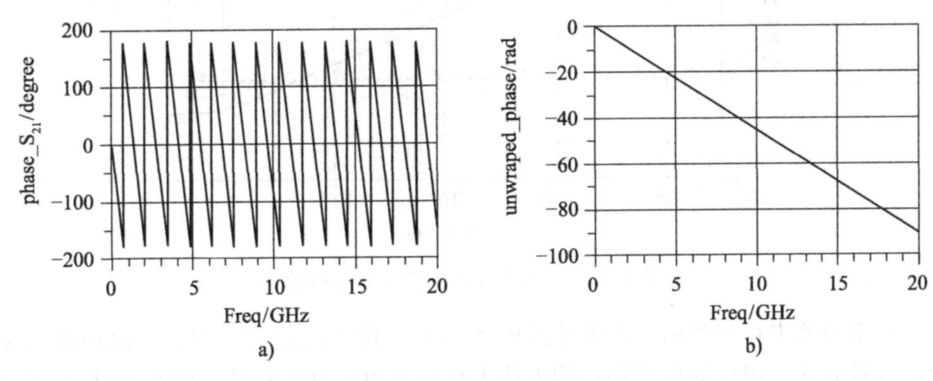

图 6-22　S_{21} 处理后的相位

根据式（6-26）得到互连结构的延迟如图 6-23 所示。不同频率的正弦波，传输线的延迟也不同。这是有损传输线的典型特征。PCB 上使用的板材（比如 FR4），不同频率下介电常数不同。而信号传输速度为

$$v = \frac{c}{\sqrt{Dk(f)}} \tag{6-27}$$

其中，$Dk(f)$ 为与频率有关的介电常数，因此不同频率处延迟会有差别。图 6-24 显示了 FR4 板材介电常数随频率变化的趋势，随着频率升高，介电常数减小，因此高频信号的传播速度比低频信号传播速度快，因而传播延迟随着频率提高而减小，正如图 6-23 所显示的那样。

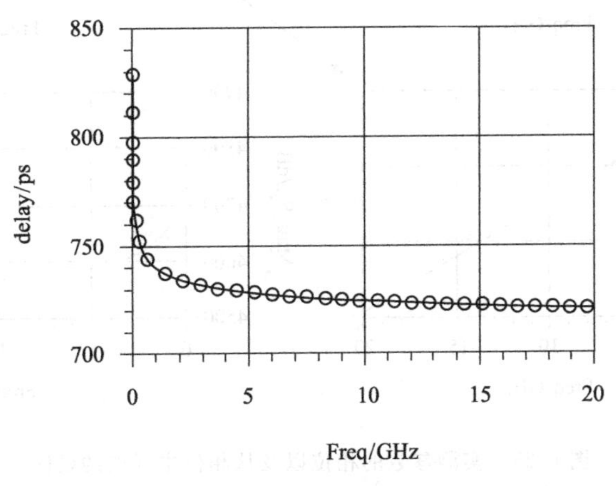

图 6-23　互连结构的延迟

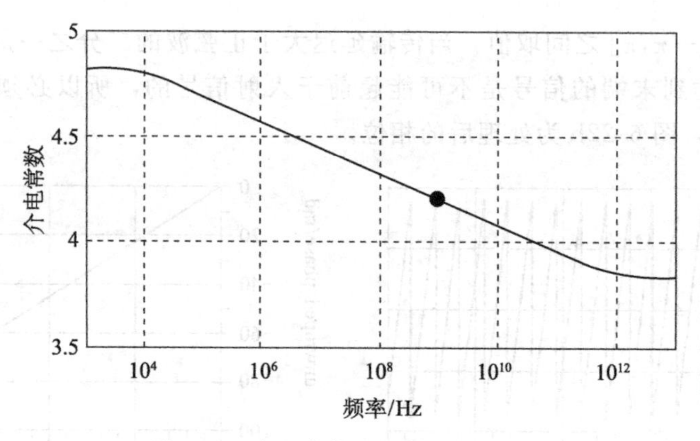

图 6-24　介电常数随频率变化的趋势

对于互连通道中存在的阻抗不连续点的 S 参数，由于反射的影响，会使估计的延时产生波动，尽管如此，得到的信息仍然能大体上反映通道的延时特性。图 6-25 显示了一个实测 S 参数的幅度相位以及从相位中提取的延时情况。如果想得到准确的互连通道延时，必须在 S 参数中消除反射的影响，这就需要一定的算法来实现，详细内容超出了本书的范围，不深入进行讨论。

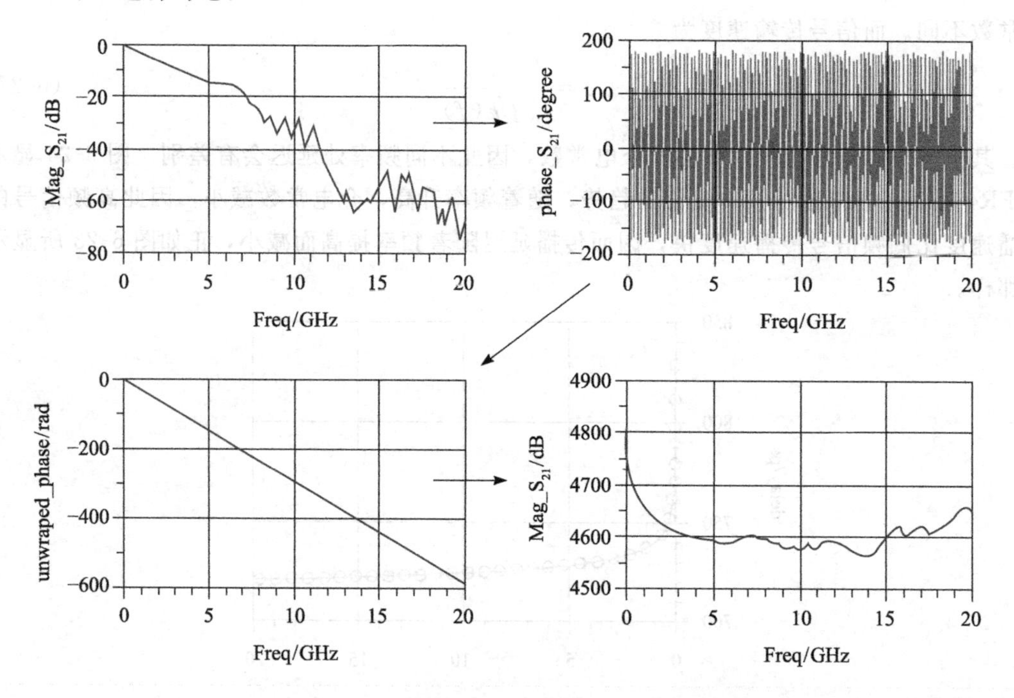

图 6-25　实测参数的相位以及从相位中提取的延时

6.10　S_{21}与通道响应

与 S_{11} 类似，S_{21} 在时域也有对应参量 T_{21}（这里 T 表示时域），即通常所说的 TDT，表示阶跃信号传输到端口 2 后的时域响应。和 S_{11} 类似，直接对 S_{21} 作 IFFT 并不等于 T_{21}，而是通道的脉冲响应，他们之间的关系如图 6-26 所示，其中 ⊗ 表示卷积关系。

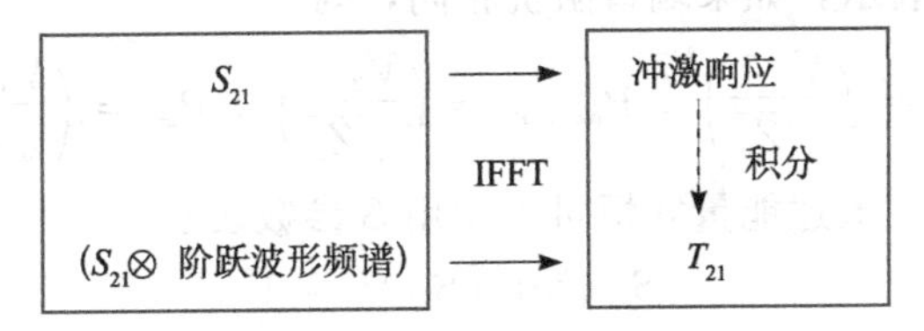

图 6-26　S_{21} 与 T_{21} 的关系

图 6-27a 显示了 T_{21} 波形，时域参数 T_{21} 同样包含了衰减和延时信息，这里入射信号是上升时间为 35 ps 的阶跃波形，幅度为 1 V。T_{21} 幅度小于 1 V，并且上升沿明显变缓。上升沿的变缓正是高频损耗的典型特征。图 6-27b 显示了 S_{21} 作 IFFT 后得到的脉冲响应，正是因为高频损耗，脉冲响应的下降边沿变得非常缓慢。另外两种响应中明显反映出通道的延时。因此，实际上频域参量 S_{21} 、时域参量 T_{21} 、脉冲响应三者实际上包含了同样的信息，只不过是从不同角度对同一种现象的描述。如果想了解某个频点的损耗情况使用频域参量 S_{21} 更方便，如果想了解对信号边沿的影响，使用时域参量 T_{21} 更方便。使用时应根据需要合理选择。

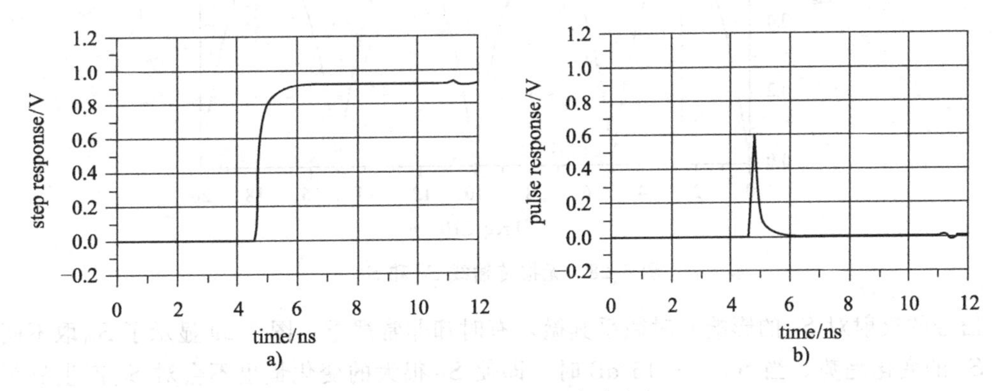

图 6-27　阶跃响应和脉冲响应

6.11　S 参数对称性及能量守恒

从宏观上来看，无源互连结构的 S 参数有两个有用的特征：能量守恒、对称性。

对于一个无损耗的二端口网络，比如一段理想传输线，根据能量守恒，进入传输线的信号能量一定等于从两个端口出来的信号能量。即进入传输线的信号功率记为 P_{in}，进入传输线的信号功率记为 P_{in}，从 1 口出来的信号功率（反射信号）记为 $P_{reflect}$，从 2 口出来的信号功率（传输信号）记为 $P_{transmit}$，则根据能量守恒，下式成立。

$$\frac{P_{reflect}}{P_{in}}+\frac{P_{transmit}}{P_{in}}=1 \tag{6-28}$$

我们将功率用电压表示，如果端口阻抗相同，则

$$P_{reflect}=\left(\frac{V_1^{\ -}}{\sqrt{Z_0}}\right)^2,\ P_{transmit}=\left(\frac{V_2^{\ -}}{\sqrt{Z_0}}\right)^2,\ P_{in}=\left(\frac{V_1^{\ +}}{\sqrt{Z_0}}\right)^2 \tag{6-29}$$

根据 S 参数的定义，上述能量守恒可以使用 S 参数表示

$$|S_{11}|^2+|S_{21}|^2=1 \tag{6-30}$$

由于传输线没有任何损耗，如果端口 1 没有反射信号，那么信号全部传输到端口 2，S_{21}幅度将为 1。如果端口 1 有很强的反射信号，这部分反射信号能量无法到达端口 2，那么端口 2 信号的幅度将减小。图 6-28 显示了无损传输线 S_{21} 和 S_{11} 两个参数之间的关系。当 $S_{11}=0.6$ 时，$S_{21}=\sqrt{1-0.6^2}=0.8$。

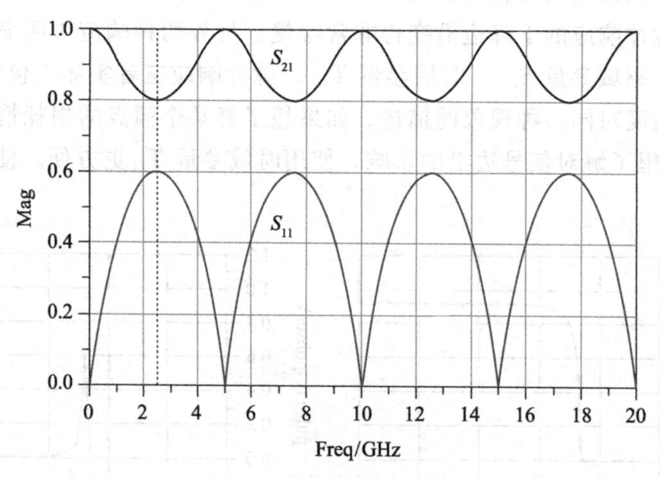

图 6-28　无损传输线 S_{21} 和 S_{11}

信号的反射对 S_{21}的影响有时微乎其微，有时却非常严重。图 6-29 显示了 S_{11}取不同值时，S_{21}的变化趋势。当 $S_{11}<-15$ dB 时，即使 S_{11}很大的变化量也不会对 S_{21}产生显著影响，但是当 $S_{11}>-5$ dB 时，S_{11}很小的变化就会引起 S_{21}的急剧变化。在工程测试中经常会出现这样的情况，两个通道的 S_{11}有很大的差别，有时甚至差十几个 dB，但 S_{21}却几乎感觉不到差别，原因就在于 S_{11}较小时，反射对 S_{21}的影响很小。尽管如此，却不能忽略 S_{11}对接收信号的影响。S_{21}表示的是信号的衰减，信号衰减不大，并不一定代表接收端信号质量一定很好，还有很多因素会影响接收信号的质量，反射就是其中一个重要的因素。对于差分

传输的高速互连通道，信号在通道中反复的反射传播会引起一系列问题，最终会导致接收信号质量的恶化。工程中通道 S_{21} 相似但接收端眼图却有很大差别的情况经常出现。

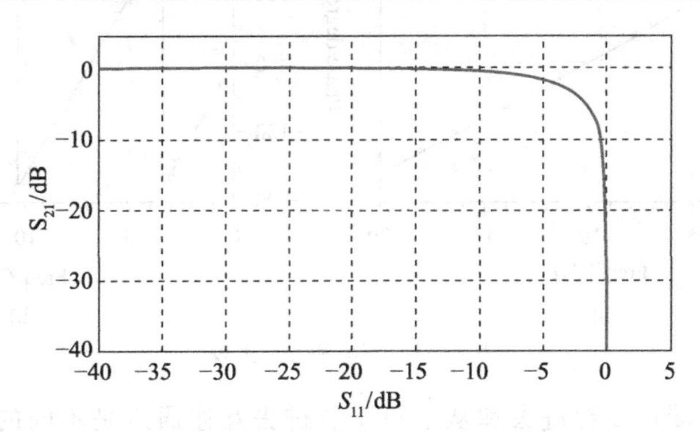

图 6-29 S_{21} 和 S_{11} 变化趋势

现实中的传输线都是有损耗的，考虑损耗情况下能量守恒等式变为

$$\frac{P_{reflect}}{P_{in}}+\frac{P_{transmit}}{P_{in}}=1-\frac{P_{loss}}{P_{in}} \tag{6-31}$$

S_{21} 和 S_{11} 波峰、波谷之间同样存在对应关系，只是由于额外的损耗，S_{21} 和 S_{11} 的最大幅度都随频率升高而减小。

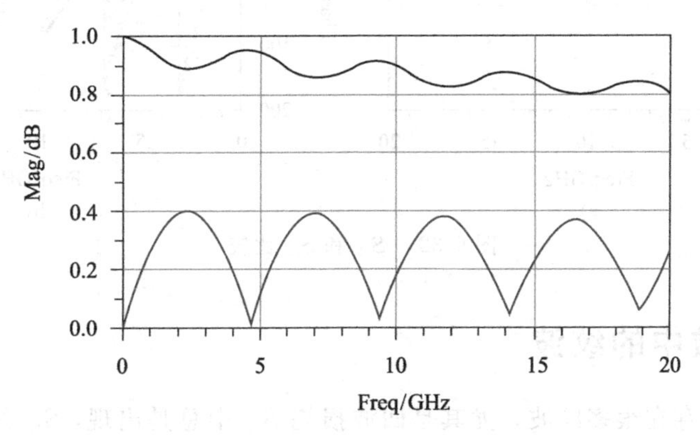

图 6-30 有损传输线 S_{21} 和 S_{11}

无源互连结构的 S 参数另一个特征是对称性，对于二端口 S 参数，理想情况下 $S_{21}=S_{12}$。图 6-31 显示了 S_{21} 和 S_{12} 幅度及相位比较。即使互联通道中存在阻抗不连续，这一对参数仍然保持这种关系。实测的参数由于存在测试噪声可能会有轻微的差别，但是总体上都会满足这样的对称关系。

通常情况下 $S_{11}\neq S_{22}$，只有通道完全对称的特殊情况下（互连通道从两个端口看进去结构完全相同），才有 $S_{11}=S_{22}$。有时尽管幅度相同，但是 S_{11} 和 S_{22} 的相位不同，图 6-32 显示了靠近端口 2 处有一个阻抗不连续点的互联通道 S_{11} 和 S_{22} 的比较。由于阻抗不连续点

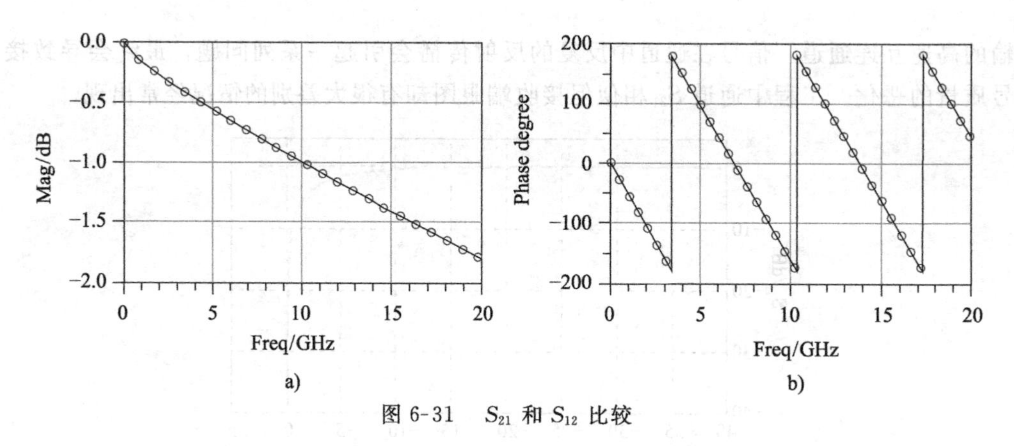

图 6-31　S_{21} 和 S_{12} 比较

靠近端口 2，所以从端口 2 看进去和从端口 1 看进去互连通道是不同的，因此反射情况也不同，这种特性会对信号产生微妙的影响，有时设计过程中会有意控制阻抗不连续点的位置（比如交流耦合电容的位置）来达到改善信号质量的目的。

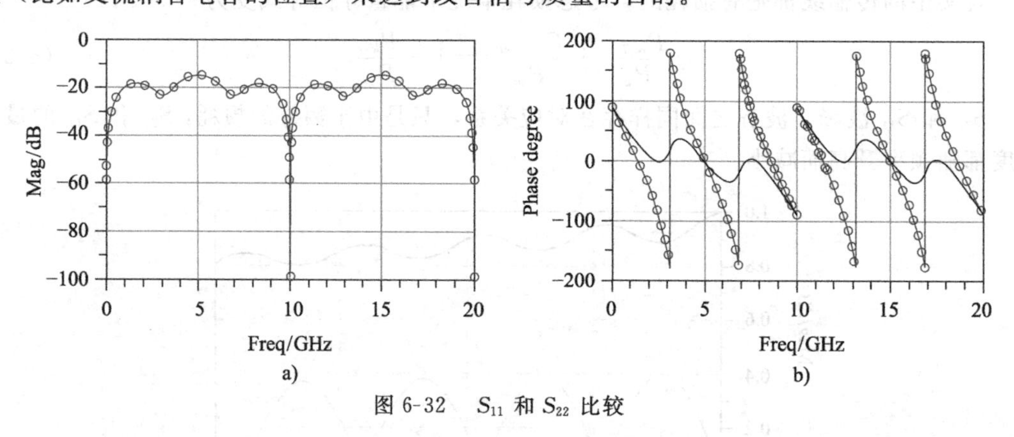

图 6-32　S_{11} 和 S_{22} 比较

6.12　S 参数中的纹波

S 参数中总是存在很多纹波，尤其是回波损耗 S_{11} 中总是出现，S_{21} 的幅度有时也会有波动。这些纹波是怎么形成的？探索这种现象的成因可以帮助更好地理解 S 参数。图 6-33 中显示了两种不同配置下的 S 参数。理想传输线阻抗为 100 Ω，如果两个端口中有一个阻抗和传输线不匹配，信号发生一次反射，此时得到的 S 参数中不论是 S_{11} 还是 S_{21} 都没有纹波。如果两个端口的阻抗都和传输线的阻抗不匹配，信号会在两个端口之间来回反射震荡，S 参数中出现明显的纹波。S 参数幅度上的波动是由于信号反复的反射叠加而形成的。实际测试过程中测试端口的阻抗不可能和传输线的阻抗完全匹配，因此测试得到的 S 参数总是存在幅度上的波动。另外，互连通道内部可能也存在多个阻抗不连续点（过孔、连接器等），在通道内部也会有信号不断的反射震荡，进而形成 S 参数中的纹波。

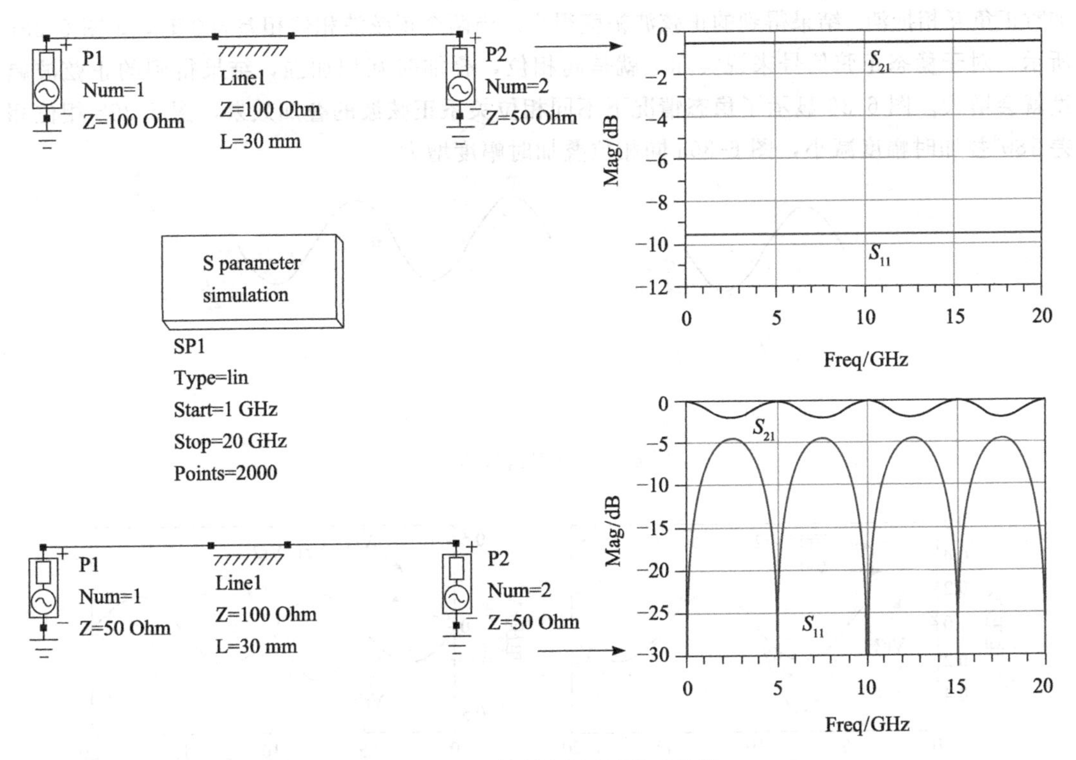

图 6-33 两种不同配置下的 S 参数

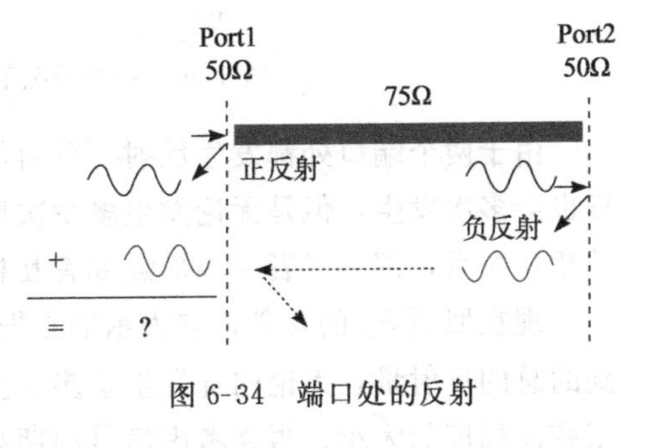

图 6-34 端口处的反射

以端口的阻抗和传输线的阻抗不一致的情况为例，我们从反射的角度来看看在端口处发生了什么。在图 6-34 中，端口阻抗为 50 Ω，传输线的阻抗为 75 Ω。假设端口 1 处入射的正弦信号幅度为 1 dB，在端口 1 处信号从 50 Ω 的区域进入 75 Ω 传输线，发生正反射，反射系数为 0.2，反射回来的正弦波和入射正弦波相位相同。进入到传输线的正弦信号传输到端口 2，从 75 Ω 的区域进入 50 Ω 的区域，发生负反射，反射系数为－0.2，端口 2 的反射正弦波和到达端口 2 的入射正弦波相位相差 180°，即波峰变波谷。端口 2 反射回来的正弦波继续向端口 1 传播，到达端口 1 后一部分进入端口 1 的 50 Ω 的区域（另一部分再次反射回端口 2），和端口 1 处第一次反射的正弦波叠加。现在的问题是，两个反射的正弦波叠加之后会有什么样的结果？

两个正弦波叠加结果仍是正弦波，但是幅度和两个正弦波的相位差有关。正弦波经过传输线的往返时间延迟后，相位变化量由信号周期和传输线延迟关系决定。当两个正弦波相位相差 180°时，一个正弦波的波峰刚好对应另一个正弦波的波谷，如图 6-35a 所示，叠加时正负互相抵消，结果得到的正弦波幅度很小。当两个正弦波相位相差 360°时，如图 6-35b 所示，对于稳态正弦信号来说实际上就是同相位，叠加时互相加强，结果得到的正弦波幅度就会增大。图 6-36 显示了稳态情况下不同相位关系正弦波的叠加效果，图 6-36b 相位相差 180°叠加时幅度减小，图 6-36a 同相位叠加时幅度增大。

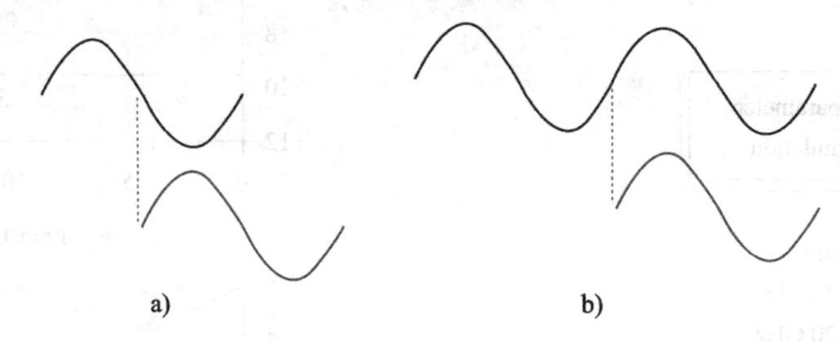

图 6-35　反射信号的相位

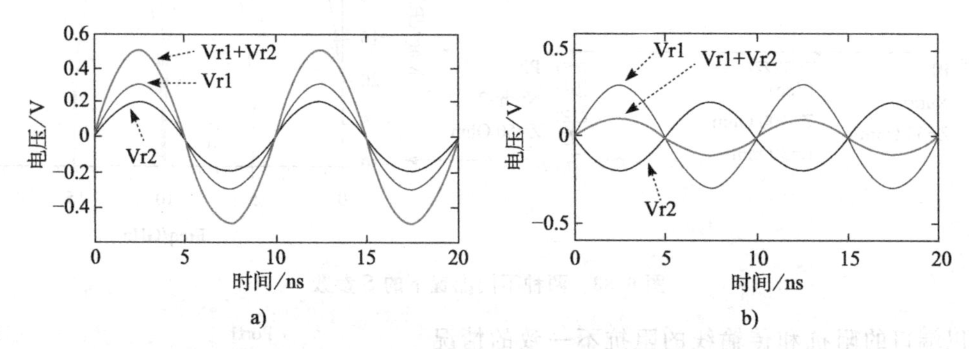

图 6-36　稳态情况下不同相位关系正弦波的叠加效果

由于两个端口处都发生反射，反射信号会在两个端口之间多次反射震荡，这种叠加过程也会多次发生，但是无论发生多少次反射信号的叠加，只要在端口处的正弦波满足特定的相位关系，都会或者互相加强或者互相削弱，总的趋势不变。

现在回顾 S_{11} 的含义，它表示的是把端口 1 后面的部分当作“黑盒子”，在端口 1 处看到的总的反射量，无论内部发生了多少次反射。S_{11} 幅度的大小就是多次反射叠加后得到的正弦波幅度的大小。再来考虑信号周期和传输线延迟之间的关系。如果传输线的延迟是信号周期的四分之一，正弦波经过传输线的“往返”延迟就是二分之一周期，和未经过延迟的信号相位相差 180°，波峰对应波谷。考虑到端口 2 处发生的是负反射（波峰变成波谷），所以这种情况下在端口 1 处两个正弦波是同相叠加并互相加强，可以得到反射信号的最大幅度。因此当传输线的延迟是信号周期的四分之一时，得到 S_{11} 纹波中的最大值。同理，当传输线的延迟是信号周期的二分之一时，得到 S_{11} 纹波中的最小值。对特定的传输线，延迟确定，不同频率信号的周期不同，所以对不同频率的信号表现出来的反射量也不同。这就形成了 S 参数中的纹波，图 6-37 显示了信号频率、传输线延迟和 S 参数之间的对应关系。

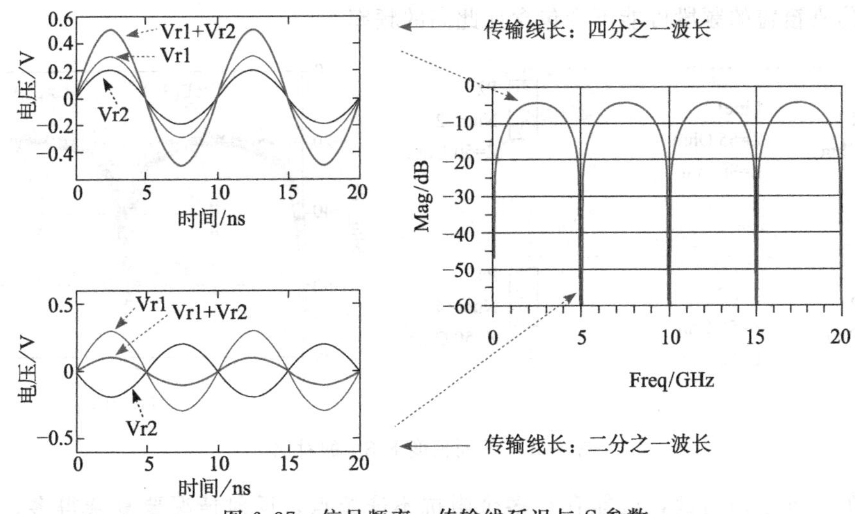

图 6-37 信号频率、传输线延迟与 S 参数

在 S_{11} 幅度的波动中，有两点值得关注：波峰的大小、波峰（或波谷）之间的频率间隔。S_{11} 幅度最大能达到多少与端口和通道的阻抗匹配情况以及通道中阻抗不连续情况密切相关。图 6-38 中对比了端口的阻抗和传输线的阻抗差别不同时 S_{11} 的情况。传输线的阻抗偏离 50 Ω 越多，S_{11} 幅度波峰值越大。因此，S_{11} 幅度波峰值反映的是阻抗不连续的严重程度。所以从 S_{11} 的幅度可以大致看出阻抗偏离设计值的程度。

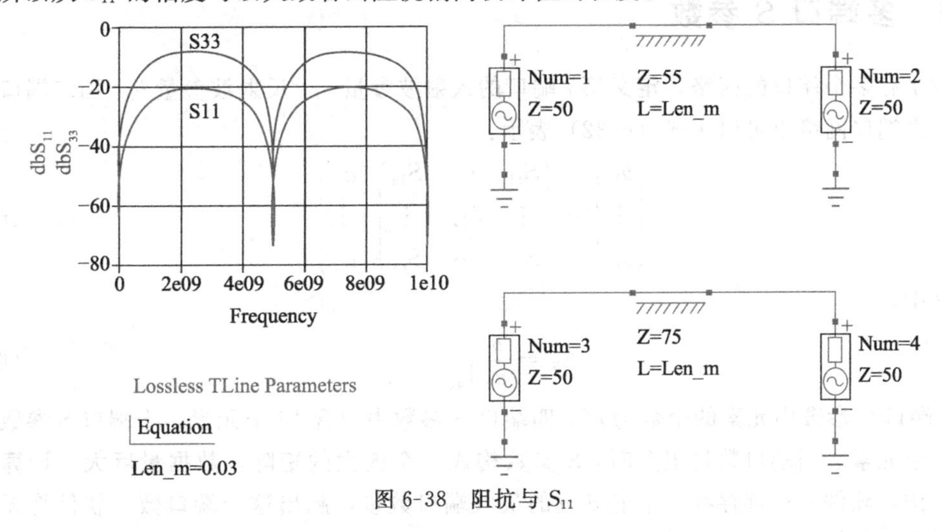

图 6-38 阻抗与 S_{11}

波峰（或波谷）之间的频率间隔与传输线长度有关，传输线越长，频率间隔越小，波峰、波谷越密集。图 6-39 显示了长度为 30 mm 和 60 mm 两条理想传输线 S_{11} 的对比。对于非常短的互连结构（比如单个过孔），仿真提取 S 参数时在 S_{11} 中可能看不到第二个波谷。这是由于对于这样短的结构，传输延时很小，需要极高的频率才能满足二分之一周期

的关系，仿真覆盖的频段可能不会包含如此高的频率。

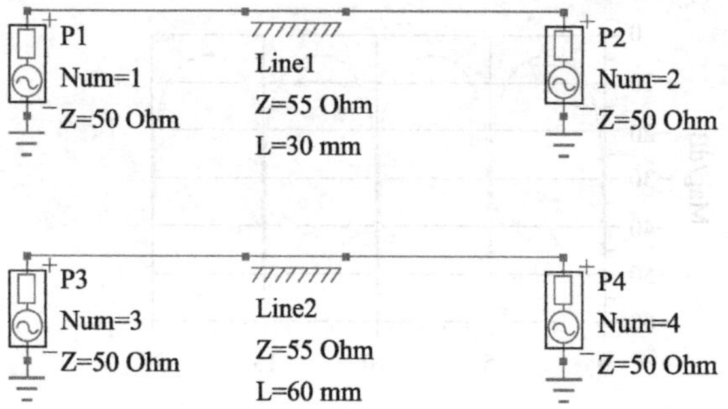

P1 Num=1 Z=50 Ohm　Line1 Z=55 Ohm L=30 mm　P2 Num=2 Z=50 Ohm

P3 Num=3 Z=50 Ohm　Line2 Z=55 Ohm L=60 mm　P4 Num=4 Z=50 Ohm

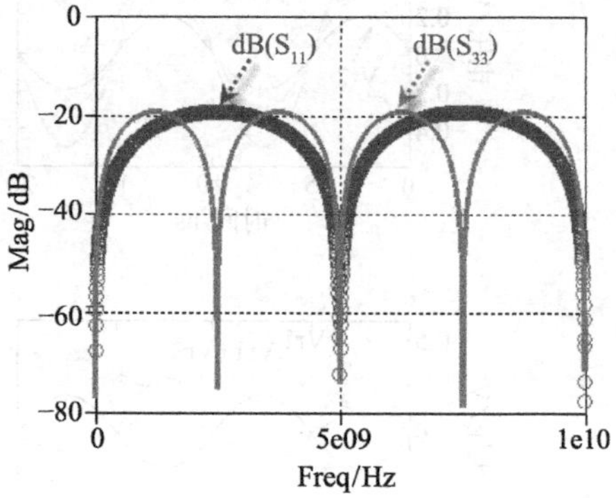

dB(S_{11})　dB(S_{33})　Mag/dB　Freq/Hz

图 6-39　不同长度下 S_{11} 的对比

实际的互连结构内部，可能存在多个阻抗不连续点，反射情况要复杂得多，尽管 S_{11} 曲线大致上仍具有这种特征，但其波峰、波谷的位置已不能用于准确判断互连线的延时，因此一般不用 S_{11} 来提取延时信息。尽管如此，了解 S 参数的这些特征还是有帮助的，尤其对仿真提取 S 参数时可以帮我们判断结果是否合理，或者在 S_{11} 很差时来判断问题可能出自于哪里。对 S 参数特性了解越深入，就越有利于定位问题和解决问题。

6.13　多端口 S 参数

对于有多个端口的网络，定义第 i 端口的入射波参量 a_i，反射波参量 b_i，和二端口网络类似，多端口网络也可以用式（6-32）表示：

$$\begin{pmatrix} b_1 \\ \vdots \\ b_n \end{pmatrix} = \begin{pmatrix} S_{11} & \cdots & S_{1n} \\ \vdots & \ddots & \vdots \\ S_{n1} & \cdots & S_{nn} \end{pmatrix} \begin{pmatrix} a_1 \\ \vdots \\ a_n \end{pmatrix} \tag{6-32}$$

其中，

$$S_{ij} = \frac{b_i}{a_j}\bigg|_{a_k=0, k\neq j} \tag{6-33}$$

n 端口 S 参数中元素的个数为 n^2，四端口 S 参数中包含 16 个元素，十端口 S 参数中包含 100 个元素。当端口数目很多时，S 参数构成一个庞大的矩阵，数据量巨大，计算非常困难。仿真软件一般都存在一个能处理的最大端口数量，超出这个端口数，软件将无法计算。因此，尽管从原理上来说，无论多少个端口的网络都可以也用 S 参数表示，但是不能指望把一个有非常多端口的复杂系统用 S 参数表示，然后交给软件去处理。

四端口 S 参数在工程中比较常用，比如一对耦合传输线就可以用四端口 S 参数表示，如图 6-40 所示。S 参数有 16 个元素，但是这些元素并非都是独立的，主对角线两侧，如

图 6-41 中阴影部分，以主对角线为轴，副对角线上对应的元素相等，共有 6 组相等关系：

$$
\begin{aligned}
&S_{21}=S_{12}, S_{32}=S_{23}, S_{43}=S_{34}\\
&S_{31}=S_{13}, S_{42}=S_{24}\\
&S_{41}=S_{14}
\end{aligned}
\tag{6-34}
$$

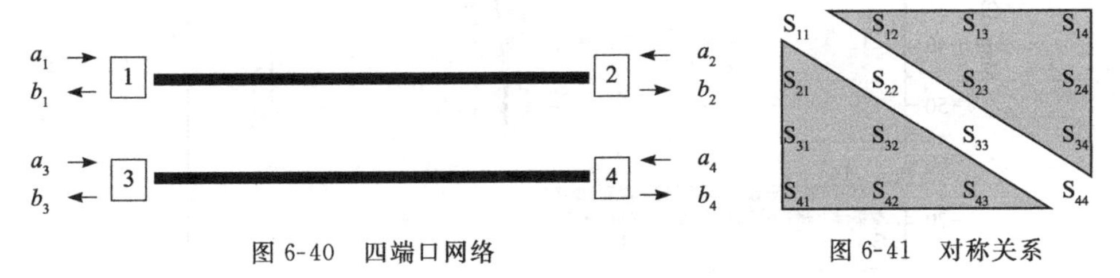

图 6-40　四端口网络　　　　图 6-41　对称关系

和二端口 S 参数类似，多端口 S 参数也有时域对应的 T 参数矩阵，表示各个端口的时域响应，对于四端口 S 参数，时域 T 参数矩阵为

$$
\begin{pmatrix}
T_{11} & T_{12} & T_{13} & T_{14}\\
T_{21} & T_{22} & T_{23} & T_{24}\\
T_{31} & T_{32} & T_{33} & T_{34}\\
T_{41} & T_{42} & T_{43} & T_{44}
\end{pmatrix}
\tag{6-35}
$$

结合频域 S 参数和时域 T 参数，可以从多端口网络中挖掘出非常多有用的信息。

6.14　S 参数与串扰

四端口网络 S 参数中，S_{11} 仍表示反射，S_{21} 表示信号的传输。根据 S 参数的定义，S_{31} 和 S_{41} 两个参数的含义为

$$
S_{31}=\frac{b_3}{a_1}=\frac{\text{端口 3 出来的正弦信号}}{\text{端口 1 进入的正弦信号}}
\tag{6-36}
$$

$$
S_{41}=\frac{b_4}{a_1}=\frac{\text{端口 4 出来的正弦信号}}{\text{端口 1 进入的正弦信号}}
\tag{6-37}
$$

当只有端口 1 有正弦信号激励源时，从端口 3 和端口 4 出来的正弦信号只能是互连结构内部耦合过来的，因此 S_{31} 表示的是近端串扰，S_{41} 表示的是远端串扰。这两个参数从频域角度反映了不同频率点的信号耦合到端口 3 和端口 4 的大小。

对于有些耦合结构，在某个频段内由于耦合而产生的能量的传递会非常明显，这种现象使用 S 参数可以很容易的在频域中观察到。图 6-42 显示的是两条表层并行走线提取的 S 参数，从 S_{21} 曲线看，在 11 GHz 左右由端口 1 入射的信号几乎无法传到端口 2，信号衰减非常剧烈。入射信号的能量跑到哪儿去了？是什么原因导致这种现象？使用 S 参数很容易就能找到问题的原因。把 S_{21} 、S_{11} 、S_{31} 、S_{41} 4 个参数放在一起，S_{11} 和 S_{31} 的包络在这个频

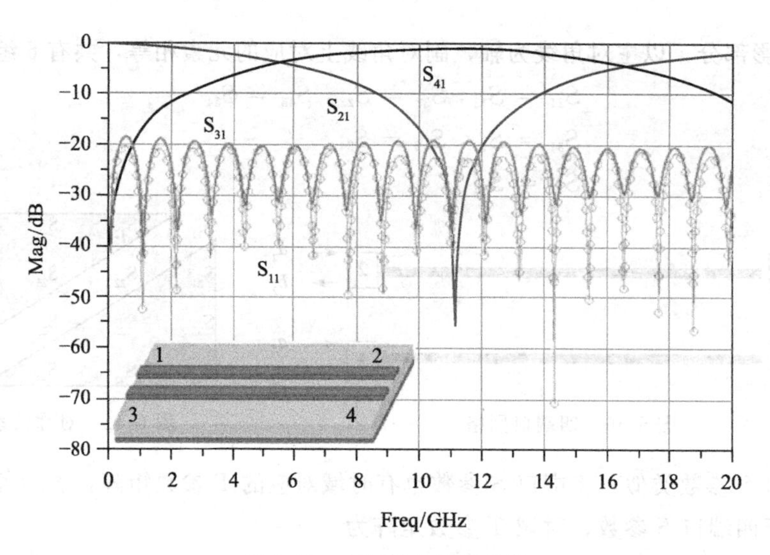

图 6-42　表层耦合线 S 参数

段并没有异常变化，整个测试频段这两个参数的最大值包络都很平稳，因此信号的衰减不是反射引起的，也不会是近端串扰引起的。观察 S_{41}，在 11 GHz 左右接近 0 dB，这意味着端口 1 入射的信号几乎全部从端口 4 出来，因此信号的衰减是由于远端串扰引起的，这个频段内的信号基本都通过耦合传递到另外一条线的远端。这种通过对 S 参数的各个元素进行对比观察来查找问题原因的方法在实际工程中经常会用到。

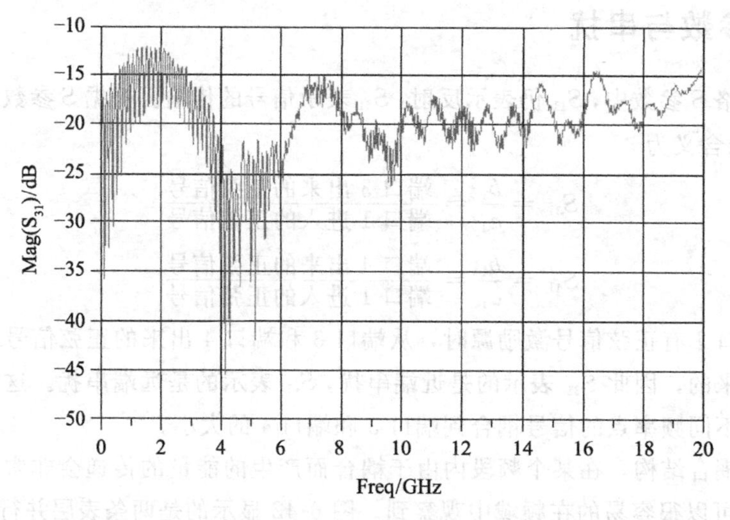

图 6-43　背板实测 S_{31}

有时在频域中很难直接找到问题的原因。图 6-43 显示的是背板上两个通道之间近端串扰 S_{31} 的情况，从包络的幅度可见串扰较大，但是从频域无法找出通道的那一部分产生了这么大的串扰。转到时域，使用 T 参数可以很容易地找到什么位置发生了较大的串扰。图 6-44 显示了 T_{31} 曲线，根据串扰发生的时间很容易定位最大串扰发生在什么位置。从图 6-44 可见，本例中最大串扰发生在背板连接器所在位置。S 参数是工程中定位无源通道问题的重要工具，要从频域和时域两个方面入手，充分利用 S 参数中所包含的信息来解决工程问题。

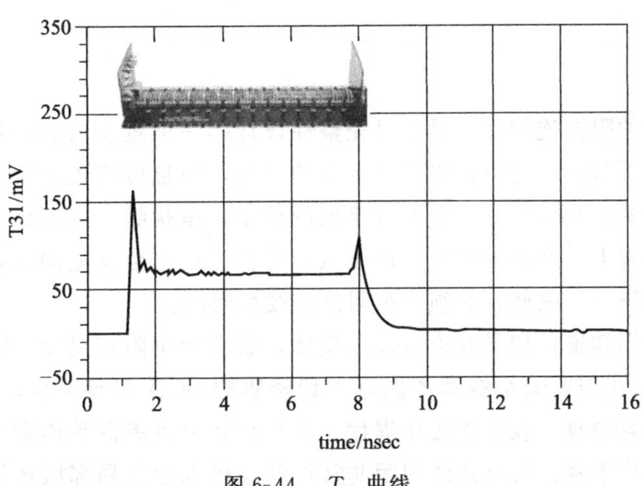

图 6-44　T_{31} 曲线

6.15　小结

本章从理解和使用 S 参数的角度出发，重点介绍了几种 S 参数的含义，并提供了一些观察与分析方法。SI 仿真中使用 S 参数非常简单，软件基本都含有专门的 S 参数模型元件供用户直接调用，但是在设计优化或故障定位时就需要对 S 参数有更深入的认识。如果把时域和频域两方面综合起来，可以对问题进行更深入的剖析，能从 S 参数中挖掘出更多有用的信息，对于制定相应的 SI 解决措施会有极大地帮助。

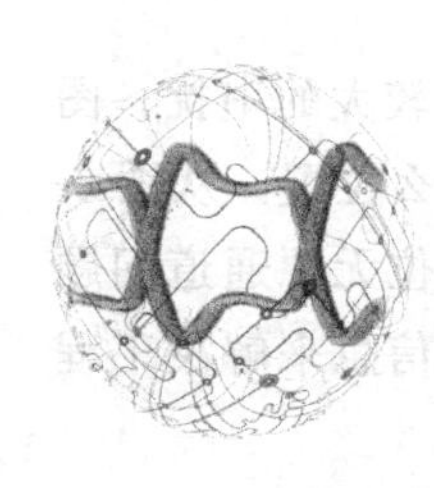

第7章 互连线中的阻抗不连续

保持互连通道的阻抗连续性，是信号完整性设计的一项重要内容。互连通道中如果存在阻抗不连续点，不仅会引起待传输信号本身的反射，而且可能还会放大其他方面因素的影响。与串扰之间的相互作用是一个比较典型的例子，串扰噪声耦合到临近线，在临近线上传播，如果邻近线上存在多处阻抗不连续点，串扰噪声也会反复的反射震荡叠加，最终可能叠加出更大的噪声。因此，必须重视阻抗连续性问题。

回顾第3章我们知道，如果互连线线宽变化，就会产生阻抗突变。线宽变化的几种典型情况是：1）互连线需要减小线宽才能进入到密集的BGA封装下面。2）串联在互连线上的电阻焊盘、电容焊盘、表贴连接器焊盘、芯片封装引脚焊盘等通常宽度大于互连线宽度，在焊盘位置阻抗下降。与互连线间距非常近的导体也会在局部区域使互连线的阻抗变小，不论相邻的是过孔焊盘、测试焊盘、其他互连线、还是铜皮，由于电场的耦合增加了互连线的局部容性负载，所以阻抗下降。如果信号速率较慢，信号上升时间较长，信号几乎“感觉”不到这些小尺寸结构引起的局部阻抗变化，但是如果信号速率非常高，上升时间很短，那么这些影响就能够体现出来。因此对速率非常高的信号（比如5 G以上的串行互连）要小心处理这些不连续点。

传输线中很多因素都会导致互连线阻抗变化，本章接下来简单介绍几种典型情况。

7.1 分支结构

互连线中的分支结构，如菊花链拓扑结构中的分支，会使分支点处阻抗下降。因为信号传输到分支处，感受到的是两条传输线的并联，如果不考虑上升时间的影响，理论上的阻抗为特性阻抗的一半。但实际上由于信号上升时间不为0，信号“感受”到的阻抗不会低到特性阻抗的一半。图7-1显示了互连线中间存在分支，分支长度（用延时表示）分别为5%T_r、10%T_r、20%T_r三种情况下，上升时间（20%～80%）为600 ps的信号“感受”到的阻抗变化。分支长度为5%T_r时，阻抗变化小于5%，分支长度为10%T_r时，阻抗变化小于10%，分支长度为20%T_r时，阻抗变化约15%。可见分支越长，阻抗下降越严重。这也是菊花链结构中为什么要尽量减小分支长度的原因。

互连线的分支会引起谐振，表现为插入损耗曲线 S_{21} 的部分频段衰减急剧增大。图 7-2 显示了一条 4 英寸走线中间存在长度为 400 mil 分支线情况下的 S_{21}，在 4 GHz 附近损耗远大于没有分支的走线。谐振使互连线的带宽减小，因此，分支结构的互连拓扑结构本身就是一种带宽受限的结构，不适合用于信号速率很高的场合。

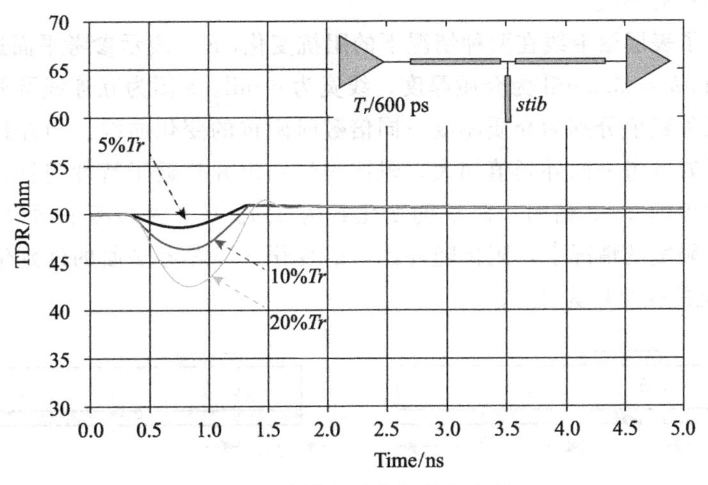

图 7-1　分支长度与阻抗的变化

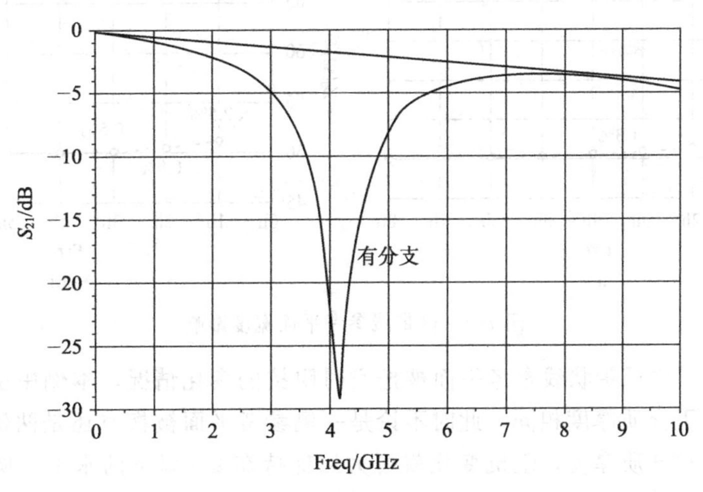

图 7-2　分支引起的谐振

7.2　参考平面的宽度

计算特征阻抗时假设参考平面是无限宽的平面。在参考平面的宽度远大于线宽或介质厚度时，这种假设是正确的。但是 PCB 板上的参考平面经常被反焊盘掏空，当互连线经过参考平面掏空区域附近时，掏空的局部互连线参考平面变窄，这会影响到互连线在这个区域的阻抗。当互连线穿过连接器区域时，互连线两侧的参考平面都被掏空。当互连线一侧是安装孔或其他通孔时，可能只有一侧参考平面被掏空。在两种情况下，参考平面宽度对阻抗的影响大小稍有不同。

图 7-3 显示了表层微带线在两种情况下的阻抗变化，*Ext* 表示参考平面边缘相对于互连线边缘的外延值，$h=3.5$ mil 为介质厚度，线宽为 6 mil。a 图为互连线两侧参考平面都被掏空，参考平面外延值分别为介质厚度不同倍数时阻抗的变化曲线。当外延值极小时阻抗的变化很大，随着参考平面外延值加大，阻抗很快稳定并趋近于特性阻抗。当参考平面的外延值为介质厚度的 2～3 倍时，阻抗的变化约为 2%。b 图为参考平面只有一侧被掏空，另一侧可认为无限宽的情况下，阻抗随外延值的变化。当参考平面的外延值为介质厚度的 1～2 倍时，阻抗的变化约为 2%。

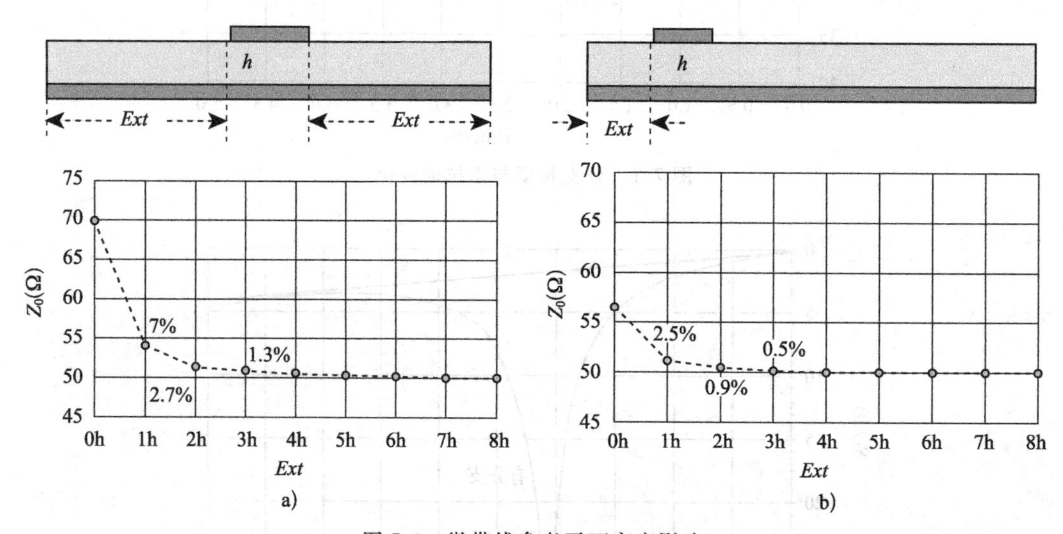

图 7-3　微带线参考平面宽度影响

图 7-4 显示了内层带状线参考平面被挖空时阻抗的变化情况，本例中层叠结构是对称的，即内层线上下介质厚度相同，此时不论是一侧参考平面被掏空还是两侧同时掏空，只要外延值大于 1 倍介质厚度，阻抗变化就可大致保持在 2%以下的水平。层数较多的 PCB 板，常常符合这种情况。带状线两侧介质厚度不同时，外延值对阻抗的变化量的影响也会有区别，最好通过仿真计算具体的变化量。

参考平面两侧都被掏空时，外延值对阻抗的影响要相对大一些。而参考平面只有一侧被掏空时，外延值对阻抗的影响相对较小一些。另外，内层走线受参考平面掏空的影响比表层走线小。

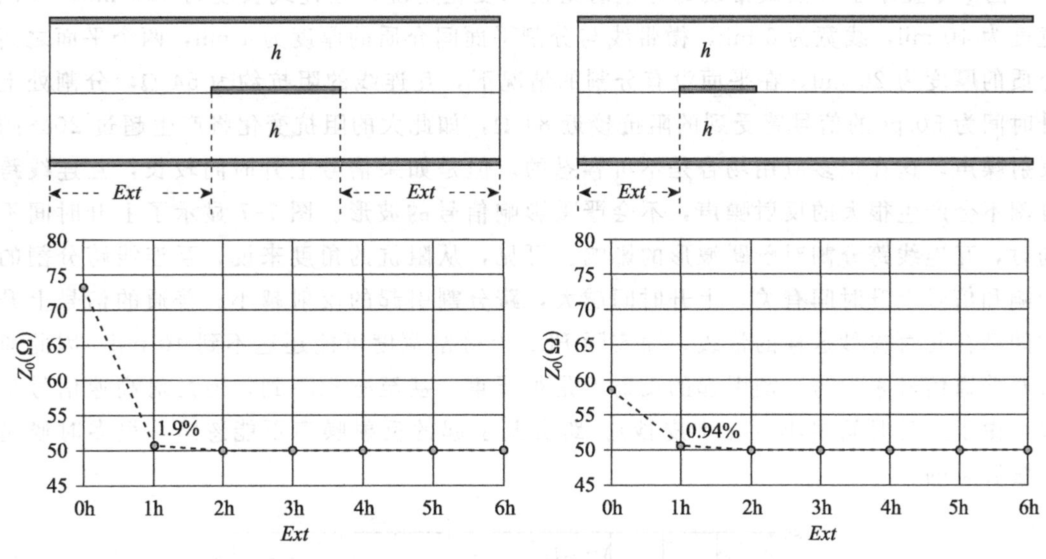

图 7-4　带状线参考平面宽度影响

参考平面宽度的变化使阻抗产生变化，对于 GHz 以下信号通常不是问题，因为信号上升时间较长（通常几百皮秒这样的量级），信号感受到的阻抗变化极小。但是对于 GHz 以上的高速串行互连就要注意这个问题，比如 10 Gbps 信号上升时间只有三四十个皮秒，对阻抗变化要敏感些，同时这种高速串行互连各项指标的设计余量都较小，因此即使细小的影响也不能忽略。

7.3　互连线跨分割

由于 PCB 上经常需要分割电源平面，互连线跨分割很多时候是不可避免的。当互连线跨过分割区域时，参考平面被切断，返回电流路径必然发生变化，返回电流只能通过耦合的方式从其他路径返回。图 7-5 显示了互连线参考平面被切断的情况下返回电流的路径。回顾第 3 章我们知道，传输线的返回路径和信号路径同样重要，在分割位置返回路径和互连线间距增大，因而局部阻抗也必然增大。

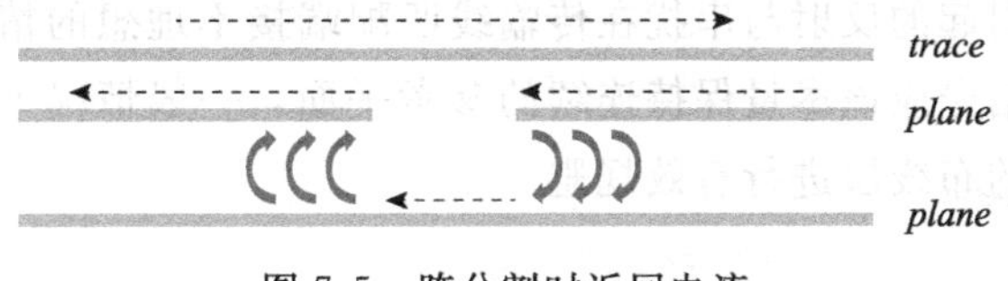

图 7-5　跨分割时返回电流

图 7-6 显示了一条微带线跨分割时阻抗的变化情况，互连线长度为 600 mil，分割宽度为 40 mil，线宽为 6 mil，微带线与分割平面间介质的厚度为 4 mil，两个平面之间介质的厚度为 20 mil。在平面没有分割的情况下，互连线的阻抗约为 54 Ω，分割处上升时间为 50 ps 的信号感受到的阻抗接近 84 Ω，如此大的阻抗变化将产生超过 20% 的反射噪声，这在很多应用场合是不可容忍的。但是如果信号上升时间较长，互连线跨分割不会产生很大的反射噪声，不会严重影响信号的波形。图 7-7 显示了上升时间不同时，互连线跨分割对阶跃波形的影响。可见，从阻抗的角度来说，互连线跨分割的影响和信号上升时间有关，上升时间越大，跨分割引起的反射越小。普通的信号上升时间都在几百皮秒这样的量级，而实际 PCB 上分割宽度可能还达不到 40 mil，因此通常对普通信号来说跨分割引起的反射不是很严重，甚至感觉不到。但是对高速信号来说，由于上升时间很小（几十皮秒），跨分割引起的反射噪声不能忽略，很多时候是无法容忍的。

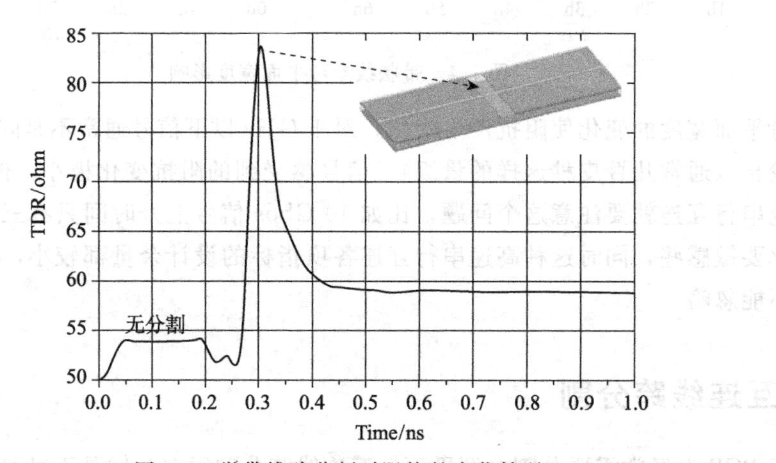

图 7-6　微带线跨分割时阻抗的变化情况

互连线跨分割除了阻抗连续性受到影响之外，还会使互连线之间的串扰增加。图 7-8 显示了两条相邻的表层微带线，在参考平面内被分割前后串扰的对比，平行走线长度为 600 mil，线间距 gap＝12 mil，线宽为 6 mil，a 图为近端串扰，b 图为远端串扰，虚线表示的是平面被分割情况下的串扰波形。可见，平面被分割后，串扰明显增大。

互连线跨分割所引起的反射与串扰在传输线匹配端接不理想的情况下可能会使信号进一步恶化，因此敏感信号应该尽量保持连续的参考平面，一般情况下多层板可以通过合理安排在不同性质信号的布线层进行有效规避。

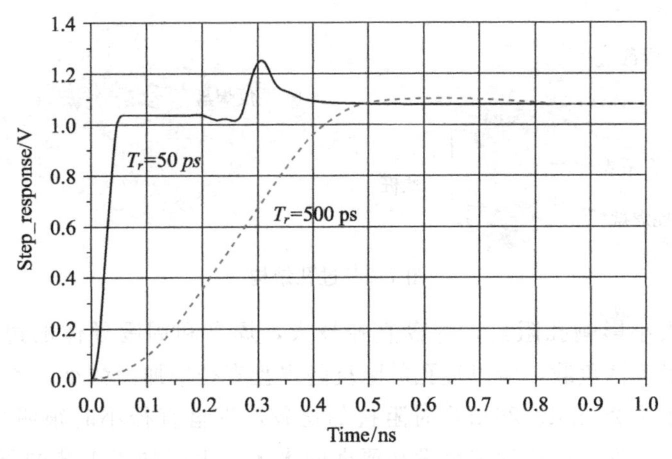

图 7-7　互连线跨分割对阶跃波形的影响

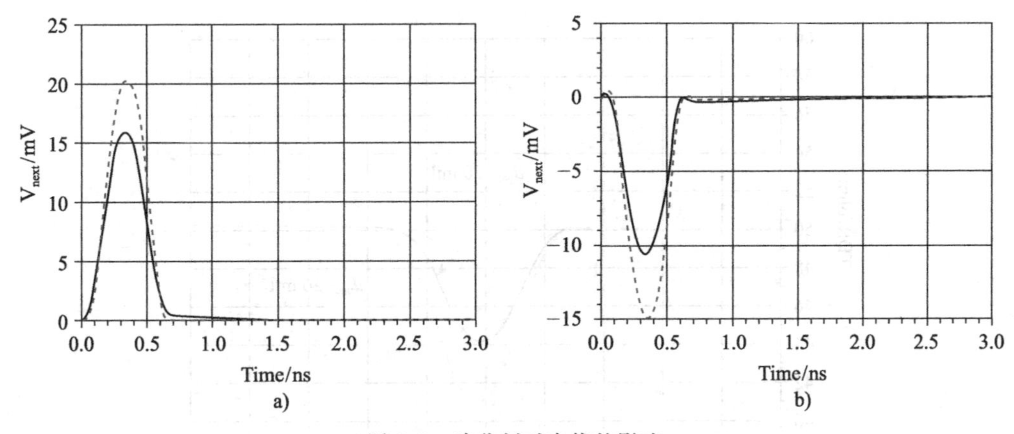

图 7-8　跨分割对串扰的影响

7.4　过孔

互连线换层需要使用过孔，过孔结构如图 7-9 所示。过孔通常为中空的圆柱体，圆柱体称为孔壁，在信号层用于连接信号走线直径稍大的部分称为焊盘，信号层没有连接任何信号线的焊盘也称为非功能焊盘，过孔中不用于连接信号线的部分称为残桩，平面层上为了避让过孔挖空的部分称为反焊盘。

过孔是 PCB 上的一个重要的阻抗不连续点，通常过孔的阻抗小于传输线的阻抗。很多因素都会影响过孔的阻抗，但最主要的影响因素有：焊盘直径、反焊盘直径、有无非功能焊盘、过孔残桩长度等，下面以一个 2.5 mm 厚的 18 层板上 10 mil 过孔为例分别说明。

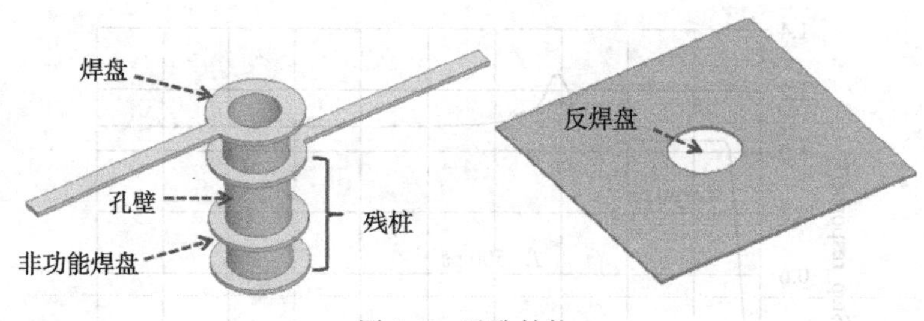

图 7-9　过孔结构

焊盘直径的大小影响孔阻抗，焊盘直径越大，焊盘和周围导体的边缘场耦合就会越强，相当于增加了容性负载，所以过孔的阻抗随焊盘直径增加而减小。图 7-10 显示了焊盘直径（dpad）分别为 20 mil、26 mil 时阻抗的比较，焊盘直径小时很明显阻抗突变也小。因此只要加工工艺允许，过孔的焊盘没必要做的太大。由于加工工艺的限制，焊盘直径不能太小，因此通常这个参数优化的空间不大。

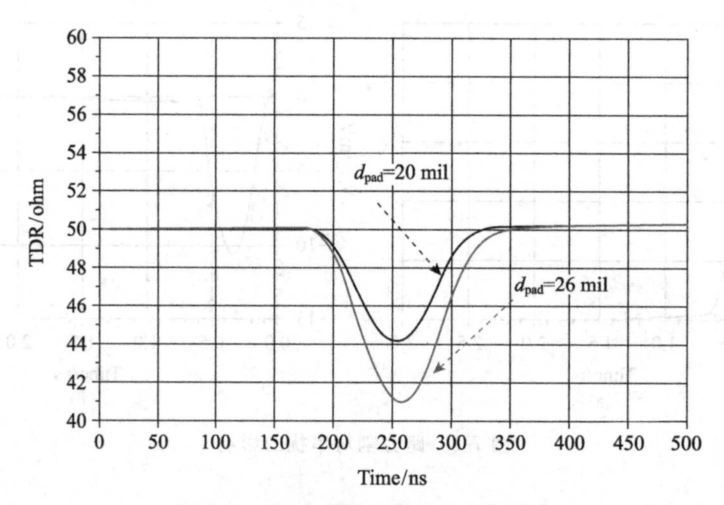

图 7-10　焊盘直径对阻抗突变的影响

过孔在平面层的反焊盘直径是影响过孔阻抗的重要因素，这个参数也是优化过孔阻抗可操作空间较大的参数，改变反焊盘的大小是调整过孔阻抗的重要的手段之一。图 7-11 反焊盘直径（d _ antipad）分别为 30 mil、36 mil 这两种情况下过孔阻抗的大小，可见反焊盘越大，过孔阻抗越高。从边缘场的耦合也可得到这样的趋势，反焊盘直径越大，铜平面和焊盘及孔壁的电容就越小，因而容性负载也小，阻抗必然增加。通常为了调整过孔的阻抗都会适当增大反焊盘。

非功能焊盘不连接信号线，内层的非功能焊盘通常可以去掉，PCB 绘图软件一般提供这样的选项，在出光绘文件的时候直接去掉。如果内层的非功能焊盘去掉，减小了焊盘和同平面之间的寄生电容，减小容性负载，阻抗就会提高。图 7-12 显示了有无非功能焊盘时

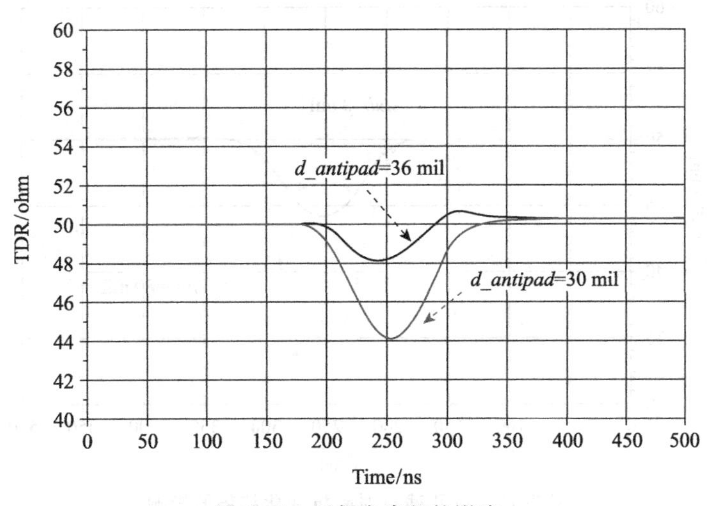

图 7-11　反焊盘直径的影响

阻抗的变化趋势，去掉非功能焊盘明显地提高了过孔的阻抗。

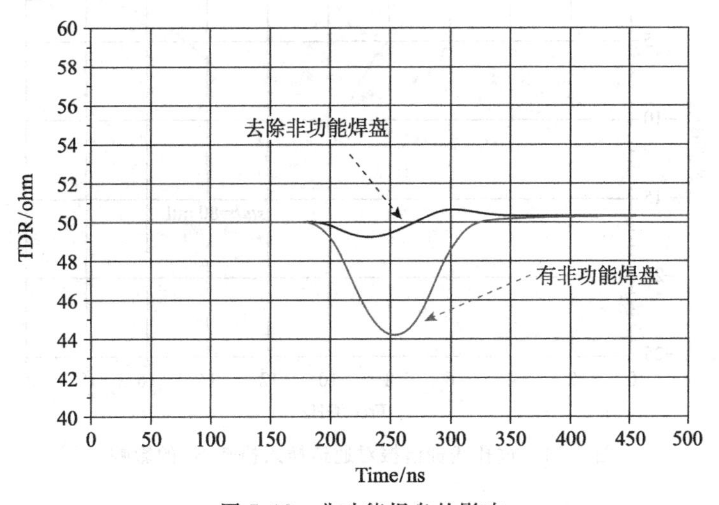

图 7-12　非功能焊盘的影响

过孔的残桩（stub）是影响过孔阻抗的另一个重要的因素。残桩越长，过孔的阻抗就越低。图 7-13 显示了残桩长度分别为 0 mil、80 mil 两种情况下过孔的阻抗变化趋势。除了阻抗突变外，过孔残桩另一个更严重的问题是残桩谐振，残桩的末端相当于开路，形成一个四分之一波长谐振器，使通道在谐振频点的衰减急剧增大，减小了互连通道的带宽。残桩谐振在 GHz 以上的高速串行互连中可能是致命的因素，将会导致通道误码无法消除。图 7-14 显示了两种情况下残桩谐振对通道插入损耗 S_{21} 的影响。

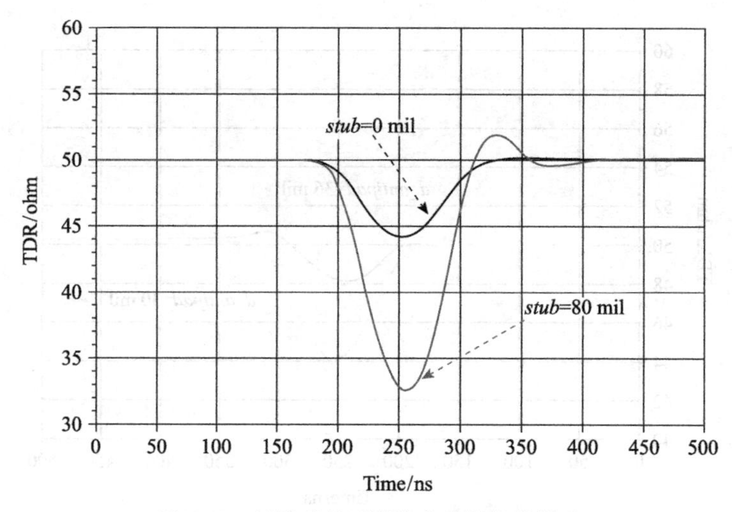

图 7-13　过孔残桩对阻抗变化趋势的影响

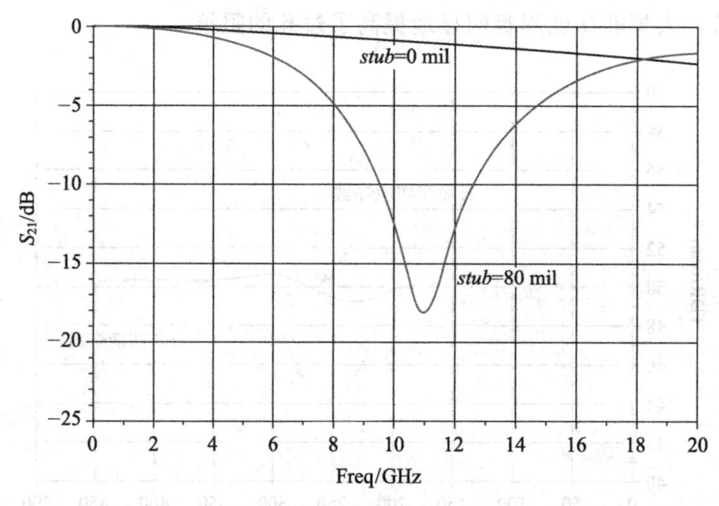

图 7-14　过孔残桩谐振对通道插入损耗 S_{21} 的影响

7.5 小结

阻抗不连续点处的结构对信号的影响比较复杂，不仅仅只有信号反射一种影响，还和串扰、衰减、辐射、周期性结构的谐振等众多 SI 现象相关。在 GHz 以上的高速串行互连中这些因素都可能是制约信号传输的关键因素，需要慎重地进行处理。但在几百兆信号速率范围内，除分支结构外，本章所阐述的这些阻抗不连续结构的影响一般情况下并不是致命的，因此本章仅仅简单地介绍了几种典型的、基本的阻抗不连续结构，以及这些结构最基本的影响。

第8章 差分互连

随着信号的速率提高，差分互连得到越来越多的应用，LVDS、CML、LVPECL是几种典型的差分互连接口，目前几乎所有的高速信号都使用差分互连。本章重点介绍工程设计中关于差分互连的几个主要问题。

8.1 差分传输

差分互连方式中，使用两条传输线来传输信号。差分驱动器有两个输出端，这两个输出端同时输出信号。理想情况下两个信号边沿对齐，但是翻转方向相反，如图8-1所示。两个信号沿着各自的传输线传输，到达接收器时，接收器对两个信号进行差分检测，从两个信号的差值信号中提取信息，这个差值信号称为差分信号。如果不考虑两个信号之间的特殊关系，对于其中任意一个信号和普通的单端信号没有什么区别，在传输线上传输时也遵循单端信号传输的各种规律。

图8-1　差分互连

差分驱动器的两个信号极性相反，即正极性输出端信号为V_p，负极性输出端信号为V_n，则差分信号可表示为

$$V_{diff} = V_p - V_n \tag{8-1}$$

差分传输正是利用V_{diff}来传输信息，接收端检测V_{diff}的电压波形来提取信息。接收端除了能检测到携带信息的差分信号外，还能“感受”到另外一种信号，称为共模信号。共模信号可表示为

$$V_{comm} = \frac{1}{2}(V_p + V_n) \tag{8-2}$$

共模信号也传输到接收端，但共模信号不包含所传输的信息，只有当接收器保证共模

信号在一定的变化范围内时才能正常接收差分信号的信息而不受共模信号的影响。接收端的这种能力称为共模抑制能力，通常差分接收器都有很强的共模抑制能力，当共模信号在较大范围内变化时都能正常接收差分信号所携带的信息。

我们以 LVDS（Low Voltage Differential Signal）信号为例来说明差分传输的特点。LVDS 是一种常用的差分传输方式，TIA/EIA-644 标准详细地规定了 LVDS 接口电路需要满足的电气特性。理想情况下，差分驱动器的两个输出信号都围绕 1.25 V 的电平翻转，摆幅需要满足如下条件

$$100\ \text{mV} \leqslant |V_{p-p}| \leqslant 600\ \text{mV}$$

如果信号的中值电平为 1.25 V，摆幅为 600 mV，则单个信号的低电平为 0.95 V，高电平为 1.55 V，信号波形如图 8-2 所示的 V_p 和 V_n。理想情况下两个信号时间（边沿）上严格同步，共模信号为恒定的电平。当 $V_p = 1.55\ V$，$V_n = 0.95$ V 时，差分信号为高电平 $V_{diff} = 600$ mV，反之差分信号为低电平 $V_{diff} = -600$ mV，波形如图 8-2 所示。

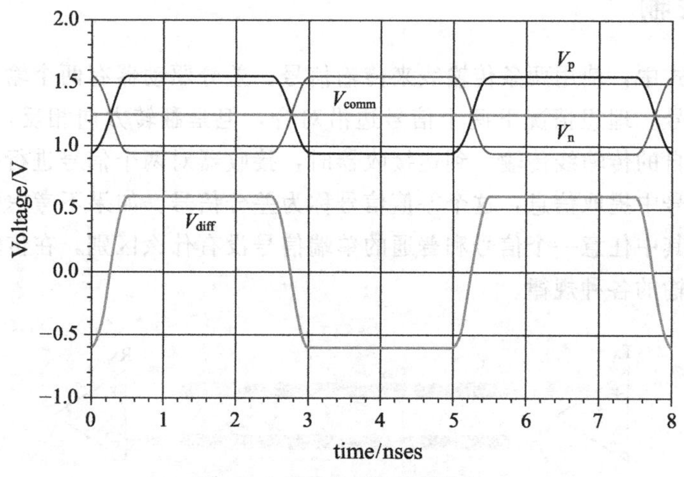

图 8-2　差分信号与共模信号

LVDS 差分接收器的每个引脚的输入电压必须在 0～2.4 V 之间。所以如果差分输出的摆幅为 600 mV，接收端共模电压在 0.3～2.1 V 范围内时，都能正常接收信息。这种特性是由差分检测方式决定的，差分接收器只“关心” V_p 和 V_n 之间的差值。即使发送端和接收端共模电压相差很大，也只是引起 V_p 和 V_n 信号电平的整体漂移，但并不影响二者之间的相对关系，因此接收器仍然可以正常接收 V_{diff}。图 8-3 说明了这种关系。共模电平的偏离很多时候都是由发送端和接收端参考点（通常所说的“地”）电位不同引起的。差分互连对这种参考点电位差异有很强的适应能力，允许的参考点电位偏差较大，这是差分互连重要优势之一。而对于单端互连来说，发送端和接收端参考点电位偏差较大时可能造成接收端无法正确判断高低电平。

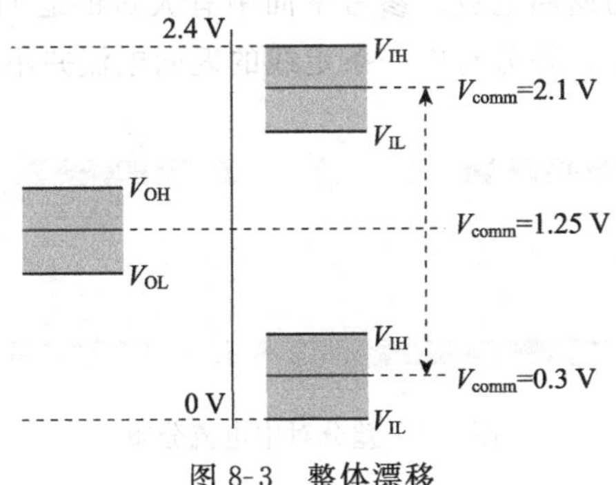

图 8-3 整体漂移

差分传输是使用两个单端信号的组合来传输信息。任何两个单端信号的组合都可以表示成差分信号和共模信号的形式，即对任何两个单端信号，下面的等式都成立

$$
\begin{aligned}
V_{diff} &= V_1 - V_2 \\
V_{comm} &= \frac{1}{2}(V_1 + V_2) \\
V_1 &= V_{comm} + \frac{1}{2}V_{diff} \\
V_2 &= V_{comm} - \frac{1}{2}V_{diff}
\end{aligned}
\tag{8-3}
$$

差分传输中驱动器输出的两个单端信号的约束关系更好地保证了共模信号的稳定（理想情况下为恒定电平），更有利于信息的传输，也就是说两个单端信号的这种相关性是为了提高传输能力。如果两个单端信号翻转方向相反，但时间上并不是严格对齐，也能传输信息，不同的仅仅是传输能力可能打些折扣。因此两个信号的传输具有独立性。常见的差分互连中，两条传输线一般都使用耦合传输线的形式，但从差分信号的传输原理来讲，这种方式并不是必须的。不论两条传输线怎样走线，甚至可以使用两条完全不相关的走线（比如没有耦合、在不同的走线层布线），只要两个单端信号到达接收端时还能保持差分传输所要求的相对关系（翻转方向、边沿对齐）就可以通过差分检测提起信息。因此，差分传输中两条传输线耦合与否，理论上不影响信息传输，平行走线可以获得一些好处，但不是必须的。

8.2 差分对的返回电流

单端线的返回电流集中在参考平面，差分对的返回电流是怎样分布的？有一种观点认为，对于差分对这种耦合传输结构，其中一条走线是另一条走线的返回路径。甚至更进一步得出差分对不需要参考平面的结论。是否真的如此？要想了解差分对中的电流分布情况，最好的办法就是使用场求解器。图 8-4 显示了 PCB 表层的差分对电流的分布情况，图中画出了信号电流和所有的返回电流。参考平面中有大量的返回电流分布，而且分别集中在每一条线的正下方。因此，差分对中一条走线的返回电流并不是都从另一条走线返回。

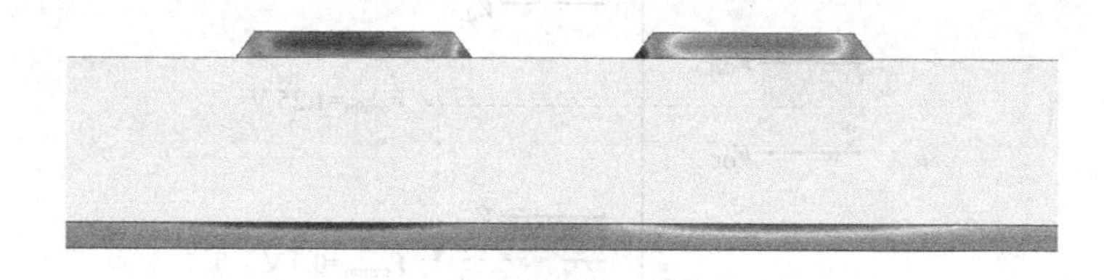

图 8-4　差分对中电流分布

考虑其中一条走线上有信号传输时的电流路径，能让我们更清楚地了解电流分布。信号向前传播时，传输线（记为 T_1 ）上电压发生变化，同时产生变化的电流。我们从耦合的角度来分析返回电流可能的路径，如图 8-5a 所示，走线和参考平面之间存在耦合电容为 C_g，和另一条走线之间存在耦合电容为 C_m，这两个电容都可以看成是信号的负载电容。当 T_1 上电压变化时，由于这两个电容的充电作用，电流分两路分别流过 C_g 和 C_m，因此会在参考平面和另一条走线上都形成返回电流。由于 C_m 的值远小于 C_g，因此，可以预计流过参考平面的电流远大于流过另一条走线的电流。另一方面，走线和参考平面之间会有回路电感 L_0，和另一条走线之间存在互感 L_m，如图 8-5b 所示。因此走线上电流变化时，由于感性耦合的作用，在参考平面和另一条走线上都会存在返回电流。同样，典型情况下 L_m 值远小于 L_0，因此从电感角度来说流过参考平面的电流也会大于流过另一条走线的电流。从耦合的角度分析来看，参考平面上以及另一条走线上都会有返回电流，并且参考平面上的返回电流会远大于另一条走线上的返回电流。

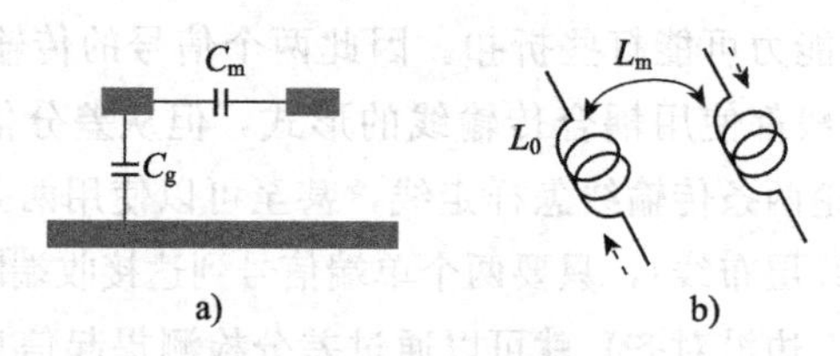

图 8-5　差分对内耦合

使用场求解器很容易得到当走线 T_1 上的传输信号，参考平面和另一条走线 T_2 上的电流分布情况，如图 8-6 所示。正如我们预计的那样，参考平面和走线 T_2 上都有电流分布，而且从图中也可以看出参考平面电流密度大于 T_2 上的电流密度。通过仿真测量两个返回电流的大小，典型情况下参考平面中的返回电流占总电流的 90%左右，另一条走线 T_2 上的返回电流约占 10%。图 8-7 显示了差分在线宽为 10 mil，间距为 10 mil，介质厚度为 6 mil 的情况下，当传输线 T_1 上的传输信号摆幅为 500 mV 时，信号线 T_1 上最大电流为 10 mA，参考平面上返回电流约为 9 mA，走线 T_2 上返回电流约为 1 mA。

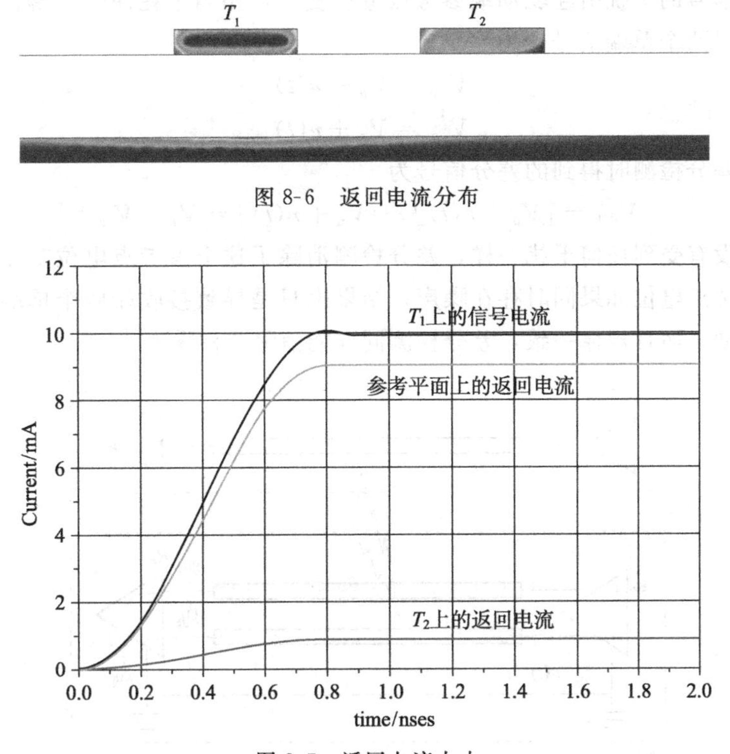

图 8-6　返回电流分布

图 8-7　返回电流大小

对于差分对，一条走线的返回电流路径主要还是集中在参考平面，而不是另一条走线。参考平面对于差分对同样非常重要，差分对参考平面的不连续也会影响信号的传输。实际工程中，使用差分方式传输的信号往往都是非常重要的信号，因而差分对更应注意参考平面的连续性问题。

8.3　差分信号抗噪声原理

差分信号除了能很好地解决发送和接收参考点电位不同的问题外，差分信号的另一个重要优势就是在一定条件下其抗干扰能力比单端信号更强。对于单端信号传输，外界对它的干扰噪声直接叠加在信号上，接收端直接检测输入的电压或电流，而不会考虑这个电压或电流的来源。接收器无法区分哪些是有用信号，哪些是噪声，因此，干扰很大时会严重影响信号的接收。在差分传输方式中，每一条传输线传输的都是单端信号，外界施加的干扰也会叠加在单端信号上，但是如果两条传输线上叠加的噪声近似一致，接收端差分检测后，绝大部分会抵消掉，因此大大地提高了抗干扰能力。

考虑图 8-8 中的两种干扰情况。驱动器输出信号的电压是以本地参考点电位为基准的，

如果由于其他信号的干扰引起驱动端参考点电位变化，相当于在两个单端信号上都叠加了一个噪声，此时两个单端信号变为

$$V'_{\mathrm{p}} = V_{\mathrm{p}} + n(t)$$
$$V'_{\mathrm{n}} = V_{\mathrm{n}} + n(t) \tag{8-4}$$

接收端在差分检测时得到的差分信号为

$$V_{\mathrm{diff}} = [V_{\mathrm{p}} + n(t)] - [V_{\mathrm{n}} + n(t)] = V_{\mathrm{p}} - V_{\mathrm{n}} \tag{8-5}$$

结果就像没有受到任何干扰一样，差分检测消除了这个参考点电位变化导致的噪声干扰。接受端参考点电位如果同时存在噪声，结果也只是导致接收端两个单端信号电平的整体同步上下波动，而且规律一致，差分检测同样能消除这种噪声。

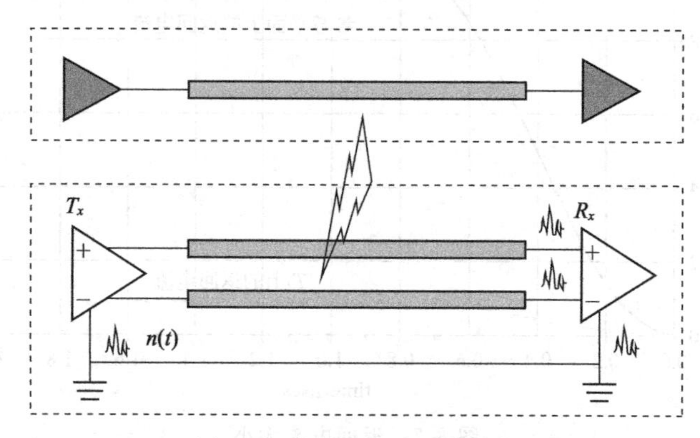

图 8-8　外界对差分对的干扰

如果有邻近信号同时对差分对的两个单端信号产生串扰，两个串扰噪声变化规律基本一致，区别仅在于幅度大小稍有不同，差分检测时部分抵消掉。两条线上的噪声幅度越接近，噪声抵消越多，受影响就越小。

差分传输抗干扰原理在于差分检测时两个单端信号上噪声相互抵消。只要外界对差分对中两个单端信号的干扰基本一致，就不会影响差分信号的传输。因此，差分互连不一定非要使用平行走线形式。在有些情况下引脚间距较小的 BGA 下面使用耦合差分线的方式扇出可能有困难（和层叠有关），两条传输线在不同走线层单独扇出也是可接受的，关键是要控制两条传输线周围环境基本一致，并尽量减小其他信号的干扰。

8.4　差分互连中的阻抗参数

理想情况下，差分传输时两个单端信号边沿对齐且翻转方向相反。两个信号都可以用差分分量和共模分量的形式表示为

$$V_1 = V_{\text{comm}} + \frac{1}{2}V_{\text{diff}}$$
$$V_2 = V_{\text{comm}} - \frac{1}{2}V_{\text{diff}} \tag{8-6}$$

如果只考虑信号中的差分分量，记为

$$V_{1\text{diff}} = \frac{1}{2}V_{\text{diff}}$$
$$V_{2\text{diff}} = -\frac{1}{2}V_{\text{diff}} \tag{8-7}$$

一条线上的差分分量“感觉”到的都是另一条线上差分分量在反向翻转，因此每一条线上信号的差分分量“感觉”到的阻抗都是奇模阻抗 Z_{odd}。假设由差分分量引起的电流为 I_{diff}，这里 I_{diff}没有考虑方向，仅仅代表大小，则奇模阻抗可表示为

$$Z_{\text{odd}} = \frac{\frac{1}{2}V_{\text{diff}}}{I_{\text{diff}}} \tag{8-8}$$

因此可定义差分阻抗为

$$Z_{\text{diff}} = \frac{V_{\text{diff}}}{I_{\text{diff}}} = 2Z_{\text{odd}} \tag{8-9}$$

两个差分分量符号相反，因而对应的电流方向也相反，对于差分信号来说好像构成了一个虚拟的回路，如图 8-9 所示。从接收端来看，电压为差分分量的两倍，电流却和单个支路的相等，因此阻抗为单个支路的两倍。对于差分信号来说两个支路似乎串联在了一起，从这个角度可以很直观地理解差分阻抗和奇模阻抗之间的关系。

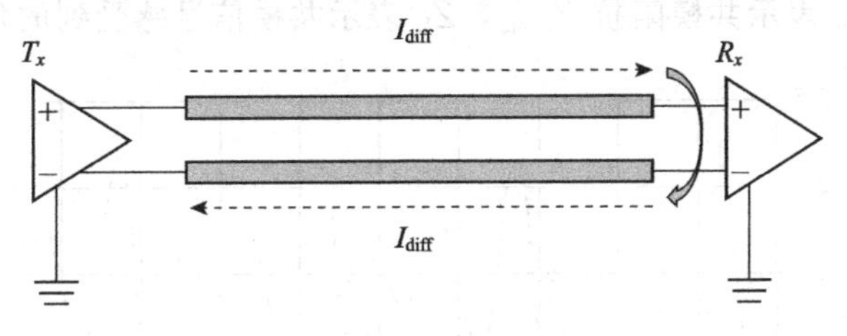

图 8-9 差分电流回路

对于共模信号分析类似，两个支路共模分量相同，每一条线上信号的共模分量“感觉”到的阻抗都是偶模阻抗，记为

$$Z_{\text{even}} = \frac{V_{\text{comm}}}{I_{\text{comm}}} \tag{8-10}$$

从接收端看，共模信号的电压和每一个支路上的共模分量都相同，却有两个同方向的电流流入参考点，如图 8-10 所示。因此共模阻抗为

$$Z_{\text{comm}} = \frac{V_{\text{comm}}}{2 \cdot I_{\text{comm}}} = \frac{1}{2}Z_{\text{even}} \tag{8-11}$$

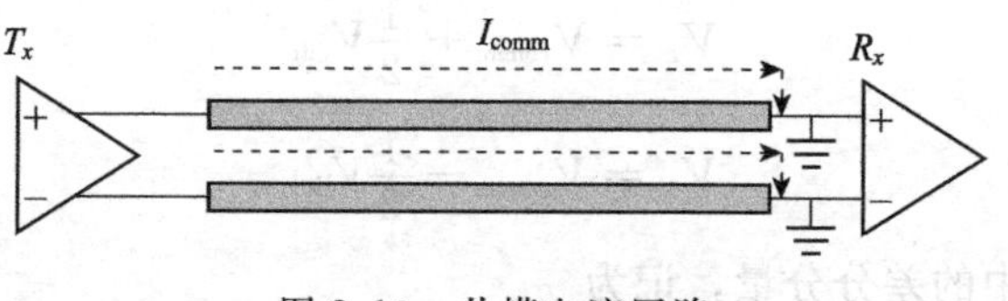

图 8-10 共模电流回路

奇模阻抗和偶模阻抗是两条线处于奇模和偶模工作状态下单根传输线的阻抗，差分阻抗和共模阻抗是差分信号和共模信号感受到的阻抗，分清这几个概念很重要。

8.5 差分互连的反射与端接

差分对中的两个单端信号传输到传输线末端时，如果没有端接信号将发生反射。接收端的单端信号波形可能会产生振铃，由于两个单端信号跳变方向相反，振铃方向也相反，图 8-11 显示了两个单端信号产生振铃时的典型波形。在接收器作差分检测时，反射产生的振铃不能相互抵消，反而互相加强，差分信号波形也将出现振铃，如图 8-12 所示。从差分信号的角度来看，相当于差分信号传输到末端时没有端接而导致了振铃。

使用两个单端信号表示互连和使用差分信号及共模信号表示互连，信号反射规律都是一样的，反射系数可表示为

$$\rho = \frac{Z_L - Z_0}{Z_L + Z_0} \tag{8-12}$$

其中，对于差分信号来说 Z_0 表示差分阻抗 Z_{diff}，Z_L 表示差分信号感受到的负载阻抗。对于共模信号来说 Z_0 表示共模阻抗 Z_{comm}，Z_L 表示共模信号感受到的负载阻抗。

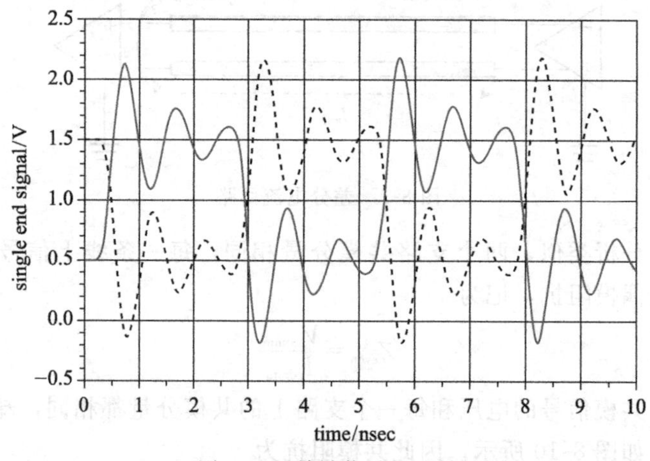

图 8-11 单端信号的反射

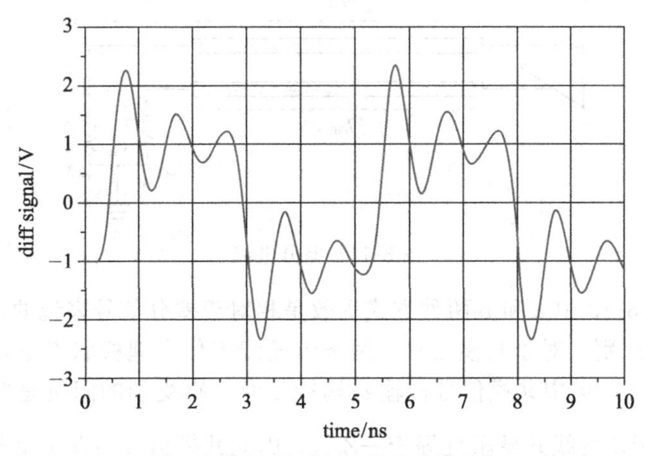

图 8-12　反射引起的差分信号畸变

差分互连中由于种种原因，共模分量不可能是理想的恒定电平，因此共模分量也需要作为一个独立的信号来处理，共模信号感受到阻抗不连续也会发生反射。差分传输中共模噪声可能会影响到差分信号的接收。

差分对的端接主要有以下 4 种方式，如图 8-13 所示。图 8-13a 实质上是对两个单端信号单独在末端并联端接到 GND。由于每一条传输线上差分信号分量传输的时候感觉到的是奇模阻抗 Z_{odd}，因此如果两个端接电阻都等于 Z_{odd}，差分信号到达端接位置时感觉到的阻抗为 $2Z_{odd}$，刚好等于差分阻抗 Z_{diff}，差分信号不会发生反射。图 8-14 显示了两条传输线上的信号电流流动情况，对于差分信号，其中一条传输线电流从驱动器流出，经端接电阻流入参考点（GND 节点），另一条传输线电流流动方向刚好相反，由参考点流回到驱动器。如果差分对完全对称，在参考节点处两个方向电流刚好抵消，因此即使不接 GND，参考点电位 V_{ref} 也始终等于 0。此时对于差分信号来说，图 8-13 中 a 和 b 两种方式是等效的，图 8-13b 端接方式很常用。

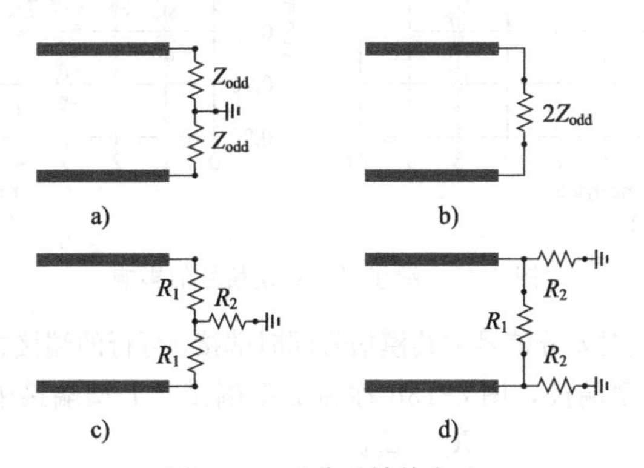

图 8-13　差分对端接方法

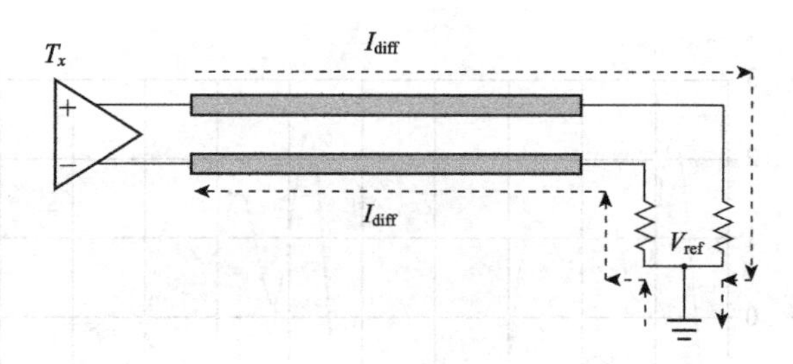

图 8-14　差分电流

应该注意，图 8-13 中 a 和 b 两种方式等效是相对于差分信号来说的，对共模信号来说两种方式却有很大区别。对于共模信号，两条传输线工作在偶模状态下，两条传输线上的信号电压相等，图 8-13a 中共模信号传输到端接处时，感受到的阻抗是两个端接电阻的并联，即$\frac{1}{2}Z_{odd}$。由于传输线共模阻抗等于$\frac{1}{2}Z_{even}$，因此共模信号会发生反射，但是通常情况下$\frac{1}{2}Z_{odd}$和$\frac{1}{2}Z_{even}$差别很小，尽管对共模信号来说不是理想端接阻抗值，但是比较接近。因此共模信号反射被抑制，反射很小。但图 8-13b 的端接方式，共模信号到达时，由于两条传输线信号电压相等，共模信号感觉不到跨接电阻的存在，相当于末端开路，因此共模信号完全没有端接。图 8-15a 显示了差分对不对称情况下，图 8-13a 端接方式与差分线无端接两种情况下接收端共模信号情况，图 8-13a 端接方式尽管对共模信号来说阻抗不是完全匹配，但反射较小，基本保持了共模信号的特征。图 8-15b 显示了跨接 $2Z_{odd}$ 和差分对无端接两种情况下末端共模信号的比较，二者相同，可见跨接一个电阻对共模信号完全没有端接。

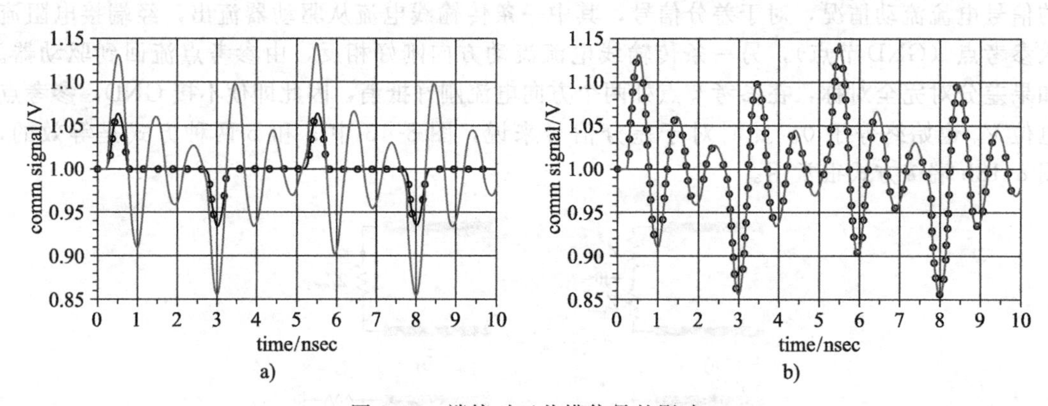

图 8-15　端接对于共模信号的影响

理想的端接方式应该对差分信号和共模信号同时端接，可行的端接方案如图 8-13c、图 8-13d 所示，图 8-13c 称为 T 型端接，图 8-13d 称为 π 型端接。T 型端接中电阻 R_1 和 R_2 分别为

$$R_1 = Z_{odd}$$
$$R_2 = \frac{1}{2}(Z_{even} - Z_{odd}) \tag{8-13}$$

差分信号感受到的阻抗为两个 R_1 的串联，刚好等于差分阻抗。共模信号感受到的阻抗为两个 R_1 并联后在和 R_2 串联，阻值为 $\frac{1}{2}Z_{even}$，刚好等于共模阻抗。因此，无论是差分信号还是共模信号都不会感受到阻抗突变。π 型端接中电阻 R_1 和 R_2 分别为

$$R_1 = \frac{2Z_{even}Z_{odd}}{Z_{even} - Z_{odd}}$$
$$R_2 = Z_{even} \tag{8-14}$$

差分信号感受到的阻抗为 $R_1 /\!/ 2R_2 = 2Z_{odd}$，共模信号感受到的阻抗为 $\frac{1}{2}R_2 = \frac{1}{2}Z_{even}$，因此，这种结构也是同时端接了差分信号和共模信号。

8.6　差分互连的串扰

如果表层差分对的附近有单端信号，那么这个单端信号对差分对中的两条线都会产生远端串扰，最终串扰噪声会反映到差分信号中。如图 8-16 所示，单端线（标记为 s）位于差分对中标记为 p 的走线一侧，单端线距离走线 p 较近，距离走线 n 较远。串扰量和走线间距密切相关，间距越大，串扰越小。因此，单端信号在 p 和 n 两条走线上产生的串扰也不相同，接收端在做差分检测时两个串扰噪声不能抵消，因此差分信号中一定有串扰噪声。图 8-17 显示了走线 p 和走线 n 上的串扰噪声以及差分检测后得到的差分串扰噪声，明显可见两条走线上串扰噪声的差异时导致差分串扰噪声的直接原因。

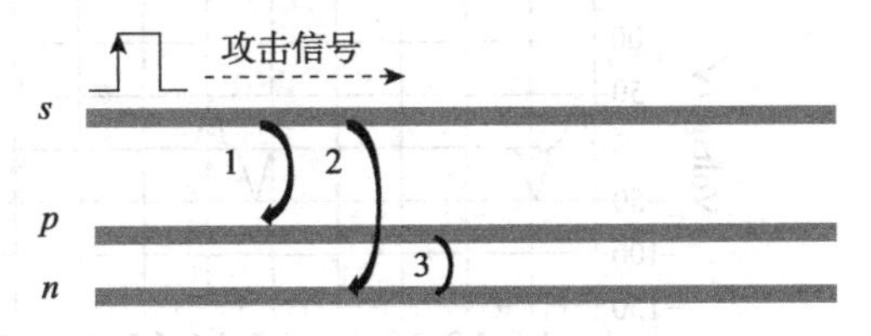

图 8-16　单端对差分的串扰

实际上单端信号对差分对的串扰包含了多个串扰过程，比我们通常认为的要复杂一些。最显著的有 3 个串扰过程，如图 8-16 所示：1）单端线 s 对走线 p 的串扰。2）单端线 s 对走线 n 的串扰。3）走线 p 对走线 n 的串扰。其中前两个串扰特性相同，攻击信号上升沿将产生负的串扰脉冲。但是走线 p 对走线 n 的串扰过程稍复杂一点，由于走线 p 中的远端串扰噪声为负脉冲，包含了下降沿和上升沿两个过程，根据串扰特性，负脉冲下降沿在走线 n 上串扰出一个正的脉冲，负脉冲上升沿在走线 n 上串扰出一个负的脉冲。和单端线 s 对走线 n 的串扰相叠加后，总的噪声表现为一个正脉冲和一个负脉冲的组合，这一过程如图 8-18 所示。实际上还有更多较弱的串扰过程，比如走线 n 中的串扰噪声也会对走线 p 产生影响等，最终在差分对中得到的总的串扰噪声是多个串扰过程达到平衡后的结果。

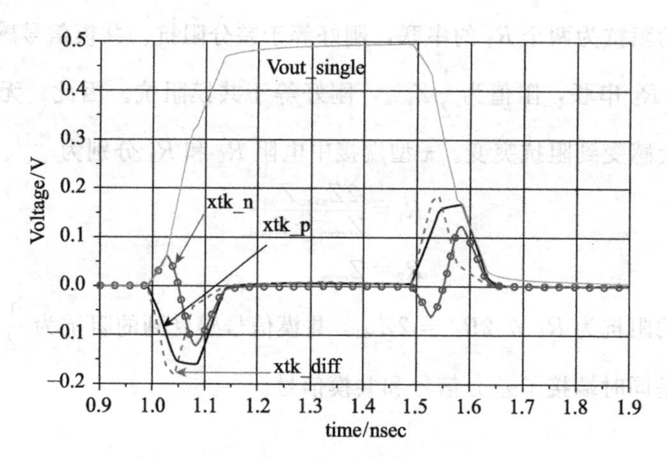

图 8-17　差分串扰噪声的形成

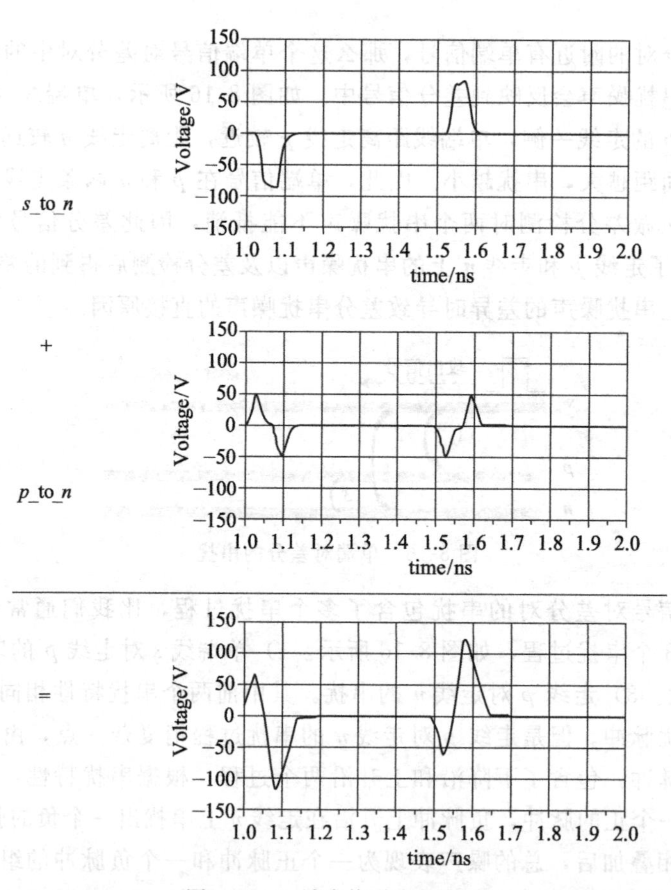

图 8-18　n 端串扰噪声的形成

由于差分对和攻击信号线组成的多导体系统内复杂的耦合关系，相互之间都存在串扰，使得在某些情况下差分对抗干扰的能力并没有想象中那样强。考虑图 8-19 所示的结构，信号线宽都为 6 mil，间距 *gap* 值都为 9 mil，攻击信号为单端信号。考虑受害线使用单端传输和使用差分传输两种情况，受害线接收端串扰噪声如图 8-20 所示。使用差分对时串扰噪声确实比使用单端传输小一些，但是改善并不明显。在这种单端线与差分对间距较小的情况下，差分信号中的串扰噪声依然较大。因此，即便使用差分传输，最有效的减小串扰的方法依然是尽量拉开和攻击信号的间距。

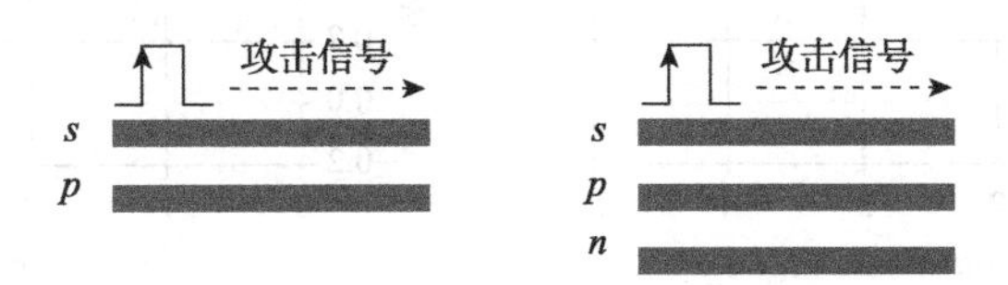

图 8-19 单端对单端、单端对差分串扰结构

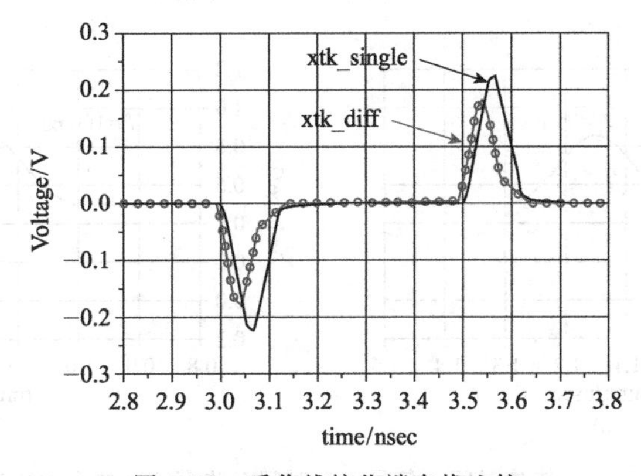

图 8-20 受伤线接收端串扰比较

差分对之间的串扰和上面的讨论类似，只不过攻击信号也是差分的，主要的串扰过程有 5 个：攻击线 p 对受害线 p，攻击线 p 对受害线 n，攻击线 n 对受害线 p，攻击线 n 对受害线 n，受害线 p 对受害线 n。最终串扰合成过程类似。

8.7 差分与共模的相互转化

理想情况下，如果在差分对接收端，两个单端信号完全对称，即幅度相同、翻转方向相反、边沿对齐，那么共模信号将是恒定的电平，如图 8-21a 所示。但是实际中两个单端信号不可能完全对称，比如其中一个信号延迟稍大，这样就会造成接收端信号的边沿错位，共模信号不再是一个恒定电平，如图 8-21b 所示。相当于有一部分本来应该存在于差分信号中的能量转化成了共模信号。共模信号幅度的大小和错位时间以及信号上升时间都有关。当信号错位时，p 端信号和 n 端信号边沿的交叉点位置改变，如图 8-22a 所示。错位时间占上升时间的比例越大，交叉点电平越高，共模信号幅度越大，图 8-22b 中显示了同样的时间错位情况下上升沿分别为 100 ps 和 200 ps 时的共模信号幅度比较。

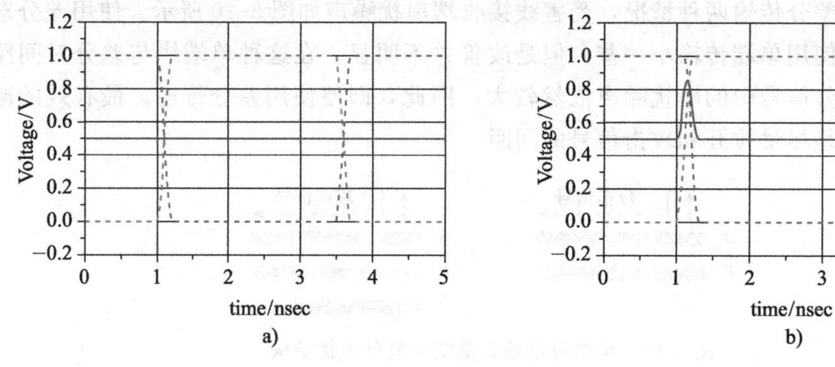

图 8-21　共模信号和信号错位

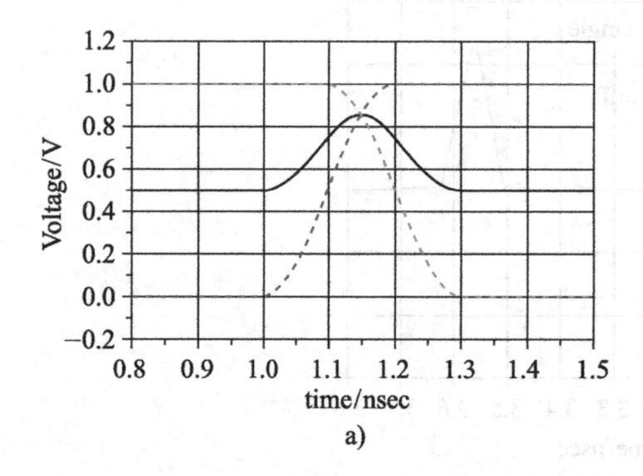

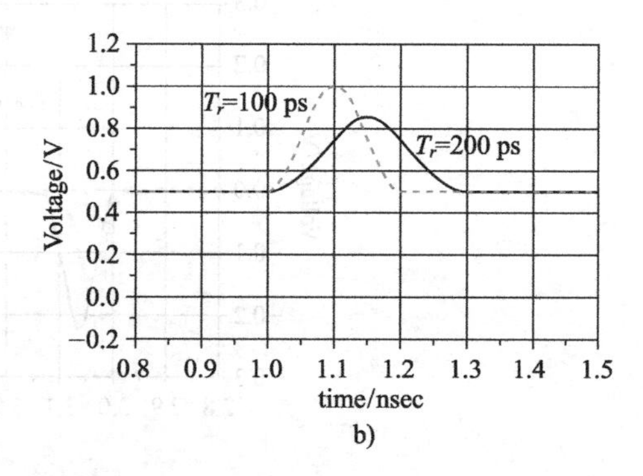

图 8-22　错位时间、信号上升时间对共模信号幅度的影响

共模信号为两个单端信号的平均值，和普通信号一样在差分对中向接收端传输。共模信号不携带信息，实际上差分互连中共模信号的波形更像是杂乱无章的噪声。在没有共模端接的差分互连中，由于反射共模信号幅度还可能进一步增加。过大的共模信号会导致 EMI 问题。

导致差分信号向共模信号转换的不利因素有很多。驱动器的两个信号在时间上会有偏斜错位。连接器的引脚延时不可能完全相同，差分信号经过连接器后两个单端信号会产生错位。过孔换层时，两个过孔也会有延时差别，部分原因是加工误差问题，另一个原因是两个过孔感受到的介电常数也会存在差异。差分对两条传输线如果感受到的容性负载不同也会引起这种模态的转换，比如一条线的旁边有过孔而另一条线旁边没有，过孔的焊盘孔壁等和传输线会有耦合，导致一条线感受到局部容性负载增大，这种局部的不对称也会引起差分和共模的转换。PCB 板材采用纵横相交的玻璃纤维编织结构，并填充树脂压制而成，树脂的介电常数小于玻璃纤维，差分对的两条线下面可能会存在树脂含量的差别，导致两条线感受到的介电常数不同，延迟也会有差别。

共模信号同样也会转变成差分信号，对想要传输的差分信号来说，由共模信号转换而来的差分信号往往表现为噪声性质。共模信号向差分信号转化通常是由于差分对中两个单端信号上叠加了不同水平的噪声，或噪声之间没有相关性，差分检测时这些噪声不能抵消，最终就会反映在差分信号中。共模信号向差分信号转化通常是我们极力避免的。最简单的办法就是尽量减小差分传输通道的不对称性，尽量做好阻抗优化，并对共模信号进行端接。如果共模信号没有端接，则共模信号在通道中反复反射，共模信号就会不断的转换为差分噪声，最终导致误码率的增大。图8-23显示了端接共模信号和不端接共模信号两种情况下的眼图变化趋势，对共模信号不做端接时眼图质量明显恶化，抖动大大增加。有一点需要特别注意，即使对共模信号进行了端接处理，由于互连通道中可能存在多处阻抗不连续，那么共模信号在这些阻抗不连续点之间仍然会来回反射震荡，并发生共模向差分的转换，根本的解决方法还是要做好通道的阻抗连续性设计和延时的匹配。模态转换在实际情况中必然发生，我们所能做的就是尽量减小这种转换。差分互连通道中任何的不对称都会引起这种转换。往往在互连通道中的过孔或连接器处这种转换表现得较为强烈，因此，在这些位置需要尽量做好阻抗的优化和信号延时的调整。

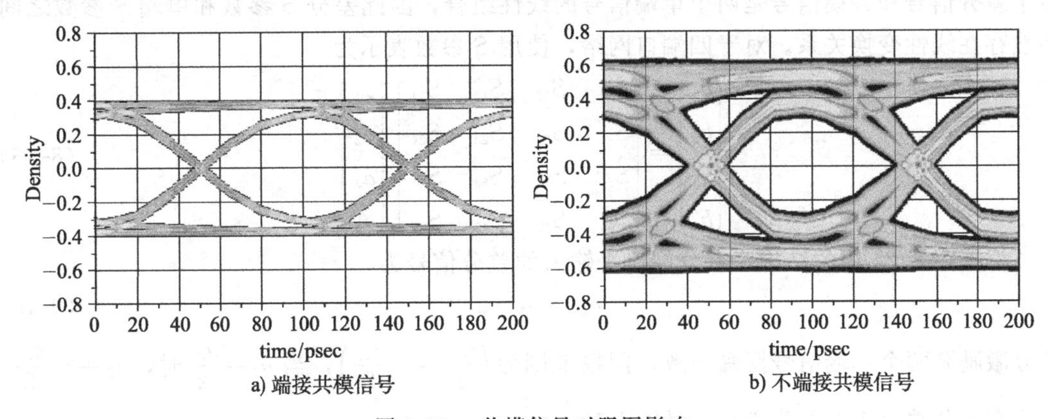

图8-23　共模信号对眼图影响

8.8　差分 S 参数

由于差分互连中使用差分信号传递信息，接收器最关心的是差分信号的质量，如果互连通道的 S 参数能直接反映出对差分信号的影响，对分析问题将方便得多。差分互连通道可以看成是一个四端口网络，激励源为单端信号，此时得到的 S 参数就是常见的测量得到的 S 参数，即单端 S 参数。另一方面，从差分信号角度来说，差分互连通道也可以看成是一个二端口网络，但激励源有差分信号和共模信号两种信号，这时得到的就是差分 S 参数，也称混合模态 S 参数（mixed-mode scatter parameter）。图 8-24 展示了看待差分互连通道的两个视角。

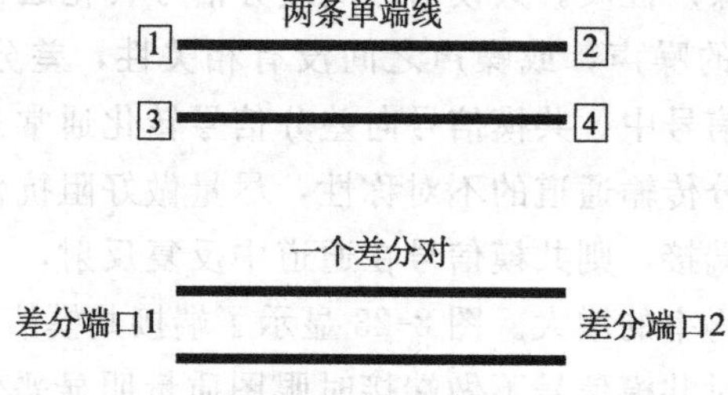

图 8-24　看待差分互连通道的两个视角

对于差分 S 参数，激励信号分差分和共模两种，因此有以下 4 种组合，并分别表示为

SDD：差分信号输入、差分信号输出

SCC：共模信号输入、共模信号输出

SCD：差分信号输入、共模信号输出

SDC：共模信号输入、差分信号输出

由于差分信号和共模信号是两个单端信号的线性组合，因此差分 S 参数和单端 S 参数之间必然存在线性变换关系。对于四端口网络，使用 S 参数表示为

$$\begin{bmatrix} b_1 \\ b_2 \\ b_3 \\ b_4 \end{bmatrix} = \begin{bmatrix} S_{11} & S_{12} & S_{13} & S_{14} \\ S_{21} & S_{22} & S_{23} & S_{24} \\ S_{31} & S_{32} & S_{33} & S_{34} \\ S_{41} & S_{42} & S_{43} & S_{44} \end{bmatrix} \begin{bmatrix} a_1 \\ a_2 \\ a_3 \\ a_4 \end{bmatrix} \tag{8-15}$$

根据图 8-24 中的结构，差分端口 1 输入的差分信号为

$$a_{d1} = a_1 - a_3 \tag{8-16}$$

差分激励源两个单端信号摆幅一致，摆幅范围为 $\left(\frac{a_{d1}}{2} \sim -\frac{a_{d1}}{2}\right)$，当 $a_1 = \frac{a_{d1}}{2}$ 时，$a_3 = -\frac{a_{d1}}{2}$。当只有差分端口 1 有差分激励信号输入时

$$\begin{bmatrix} b_1 \\ b_2 \\ b_3 \\ b_4 \end{bmatrix} = \begin{bmatrix} S_{11} & S_{12} & S_{13} & S_{14} \\ S_{21} & S_{22} & S_{23} & S_{24} \\ S_{31} & S_{32} & S_{33} & S_{34} \\ S_{41} & S_{42} & S_{43} & S_{44} \end{bmatrix} \begin{bmatrix} \frac{a_{d1}}{2} \\ 0 \\ -\frac{a_{d1}}{2} \\ 0 \end{bmatrix} \tag{8-17}$$

可得到 b_1 和 b_3，而端口 1 输出的差分信号可表示为 b_1 和 b_3 的组合，即

$$b_{d1}=b_1-b_3=(S_{11}-S_{13}+S_{33}-S_{31})\cdot\frac{a_{d1}}{2} \tag{8-18}$$

因此，有

$$SDD_{11}=\frac{b_{d1}}{a_{d1}}=\frac{1}{2}(S_{11}-S_{13}+S_{33}-S_{31}) \tag{8-19}$$

同样的原理可以得出 4 种组合情况下所有的差分 S 参数

$$SDD_{11}=\frac{1}{2}(S_{11}-S_{13}+S_{33}-S_{31}) \qquad SDC_{11}=\frac{1}{2}(S_{11}+S_{13}-S_{33}-S_{31})$$

$$SDD_{22}=\frac{1}{2}(S_{22}-S_{24}+S_{44}-S_{42}) \qquad SDC_{22}=\frac{1}{2}(S_{22}+S_{24}-S_{44}-S_{42})$$

$$SDD_{21}=\frac{1}{2}(S_{21}-S_{23}+S_{43}-S_{41}) \qquad SDC_{21}=\frac{1}{2}(S_{21}+S_{23}-S_{43}-S_{41})$$

$$SDD_{12}=\frac{1}{2}(S_{12}-S_{14}+S_{34}-S_{32}) \qquad SDC_{12}=\frac{1}{2}(S_{12}+S_{14}-S_{34}-S_{32})$$

$$SCD_{11}=\frac{1}{2}(S_{11}-S_{13}-S_{33}+S_{31}) \qquad SCC_{11}=\frac{1}{2}(S_{11}+S_{13}+S_{33}+S_{31})$$

$$SCD_{22}=\frac{1}{2}(S_{22}-S_{24}-S_{44}+S_{42}) \qquad SCC_{22}=\frac{1}{2}(S_{22}+S_{24}+S_{44}+S_{42})$$

$$SCD_{21}=\frac{1}{2}(S_{21}-S_{23}-S_{43}+S_{41}) \qquad SCC_{21}=\frac{1}{2}(S_{21}+S_{23}+S_{43}+S_{41})$$

$$SCD_{12}=\frac{1}{2}(S_{12}-S_{14}-S_{34}+S_{32}) \qquad SCC_{12}=\frac{1}{2}(S_{12}+S_{14}+S_{34}+S_{32})$$

这样可以把差分、共模、输入、输出用差分 S 参数关联起来

$$\begin{pmatrix} b_{d1} \\ b_{d2} \\ b_{c1} \\ b_{c2} \end{pmatrix}=\begin{pmatrix} SDD_{11} & SDD_{12} & SDC_{11} & SDC_{12} \\ SDD_{21} & SDD_{22} & SDC_{21} & SDC_{22} \\ SCD_{11} & SCD_{12} & SCC_{11} & SCC_{12} \\ SCD_{21} & SCD_{22} & SCC_{21} & SCC_{22} \end{pmatrix}\begin{pmatrix} a_{\mathrm{d1}} \\ a_{\mathrm{d2}} \\ a_{\mathrm{c1}} \\ a_{\mathrm{c2}} \end{pmatrix} \tag{8-20}$$

差分 S 参数和单端 S 参数可以用矩阵关系简写为

$$S_{\mathrm{d}}=MS_{\mathrm{s}}M^{-1} \tag{8-21}$$

其中，S_{d} 表示差分 S 参数矩阵，S_{s} 表示单端 S 参数矩阵，M^{-1} 为 M 的逆矩阵，M 为转换矩阵

$$M=\frac{1}{\sqrt{2}}\begin{pmatrix} 1 & 0 & -1 & 0 \\ 0 & 1 & 0 & -1 \\ 1 & 0 & 1 & 0 \\ 0 & 1 & 0 & 1 \end{pmatrix} \tag{8-22}$$

差分 S 参数矩阵分为 4 个区域，如图 8-25 所示，左上角 4 个元素表示差分信号的反射和传

输，右下角 4 个元素表示共模信号的反射和传输，右上角 4 个元素表示共模信号向差分信号的转换，左下角 4 个元素表示差分信号向共模信号的转换。

$$\begin{pmatrix} SDD_{11} & SDD_{12} & SDC_{11} & SDC_{12} \\ SDD_{21} & SDD_{22} & SDC_{21} & SDC_{22} \\ SCD_{11} & SCD_{12} & SCC_{11} & SCC_{12} \\ SCD_{21} & SCD_{22} & SCC_{21} & SCC_{22} \end{pmatrix}$$

图 8-25　差分 S 参数矩阵

根据差分 S 参数与单端 S 参数的关系，可以更深入的理解差分对对称性的含义，差分 S 参数中表征模态转换的有代表性的参数如下

$$\begin{aligned} SCD_{11} &= \frac{1}{2}\left(S_{11}-S_{13}-S_{33}+S_{31}\right) \\ SCD_{21} &= \frac{1}{2}\left(S_{21}-S_{23}-S_{43}+S_{41}\right) \end{aligned} \tag{8-23}$$

SCD_{11} 表示差分端口 1 处差分到共模的转化，根据单端 S 参数的性质 $S_{13}=S_{31}$，只有两条传输线对单端信号的反射完全相等（幅度和相位必须都相等）时，差分端口 1 才不发生模态转换。两条单端线反射完全对称，必须具有如下特征：阻抗不连续点到端口的传输延时完全相同、阻抗变化完全相同、不连续点个数完全相同、两条单端线延时完全相同。SCD_{21} 表示差分端口 1 处差分信号传输到末端时有多少变成共模信号。图 8-26 显示了两个单端信号的传输，SCD_{21} 只有在实线和虚线所示路径的信号传递分别相等时才能为 0，即两个信号各自传输完全相等，对邻近线远端串扰完全相等。这个参量从信号传输的角度说明了差分对对称的含义。实际情况下，由于设计过程中的各种限制以及 PCB 加工公差等原因，以上完全对称的条件不可能满足，所以模态转换不可避免。

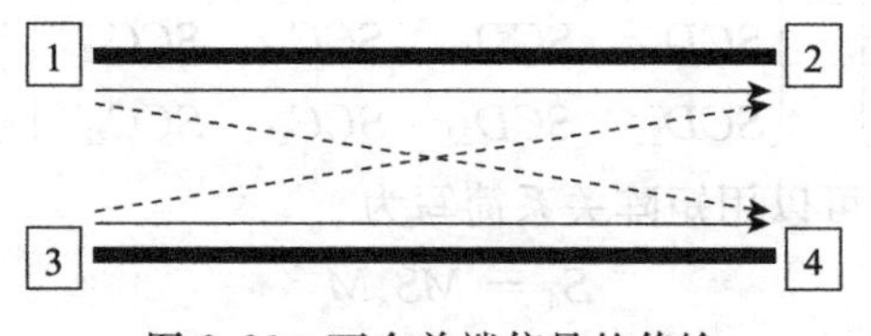

图 8-26　两个单端信号的传输

和单端 S 参数对应，差分 S 参数也有对应的时域 T 参数，如式（8-24）所示。和单端情况类似，频域 S 参数和时域 T 参数结合能挖掘出更多非常有价值的信息。比如使用 TDD_{11} 和 TCC_{11} 可以看到差分阻抗以及共模阻抗在什么位置发生突变，为阻抗优化指出重点。TDD_{21} 和 TCC_{21} 可以得到差分和共模信号边沿变化情况以及差分信号和共模信号的传输延时差别有多大。TDC_{11} 和 TCD_{11} 可以显示出在什么位置发生了模态转换，为互连通道优化时重点关注哪些位置提供指导。

$$\begin{bmatrix} TDD_{11} & TDD_{12} & TDC_{11} & TDC_{12} \\ TDD_{21} & TDD_{22} & TDC_{21} & TDC_{22} \\ TCD_{11} & TCD_{12} & TCC_{11} & TCC_{12} \\ TCD_{21} & TCD_{22} & TCC_{21} & TCC_{22} \end{bmatrix} \tag{8-24}$$

8.9 差分对的等长等距

差分对中两个单端信号的延时差会导致接收端信号的错位，引起差分信号的畸变，同时会产生共模噪声导致接收端差分信号抖动增加。因此差分对设计的一个基本要求就是要尽量保持差分对两条单端线延时相等。

图 8-27 显示了差分对中两条单端线不同延时差情况下差分信号和共模信号的变化情况。假设信号上升时间为 T_r。a 图为差分信号的边沿变化，从左到右依次为：延时差等于 0、延时差等于 20% T_r、延时差等于 50% T_r、延时差等于 1 倍 T_r、延时差等于 2 倍 T_r。b 图为对应的共模信号情况。两条传输线延时差越大，差分信号畸变越严重，同时共模噪声越大。

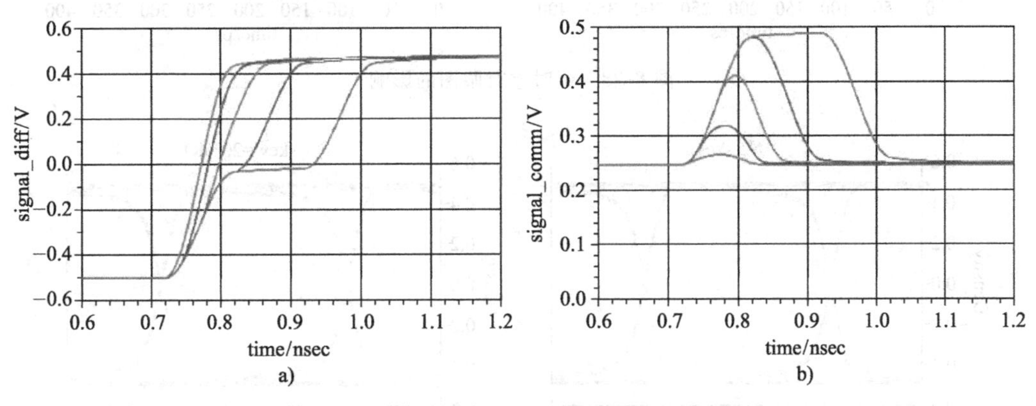

图 8-27 延时差对差分信号和共模信号的影响

即使不考虑共模噪声的影响，差分对两条传输线的延时差也会影响信号的接收。对高速差分互连通常使用眼图来评估信号的传输，从“眼睛”睁开的大小（高度及宽度）能看出接收信号的误码率相对大小，“眼睛”睁开的越大，接收的出错概率越小。图 8-28 显示了精确端接共模信号情况下（去除共模信号的影响）接收端信号的眼图，当两条传输线延时差较大时，眼图质量下降。由于差分信号的边沿畸变，“眼睛”宽度变小，增加了接收出错的可能性。

实际的差分互连通道，很难对共模信号精确地端接。考虑共模信号反射情况下，接收端眼图质量还要进一步恶化。图 8-29 显示了无共模端接情况下，随着延时差变大，接收端眼图的变化情况。共模噪声的反复反射震荡会使眼图的高度和宽度都明显恶化，抖动和噪声同时增大，因此控制两条传输线的延时差对差分互连至关重要。

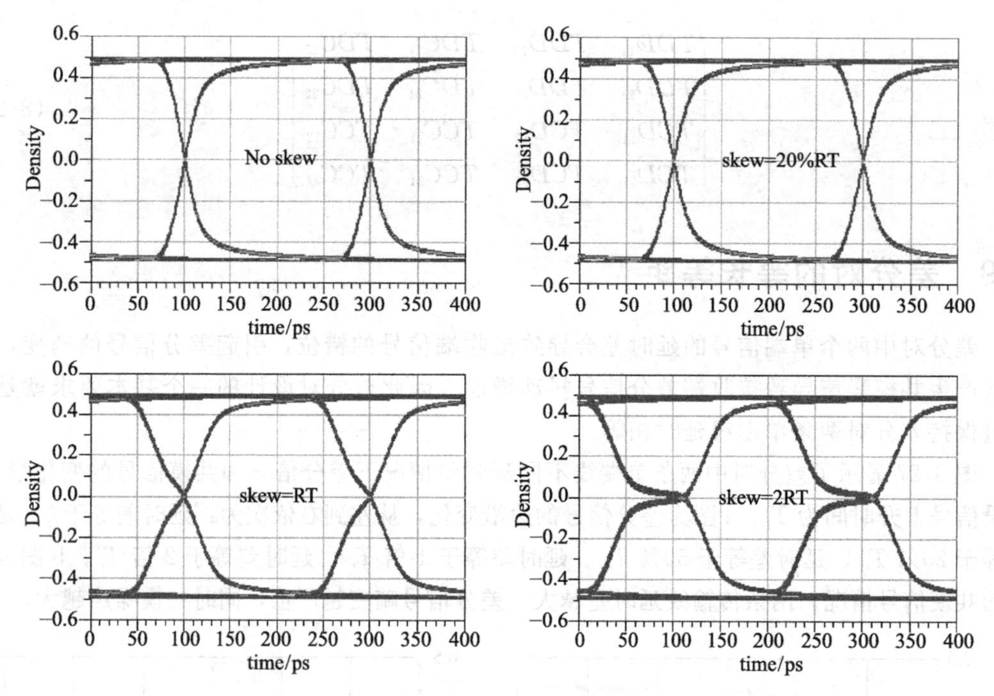

图 8-28　延时差对眼图的影响

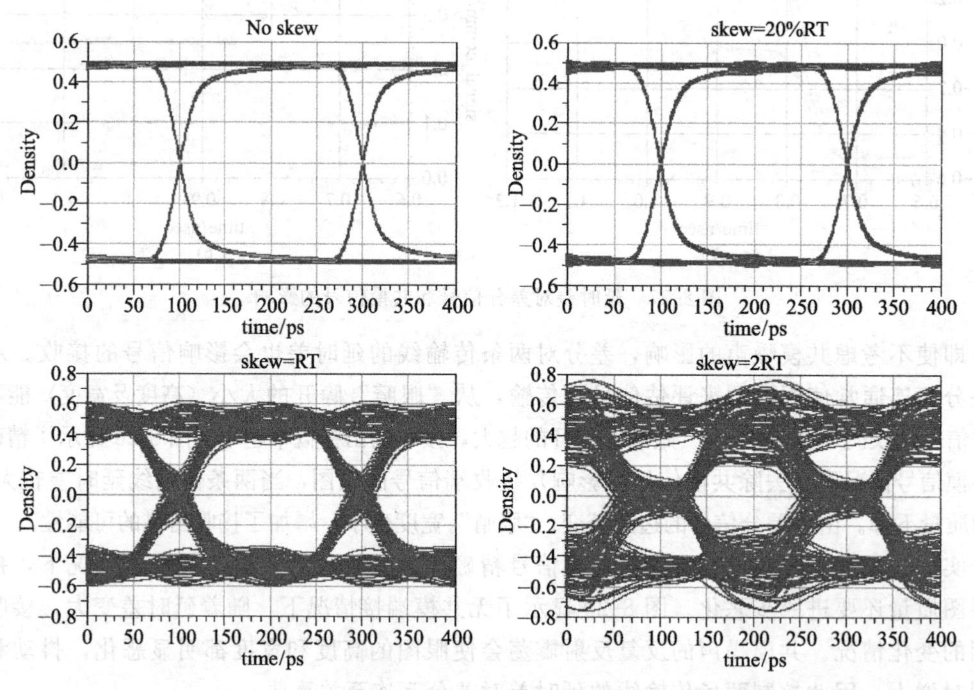

图 8-29　共模信号对眼图的影响

调整差分对中的两条单端线的延时通常包括两个方面的措施：1）差分对的对内等长约束。2）连接器两个引脚的延时补偿（如果存在延时差的话）。工程界所谓的差分对等长设计只不过是调整延时具体措施，差分对设计时应牢记调整的是两条单端线的延时。差分对中两条单端线延时差或长度差最大允许多少，没有硬性的指标，需要根据具体情况来确定。通常希望延时差越小越好，但同时也要考虑到布线是否困难，因此最终的等长约束是设计难度和性能平衡后的结果。比如对于传递数据的高速差分互连，如果互连通道很短，信号的衰减很小，噪声和抖动的余量都比较大，那么对等长要求可以适当放松。如果互联通道很长，信号衰减很大，噪声余量较小，那么等长约束就要严格一些。实际工程中驱动器的抖动性能和接收器的接收性能也是必须要综合考虑的因素。在工程设计中，差分对两条传输线长度差控制在 10～20 mil 之间并不太困难，如果使用板材 FR4 时，这个长度对应的延时差约为 2.5 ps，对于上升时间为 50 ps 的信号，延时差约为上升时间的 5%，对信号的影响很小。

差分线通常都是平行走线，由于两条单端线之间的耦合，间距的变化会影响差分阻抗和共模阻抗，进而导致差分信号和共模信号的反射，因此差分线还需要尽量保持间距相等，这是差分线设计的另一个基本要求。当调整其中一条传输线长度时，需要绕线，绕线区域差分线的间距变大，在这个绕线的局部范围内，差分阻抗变大，差分阻抗和线间距（*gap*）的关系如图 8-30 所示。差分阻抗的变化并不是随 *gap* 值增加而单调增加，当达到一定间距以后，差分阻抗几乎不再变化。图 8-30 显示的是线宽为 6 mil，间距为 9 mil，设计差分阻抗为 100 Ω 时，改变 *gap* 值对差分阻抗的影响，当 *gap* 增加到 42 mil 以上时，差分阻抗几乎不再变化，稳定在 118 Ω 附近。差分阻抗最大变化量约为 18%。通常绕线区域很短，比如采用 5 *w* 原则绕线，对于 6 mil 的线宽，绕线区域长度也大约只有 40 mil。对于上升时间不为 0 的信号来说，信号感受到的差分阻抗变化不会超过 18%，图 8-31a 显示了上升时间为 50 ps，*gap* 分别为 9 mil、18 mil、30 mil、100 mil 情况下信号感受到的阻抗变化情况，本例中不论间距 *gap* 达到多大值，信号感受到的阻抗变化不超过 10%。

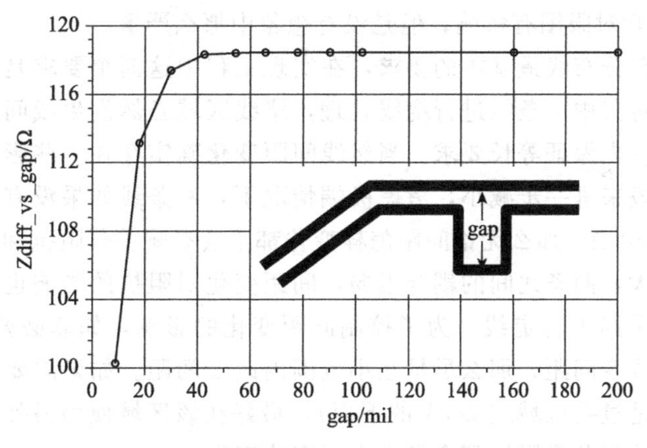

图 8-30　绕线及间距对阻抗影响

间距的变化改变了差分阻抗，因而差分信号到达绕线区域时发生反射，由于信号感受到的差分阻抗并没有想象中的大，因此差分信号的反射并非想象中的那么严重，图 8-31b 显示了本例中差分信号的最大反射量约为 5%。信号感受到的阻抗变化有多大，和信号的上升时间密切相关，信号上升时间越小，感受到的阻抗变化越大，但不会超过无耦合时的极限值，对于本例无论信号上升时间小到什么程度，阻抗变化都不会超过 18%。绕线引起的线间距变化对差分信号的影响通常没有想象中那么严重。

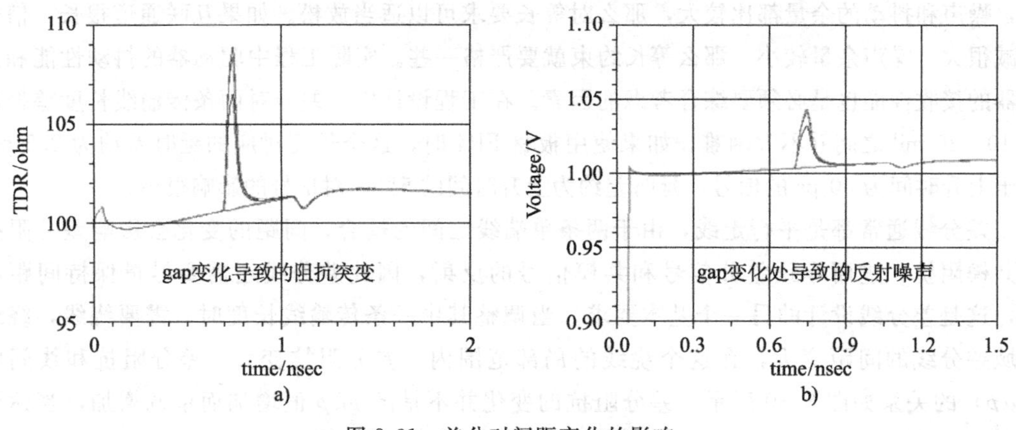

图 8-31 差分对间距变化的影响

随着线间距的变化，差分阻抗变化的同时，共模阻抗也发生变化，对共模信号来说，绕线所在区域也是一个阻抗不连续点，共模信号也会发生反射。正常情况下驱动器本身不会输出很大的共模噪声，如果差分互连通道各个部分（过孔、链接器等）阻抗做适当处理的话，由于绕线前延时差不大，共模信号的幅度也不大，共模信号的反射不会产生太大的问题。图 8-32 显示了速率为 5 Gbps 的信号在绕线之前两条传输线的延时差为 10 ps，而且接收端没有对共模信号进行端接的情况下，线间距变化对眼图的影响。可见正常情况下线间距 *gap* 的变化尽管对眼图有影响，但是没有想象中那么严重。

等长和等距是差分布线最基本的要求，在实现工程中这两个要求是相互矛盾的，为了调整线长，通常要对其中一条线进行绕线处理，绕线区域必然发生线间距的变化。正常情况下，设计时应该优先保证等长要求。当然线间距变化确实存在一些影响，但是这些影响却可以使用其他手段来进一步减小，考虑极端情况下，两条线如果没有任何耦合，每一条单端线的阻抗都是 50 Ω，那么无论间距怎样变化都不会影响差分阻抗和共模阻抗。如果差分对两条线间距较大，两条线间的耦合很弱，间距变化对阻抗的影响也会很小。正常情况下差分线的布线多采用平行走线，为了控制间距变化的影响，如非必要就不要改变间距，如果绕线处不得不改变间距，那么尽量在小范围内改变间距。如果需要很长一段区间必须改变间距（多数都是过孔区域或 *BGA* 的下面），最好在该区域使用另外一种线宽和线距配置，以保证差分阻抗和共模阻抗不会发生大幅度的变化。

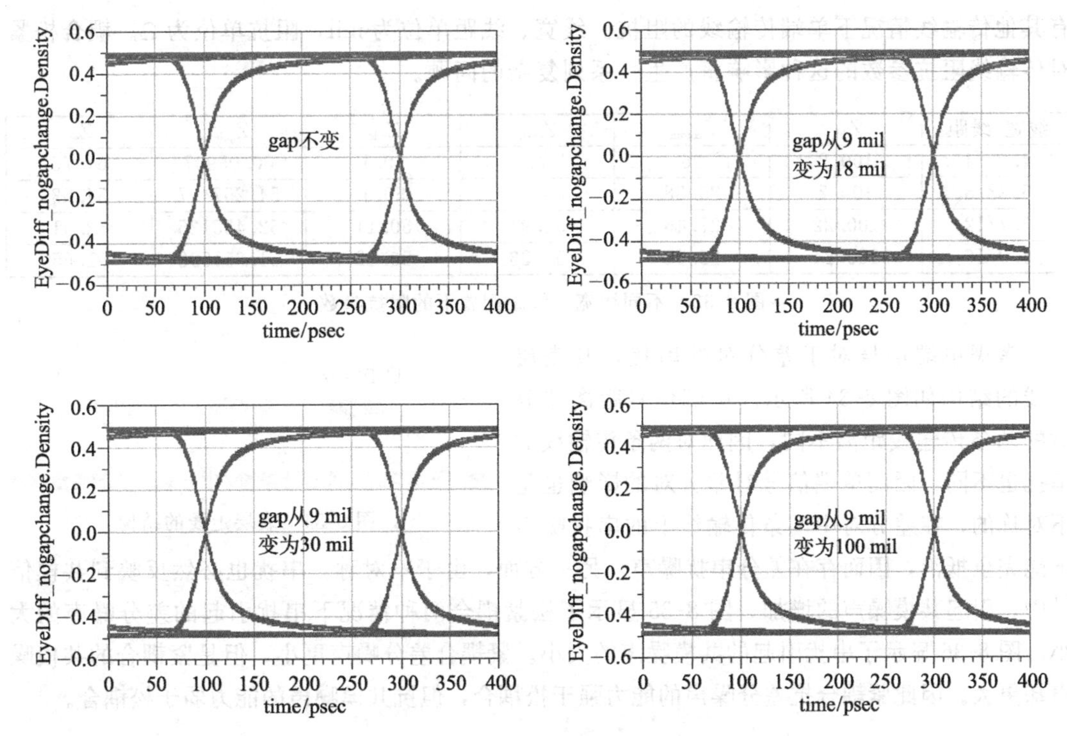

图 8-32　线间距变化对眼图的影响

8.10　松耦合还是紧耦合

从原理上来说，差分信号的传输与两条传输线是否存在耦合无关，即使是两条完全独立的传输线也可以传输差分信号。尽管如此，实际工程中一般还是使用有耦合的平行走线来传输差分信号，一个主要的原因就是这种布线方式能最大程度的保持两条传输线的工作环境一致，使外界对两条传输线的影响尽可能一致，充分发挥差分传输的抗噪声性能。学术研究中通常使用两条传输线之间的电容、电感等寄生参数，从数学的角度来描述耦合的程度，即耦合的松紧。尽管这种方式可以精确严谨地描述差分对，但是对于工程应用来说不够直观。设计中我们更关心的是线宽及线距怎样配置，两条传输线之间间距越大，耦合越松，间距越小耦合越紧。因此从设计的角度来说，选择松紧耦合问题实际上是选择让两条传输线靠得更近，还是适当拉开间距的问题。

耦合的松紧会影响传输线的各种阻抗参数，图 8-33 显示了介质厚度为 3.8 mil，介电常数为 4.5，铜走线厚度为 1.2 mil 的情况下，差分阻抗保持在 100 Ω，不同线间距对传输线阻抗参数的影响。其中，Z_{diff} 为差分阻抗，Z_{comm} 为共模阻抗，Z_{even} 为偶模阻抗，Z_{odd} 为奇模阻抗，Z_{quiet} 为当其中一条线保持静态，另一条线上单端信号感受到的阻抗。Z_{se} 为附近没有其他传输线情况下单端传输线的阻抗。线宽、线距单位为 mil，阻抗单位为 Ω。耦合松紧对传输线阻抗参数的这种影响将产生一系列复杂的问题。

线宽/线距	Z_{diff}	Z_{comm}	Z_{even}	Z_{odd}	Z_{quiet}	Z_{se}
4.03/4	100.2	36	72	50.1	60.05997	61.73
5.28/8	100.2	29.38	58.76	50.1	54.257497	54.53
5.7/12	100.22	27.46	54.91	50.11	52.455125	52.51
5.9/16	100.24	26.62	53.23	50.12	51.651598	51.65

图 8-33　不同线宽、线距配置下的阻抗参数

考虑单端信号对于差分对的串扰，其表层走线的结构如图 8-34 所示。单端信号距离差分对的两条传输线距离不同，因而对两条传输线的串扰也不同，因而单端信号对差分对的影响也是不对称的，在差分对中两条传输线上的串扰噪声不能完全抵消，因而存在差分串扰噪声。另一方面，由于不对称，串扰也必然反映到共模信号中，引起共模噪声的增加。图 8-35 显示了松紧耦合两种情况下串扰引起的差分噪声的大小。图 8-36 显示了串扰引起的共模噪声的大小。紧耦合差分噪声更小，但是紧耦合的共模噪声却更大。因此紧耦合抗差分噪声的能力强于松耦合，但抗共模噪声的能力弱于松耦合。

图 8-34　表层走线的结构

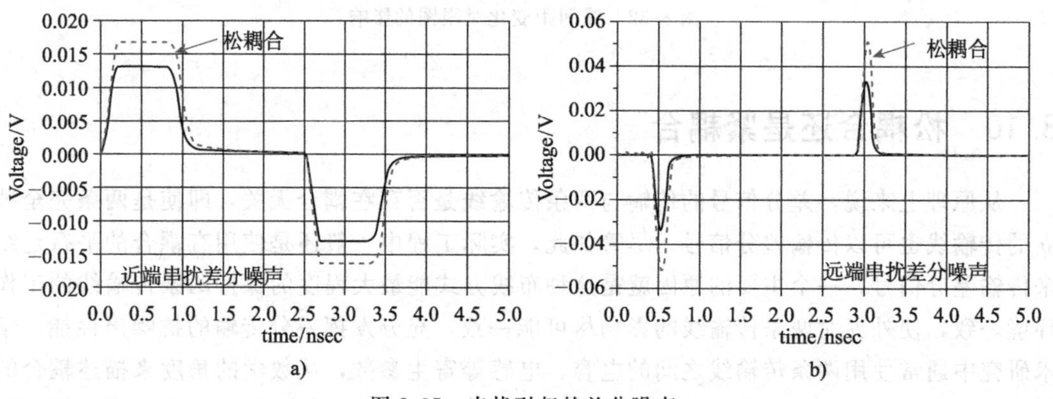

图 8-35　串扰引起的差分噪声

考虑另一种情况，驱动器的两个信号输出存在偏斜或者差分对中存在无耦合区域时，紧耦合会产生更大的共模噪声。图 8-37 显示了紧耦合（间距为 4 mil）和松耦合（间距为 16 mil）两种情况下由于差分对不对称而产生的共模噪声情况。由于差分对不对称，紧耦合产生的共模噪声更大。这是由于驱动器先出来的单端信号进入传输线时感受到的阻抗为 Z_{quiet}，紧耦合时 Z_{quiet} 更大，因此单端信号入射电压也更大，而另一条线保持静态，信号平均后得到的共模噪声也就更大。当信号从耦合区域进入无耦合区域时情况类似，只不过无耦合区域单端信号感受到的阻抗为 Z_{se}。

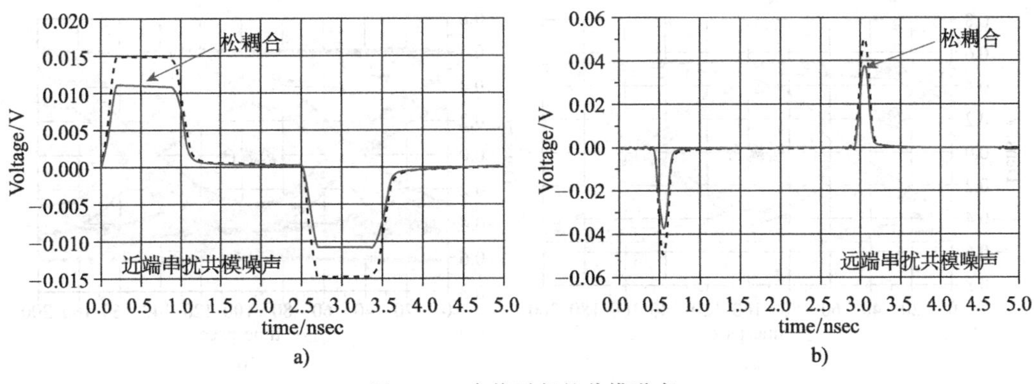

图 8-36 串扰引起的共模噪声

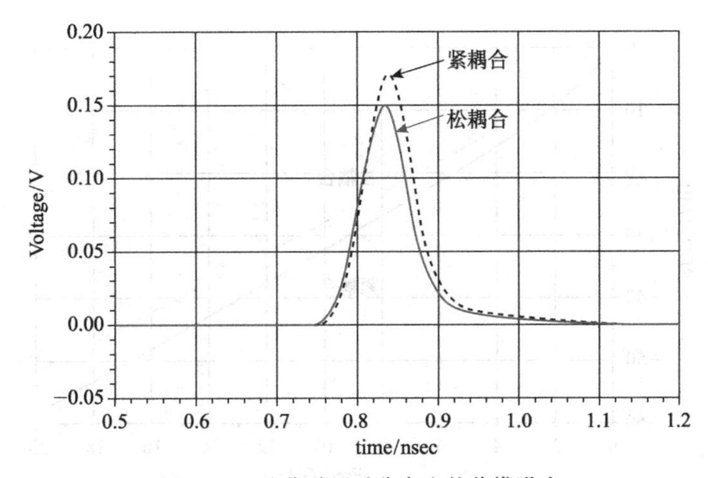

图 8-37 差分对不对称产生的共模噪声

尽管紧耦合抑制差分噪声的能力比松耦合更强，但是由于会产生更大的共模噪声，以及抗共模干扰能力比松耦合更弱，综合性能反而不如松耦合。共模噪声在传输线中反复反射震荡会使接收信号抖动增加，眼图质量恶化。图 8-38 显示了差分对不对称（对内延时不同）情况下，接收端眼图情况，松耦合情况下信号抖动更小，眼图质量更好。

松紧耦合对信号的衰减也有一定的影响。对于确定的层叠厚度，松耦合由于间距增加，线宽必须变得更宽，趋肤效应引起的信号损耗就会相应减小，这种损耗的改善在长距离差分互连中非常重要。图 8-39 显示了长 20 inch 的内层 100 Ω 的差分线，在松紧两种耦合情况下通道的衰减，线宽、线距分别为 4/6、8/16，紧耦合的衰减明显大于松耦合。速率为 5 G 的信号通过两种耦合传输线后眼图如图 8-40 所示，紧耦合由于衰减大，眼图睁开明显比松耦合小。长距离差分互连，信号速率较高情况下，通道衰减是影响信号传输最重要的因素，这种情况下差分对使用松耦合有明显的优势。

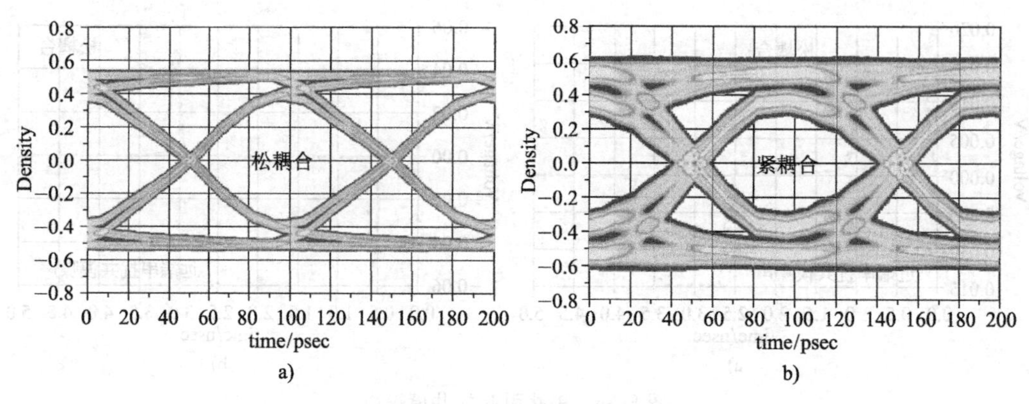

图 8-38　松紧耦合眼图对比

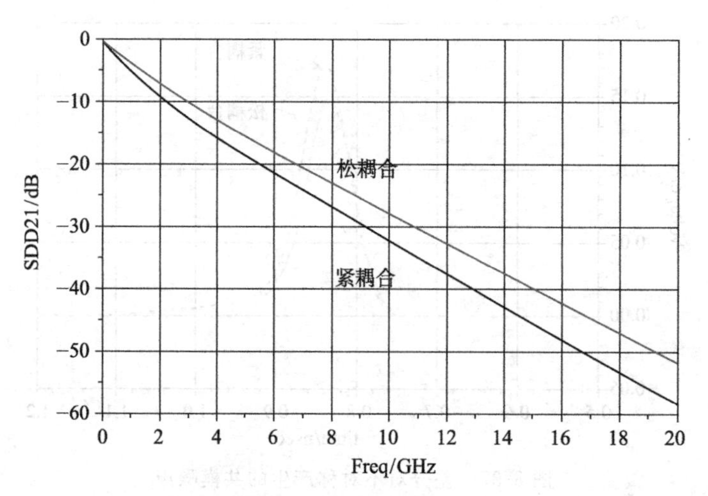

图 8-39　耦合影响衰减

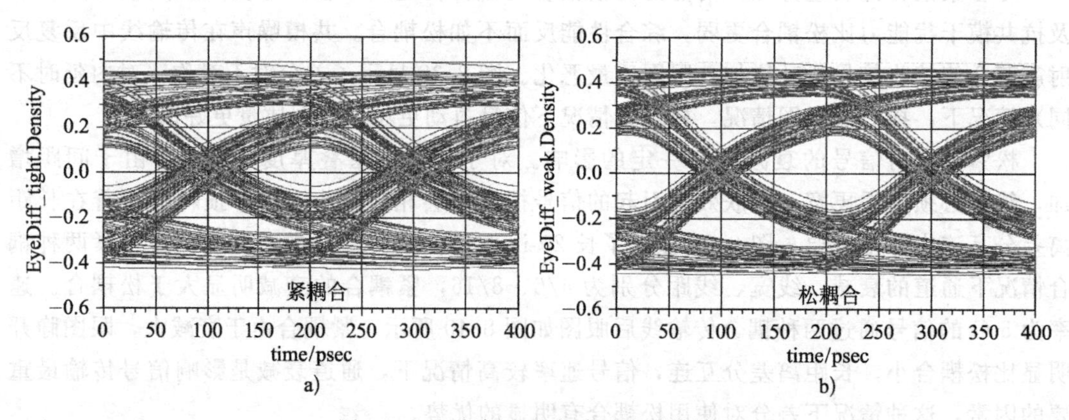

图 8-40　松紧耦合的衰减对眼图的影响

工程设计中，使用松耦合还是使用紧耦合还要考虑成本因素。对于通道长度很短或者信号速率不高的差分互连，由于噪声余量较大，可以使用紧耦合以获得更大的布线密度。但是对于走线很长或信号速率很高的差分互连最好使用松耦合以获得更大的噪声余量。

松耦合和紧耦合是一个相对的概念，没有硬性的划分标准。设计时可以把不同耦合情况下阻抗参数作为一个间接的判断依据。当信号从耦合区域进入无耦合区域时会感受到阻抗变化，在耦合区域单端信号感受到的是奇模阻抗 Z_{odd}，在无耦合区域感受到的是单端阻抗 Z_{se}。图 8-41 所示为几种表面微带线配置中不同间距情况下奇模阻抗 Z_{odd} 和单端阻抗 Z_{se} 的变化趋势。当信号从耦合区域进入无耦合区域时阻抗增加，间距越大，阻抗增加量越小，信号的反射就越小，推荐把这个阻抗变化控制在 5%以内以减小阻抗变化的影响，如果条件允许不增加成本的情况下，可以要求更严格一些。

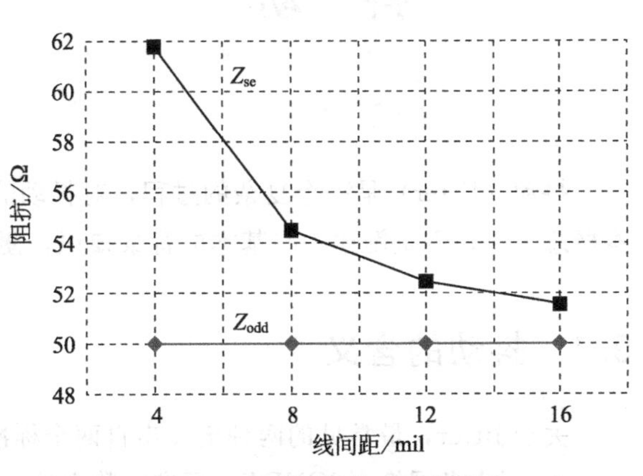

图 8-41　间距对阻抗参数的影响

8.11　小结

本章详细介绍了差分互连的基本知识以及一些工程设计注意事项。深入了解差分互连中的一些基本概念对于澄清一些认识误区非常有帮助。以下是一些有用的观点：

1）任意两条线都可以传输差分信号，并非一定要有耦合，但适度耦合可带来一定好处。

2）差分对的返回电流位于参考平面内，参考平面对于差分线非常重要。

3）合理的差分设计可以提高抗噪声能力。

4）分清差分阻抗、共模阻抗、奇模阻抗、偶模阻抗对工程设计非常有帮助。

5）差分信号和共模信号会相互转换。

6）共模噪声对差分传输有影响，影响的大小和差分对的对称性以及是否有共模端接有关。

7）对称、等长、等距是差分设计的基本要求。

8）使用松耦合还是紧耦合要视具体情况而定，松耦合可以带来性能上的提高。

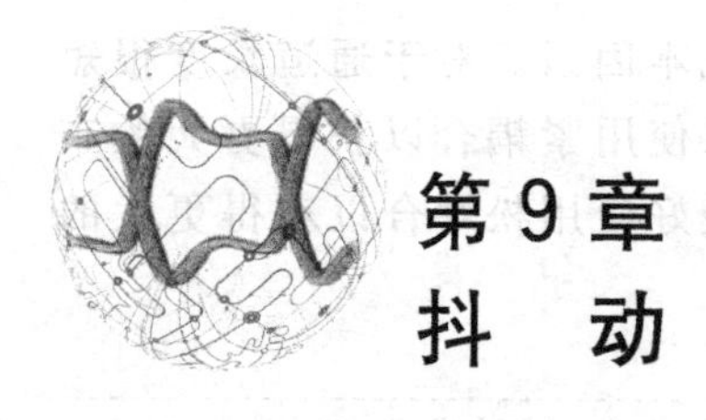

第9章 抖 动

抖动（Jitter）是一个复杂的过程，对抖动的详细分析需要大量的数学知识。本章从基本概念入手，着重阐述一些基本的背景知识，便于读者形成直观的认识。

9.1 抖动的含义

关于Jitter，最常见的两种定义出自两个标准：

- 同步光网络（SONET）标准：数字信号的各个有效瞬时对其当时的理想位置的短期性偏离。
- 光纤通道（Fiber Channel）标准：事件相对于理想时刻的偏离。

两种定义中包含了很多非常有价值的信息，对于深入理解Jitter的本质很有帮助，剖析如下：

1）两个定义的共同之处在于：强调事件相对于理想时刻的偏离。对于数字信号而言，事件为信号边沿某点（电平值）的采样时刻。值得注意的是，两种定义都没有规定具体是哪个采样点的所在时刻。常用的是中值电平采样点，即眼图垂直方向的中心位置。但是对于接收芯片来说，这里有一个很微妙的问题，接收器的判决电平和眼图垂直方向的中心位置电压稍有不同，所以接收芯片感受到的Jitter可能和眼图垂直方向的中心位置观察到的Jitter稍有不同。一个数字信号的Jitter并不是确定不变的，Jitter的大小和观测点的位置（电平）有关。

2）Jitter的大小还和参考点（理想时刻）有关。理想时刻可能是一个固定频率理想Clock的边沿，也可能是PLL恢复出来的Clock边沿。一般情况下，以固定频率理想Clock作参照得到的Jitter比以PLL恢复出来的Clock作参照得到的Jitter大。Jitter是一个相对的概念。

3）SONET标准还强调短期（short-term）偏离。这里实际上涉及一个Wander（漂移）概念。ITU-T推荐的划分方式为：小于10 Hz的偏离定义为Wander，大于10 Hz的偏离定义为Jitter，如图9-1所示。

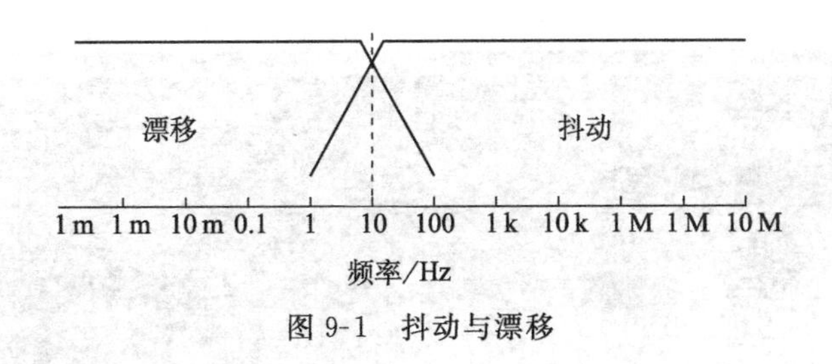

图 9-1 抖动与漂移

9.2 Jitter 描述方法

9.2.1 TIE 的基本概念

时间间隔误差（Time Interval Error，TIE）是被测信号边沿相对于其理想位置的时间误差。实际上 TIE 正是抖动的经典定义。信号波形相对于理想参考时钟边沿延后，误差值由 I_1、I_2、…、I_N表示。以这些误差值为纵坐标，以时间为横坐标可以得到一个 TIE 的趋势图，如图 9-2 所示，称为 Jitter Trend 曲线。

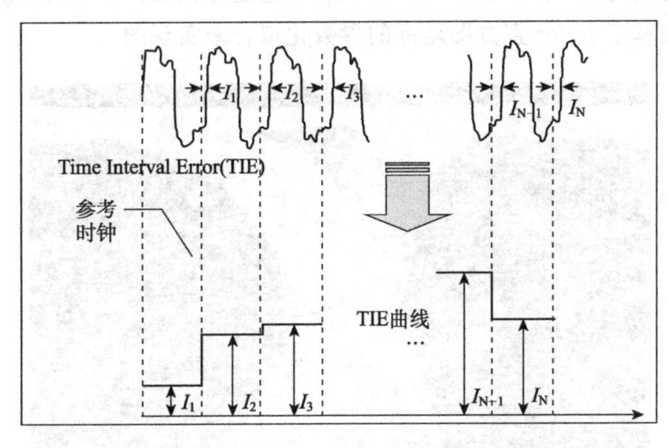

图 9-2 Jitter Trend 曲线

Jitter Trend 曲线显示了时间误差和数据波形之间的相关性。如果抖动是数据相关的，那么 Jitter Trend 曲线会明显地显示出这种相关趋势。如果由于外部干扰而产生周期性抖动，Jitter Trend 曲线会显示出这种周期性的变化趋势。

9.2.2 TIE 频谱

TIE 频谱是 TIE 的频域表示，即 TIE 波形的 FFT 变换，如图 9-3 所示。很多抖动分析软件都会用到，是抖动分析的重要工具。TIE 频谱对于识别较大的周期性抖动，进行抖动分离有重要的作用。

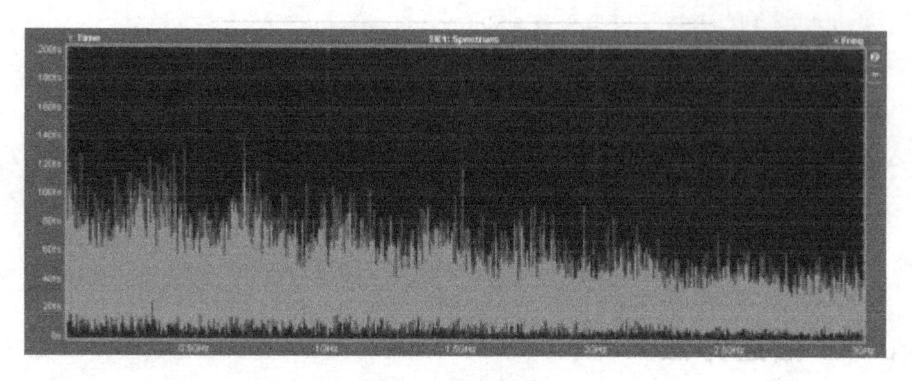

图 9-3　TIE 频谱

9.2.3　Jitter 直方图

Jitter 直方图（Histogram）显示的是 Jitter 的概率密度函数（PDF）的形状，表示信号边沿在某一时间区间内各点出现概率的大小，是抖动的统计域表示，如图 9-4 所示。Jitter 直方图是了解抖动整体分布特征的重要手段，也是分离 DJ 和 RJ 的重要工具，著名的尾部拟合算法就是基于 Jitter 直方图尾部的参数化拟合来实现的。

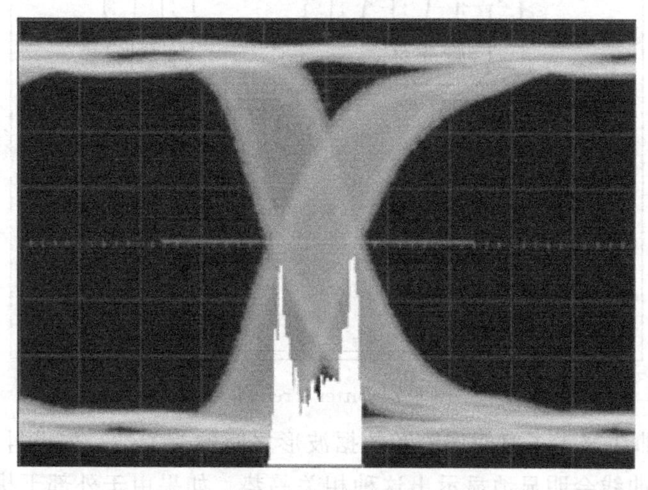

图 9-4　抖动直方图

9.2.4　相噪

相噪（Phase Noise）表示距离载波频率一定频偏处噪声功率与载波功率的比值，单位为 dBc，可以看成是信号功率谱的近似。相噪曲线如图 9-5 所示，通常在分析时钟信号的抖动时采用这种表示方式。严格来说由于信号相位的噪声不一定是平稳的随机过程，因此噪声的功率谱密度是不存在的，但是由测试得到的结果能提供一种可接受的近似，因而尽管这种方式缺乏严格的理论基础，但仍然被广泛采用。相噪和抖动是对同一个噪声机理的两种不同描述，相噪和抖动之间可以通过一定的数学关系进行转换。只要得到相噪曲线就能近似地估计出抖动的大小。

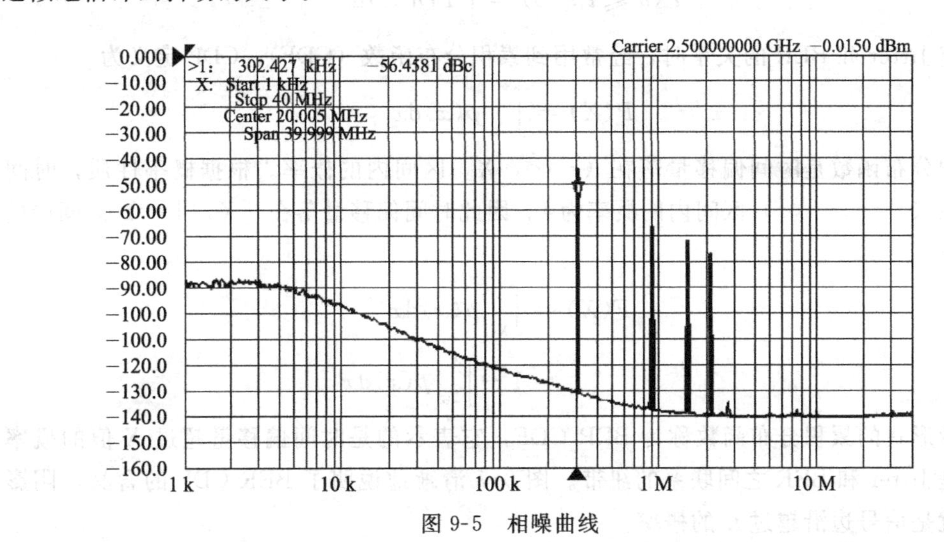

图 9-5　相噪曲线

9.3　Jitter 统计特性

9.3.1　PDF、CDF、BER 基本概念

根据前面所叙述抖动的定义，抖动是事件相对于理想时刻的偏离。偏离可能超前，也可能滞后，如图 9-6 所示。

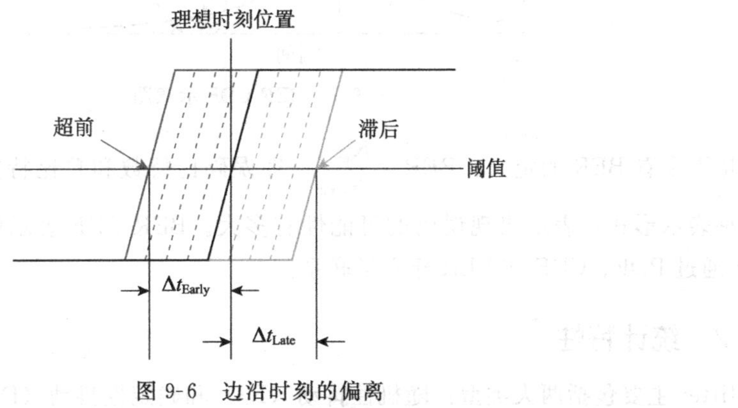

图 9-6　边沿时刻的偏离

时间偏离量是一个随机过程，偏离量达到不同值的概率不同，可以使用概率密度函数(PDF) 来表示时间偏离量的分布特性。只要知道了概率密度函数，就可以求得时间偏移量落在任意区间内的概率。

$$P(a \leqslant t \leqslant b) = \int_a^b \mathrm{PDF}(t)\,\mathrm{d}t$$

研究 Jitter 和 BER 的关系时，经常用到累积分布函数（CDF），CDF 定义为

$$P(X) = \int_{-\infty}^{X} p(x)\,\mathrm{d}x$$

累积分布函数是时间偏移量落在（$-\infty$，X］区间内的概率。根据概率性质，时间偏移量落在（$-\infty$，$+\infty$）区间内的概率为 1。因此时间偏移量落在［X，$+\infty$）区间内的概率为

$$\begin{aligned} F(X) &= \int_{X}^{+\infty} p(x)\,\mathrm{d}x \\ &= 1 - \int_{-\infty}^{X} p(x)\,\mathrm{d}x \end{aligned}$$

这种形式的累积分布函数称为 BER CDF，它表示的是时间偏移量超过 X 值的概率是多少，是 Jitter 和 BER 之间联系的纽带。图 9-7 清晰地说明了 BER CDF 的含义，阴影部分面积就是信号边沿越过 t_s 的概率。

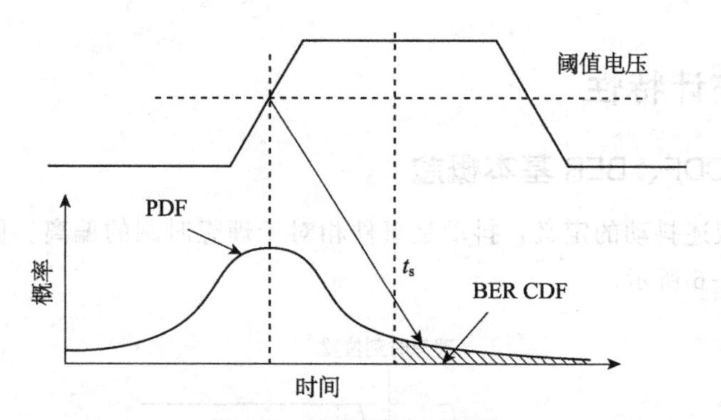

图 9-7　BER CDF 示意图

接下来看 BER 的定义：$\mathrm{BER}=\dfrac{N_{\mathrm{error}}}{N_{\mathrm{total}}}$，即误码比特数和总比特数的比值。这也是概率的一种表示形式，表示出现误码的可能性有多大。BER CDF 表示的也是这个概念，因此 Jitter 通过 PDF、CDF 和 BER 建立了联系。

9.3.2 统计特性

Jitter 主要包括两大类型：随机性抖动（RJ）和确定性抖动（DJ）。

RJ 的概率密度函数（PDF）可近似使用高斯分布来表示，函数如下：

$$p(x)=\frac{1}{\sqrt{2\pi}\sigma}\mathrm{e}^{-\frac{(x-\mu)^2}{2\sigma^2}}$$

其中，μ 为均值，σ 为分布函数的均方差，高斯分布如图 9-8 所示。RJ 的典型特征是无界，时间偏离量可以取任何值。

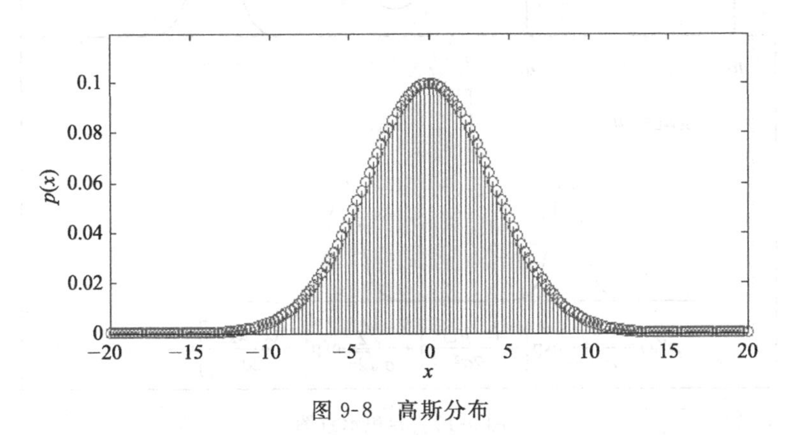

图 9-8 高斯分布

DJ 没有确定的概率密度函数（PDF），所以无法用表达式来表示。DJ 的典型特征是有界，也就是说时间偏离量只可能取某一范围内的值，即超出这一范围的概率为 0。一个 DJ 的 PDF 示例如图 9-9 所示。

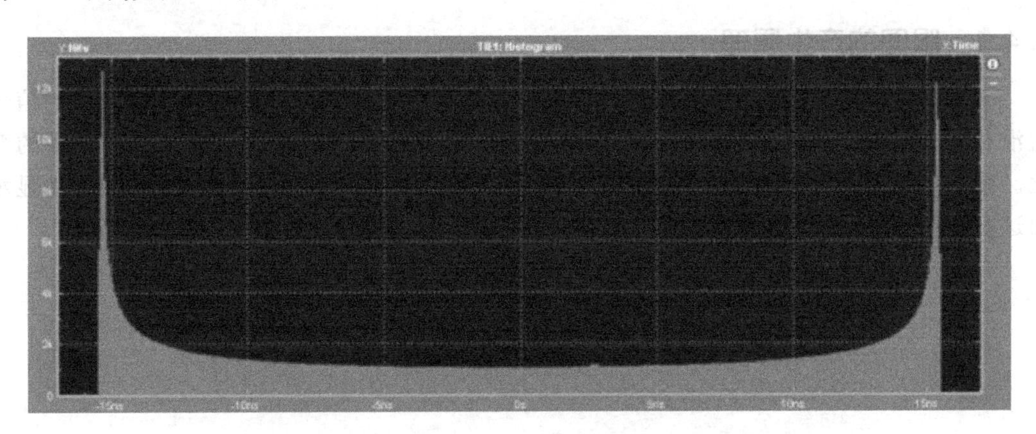

图 9-9 DJ 的 PDF

抖动是 RJ 与 DJ 的合成，两种抖动来源不同，不具有相关性，因此在统计特性上，二者的联合 PDF 是它们各自 PDF 的卷积。图 9-10 形象地说明了这种卷积关系以及产生的效果。

$$P_{\mathrm{TJ}}=P_{\mathrm{RJ}}\otimes P_{\mathrm{DJ}}$$

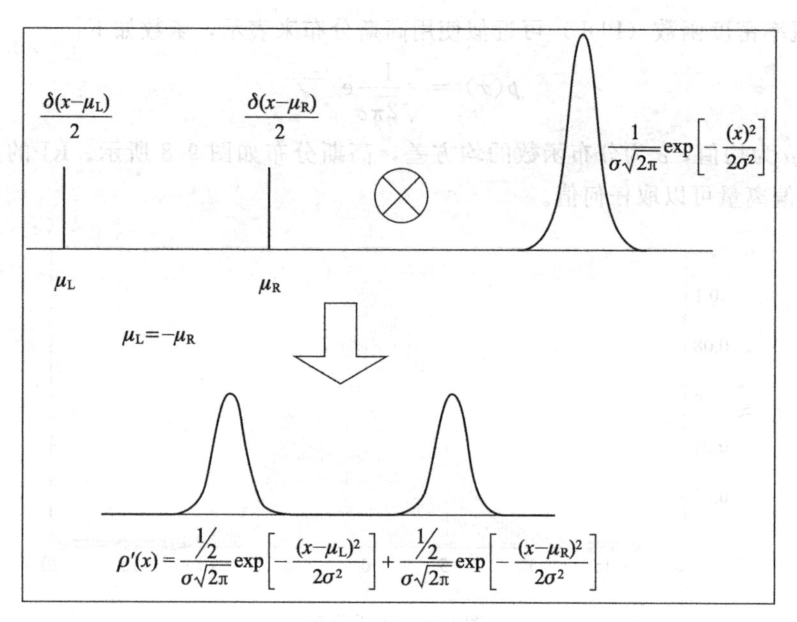

图 9-10　卷积示意图

9.4　Jitter、BER、眼图之间关系

9.4.1　眼图的产生原理

眼图是由信号波形中很多截短的片段叠加在一起而形成的，因而使不同时段内的信号边沿和电压幅度分别叠放在一起，以图形的形式直观地看到信号边沿以及电压幅度的变化。图 9-11 将信号分成了不同时段的波形片段，然后叠加在一起，下方的眼图直观地显示出这一叠加过程。通常眼图在时间上的跨度为两个码元的位宽。

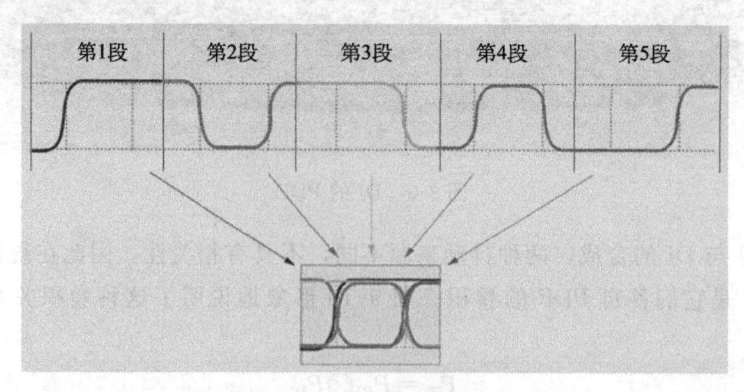

图 9-11　眼图的形成

眼图直观地反映了时间上的抖动和幅度上的噪声，因而成为评估高速互连的一个通用工具。在边沿交叉点处边沿所在时间宽度反映了抖动的大小，眼图在幅度上所占用的电压范围反映了幅度噪声的大小，如图 9-12 所示。

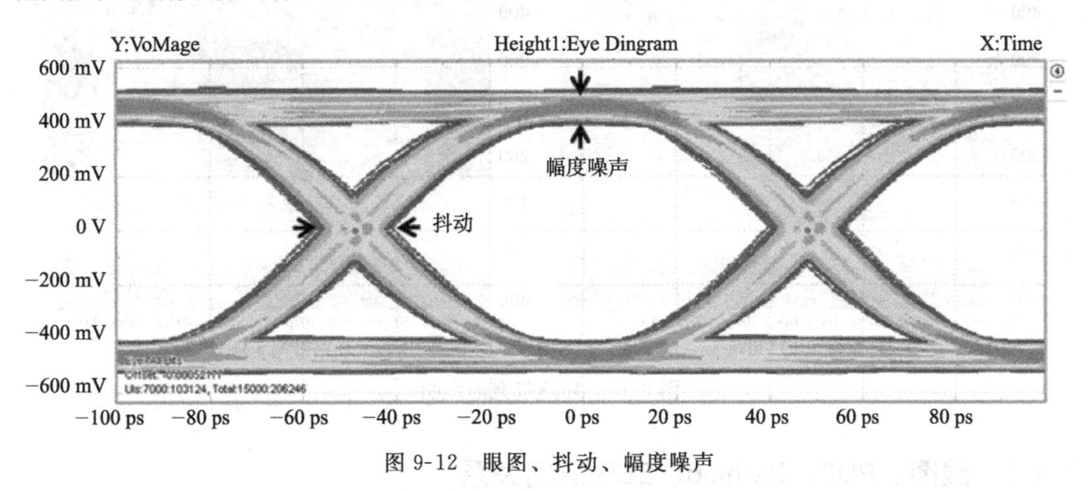

图 9-12　眼图、抖动、幅度噪声

9.4.2　Trigger 对眼图的影响

常用的触发方式有以下 3 种：1）时钟触发（Clock Trigger）。2）分频时钟触发（Divided Clock Trigger）。3）恢复时钟触发（Recovered Clock Trigger）。3 种触发方式所产生的眼图是有区别的。

1）Clock Trigger：这种方式中，时钟速率和数据速率相同，产生的眼图记录了数据流中所有电平的转换信息。

2）Divided Clock Trigger：这种方式中，时钟速率低于数据速率，产生的眼图记录了数据流中部分电平的转换信息。从统计角度来看，也能够真实地反映眼图的情况。但是如果数据码型长度是分频比的整数倍，产生的眼图只包含码型中固定比特位的信息，不能反映眼图的真实情况。

3）Recovered Clock Trigger：在眼图测试时没有外部触发的情况下，经常采用这种方式。另外，如果接收器使用了 CDR 结构，为了评估接收器看到的眼图情况，也需要使用这种方式的触发。CDR 电路的一个重要特性是能够对输入数据的抖动进行一定程度的跟踪，恢复出来的时钟本身和理想时钟相比存在一定的抖动，这个恢复时钟的抖动和数据抖动是同方向的。CDR 电路的环路带宽不同，从数据中恢复出来的时钟抖动也不同。由于抖动是一个相对的量，抖动的时钟去触发抖动的数据，只要抖动是同方向的，就会抵消一部分数据的抖动。因此 CDR 电路的环路带宽不同，观测到的眼图也不同。图 9-13 显示了环路带宽对眼图的影响。

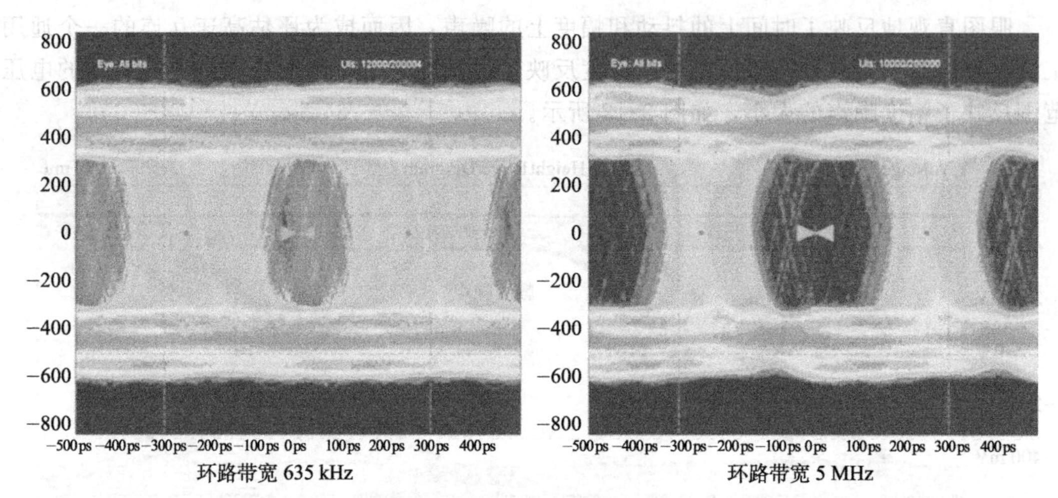

图 9-13　环路带宽的影响

9.4.3　眼图、PDF、Bathtub、BER 之间关系

眼图和 Jitter PDF 之间的关系可以用图 9-14 形象地显示出来。在判决电压位置提取眼图的切片，切片形状即等效于 Jitter PDF 曲线。切片图形高度代表信号边沿时间偏移量等于某一个数值的样本数（波形片段个数）和总样本数（波形片段总个数）的比值，也就是时间偏移量等于这个数值的概率。

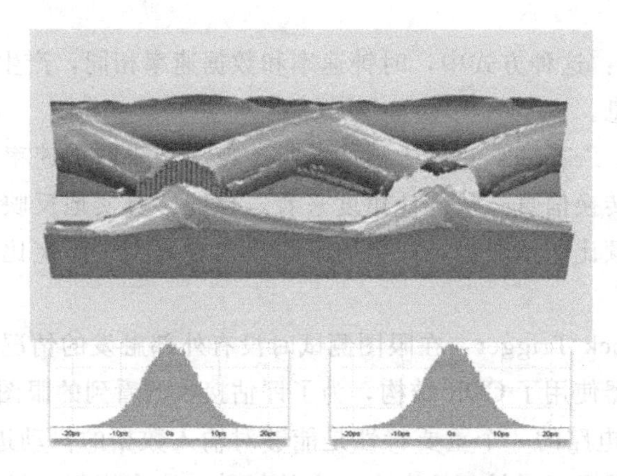

图 9-14　眼图和 Jitter PDF 的关系

根据眼图的生成方法可知，眼图两个交叉点之间的时间跨度刚好是一个码元间隔（UI）。如图 9-15 所示，两条竖线之间部分为一个码元间隔。这一区间内的 Jitter PDF 曲线表示信号上升沿或下降沿处于各个时间点的概率，由 BER CDF 的定义可知，只要知道了 Jitter PDF 就可以计算出 BER 的大小。从形状上看，该范围内 Jitter PDF 像是一个浴盆

(Bathtub) 的剖面，很容易被误解为就是浴盆曲线，实际上这个曲线并不是经常提到的浴盆曲线。

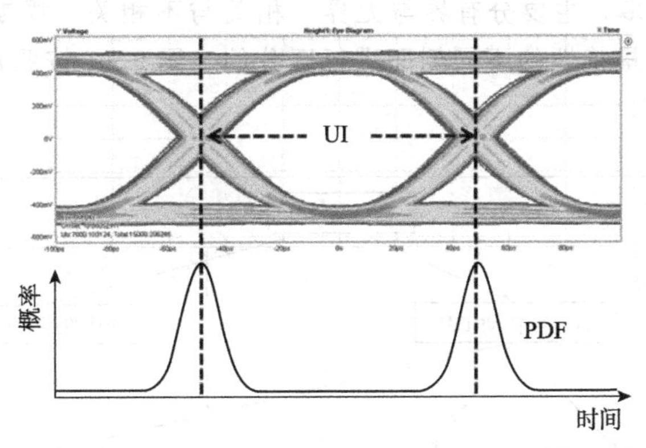

图 9-15　一个 UI 内的眼图与 PDF

Bathtub（浴盆）曲线表示的是 BER 相对于时间的变化趋势。根据 BER CDF 和 Jitter PDF 的关系，可以由 PDF 直接计算出 BER。值得注意的是，不论上升沿还是下降沿抖动过大都会出现误码，因此 BER 是综合考虑上升沿和下降沿的结果，可以使用下面的关系表示：

$$\mathrm{BER} = P_{01}\int_{t_s}^{\infty}\mathrm{PDF}(z)\,\mathrm{d}z + P_{10}\int_{-\infty}^{t_s}\mathrm{PDF}(z)\,\mathrm{d}z$$

其中，P_{01} 和 P_{10} 分别表示上升沿和下降沿的概率，t_s 为取样时刻。根据 t_s 处于一个码元间隔内不同位置时 BER 的大小就可以得到图 9-16 所示的 Bathtub 曲线。

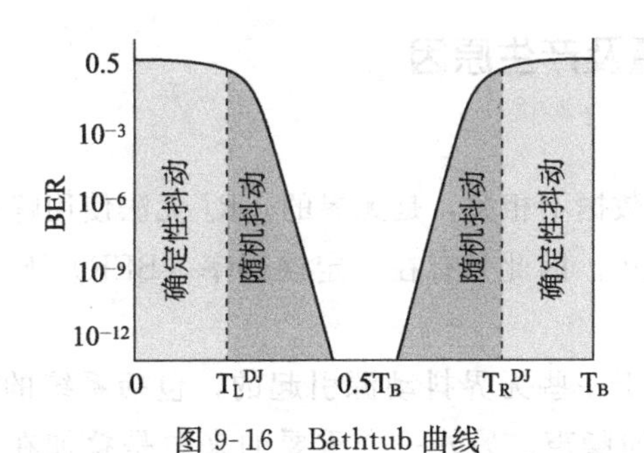

图 9-16　Bathtub 曲线

9.5　Jitter 分类及产生原因

9.5.1　Jitter 分类

前面已经提到，抖动大体上分为确定性抖动（DJ）和随机性抖动（RJ）。但是仅仅知道抖动的这种宏观特征是不够的，系统设计或系统诊断中往往需要知道是什么原因使抖动增加，如何针对性地采取措施来减小抖动，因此需要对抖动进一步细分。

抖动分类方式很多，主要分有界与无界、相关与不相关、周期与非周期等。这些都是从抖动的各个分量特性的不同侧面进行区分的。图 9-17 按照常用的抖动分类方法进行了总结。

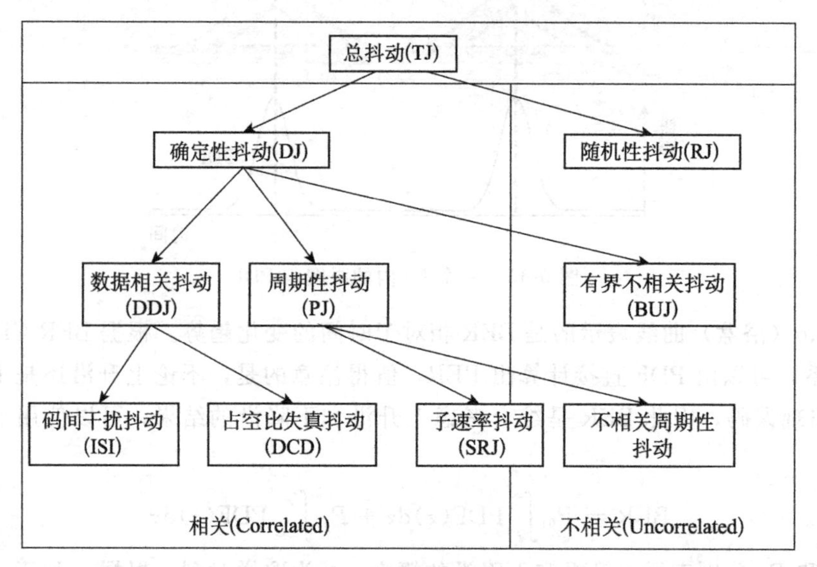

图 9-17　抖动分类

9.5.2　Jitter 抖动分量及产生原因

1. RJ

随机性抖动（RJ）和数据不相关，是无界的。RJ 无法使用峰峰值来表示，通常使用均方根（RMS）来表示其大小。因此只有在一定误码率（BER）下，才能谈到随机性抖动的大小。

随机性抖动通常是由于一些无界抖动源引起的，包括系统的热噪声、散弹噪声、$1/f$ 闪烁噪声以及其他一些高阶噪声。另外一个重要的来源是叠加在信号电压上的随机噪声。绝大多数情况下，随机性抖动的 PDF 是典型的高斯分布形式，如图 9-18 所示。对于这种形式的 PDF，只要得到均值和方差两个参数，就可以完全确定 RJ 的特性。信号边沿相对于理想位置（0 点）越远，出现的概率越小，但永远不为 0，因此 RJ 是无界的，不存在抖动的最大值。

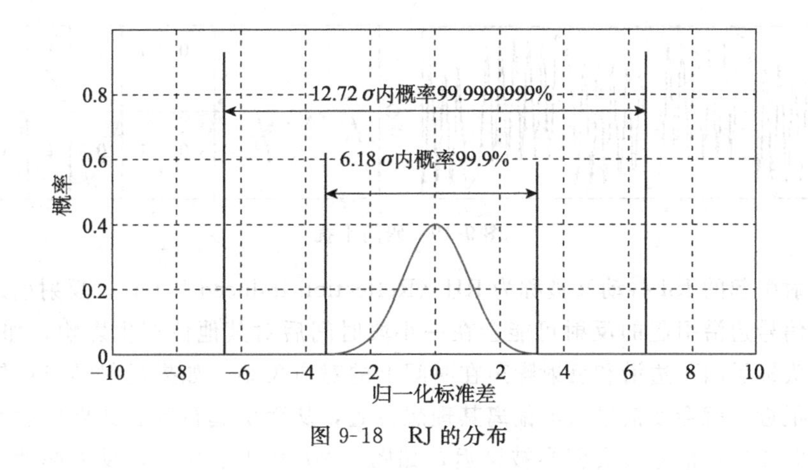

图 9-18 RJ 的分布

2. DJ

确定性抖动（DJ）是有界的，即存在最大值，因此 DJ 可以使用峰峰值来表示。DJ 总的分布特征无法预测，但是组成 DJ 的各个分量的分布特征是可以预测的，因此分析 DJ 时都是对其各个分量进行评估。确定性抖动的另外一个典型特征是具有周期性，在频域表现为很多独立的单根谱线。

DJ 的构成主要有 3 大类：有界不相关抖动（BUJ）、数据相关抖动（DDJ）、周期性抖动（PJ）。数据相关抖动（DDJ）又分为码间干扰抖动（ISI）和占空比失真抖动（DCD）。周期性抖动（PJ）又分为子速率抖动（SRJ）和不相关周期性抖动。下面分别加以说明。

(1) DDJ

1) 码间干扰抖动（ISI）的形成有多种原因：通道高频衰减、信号反射、通道低频衰减以及其他和通道频率响应相关的机制。

由于传输通道高频衰减引起的 ISI 抖动又被称为 DIJ（Dispersion Induced Jitter）。对于一个传输通道（比如 PCB 上的铜走线），如果要让输出信号和输入信号完全相同，那么通道的冲击响应函数应该是狄拉克函数，这意味着通道必须有 0 上升时间或者是无限带宽，由于实际通道都是带宽受限的，因此经过通道传输后信号波形会发生变化，典型的现象是信号的边沿变缓。因此信号边沿必然偏离其原来应该在的位置，产生 ISI 抖动。这种信号边沿的变缓和数据模式（01 组合的不同情况）结合起来，就会产生信号边沿时刻的不确定性，图 9-19 显示了 01010 码和 01110 码之间信号边沿的相对偏移。

码间干扰抖动之所以称为数据相关抖动或码型相关抖动，是因为 ISI 抖动的大小和数据模式有关。举个例子，对于 8B10B 码，游程长度（最大连 0 或连 1 个数）为 5，那么 ISI 抖动的最大量发生在 011111 及 100000 这种模式下。其他数据模式下抖动都会小于这种情况。

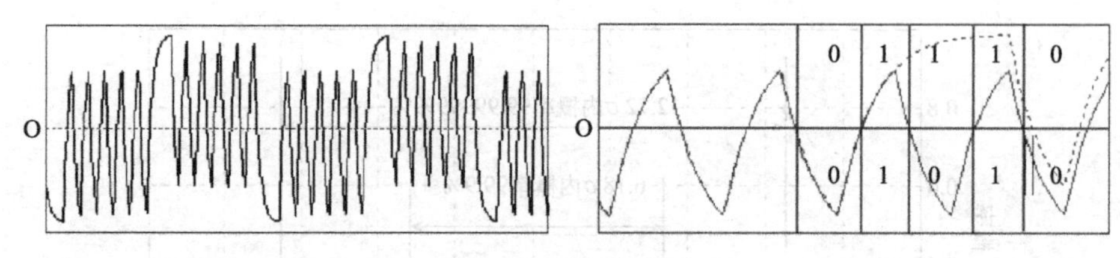

图 9-19　码间干扰

由于反射引起的 ISI 抖动又被称为 RIJ（Reflection Induced Jitter）。反射引起信号幅度变化，某个信号边沿引起的反射可能会在一小段时间后对其他位产生影响，如图 9-20 所示，图中箭头标示出了边沿和反射噪声在时间上的对应关系。如果反射噪声在信号边沿处或距离边沿很近，就会使信号边沿偏离其理想位置，从而引起抖动。如果反射噪声方向和信号跳变方向相反，信号边沿就会被延迟，如图 9-20 中 A 点所示，反之亦然。因此，尽量减小传输通道的阻抗不连续性能够减小抖动。

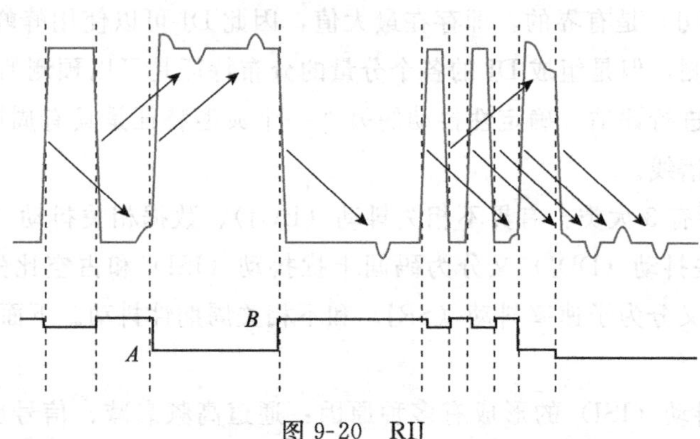

图 9-20　RIJ

由于通道低频衰减而引起的 ISI 也称为 BWJ（Baseline Wander induced Jitter）。引起这种抖动的典型场景是 AC 耦合电容的使用，AC 耦合在频域表现的是一种带通特性，只要 ESL 很小，高频截止频率就很高，很容易就超过信号的带宽，一般情况下对信号影响不大。低频截止频率和电容值有关，电容值越大，低频截止频率越低。这种对低频的衰减，反映在信号上表现为两个方面：一个是长连 0 或长连 1 的情况下信号幅度的变化；另外一个是信号边沿的变化，如图 9-21 所示。因此 AC 耦合电容会引起低频抖动，并且这种抖动和码型有关。

和码型有关的电源噪声也可能会引起码间干扰抖动。信号转换过程中瞬态电流需求会在电压轨道上产生噪声或者在地平面上产生地弹噪声，这种电源系统的噪声会影响信号边沿的变化，进而产生抖动。PCB 板级合理的电源系统设计可以减小这种抖动。

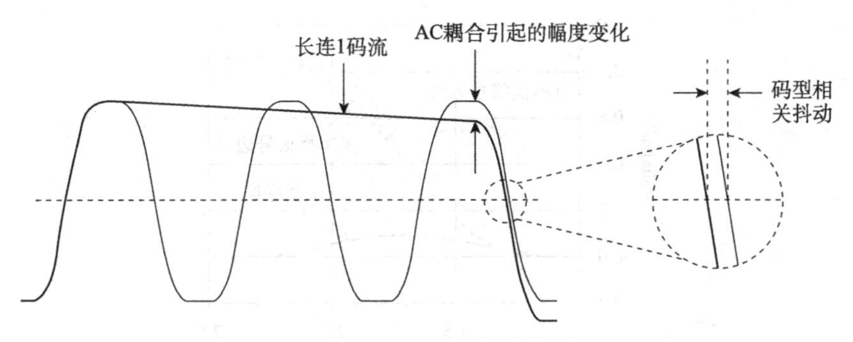

图 9-21　BWJ 示意图

2）占空比失真抖动（DCD）的产生主要有两个原因：①信号上升边沿和下降边沿不对称；②判决门限偏离理想电压位置。

信号上升边沿和下降边沿不对称的情况下眼图如图 9-22 所示。图中判决门限为信号摆幅的 50%，由于较慢的上升边没有能和较快的下降边同时到达判决门限，在判决门限处分离开，因此抖动直方图显示为两个分离的高斯型，表现出明显的确定性抖动特征。

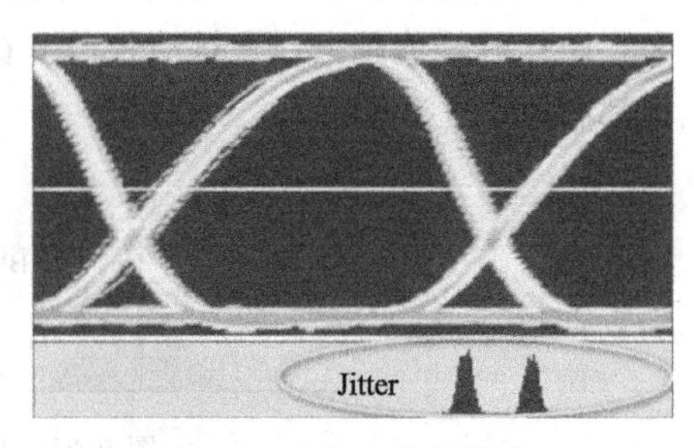

图 9-22　占空比失真抖动

如果信号的上升边和下降边是对称的，但判决门限偏离其理想位置，如图 9-23 中横线所示，也会产生同样的作用。

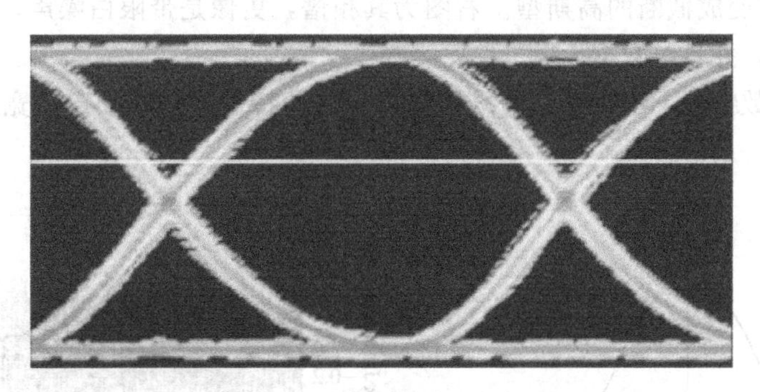

图 9-23　判决门限偏离与 DCD

（2）BUJ

有界不相关抖动（BUJ）产生的主要原因是邻近链路的串扰。由于串扰来源于其他链路，与被测信号不相关，因此抖动也是不相关的。串扰噪声叠加在信号边沿，会改变边沿的上升和下降时间，从而产生抖动，如图 9-24 所示。

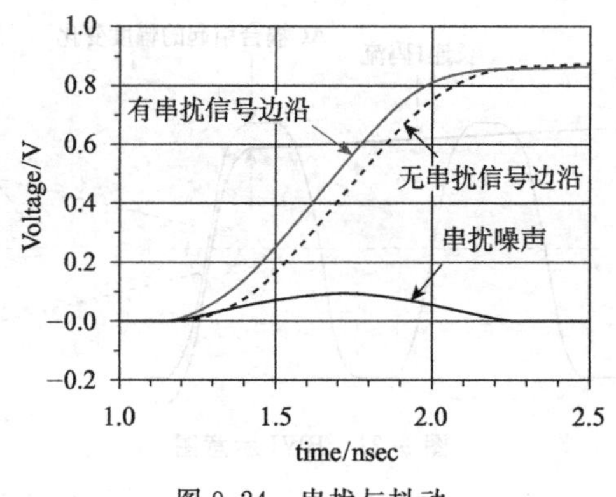

图 9-24　串扰与抖动

单个串扰源引起的 BUJ 对总抖动的影响如图 9-25 所示。BUJ 是有界的，串扰噪声越大，BUJ 峰峰值越大。在抖动频谱上看是单个尖峰，尖峰所在频点与攻击信号的速率及码型都有关。

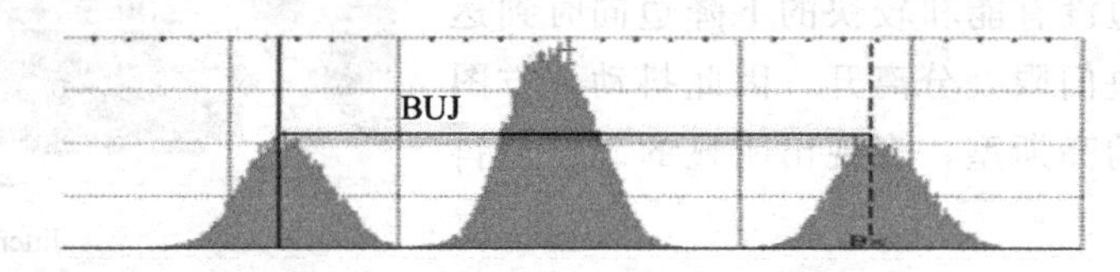

图 9-25　单个串扰源对总抖动的影响

当存在多个串扰源，并且各串扰源信号的码型不一致时，BUJ 的概率密度函数可能如图 9-26 左图这样变成截断的高斯型。右图为其频谱，更像是带限白噪声，其特点是频带有限，具有随机性，并且与数据无关。

实际中，多数情况下串扰引起的抖动都具有这种特性：抖动频谱较宽且包含多条不相关的谱线。

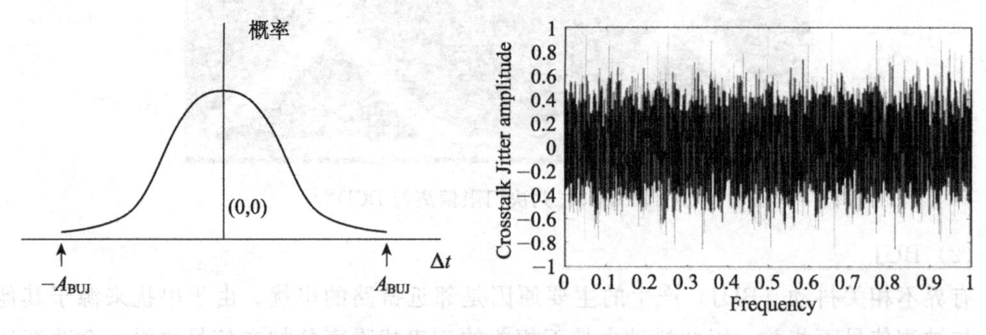

图 9-26　多个串扰源引起的抖动

（3）PJ

1）不相关周期性抖动主要来源于以下3方面：①参考时钟相位的周期性调制；②开关电源的耦合；③其他耦合路径耦合过来的周期性干扰。

不相关周期性抖动的典型特性是其频谱上一个或多个与数据速率无关的频点出现尖峰。如果抖动是正弦的，表现为频谱上的单个尖峰。如果抖动是非正弦的，其频谱上会等间隔地出现多个尖峰。

图9-27显示了典型的开关电源耦合引起的不相关周期性抖动情况。TIE平滑滤波后，TIE Trend波形与电源噪声波形变化规律一致，说明电源噪声确实是抖动产生的原因。TIE频谱中包含很多谐波分量处的尖峰，基频为电源的开关频率，各个谐波频率为基频的整数倍，与数据速率无关。

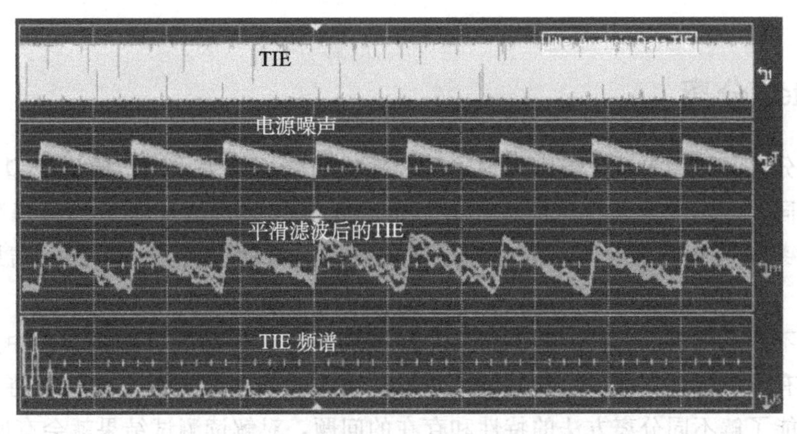

图9-27　开关电源耦合引起的不相关周期性抖动

2）子速率抖动（SRJ）是一种周期性抖动，其频率是数据速率的整数倍分频。这种抖动通常出现在数据复用场景中，抖动来源和数据有关，但是结果既可能表现为数据相关的，也可能表现为数据不相关的。

图9-28中假设有4条并行支路，数据经过并串转换为串行数据。假如由于某种干扰使支路1上的信号边沿发生抖动，经过串行化后，该抖动在串行数据中会表现出周期性，每隔3比特出现一次。如果串行数据的码型长度是4的整数倍，那么发生抖动的数据会始终出现在码型中的固定位置，这种情况下，在串行数据中表现出来的是与码型相关的抖动。如果串行数据的码型长度不是4的整数倍，那么发生抖动的数据在每个码型长度的数据段内出现的位置都会发生变化，这种情况下表现出来的是一种数据不相关的抖动。

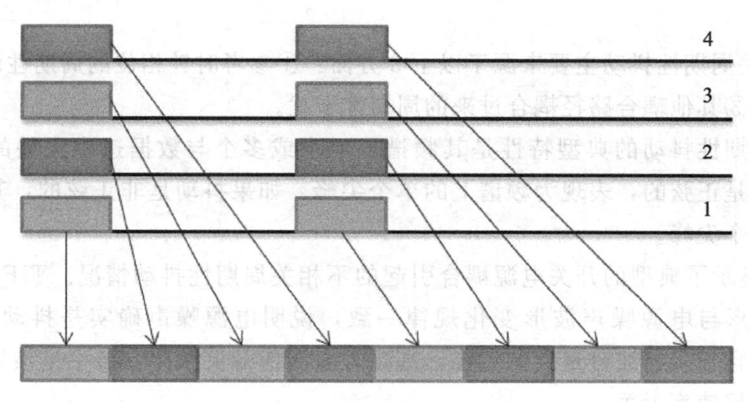

图 9-28　子速率抖动的形成

9.6　Jitter 分离

抖动的分离是使用参数化模型来描述系统性能的分析技术。由于使用模型的不同和分离方法的不同，得到的结果也可能存在差异。因此不能想当然地认为测量得到的抖动分析结果就是系统的真实情况。不同的测试设备使用的抖动分离方法不同，结果也会有所差异。

尽管得不到系统抖动特性的精确结果，但是即使是近似的，也能从结果中发现对系统设计和调试有用的信息，至少趋势能够大致反映出来。问题的关键是如何看待测量得到的结果，如果能了解不同分离方法的特性和存在的问题，对解读测试结果就会有所帮助。

抖动分离的一个重要目的就是系统诊断，每一个抖动分量都是由一种或几种特定的物理因素引发的，通过抖动分离，近似地估计出各个分量的大小。尽管不精确，但是至少可以了解相对而言哪些分量在总抖动中所占比重更大，进而找到可能的原因，针对性地进行系统优化和故障排除。观察抖动测量结果不能仅看总抖动的大小，更应该关注各个分量的大小。

抖动分离涉及大量的数学和算法方面的知识，本节内容尽量避开冗长的数学推演，重点从宏观上阐述各种分离方法的特性以及可能存在的问题。

9.6.1　总抖动的含义

使用总抖动（TJ）来评估系统抖动特性的原因是希望从宏观上了解这个系统抖动的最大值能有多大，从这个意义上来说总抖动指的是抖动的峰峰值。对于确定性抖动（DJ），使用峰峰值没有问题，因为 DJ 是有界的，本身就存在这样的峰峰值。但是对于随机性抖动（RJ），没有办法直接定义峰峰值。随机性抖动的概率分布函数是高斯的，任何时刻其概率都不为 0，因此，RJ 不存在峰峰值。对于任何真实系统，随机性抖动必然存在，无法给出一个确定的总抖动值。因此，定义总抖动必须有前提条件。

评估一个系统的性能，最关心的是该系统是否能在规定的误码率（*BER*）下稳定地工作，实际上我们关心的是系统的误码率。对于抖动，我们关心的也是抖动是否会产生误码。从这个角度来说，把总抖动定义为某一个误码率（*BER*）下抖动的峰峰值更有实际意义，即使用误码率的函数来表示总抖动，标记为 TJ（*BER*）更能说明问题的实质。

从眼图角度来说，考察眼宽时，通常说的是在某一误码率的眼宽，眼宽之所以变小，就是因为抖动的原因，所以总抖动 TJ（*BER*）表示的是在这一误码率下的眼图的闭合程度，从这个意义上来说，总抖动 TJ（*BER*）可以表示为

$$\mathrm{TJ}\ (BER) = 1 \cdot UI - \mathrm{Eye\_width}\ (BER)$$

图 9-29 显示的是 *UI*、眼宽、总抖动的关系。

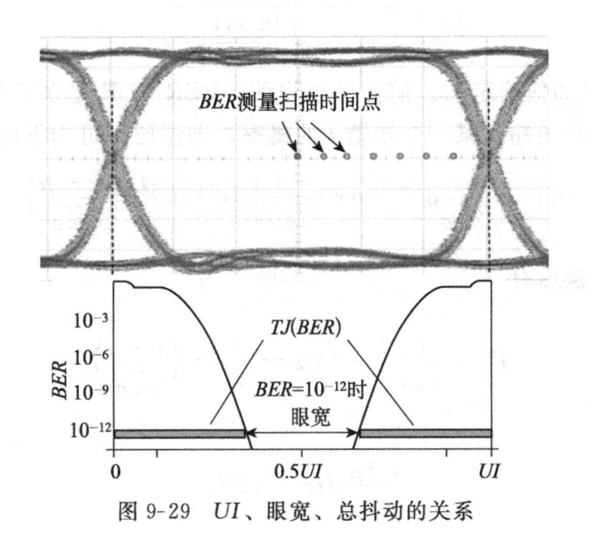

图 9-29　*UI*、眼宽、总抖动的关系

9.6.2　随机性抖动 RMS 值与峰峰值转换

随机性抖动的概率密度函数（PDF）是高斯的，任何一点的概率都不为 0，也就是说信号边沿偏离理想位置多远都有可能，区别仅仅在于可能性大小，抖动是无界的。但是为了找到某一个误码率下总抖动（TJ）的大小，必须找到随机性抖动在这个误码率下的峰峰值。对于高斯抖动，容易得到的是均方根（RMS）值 σ，要想得到总抖动，需要把均方根值转化为特定误码率下的峰峰值。特定误码率下随机抖动的均方根值和峰峰值之间的关系为

$$\mathrm{RJ_{P-P}}\ (BER) = N \cdot \sigma$$

其中，N 是和误码率有关的一个参量，对应关系如下：

BER	*N*
10^{-3}	6.18
10^{-4}	7.438
10^{-5}	8.53
10^{-6}	9.507
10^{-7}	10.399
10^{-8}	11.224
10^{-9}	11.996
10^{-10}	12.723
10^{-11}	13.412
10^{-12}	14.069
10^{-13}	14.698
10^{-14}	15.301
10^{-15}	15.883
10^{-16}	16.444

下面说明 N 值是如何确定的。前面已经说明，BER CDF 建立了时间偏离值和误码率之间的关系，时间偏离值超过某一个数值 t 的概率，即误码率可用下面的 BER CDF 表示：

$$F_1\int_t^{\infty}\frac{1}{\sqrt{2\pi}\sigma}\mathrm{e}^{-\frac{(x-\mu)^2}{2\sigma^2}}\mathrm{d}x=\frac{1}{\sqrt{\pi}}\int_t^{\infty}\mathrm{e}^{-\left(\frac{x-\mu}{\sqrt{2}\sigma}\right)^2}\mathrm{d}\left(\frac{x-\mu}{\sqrt{2}\sigma}\right)$$

设 $z=\frac{x-\mu}{\sqrt{2}\sigma}$，变量代换后有

$$F_1=\frac{1}{\sqrt{\pi}}\int_{\frac{t-\mu}{\sqrt{2}\sigma}}^{+\infty}\mathrm{e}^{-z^2}\mathrm{d}z=\frac{1}{2}\mathrm{erfc}\left(\frac{t-\mu}{\sqrt{2}\sigma}\right)$$

进一步变换为

$$\frac{t-\mu}{\sqrt{2}\sigma}\mathrm{efrc}^{-1}\ (2F_1)$$

设 $Q=\frac{t-\mu}{\sigma}$，得到

$$Q=\sqrt{2}\cdot\mathrm{erfc}^{-1}(2F_1)$$

$2F_1$ 实际上就是误码率（*BER*），如图 9-30 所示的两个阴影部分面积。

这样就把 Q 值与误码率联系起来，对于特定误码率（*BER*），可查误差函数表得到 Q 值。

$$Q\ (BER)\ =\sqrt{2}\cdot\mathrm{erfc}^{-1}\ (BER)$$

因为 $Q=\frac{t-\mu}{\sigma}$，所以

$$t-\mu=Q\cdot\sigma$$

从图 9-30 中可以很容易得到下面结论：

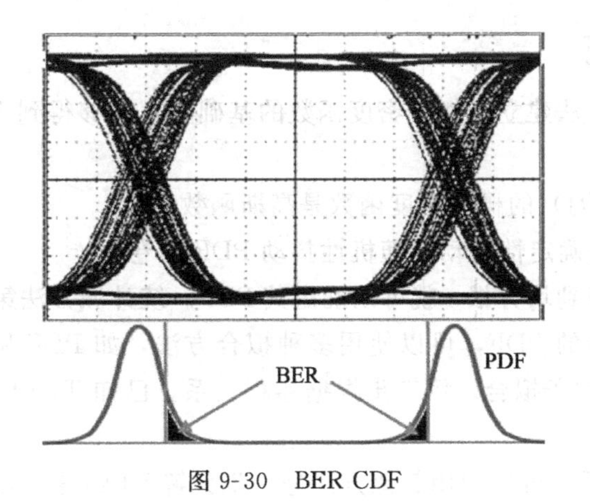

图 9-30 BER CDF

$$RJ_{p-p}(BER)=2(t-\mu)=2Q\cdot\sigma=N\cdot\sigma$$

9.6.3 双狄拉克法简介

双狄拉克法把总抖动粗略地分为确定性抖动和随机性抖动，进而快速地估计出在特定误码率下的总抖动的大小。低误码率下的总抖动只有在BERT上经过很长时间的测试才能得到。双狄拉克法基于下面的假设：

1）抖动分为确定性抖动（DJ）和随机性抖动（RJ）两类。

2）随机性抖动具有高斯分布特征。

3）确定性抖动有界，且其分布为位于峰峰值处的两条线。

4）抖动是平稳的随机过程。这可以保证不论在哪个时间段测量，都能得到一致的结果。

双狄拉克法原理可用图9-10说明。两个δ函数和高斯分布函数卷积得到双峰形式的分布函数，用来对系统抖动的分布近似。基于这个假设，总抖动可用下式表示：

$$TJ(BER)=DJ+N\cdot\sigma$$

双狄拉克法抖动分离主要有两种实现方式：1）使用直方图、BER CDF或Q空间函数拟合出高斯分布的均方根σ；2）通过TIE频谱的噪底（去除DJ后残留部分）计算出均方根σ。

双狄拉克法抖动分离的特性如下：

- 有可能把部分确定性抖动DJ误认为是随机性抖动RJ。
- 得到的确定性抖动并不是真实的DJ峰峰值，结果只是适合于假设模型的一个值。

9.6.4　统计域分离

统计域抖动分离方法建立在概率密度函数的基础上，能够得到 RJ 和 DJ 的概率密度函数。算法的前提是：

1）随机性抖动（RJ）的概率密度函数是高斯函数。

2）总抖动 PDF 是确定性抖动和随机性抖动 PDF 的卷积。

高斯函数只需要找到均方根 σ 就可以确定其 PDF。统计域方法第一步获得抖动直方图。第二步估计随机性抖动的 PDF，可以使用多种拟合方法，如 PDF 尾部拟合、变换域 BER CDF 拟合、变换域 Q 因子拟合。第三步根据卷积关系，已知 TJ PDF 和 RJ PDF 情况下反卷积解出 DJ 的 PDF。

分离出 RJ 和 DJ 后，可以使用其他方法进一步分解 DJ 的各个分量。

9.6.5　频域抖动分离

频域抖动分离基于 TIE 波形，大致步骤如下：

1）获得 TIE 频谱。由于假设 RJ 是平稳随机性过程，其频谱分布在很宽的频带内，没有明显的尖峰。确定性抖动 DJ 在时域是周期性的，在频域表现为一系列尖峰脉冲，如图 9-31 所示。基于这种特征，可以将频谱中对应确定性抖动 DJ 的部分分离出来。去除 DJ 部分的频谱即 RJ 频谱，RJ 抖动的标准差通过计算频谱的均方根值来确定，这样就分离出 RJ 抖动。

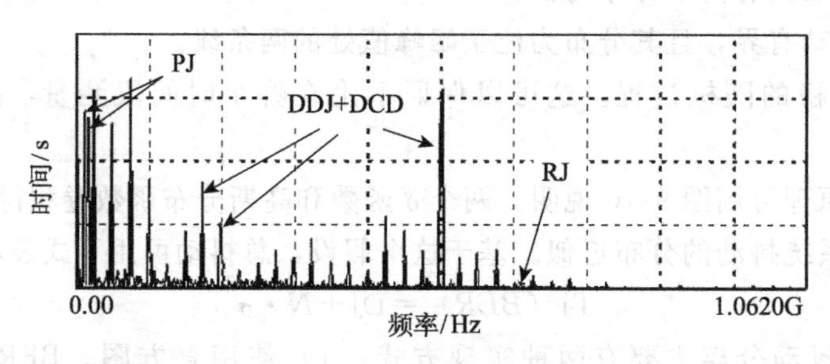

图 9-31　频域中的 DJ

2）分离出来的 DJ 频谱，只在一些离散的频点上有谱线，其他频点为 0。ISI＋DCD 对应的谱线位于 BitRate/N 频点的整数倍位置上，其中 N 为码型长度。其他的谱线对应 PJ 抖动。

3）PJ 频谱 IFFT 变换后得到 PJ 时域值，峰峰值就是 PJ 抖动的大小。

4）ISI＋DCD 的频谱 IFFT 变换到时域。时域数据分成两个部分，一部分代表上升沿时间变化，另一部分代表下降沿时间变化。分别统计得到各自的统计直方图。两个直方图各自均值的差就是 DCD 抖动，两个直方图峰峰值的平均就是 ISI 抖动。

从 RJ 和 DJ 频谱分离的做法可见，如果一部分 DJ 的频谱没有明显的尖峰，这部分 DJ 就会被误认为是 RJ。串扰引起的 BUJ 可能表现为窄频带内的尖峰，这种情况能够把 BUJ 作为 DJ 分离出来。但很多时候串扰引起的 BUJ 频谱表现为宽频带低幅度，这样频谱分离的时候就会被归类到 RJ 频谱中。在解读测量数据的时候，应该注意到这一点。

9.7 Clock Jitter 与相噪

9.7.1 时钟抖动的时频域表示

时钟的抖动可以分别从时域和频域来表示。从时域上看，抖动表现为时钟边沿跳变时刻相对于理想时钟边沿跳变时刻的时间偏移量，称为相位抖动。如图 9-32 所示。如果理想时钟边沿跳变时刻为 T_n，实际时钟边沿跳变时刻为 t_n，相位抖动从数学上可表示为

$$\Delta t_n = t_n - T_n$$

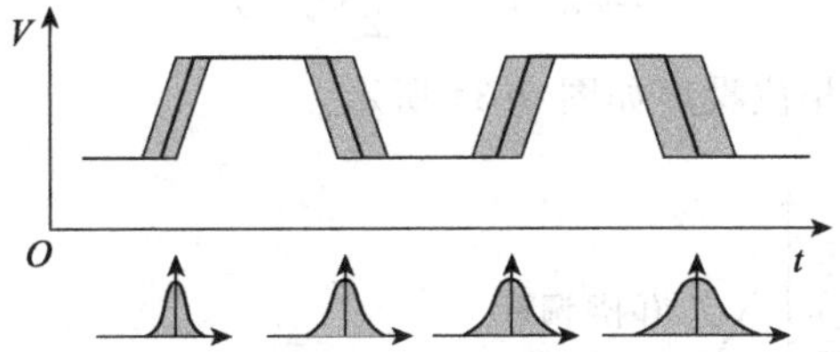

图 9-32 相位抖动

时域上这种时钟边沿的偏移可以使用相位变化来表示，假设理想时钟表示为

$$V_{\text{ideal}}(t) = A \cdot f(2\pi f_0 t)$$

实际时钟表示为

$$V_{\text{real}}(t) = A \cdot f(2\pi f_0 t + \Phi(t))$$

变换形式，得

$$V_{\text{real}}(t) = A \cdot f\left[2\pi f_0\left(t + \frac{\Phi(t)}{2\pi f_0}\right)\right] = A \cdot f\left[2\pi f_0(t + \Delta t)\right]$$

从表达式可见，实际时钟相当于对理想时钟进行时间偏斜，由于偏斜量 Δt 也是时间的函数，因此不同边沿处的偏斜量不同。这样就把时间上的抖动和相位变化关联起来，研究时间上的偏斜可以转化为研究相位上的变化。

研究相位变化，在频域上更方便。这就引出了时钟抖动的另一种形式：相位噪声。相位噪声表示为偏离载波一定频率处，单位频率内噪声功率相对于载波功率的比值，并用对数表示：

$$L_{\text{total}}\{f_m\} = 10 \cdot \log_{10}\left[\frac{P_{\text{sideband}}(f_m, 1\text{Hz})}{P_{\text{carrier}}}\right]$$

图 9-33 清楚地说明了相位噪声的含义。从相位噪声的定义来看，实际上就是功率谱密度。相位噪声只包含正频率，对应单边功率谱密度。

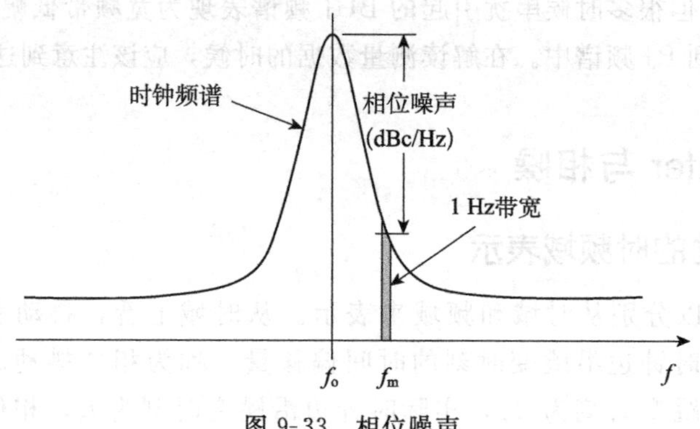

图 9-33　相位噪声

功率谱密度记为 $S_\phi(f)$，则相位噪声可表示为

$$L_{\text{total}}\{f_{\text{m}}\}=\frac{1}{2}S_\phi(f)$$

典型的晶体振荡器的相位噪声如图 9-34 所示。

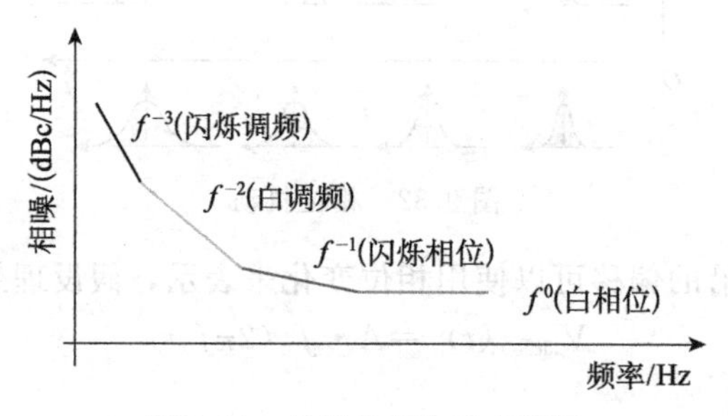

图 9-34　晶振的相位噪声特征

9.7.2　相位噪声转换为时域抖动

通常把时钟相位抖动近似地认为是满足高斯分布的平稳随机过程，因此只需要均方根 σ 就能表示其分布特征，只要能求得均方根就能了解抖动的大小。

相位噪声和相位抖动是同一个抖动的两种不同表示，因此之间必然存在着一定的转换关系。抖动均方根与相位噪声之间的关系为

$$\sigma=\frac{1}{2\pi f_0}\sqrt{2\int_0^{\infty}10^{\frac{L(f)}{10}}\,\mathrm{d}f}$$

$\int_0^{\infty}10^{\frac{L(f)}{10}}\mathrm{d}f$ 即相位噪声曲线由对数刻度转换为线性刻度后，曲线下方的面积，如

图 9-35 所示。测量得到相噪曲线数据后，使用 Excel、Matlab 等数值计算工具就可以得到抖动的均方根 σ，测量仪器中一般已经集成了用于计算抖动的工具，可以直接读取抖动值的大小。

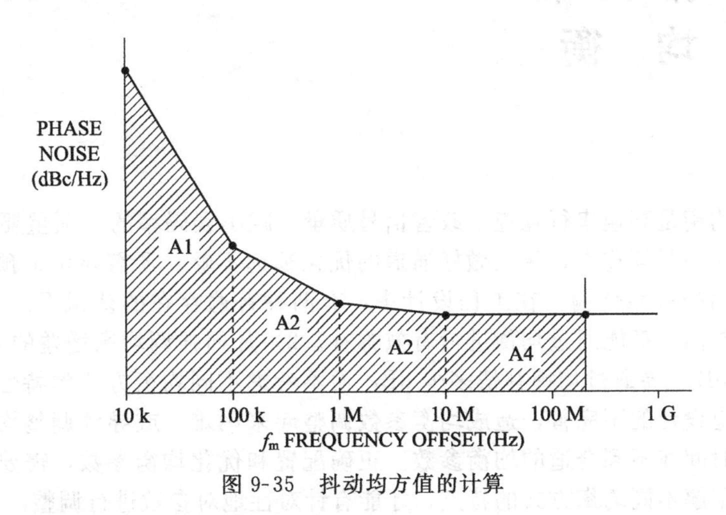

图 9-35　抖动均方值的计算

作为补充，简单介绍一下这种转换关系的由来。根据维纳-辛钦定理，功率谱密度和自相关函数之间是傅里叶变换关系

$$R_\phi(\tau) = \int_{-\infty}^{\infty} S_\phi(f) e^{j2\pi f\tau} df$$

当 $\tau=0$ 时有

$$R_\phi(0) = \int_{-\infty}^{\infty} S_\phi(f) df$$

等式右侧变成了功率谱密度的积分。而当抖动均值为 0 时，R_ϕ（0）就是方差 σ^2。

9.8　小结

从工程应用的角度来说，本章的关键是对抖动有一个直观的认识，理解各种抖动分量的形成原因，能够根据测量结果大致判断抖动的来源，这样就可以有针对性地采取适当的解决措施。

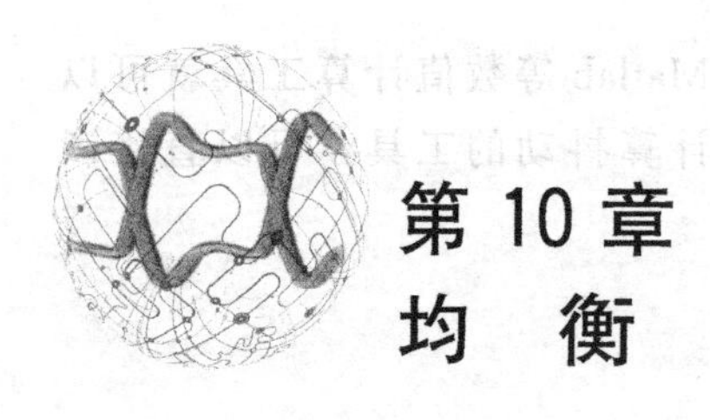

第 10 章 均 衡

预加重和均衡是高速串行互连中改善信号质量，减小误码率的一项重要措施。在 GHz 以上长距离高速串行互连中，仅仅做好通道的优化远远不够，还需要调整预加重和均衡参数才能实现数据的可靠传输。在工程设计中，有两种普遍存在的认识误区：1）认为通道设计中的不理想因素都能通过均衡进行有效弥补。2）片面强调均衡增益的 dB 值，认为通道衰减了多少 dB 就要通过均衡补偿多少 dB，而不考虑不同均衡方式的特性。这些认识误区可能导致通道设计的不完善，造成均衡参数调整起来困难，或导致调整均衡参数时方向性的错误，长时间找不到合适的均衡参数。正确配置和优化均衡参数，需要对均衡原理有深入的理解。了解不同均衡方式的特点，才能有针对性地对参数进行调整。

10.1 互连中的信号畸变

典型的高速串行互连系统如图 10-1 所示，包括发送器 TX、互连通道、接收器 RX。高速互连的发送器 TX 和接收器 RX 中往往包含非常复杂的功能电路，发送器内可能包含复杂的锁相环电路、预加重（或去加重）电路等，接收器可能内置可变增益放大器（VGA）、CDR 时钟恢复电路、线性均衡电路（CTLE）、反馈判决均衡电路（DFE）等。互连通道可能会包含传输线、过孔、连接器、AC 耦合电容等。整个互连系统中任何一部分不理想的因素都可能会影响信号的传输，芯片制造商对高速互连的 TX 和 RX 都会进行仔细的优化设计以适应数据的高速传输，而互连通道的优化设计需要在 PCB 设计阶段实现。

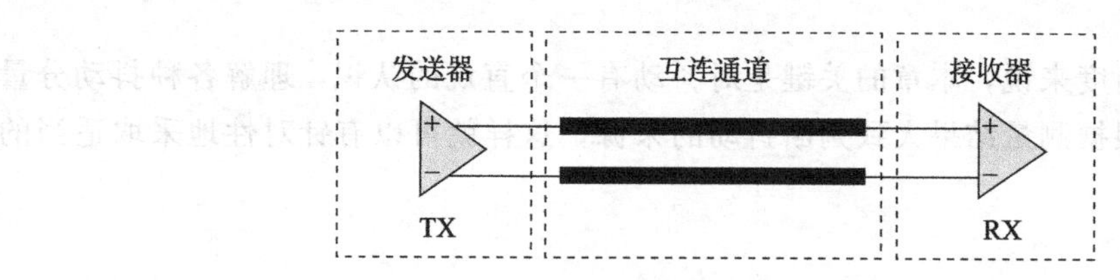

图 10-1　典型互连系统

信号通过互连通道的过程中，反射、串扰、介质损耗、导体损耗、辐射等都会引起信号能量损失。通常辐射损耗对信号本身的影响可以忽略不计。反射和串扰可以通过阻抗的连续性优化以及层叠结构布局布线等方式进行有效的抑制，本章不讨论相关内容。介质损耗和导体损耗对高速串行互连影响极大，尤其在通道较长的情况下，两种损耗是数据传输的主要瓶颈。图10-2显示了摆幅为1 V的10.3125 Gbps差分信号通过一条30英寸长的互连通道前后信号波形的变化，能量的损耗使信号通过互连通道后产生了严重的畸变。最明显的两个特征是信号边沿变缓，摆幅减小。

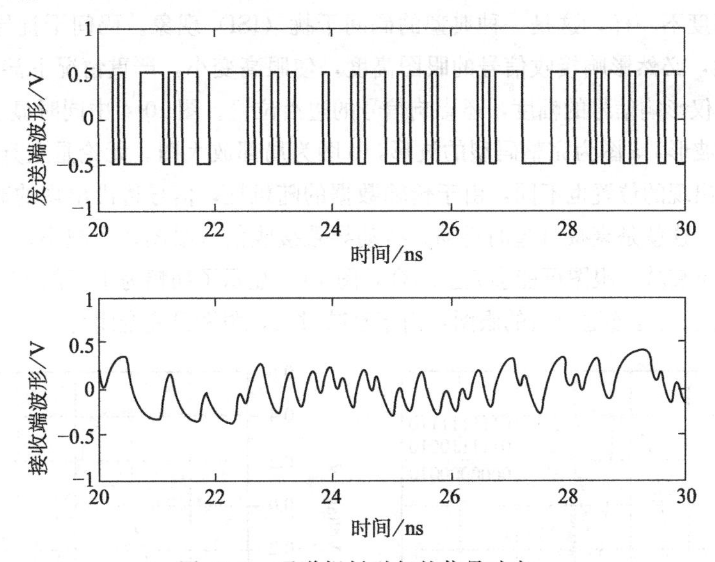

图10-2 通道损耗引起的信号畸变

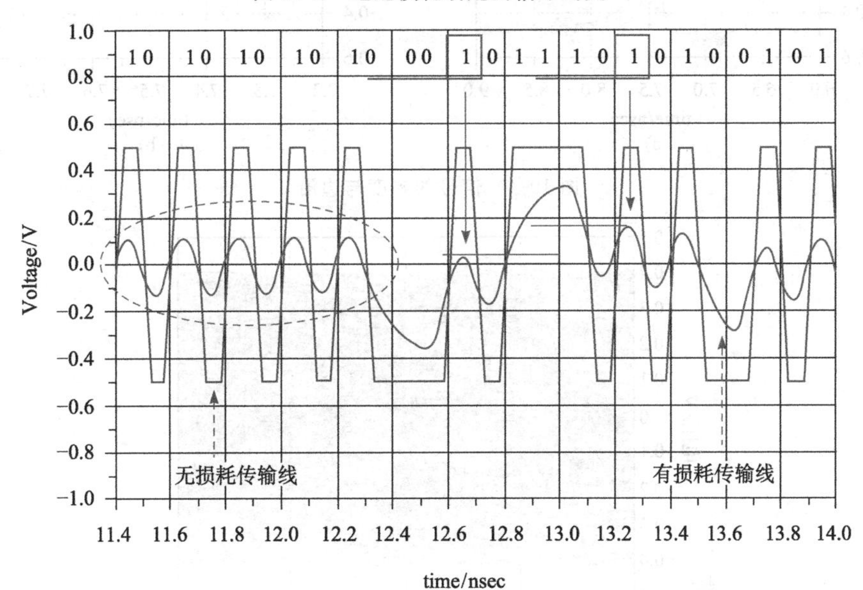

图10-3 损耗与信号畸变

从时域波形上看，互连通道损耗对信号的影响和码型有关。对于“1”、“0”交替的类似时钟信号，损耗主要使信号的摆幅减小，如图 10-3 中左侧椭圆标志部分所示。对于随机码信号，高电平或低电平幅度能到达多大，和该 bit 位前面的数据有关，图 10-3 中显示了两个从“0”跳变到“1”，但高电平幅度不一致的情况。第一种数据组合为“0001”，第二种数据组合为“1101”，尽管都是从“0”跳变到“1”，但是由于前面两个 bit 位数据不同，跳变后能达到的高电平幅度不一样，这是一种典型的码间干扰（ISI）现象。码间干扰导致的高低电平幅度的不确定性，必然影响接收信号的眼图高度，使眼高变小，严重情况下甚至完全闭合。

码间干扰不仅影响信号的幅度，还影响信号的边沿位置。图 10-4 中同时显示了 3 种数据组合情况下的信号波形，a 图为完整码型的波形，b 图为局部放大图。无论是上升沿还是下降沿，码型不同，边沿出现的位置也不同，由于传输数据的随机性，信号边沿出现的时刻在时间轴上会占一定的宽度，这就是衰减引起的抖动，抖动导致接收信号眼图宽度减小。当通道损耗非常大时，信号被严重衰减，眼图可能会完全闭合，图 10-5 显示了摆幅为 1 V 的 10.3125 Gbps 差分信号通过 30 英寸长的互连通道后的眼图，由于衰减过大，眼图已完全闭合。

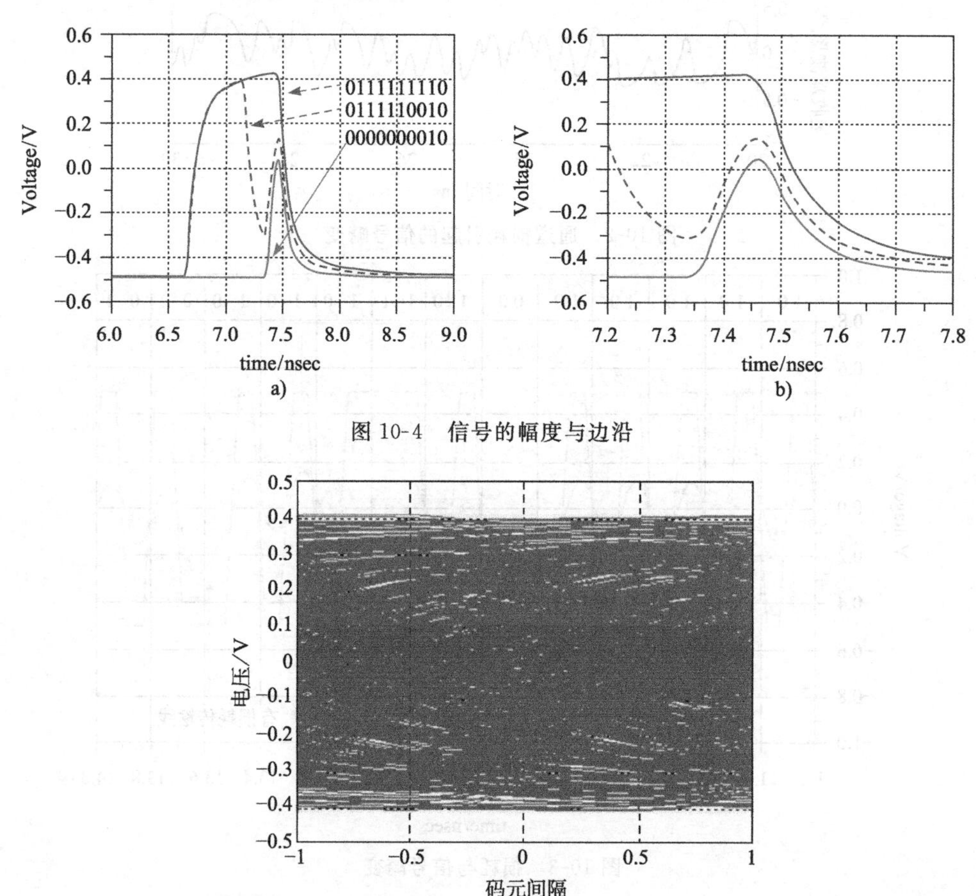

图 10-4　信号的幅度与边沿

图 10-5　接收端眼图

因此，损耗引起的信号波形畸变在高速串行互连中是非常严重的问题，尤其在长距离互连中，比如通过背板互连的通道长度可能会超过 1 m，这时必须借助均衡技术来弥补信号的衰减。

10.2　码间干扰

互连通道对信号的影响包含两个方面：1）对信号的不同频率成分有不同的衰减，频率越高衰减越大；2）信号中不同频率成分传播速度也不相同，频率越高，传播速度越快。这两方面都是引起码间干扰（ISI）的原因。

互连通道对不同频率衰减不同，导致信号边沿变缓，因此单个脉冲的响应展宽，脉冲响应的“拖尾”延伸到下一个 bit 位，叠加在下一个脉冲的响应上就会改变下一个脉冲响应的幅度。图 10-6 中显示了码型分别为 0100、0010、0110 三种情况下接收端的波形。如果码型中只有一个“1”，无论是第几个 bit，这个“1”经过通道后的响应都是形状相同的幅度减小时间展宽的脉冲。但是如果码型中连续出现两个“1”，后一个“1”到来时，前一个“1”的响应由于“拖尾”还没有消失（●标示），叠加在后一个“1”的响应上（▲标示），叠加的结果使后一个“1”的幅度变大（■标示）。尽管这里只是用一个点来说明，但是实际上后一个“1”所有时刻的响应的幅度都受前一个“1”的影响。这就是信号边沿变缓后形成码间干扰的机理。

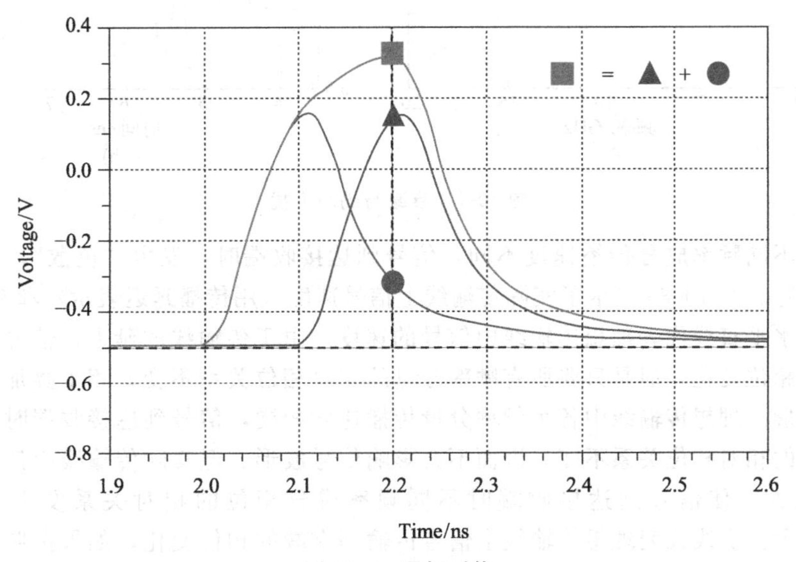

图 10-6　码间干扰

衰减引起码间干扰的根本原因并非“衰减”本身，而是互连通道“衰减的频率相关特性”。如果通道的衰减对信号中所有频率分量都是一样的，衰减只会引起信号幅度整体减小，并不会改变信号的边沿形状。为了说明这一问题，我们通过一个简单的实验来验证。虚构这样的一个互连通道，其衰减特性在20 GHz范围内都是均匀的-20 dB，也就是说，信号通过该通道后，每一个频率成分都衰减为原来的十分之一。为了对比，我们把虚构通道的衰减特性曲线和20英寸走线衰减特性曲线画在一张图上，如图10-7a所示，倾斜的曲线是20英寸走线的插入损耗曲线，水平直线是虚构互连通道的插入损耗曲线。用一组数据分别通过两种通道，输出波形如图10-7b所示。信号通过20英寸的走线后边沿变缓而且幅度波动很大，存在严重的码间干扰。信号通过虚构通道的输出波形除了摆幅减小外，波形形状并没有本质变化，仍然具有方波特征。可见，如果互连通道的衰减没有频率相关性，无论这种衰减有多大，都不会出现边沿变缓的现象，因此也不会出现码间干扰，只需要简单的信号放大就可以恢复出和输入信号完全相同的波形。

因此，导致码间干扰的是无源通道衰减的频率相关特性，而不是衰减量的大小。如果衰减对于所有频率信号都是均匀的，即使衰减量很大，也不会出现码间干扰。

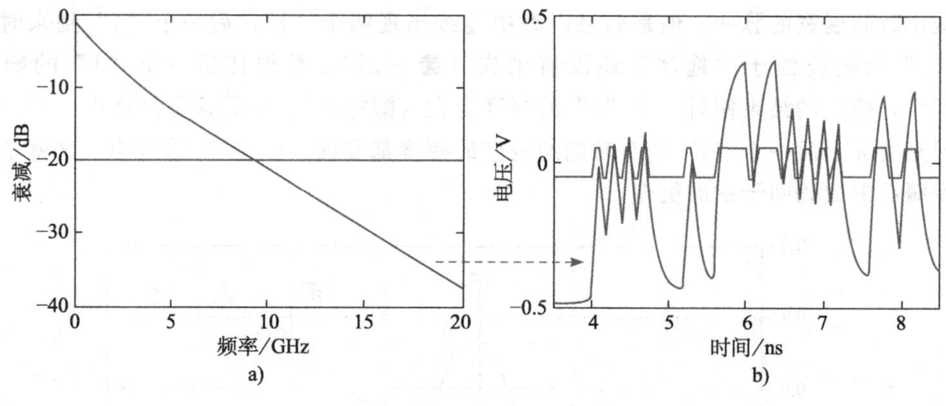

图10-7　衰减与码间干扰

信号的不同频率成分传播速度不同，信号到达接收端时，发生"色散"，也会导致脉冲响应的展宽。图10-8a显示了实际传输线上信号速度（用传播延迟表示）和频率的关系，作为对比，水平直线代表理想传输线中信号的速度。由于传输线的延迟，信号到达接收端时必然发生相位变化，但是只要所有频率分量的相对相位关系不变，相干叠加后就能恢复出原信号波形。理想传输线中各个频率分量传播速度相同，信号到达接收端时能够保持各个频率分量的相对相位关系不变，因而不会影响信号波形。但实际传输线中信号传输速度的频率相关性，使信号到达接收端时不同频率成分相位的相对关系发生了变化，如图10-8b所示。实线代表理想传输线上信号传输到末端的相位变化，如果按照这种趋势变化，那么信号中所有频率分量的相对相位关系保持不变。虚线表示实际传输线中由于不同频率分量速度不同而导致的相位变化，偏离了理想情况下的相位，相对相位关系不再保持不变。这种相对相位关系的变化导致各个频率成分非相干叠加，造成波形的展宽和幅度变化，因此也会导致码间干扰。

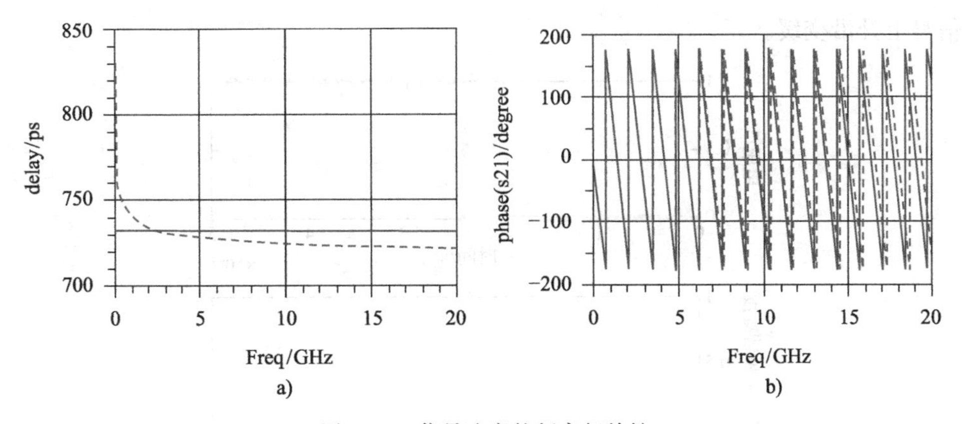

图 10-8 信号速度的频率相关性

10.3 码间干扰与带宽

码间干扰问题，从宏观上可以用香农定理（Shannon theorem）来解释。香农定理描述了信道最大传输速率和信道带宽及信噪比的关系。

$$C = BW \cdot \log_2(1 + SNR) \tag{10-1}$$

其中，C 表示信道理论上信号的最大传输速率 bit/s，BW 表示信道的带宽，SNR 表示信噪比。从香农定理可知，如果信道带宽 BW 越大，或者信噪比 SNR 越大，可传输信号速率就越大。反过来说，对于一定传输速率的信号，如果信道带宽 BW 越大或者信噪比 SNR 越大，接收信号的误码率就越低。

对于 PCB 板上互连通道这一特殊信道，如果不考虑其他因素对抖动的影响，并假设输出信号摆幅固定（信噪比不变），传输速率一定，信道带宽 BW 越小，接收端误码越大，码间干扰也越大。

码间干扰和带宽 BW 的关系也可以从信号上升时间和带宽的关系直接得出。信号带宽和上升时间的关系可表示成：

$$BW = \frac{0.35}{T_r} \tag{10-2}$$

其中，BW 为信号的 3 dB 带宽，T_r 为信号 10%～90%的上升时间。我们可以通过一个简单的实验直观地看到信号带宽对信号上升时间的影响。首先构造一个上升时间是 0 的阶跃信号，波形及其归一化频谱如图 10-9 所示。

为了验证带宽对上升时间的影响，对其频谱进行加窗处理，如图 10-10 所示，窗口内的频谱保持不变，窗口外的频谱分量全部置 0，相当于减小了信号的带宽。对加窗处理过的频谱进行 IFFT 变换得到减小带宽后信号的时域波形，图 10-10 显示了频谱加窗前后阶跃信号上升沿的变化，虚线表示频谱加窗后变换到时域时所得到的波形，可见减小带宽确实使信号上升沿变缓。

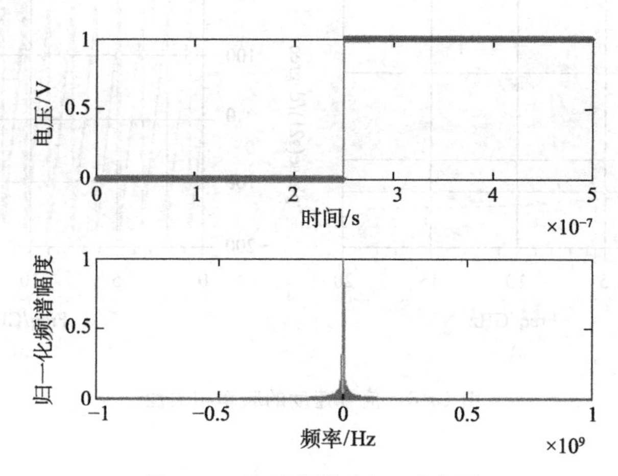

图 10-9 阶跃信号及归一化频谱

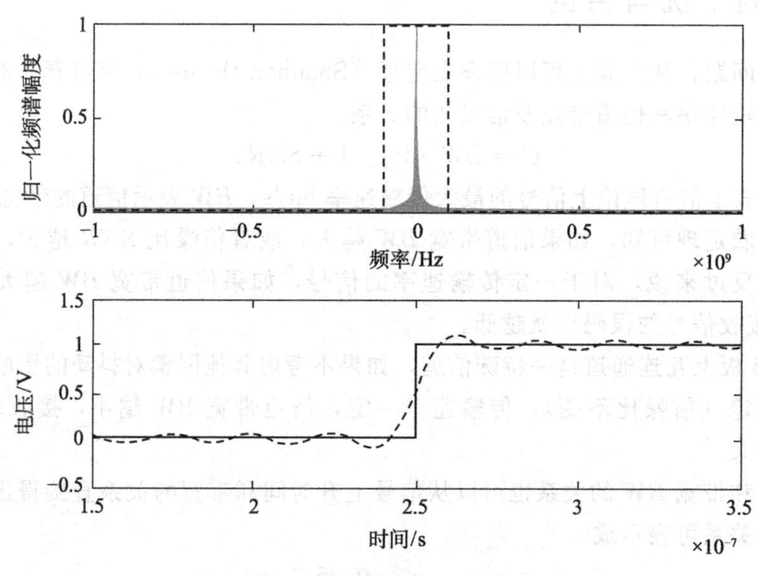

图 10-10 带宽与上升沿

信号带宽减小，使信号边沿变缓，而这种边沿变缓正是产生码间干扰最直接的原因。剩下的问题是，互连通道的频率相关衰减特性是如何影响信号带宽的？

无源通道相当于一个线性时不变系统，根据线性系统理论，假设互连通道的传输函数为 $H(\omega)$，输入信号的频谱为 $X(\omega)$，则输出信号频谱可表示成：

$$Y(\omega) = X(\omega) \cdot H(\omega) \tag{10-3}$$

如果 $H(\omega)$ 幅度随频率增而加快速下降，则输出信号频谱 $Y(\omega)$ 的幅度也会呈现同样的快速下降趋势，和输入信号相比，信号带宽必然减小。这里应注意一个问题，影响信号带宽的并不是各个频率点的绝对衰减值，而是互连通道传输函数 $H(\omega)$ 的陡峭程度。$H(\omega)$ 的幅度谱越陡峭，输出信号带宽越小。根据互连通道衰减特性，我们可以定义通道的 3 dB 带宽为：从 0 频率点开始衰减达到 −3 dB 所对应的频带宽度，无论 0 频率点衰减值有多大。衰减特性越陡峭，通道带宽越小，因而信号经过此通道后边沿变缓越严重，产生的码间干扰也越大。

一个很容易产生误解的地方是直流分量的衰减值。直流成分的衰减值仅仅影响信号可能达到的最大摆幅，而不会影响信号的边沿斜率。正如 10.2 节所述，即使直流衰减很大，但是如果在整个频带内衰减是均匀的，边沿斜率也不会受影响。互连通道的衰减特性越平坦，所产生的码间干扰也会越小。因此，工程设计中经常会以牺牲直流衰减的性能指标来换取更大的通道带宽，从而减小码间干扰。图 10-11 显示了这种现象，图 10-11a 两条曲线对应两个无源通道的衰减情况，虽然虚线的直流衰减比实线将近大了 10 dB，但因为衰减曲线更平坦，对应的 3 dB 带宽比实线也大得多。图 10-11b 显示了两条通道的脉冲响应，虚线脉冲响应对应的是虚线所示通道衰减特性，尽管脉冲响应幅度降低了很多，但“拖尾”明显减小，相应的码间干扰也会减小。

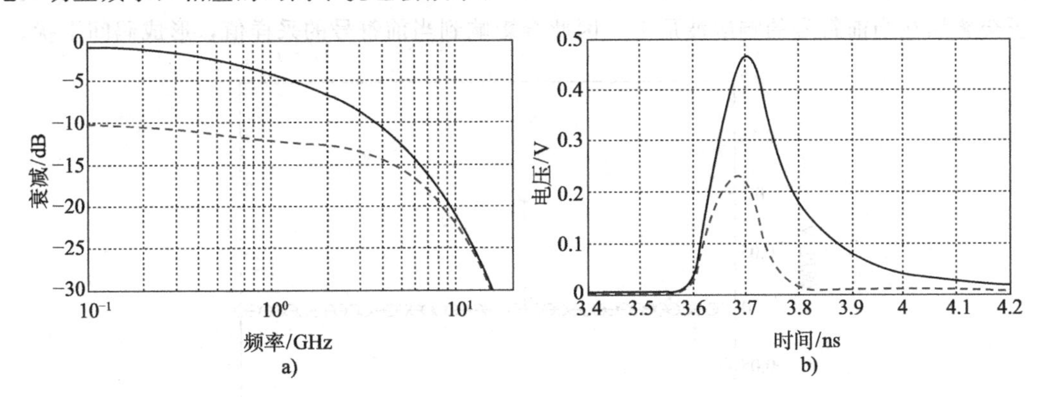

图 10-11 两种衰减特性比较

至此，我们可以得到一个非常有用的结论：通道的衰减特性越平坦，产生的码间干扰就越小，与直流衰减值无关。这一结论正是线性均衡的理论基础。

10.4 离散系统的码间干扰

互连通道可以看作线性时不变系统，通道输出可表示为输入和通道本身冲击响应的卷积。假设输入信号为离散的数字序列 x_k，输出为 y_k，互连通道冲击响应 h，v_k 为加性噪声。互连通道的系统框图如图 10-12 所示。

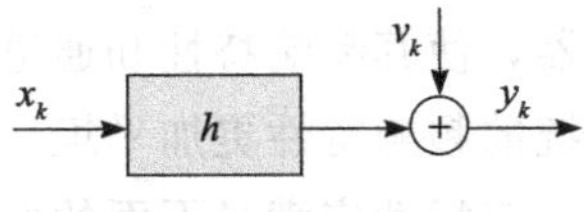

v_k x_k h $+$ y_k

图 10-12 互连通道的系统框图

为简化分析，不考虑噪声 v_k 的影响，输出 y_k 可表示为输入信号和通道冲击响应的离散卷积。

$$y_k = \sum_{n=0}^{\infty} x_n h_{k-n} \tag{10-4}$$

对于每一个输出值，包含了以往所有输入信号的贡献，为了明确这种效应，将式（10-4）改写如下

$$y_k = x_k h_0 + \sum_{\substack{n \neq k \\ n=0}}^{\infty} x_n h_{k-n} \tag{10-5}$$

第二项累加和部分表示其他符号对当前符号通道响应的干扰，即码间干扰。

很明显，码间干扰的大小和通道的冲击响应有关。如果系统的冲击响应是理想的冲击函数，如图 10-13 所示，取样点间隔为输入序列的符号间隔，那么输出不会产生码间干扰，这是因为任意一个输入的响应在下一个符号间隔处已经衰减到 0（对应的冲击响应在该点采样值为 0），因此不会影响下一个信号的波形。实际的无源通道由于带宽有限，通道的冲击响应不会很快地衰减到 0，往往会延续很多个符号间隔，如图 10-14 所示。对于任何一个输入符号，由于冲击响应衰减很慢，在当前符号的采样时刻，前一个符号的响应波形中仍有部分残余电压会叠加在当前符号的响应波形上，因此会影响到当前符号的采样值，形成码间干扰。

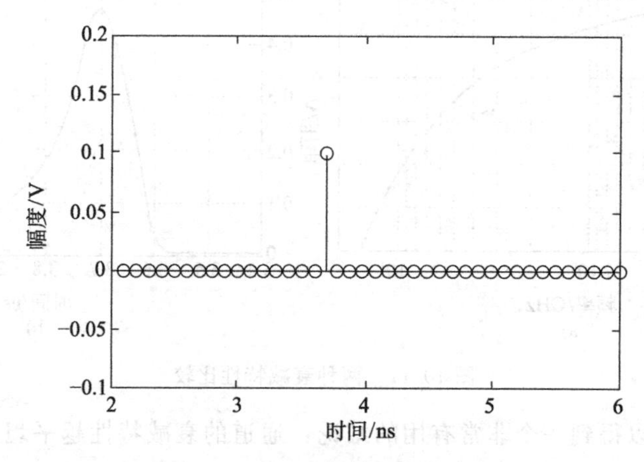

图 10-13　理想通道的冲击响应

10.5　均衡原理

既然码间干扰起因在于通道的频率相关衰减特性，那么如果能够构造这样一个滤波器，使其频响特性和通道的频响特性互补，就可以抵消通道的选择性衰减，从而使整个系统的频响特性更加平坦，进而可以减小码间干扰，这就是均衡的核心思想。均衡器的频率响应特性应满足下面的要求

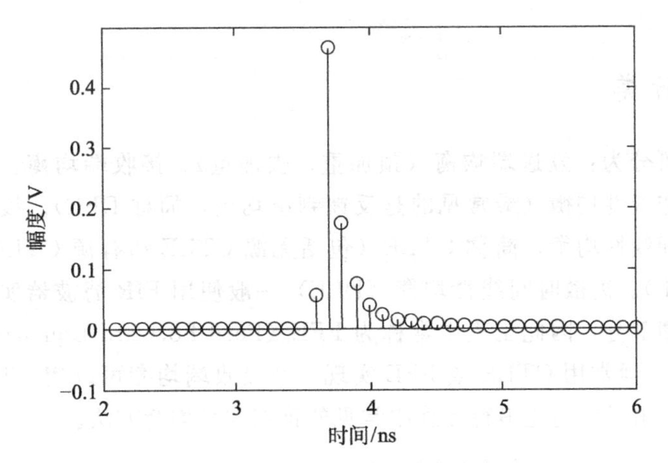

图 10-14　实际通道的冲击响应

$$H_{eq}(f) = H_{channel}^{-1}(f) \tag{10-6}$$

理想的均衡器应同时具有以下两个特征：1）对任意频率成分，通道衰减了多少 dB 就应补偿多少 dB 以抵消幅度的变化。2）对任意频率成分，相位变化了多少，就应补偿多少以抵消相位的变化。或者修正相位变化量，使修正后的结果类似于经过理想传输线传输后应具有的相位。图 10-15 中实线表示互连通道的衰减特性，虚线为理想均衡器应具有的特性，图 10-15a 为衰减的幅度，图 10-15b 为相位的变化。总之，理想均衡器应能够完全抵消通道的影响，使接收端信号就像未经过通道传输一样，或者像是经过同样长度的理想传输线传输一样。

应该指出，对理想均衡器的要求包含幅度和相位两个方面，缺一不可。很多使用均衡器的误区（比如片面强调均衡增益的 dB 值）都是因为只关注幅度的要求却忽略了相位的要求而引起的。在完全矫正相位变化的情况下衰减了多少就应该补偿多少，但是遗憾的是，实际的均衡器无法完全矫正相位的变化，因此工程中调整均衡参数时不能衰减多少就补偿多少，通常情况下补偿的 dB 值或小于衰减值或大于衰减值，这就需要通过仿真和实测来解决。

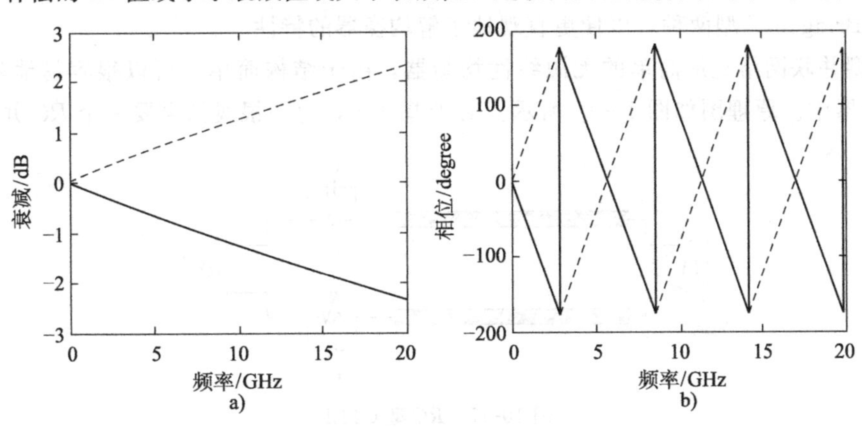

图 10-15　理想均衡器的响应

10.6　均衡分类

按所在位置可分为：发送端均衡（预加重、去加重）、接收端均衡。按实现原理可分为：线性均衡、非线性均衡（最常见的是反馈判决均衡，简称 DFE）。线性均衡又可进一步分为：连续时间线性均衡，简称 CTLE（包括无源 CTLE 和有源 CTLE 两种）、离散时间线性均衡（DLE）。离散时间线性均衡（DLE）一般使用 FIR 滤波器实现，由于没有反馈回路，只有前馈部分，因此工程中常称为 FFE（Feed Forward Equalizer）。发送端均衡（预加重及去加重）通常用 CTLE 或 FFE 实现，而接收端均衡可以用 CTLE、FFE、DFE 实现。图 10-16 列出了在高速串行互连中常见的预加重和均衡方法。

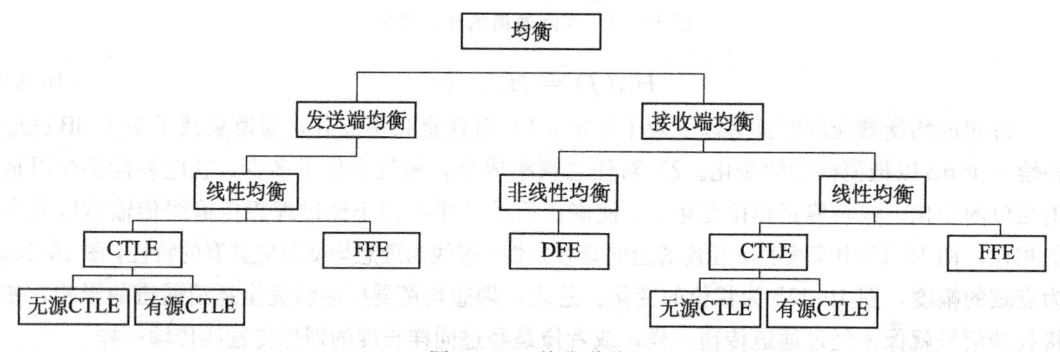

图 10-16　均衡分类

10.7　无源 CTLE

无源连续时间线性均衡器（CTLE）具体的实现方式多种多样，作为例子，简单介绍 *RC* 型和 Bridged T 型两种，以便更直观地了解均衡器的特性。

RC 型并联网络是最简单的无源线性均衡器，由于结构简单，可以很容易地集成到电缆的连接器中。原理图如图 10-17 所示。对于差分线，每一根线都需要一个 *RC* 并联网络。

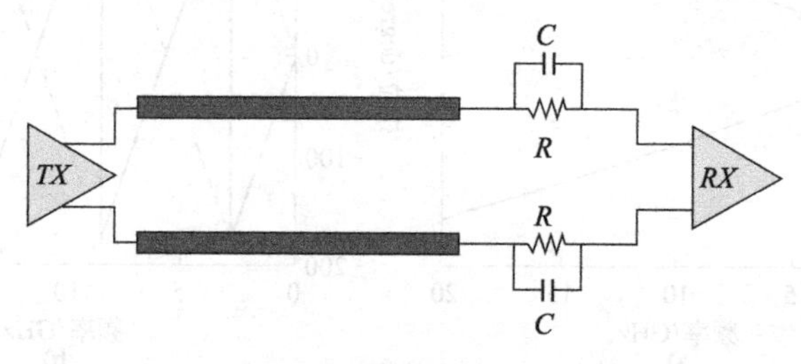

图 10-17　*RC* 型 CTLE

电阻值 R 和电容值 C 需要满足下面关系式：

$$
\begin{aligned}
R &= Z_0(K-1) \\
C &= \frac{\sqrt{K}/(K-1)}{2\pi f_c Z_0}
\end{aligned}
\tag{10-7}
$$

其中，Z_0 为互连通道单端线的特性阻抗，f_c 为高通滤波器的低频截止频率，K 为调节系数，用于调整均衡器的增益。

RC 型 CTLE 通过衰减信号中的低频分量来抵消无源通道的频率相关衰减特性。增益调整系数 K 越大，RC 滤波器的低频损耗越大，均衡器的增益也越大。图 10-18 显示了单端传输线特性阻抗 $Z_0=50\ \Omega$，低频截止频率 $f_c=3$ GHz，系数 K 分别为 2、4、6、8、10 等 5 种情况下 RC 型 CTLE 的幅频响应曲线（见图 10-18a）和相频响应曲线（见图 10-18b）。

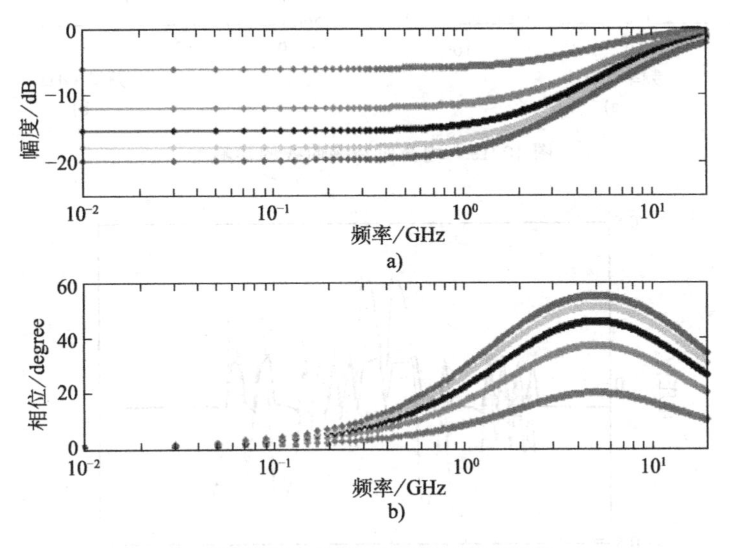

图 10-18 不同 K 情况下频响曲线

RC 型 CTLE 增益曲线（幅频响应曲线）特征是高频部分衰减很小，越往低频衰减越大，并不是对互连通道衰减的直接补偿，但是这种方法却能矫正不同频率成分之间的衰减差别。图 10-19a 把互连通道、RC 均衡器、通道加 RC 均衡器的频响曲线画在一张图中，很明显看到加入 RC 均衡器后，频响曲线很明显变得更平坦，因而增加了互连通道的带宽。尽管低频段衰减更大，但换来了带宽的增加。这种以牺牲信号摆幅为代价换取带宽的做法对于高速串行互连来说是非常有意义的。图 10-19b 是互连通道相位响应局部放大图，虚线为互联通道相位响应，实线为加上均衡器后的相位响应，均衡器既没有把所有频率的相位都矫正为 0，也没有矫正到理想传输线传输后的应有相位，因此均衡器无法对相位进行理想的补偿。可以预见，均衡后信号还会有边沿变缓现象，但码间干扰会减小很多。

图 10-20 是均衡前后输出波形的比较，均衡后输出波形虽然最大摆幅减小了，但是高电平最小值与低电平最大值的差变大了，而且信号波形更接近发送的信号波形，因而能获得更好的眼图，信号摆幅的减小可以更容易地通过整体放大来解决。

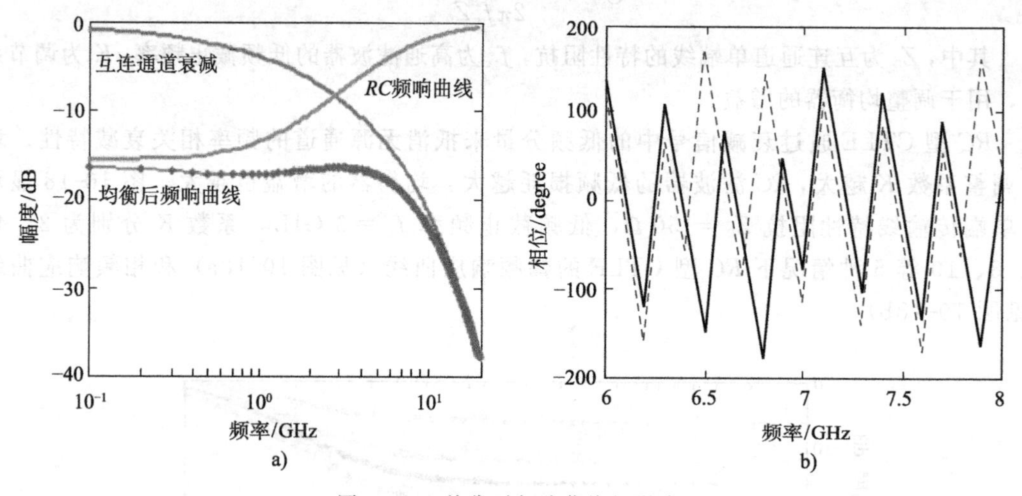

图 10-19　均衡对频响曲线的影响

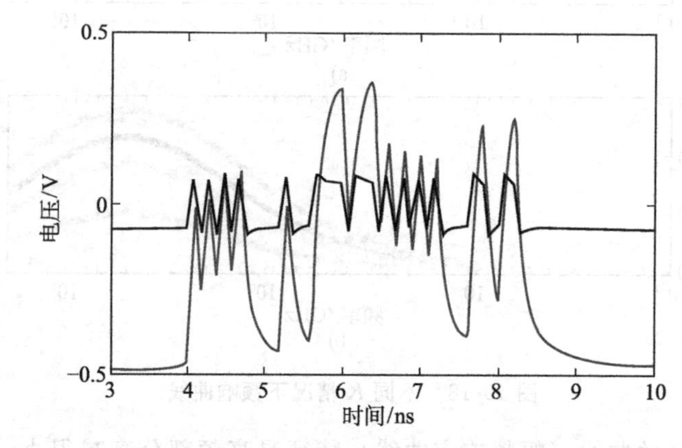

图 10-20　均衡前后输出波形的比较

接下来简单介绍另外一种 Bridged T 型 CTLE 均衡器，均衡器电路原理图最基本形式如图 10-21 所示。这种结构可以在全频段内保证输入阻抗和输出阻抗为 50 Ω，非常有利于阻抗匹配。另外这种结构对于 *RLC* 等元件的寄生参数不敏感，对实现比较有利。对这种结构进行适当修改，通过添加和电容并联的桥接电路，如图 10-22 所示，很容易调整各个频段的频响特性。因此使用 Bridged T 型结构能根据需要设计出各种频响特性的均衡器。

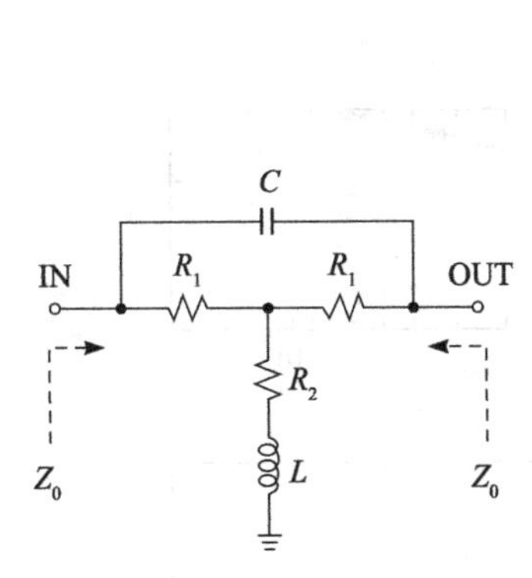

图 10-21 基本的 Bridged T 型 CTLE

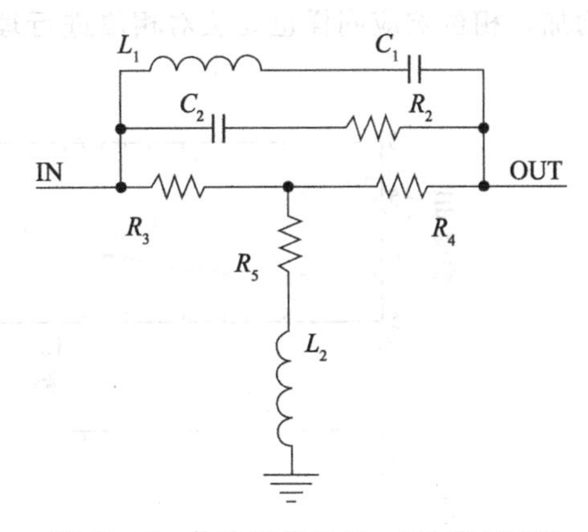

图 10-22 修改后的 Bridged T 型 CTLE

对于 Bridged T 型电路的分析可以使用网孔电流法、节点电压法等。图 10-23 是网孔电流法求解示意图，列出网孔电流方程如下：

$$\begin{cases}-V_S+Z_0i_1+Z_1(i_1-i_3)+Z_3(i_1-i_2)=0\\ Z_3(i_2-i_1)+Z_1(i_2-i_3)+Z_0i_2=0\\ Z_2i_3+Z_1(i_3-i_2)+Z_1(i_3-i_1)=0\end{cases}\tag{10-8}$$

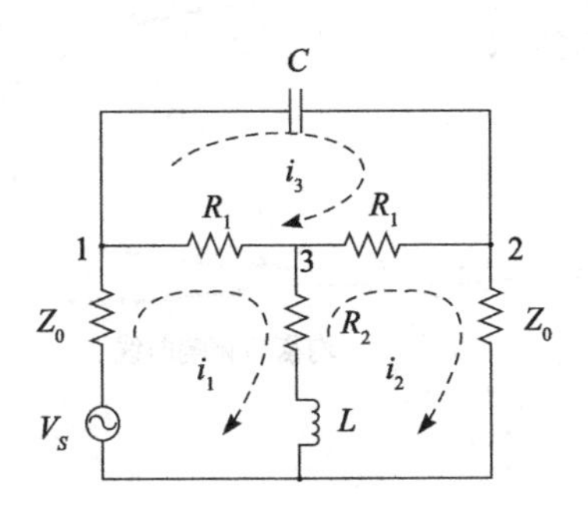

图 10-23 网孔电流法求解示意图

经分析得到 Bridged T 型均衡电路的传输函数为

$$H(f)=\frac{V_2}{V_1}$$

$$=\frac{Z_0[Z_3(2Z_1+Z_2)+Z_1^2]}{(Z_0+Z_1+Z_3)^2(2Z_1+Z_2)-2Z_1^2(Z_0+Z_1+2Z_3)-Z_3^2(2Z_1+Z_2)-Z_0[(Z_0+Z_1+Z_3)(2Z_1+Z_2)-Z_1^2]}\tag{10-9}$$

其中，$Z_1=R_1$，Z_2 为电容支路阻抗，Z_3 为 R_2L 支路阻抗。分别取参数如下：$R_1=44\ \Omega$，$R_2=100\ \Omega$，$L=2$ nH，$C=1.5$ pF 得到频响特性曲线如图 10-24 所示，和 RC 型均衡器类似，高频部分衰减很小，越往低频衰减越大。图 10-25 显示了 Bridged T 型均衡器对互连通道衰减特性的矫正作用，Bridged T 型均衡器同样通过低频段衰减量的增大来换取通道带宽的增加，相位响应同样也无法对相位进行理想的补偿。图 10-26 为均衡前后接收端波形对比。

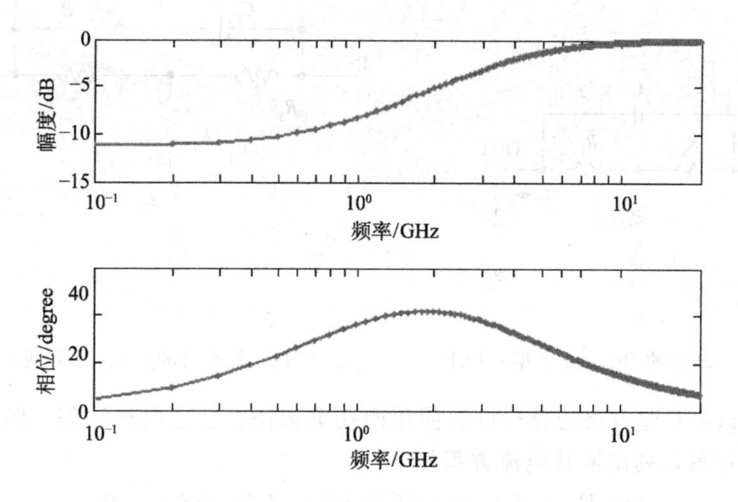

图 10-24　Bridged T 型频响特性曲线

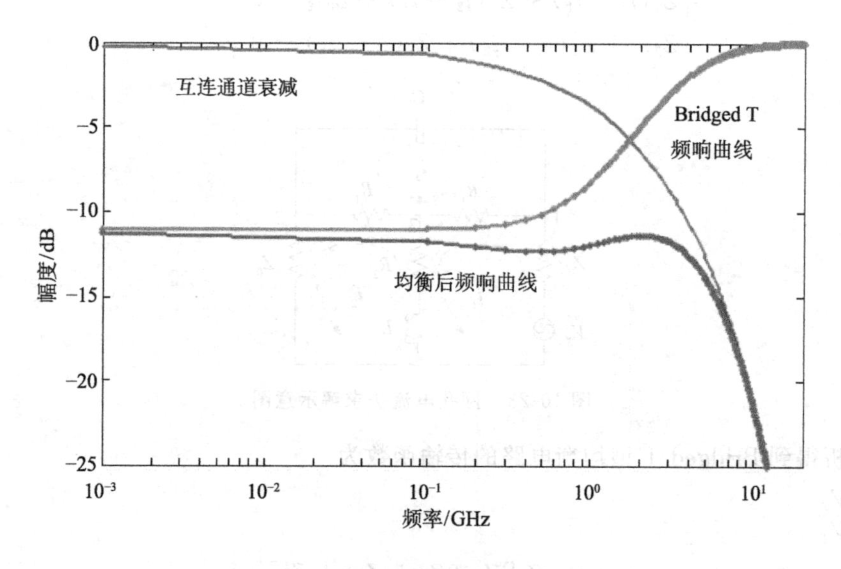

图 10-25　均衡对频响曲线的影响

10.8　有源 CTLE

有源 CTLE 也是常用的线性均衡器，均衡器中包含放大器、比较器等有源电路，接下来我们重点关注其行为特征。图 10-27 是一个典型的有源 CTLE 频响特性曲线，图 10-27a

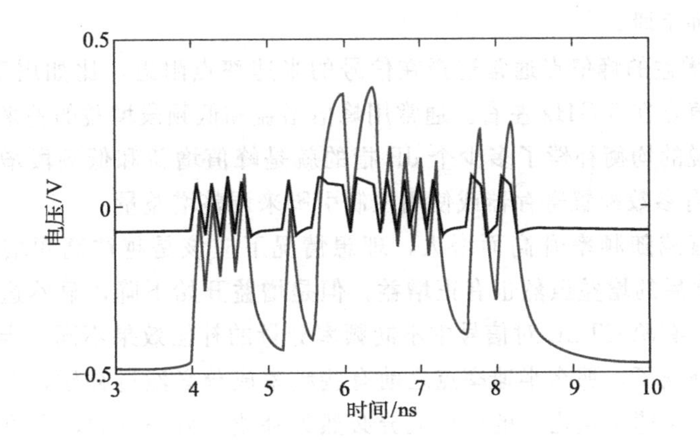

图 10-26　均衡前后波形的比较

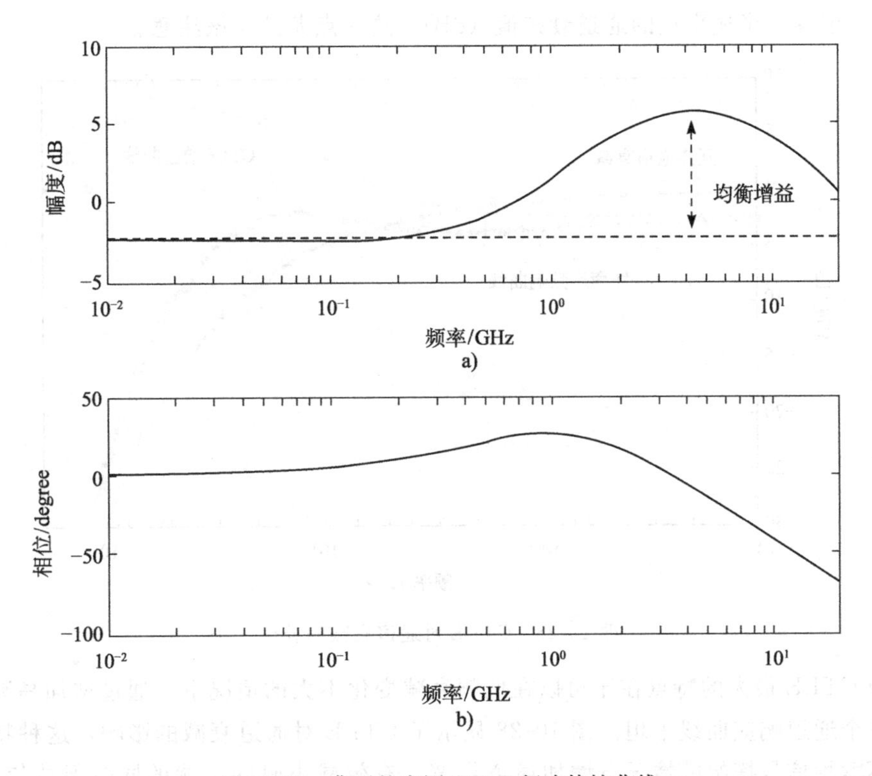

图 10-27　典型的有源 CTLE 频响特性曲线

为幅频响应曲线，图 10-27b 为相频响应曲线。幅频响应的低频段可能出现负增益，随着频率的升高，增益不断增大，但是超过某一个频率点后，增益开始下降。有源 CTLE 主要通过增加信号中高频分量的幅度来抵消通道的衰减，使整个互连通道的响应变得平坦，有时也会通过低频段的衰减来进一步增强均衡能力。通常有源 CTLE 调整通道响应时都结合压低频、抬高频两种手段。

有源 CTLE 增益的峰值点通常选择在信号的半速率点附近，比如用于 10 G 速率的均衡器，增益的峰值点在 5 GHz 左右。通常用峰值增益和低频段增益的差来表示 CTLE 的增益，工程中经常说的均衡补偿了多少个 dB 指的就是峰值增益和低频段增益的差。芯片中的有源 CTLE 都有参数配置寄存器或使用控制引脚来调整增益量。

互连通道的衰减随频率升高而增大，理想情况下应该是越往高频增益越大，但有源 CTLE 半速率点之后的增益虽然也有正增益，但是增益开始下降，显然这种特性不满足理想均衡器的特点。有源 CTLE 对信号中不同频率分量的补偿效果不同，半速率点之后的频率成分如果完全补偿了，那么半速率点之前有些频率成分必然过补偿，如果半速率点频率成分处刚好补偿，半速率点之后的频率成分必然欠补偿。另一方面，有源 CTLE 相位不是线性的，无法对所有频率成分的相位进行理想补偿。所以均衡效果最好的 CTLE 的增益值（dB）不一定等于半速率点的通道衰减值（dB），这一点尤其应该注意。

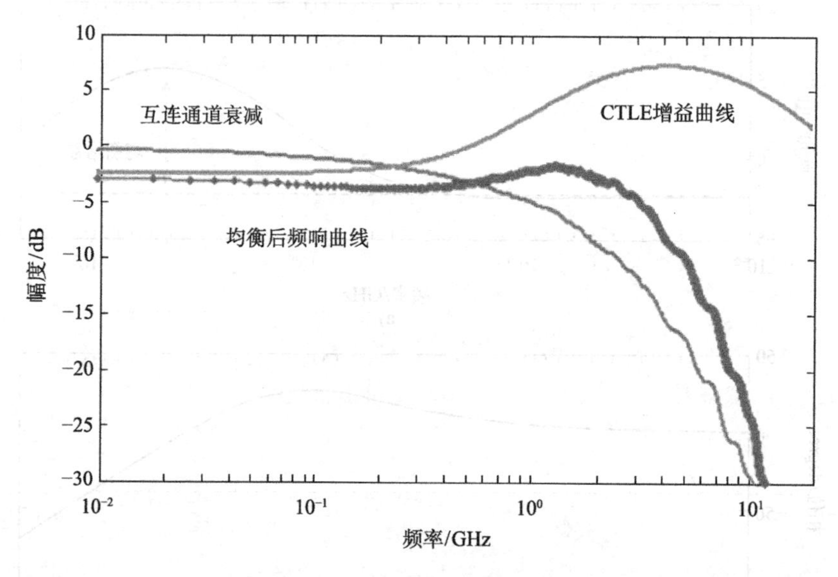

图 10-28 CTLE 对通道衰减的补偿

有源 CTLE 最大的特点在于可以在低频衰减变化不大的情况下，通过增加高频成分的幅度使整个通道响应曲线平坦。图 10-28 显示了 CTLE 对通道衰减的影响，这种特性可以在几乎不牺牲信号摆幅的情况下增加通道带宽，有效减小码间干扰的同时保持信号摆幅。图 10-29 显示了一条 30 英寸通道上，10.3125 Gbps 信号均衡前后的波形的对比，虚线为没有经过均衡的信号波形，实线是 CTLE 均衡后的信号波形，码间干扰改善很大，但信号摆幅几乎不受影响。

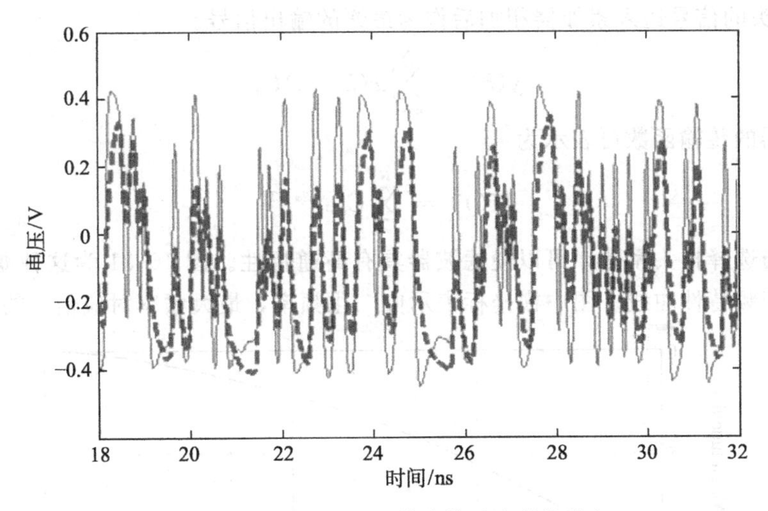

图 10-29 有源 CTLE 均衡前后波形的对比

10.9 离散时间线性均衡

既然传输的信号是数字信号，改变信号的频谱特征也可以采用数字滤波器来实现。离散线性均衡的原理就是利用数字滤波器来实现对信号的高通滤波，通常采用 FIR 滤波器的形式来实现，通过调整 FIR 滤波器各个抽头的系数来改变滤波器的频响特性。图 10-30 为这种离散线性均衡的原理框图，由于没有反馈环路，工程上常称这种均衡器为 FFE（Feed Forward Equalizer）。

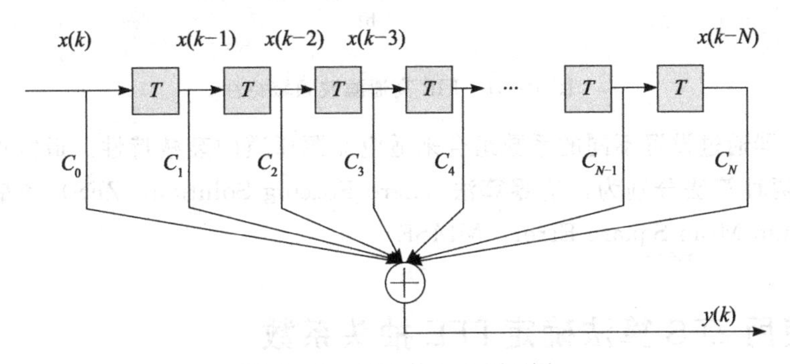

图 10-30 FFE 的 FIR 原理图

FIR 滤波由 3 个部分组成：延迟、加权、累加。方框代表延迟电路，T 为延迟时间。T 通常取数字信号的符号间隔时间。比如对于 10 Gbits/s 的数字信号，符号的间隔时间为 100 ps，延迟时间可取 100 ps。C 表示加权系数，所在的各个分支（抽头）称为滤波器的

tap。各个抽头的信号送入累加器相加后作为最终的输出信号。

$$y(k)=\sum_{n=0}^{N}x(k-n)C_n \tag{10-10}$$

该滤波器的传输函数可表示为

$$H(f)=\sum_{n=0}^{N}C_n\mathrm{e}^{-\mathrm{j}2\pi fnT} \tag{10-11}$$

通过适当选择抽头系数，可以使滤波器具有高通特性。图 10-31 为这种滤波器典型的幅频特性和相频特性曲线。图中横坐标表示归一化频率，最大频率对应信号的半速率频点。

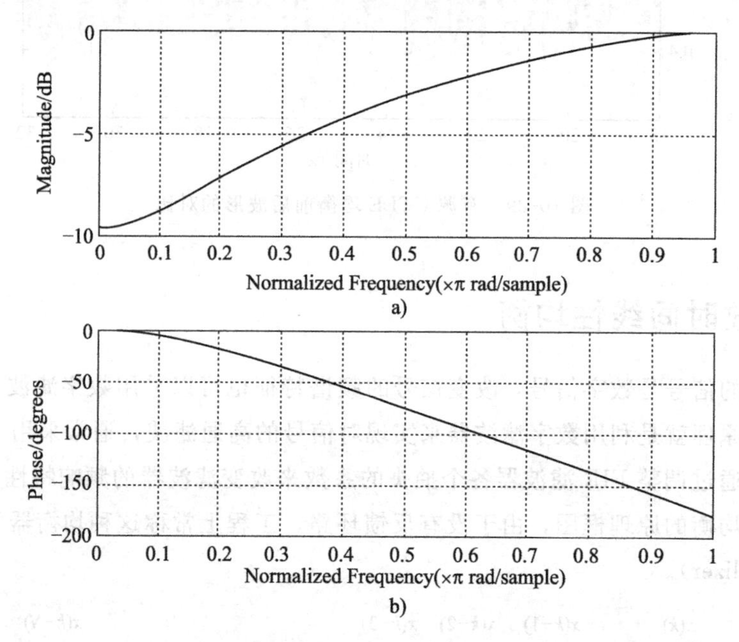

图 10-31　FIR 高通滤波频域特性

FFE 均衡器通过设置不同的系数组合来适应无源通道的衰减特性。最常见的选择滤波器系数 C_n 的两种算法分别为：迫零算法（Zero Forcing Solution，ZFS）和最小均方误差算法（Minimum Mean Square Error，MMSE）。

10.10　使用 ZFS 算法确定 FFE 抽头系数

假设 FFE 为 N 阶 FIR 滤波器，由上一节可知，均衡器的输出可表示为输入 x 和滤波器系数 c 的卷积。

$$y(k)=\sum_{n=0}^{N}x(k-n)C_n \tag{10-12}$$

我们知道，无源通道的输出是输入信号和通道冲击响应的卷积，通道的冲击响应延续多个采样间隔就会产生码间干扰。如果经过 FIR 滤波，能够校正通道冲击响应的形状，使其恢复成理想冲击响应，就能消除码间干扰。ZFS 算法就是基于这样一种思想，其目的是找到这样一组滤波器系数，使通道的冲击响应只在某一个采样时刻有非 0 值，而在其他采样时刻都为 0，如图 10-32 所示。

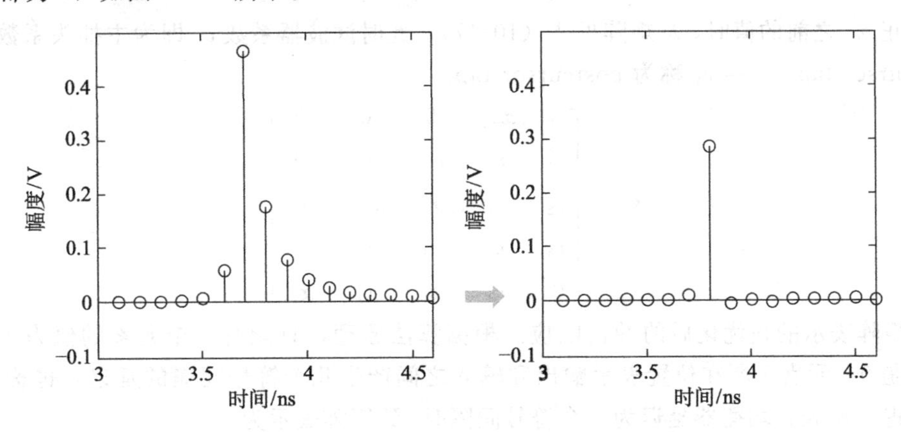

图 10-32 冲击响应

为了得到 ZFS 算法求解系数的表达式，我们展开滤波器系数与输入的卷积表达式

$$\begin{bmatrix} x_0 & x_{-1} & x_{-2} & x_{-3} & x_{-4} \\ x_1 & x_0 & x_{-1} & x_{-2} & x_{-3} \\ x_2 & x_1 & x_0 & x_{-1} & x_{-2} \\ x_3 & x_2 & x_1 & x_0 & x_{-1} \\ x_4 & x_3 & x_2 & x_1 & x_0 \end{bmatrix} \cdot \begin{bmatrix} c_0 \\ c_1 \\ c_2 \\ c_3 \\ c_4 \end{bmatrix} = \begin{bmatrix} y_0 \\ y_1 \\ y_2 \\ y_3 \\ y_4 \end{bmatrix} \tag{10-13}$$

用矩阵表示为

$$X \cdot C = Y \tag{10-14}$$

滤波器系数可由下式求出：

$$C = X^{-1} \cdot Y \tag{10-15}$$

由此可见，关键是确定矩阵 X 和 Y。

假设滤波器有 5 个抽头系数，输入的冲击响应 x 也应该取 5 个点。假设冲击响应峰值点为 x_0，滤波后，该点之前的值和之后的值都应为 0。确定 X 矩阵的时候，根据是否考虑校正 x_0 之前的值，X 矩阵应取不同的形式。

不校正 x_0 之前的值时，X 矩阵见式（10-16），此时滤波器系数 c_0 即为主抽头系数。$c_1 \sim c_4$ 称为 postcursor tap。

$$X=\begin{bmatrix} x_0 & 0 & 0 & 0 & 0 \\ x_1 & x_0 & 0 & 0 & 0 \\ x_2 & x_1 & x_0 & 0 & 0 \\ x_3 & x_2 & x_1 & x_0 & 0 \\ x_4 & x_3 & x_2 & x_1 & x_0 \end{bmatrix} \tag{10-16}$$

校正 x_0 之前的值时，X 矩阵见式（10-17），此时滤波器系数 c_1 即为主抽头系数。c_0 称为 precursor tap，$c_2 \sim c_4$ 称为 postcursor tap。

$$X=\begin{bmatrix} x_0 & x_{-1} & 0 & 0 & 0 \\ x_1 & x_0 & x_{-1} & 0 & 0 \\ x_2 & x_1 & x_0 & x_{-1} & 0 \\ x_3 & x_2 & x_1 & x_0 & x_{-1} \\ 0 & x_3 & x_2 & x_1 & x_0 \end{bmatrix} \tag{10-17}$$

Y 矩阵表示的是优化后的冲击响应。根据算法原理，只能有一个元素的值为 1，其他都应该是 0。元素 1 所在位置表示输出和输入之间产生几个符号间隔的延迟，也称为均衡器的延迟。例如，均衡器延迟为一个符号间隔时，Y 矩阵表示为

$$Y=\begin{bmatrix} 0 \\ 1 \\ 0 \\ 0 \\ 0 \end{bmatrix} \tag{10-18}$$

下面以一个实际通道响应的实例来说明 ZFS 算法的实现过程。假设滤波器有 5 个抽头，需要校正冲击响应中一个 precursor 值，均衡器延迟为 1。输入冲击响应的 5 个采样点数据为

$$x=\begin{pmatrix} 0.0409 \\ 0.4656 \\ 0.1851 \\ 0.0801 \\ 0.0429 \end{pmatrix}$$

通道的冲击响应如图 10-33 所示。

X 矩阵如下：

$$X=\begin{bmatrix} 0.4656 & 0.0409 & 0 & 0 & 0 \\ 0.1851 & 0.4656 & 0.0409 & 0 & 0 \\ 0.0801 & 0.1851 & 0.4656 & 0.0409 & 0 \\ 0.0429 & 0.0801 & 0.1851 & 0.4656 & 0.0409 \\ 0 & 0.0429 & 0.0801 & 0.1851 & 0.4656 \end{bmatrix}$$

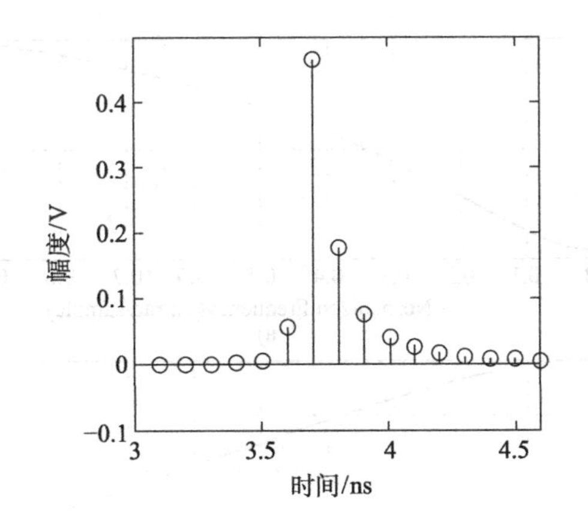

图 10-33 通道的冲击响应

滤波器系数计算如下：

$$\begin{bmatrix} c_0 \\ c_1 \\ c_2 \\ c_3 \\ c_4 \end{bmatrix} = \begin{bmatrix} 0.4656 & 0.0409 & 0 & 0 & 0 \\ 0.1851 & 0.4656 & 0.0409 & 0 & 0 \\ 0.0801 & 0.1851 & 0.4656 & 0.0409 & 0 \\ 0.0429 & 0.0801 & 0.1851 & 0.4656 & 0.0409 \\ 0 & 0.0429 & 0.0801 & 0.1851 & 0.4656 \end{bmatrix}^{-1} \cdot \begin{bmatrix} 0 \\ 1 \\ 0 \\ 0 \\ 0 \end{bmatrix} = \begin{bmatrix} -0.2027 \\ 2.3058 \\ -0.8799 \\ -0.0235 \\ -0.0518 \end{bmatrix}$$

由于实际信号最大输出幅度有一定的限制，尤其在发送端，输出摆幅超过规定范围，器件性能下降。为了不产生过大幅度的信号，要求均衡器系数的绝对值之和等于 1

$$\sum_i |c_i| = 1 \tag{10-19}$$

因此，需要对求得的系数进行归一化。归一化系数为

$$C_{zfs} = \frac{c_i}{\sum |c_i|} = \begin{bmatrix} -0.0585 \\ 0.6657 \\ -0.2540 \\ -0.0068 \\ -0.0150 \end{bmatrix}$$

均衡滤波器的频响特性如图 10-34 所示。

均衡后的冲击响应如图 10-35 所示，由于均衡器的作用，码间干扰大幅度减小。由于实际使用的 FIR 滤波器抽头是有限值，因此不可能完全消除码间干扰。码间干扰越严重，通道冲击响应延伸的符号间隔越多，就需要越多的滤波器抽头。比较图 10-33 和图 10-35 可知，冲击响应的最大值延迟了一个符号间隔，这和我们设置 Y 矩阵时的想法是一致的。均衡前后的信号波形对比如图 10-36 所示。

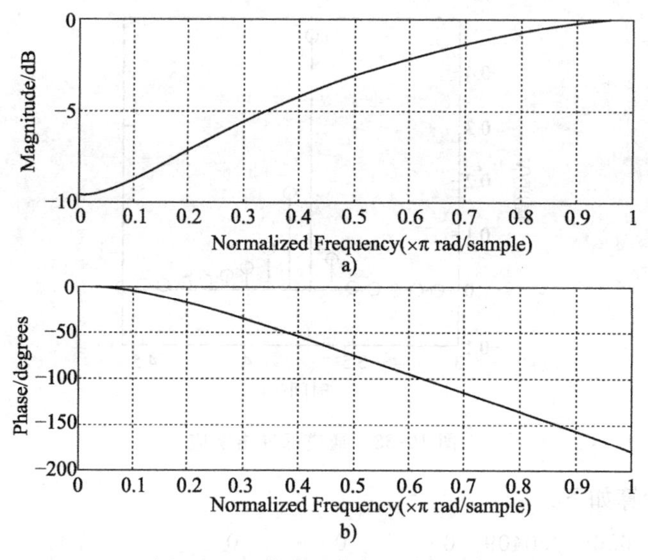

图 10-34　均衡滤波器频响特性

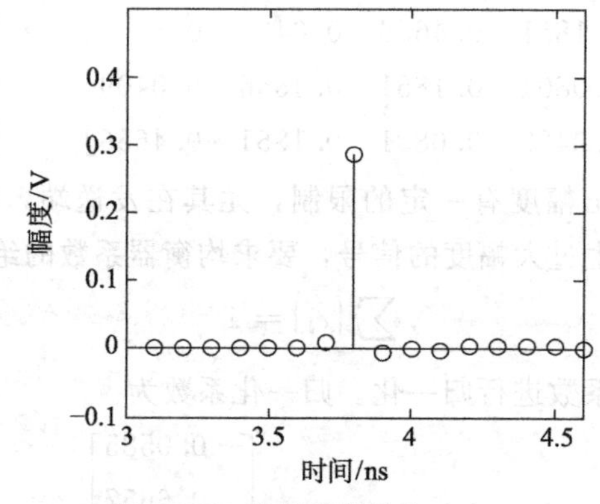

图 10-35　均衡后的冲击响应

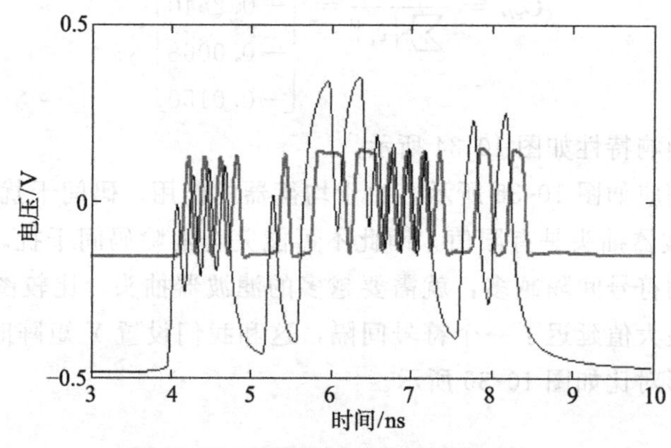

图 10-36　均衡前后的信号波形对比

ZFS 算法的局限性在于，均衡器的输入信号眼图必须是睁开的才能保证均衡后码间干扰最小。另外，ZFS 算法没有考虑噪声的影响，在通道衰减较大的频率范围内产生大的增益来补偿通道，这会放大高频噪声，因此噪声性能也不是最优的。

10.11 使用 MMSE 算法确定 FFE 抽头系数

最小均方误差算法的思想是：考虑有噪声信道情况下，使均衡器输出端残余码间干扰（ISI）及噪声的总功率最小。这种方法并不强制要求码间干扰在相邻的符号间隔为 0，实际上是放宽对 ISI 要求来适应噪声的能力。实践证明，这种方法的性能优于 ZFS 算法。

系统框图如图 10-37 所示，输入信号为 $x(k)$，H 表示无源通道，$v(k)$ 表示噪声，$y(k)$ 为受到噪声污染的无源通道输出，C 为均衡滤波器，$z(k)$ 为均衡器输出。

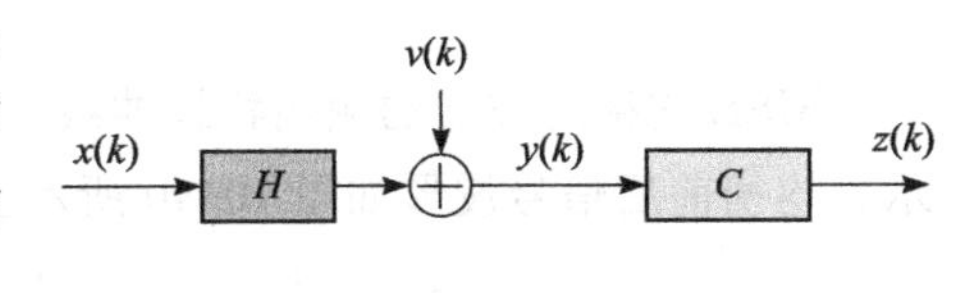

图 10-37 系统框图

则均衡器输出可表示为

$$z_k = \sum_{n=-N}^{N} c_n y(k-n) \tag{10-20}$$

输出与输入的最小均方误差定义为

$$MSE = E\left|z_k - x_k\right|^2 \tag{10-21}$$

展开最小均方误差如下：

$$\begin{aligned} MSE &= E\left|z_k - x_k\right|^2 \\ &= E\left[\left|\sum_{n=-N}^{N} c_n y(k-n) - x_k\right|^2\right] \\ &= \sum_{n=-N}^{N}\sum_{m=-N}^{N} c_n c_m E\left[y(k-n)y^*(k-m)\right] - 2\sum_{n=-N}^{N} c_n E\left[y(k-n)x_k^*\right] + E\left|x_k\right|^2 \\ &= \sum_{n=-N}^{N}\sum_{m=-N}^{N} c_n c_m R_{YY}(n-m) - 2\sum_{n=-N}^{N} c_n R_{XY}(n) + E\left|x_k\right|^2 \end{aligned} \tag{10-22}$$

最小均方误差算法的目的是确定一组滤波器系数，使 MSE 最小，为此，以滤波器系数为变量进行求导，MSE 最小时导数为 0，得到下面的关系式：

$$\sum_{n=-N}^{N} c_n R_{YY}(n-m) = R_{XY}(n) \tag{10-23}$$

写成矩阵形式为

$$C = \frac{R_{XY}}{R_{YY}} \tag{10-24}$$

式（10-24）即为满足最小均方误差标准的均衡滤波器系数。

最小均方误差算法中需要知道无源通道的输入 $x(k)$ 及输出 $y(k)$，在寻找均衡器系数时，可以使用一个特殊的测试序列，比如，一个单脉冲序列（1 0 0 0…），根据通道的 S 参数就可以得到单脉冲序列的输出响应作为 $y(k)$。因此，只要能估计出无源通道的 S 参数，输入、输出数据都可以得到。

仍以前面的 20 英寸无源通道为例，S 参数已知，因此可以得到输出 $y(k)$。假设均衡器有 5 个抽头，根据最小均方误差算法得到滤波器系数为

$$C=\begin{pmatrix}-0.0767\\0.6564\\-0.2398\\-0.0112\\-0.0159\end{pmatrix}$$

MSE 均衡滤波器的频响特性曲线如图 10-38 所示。均衡前后，冲击响应如图 10-39 所示。均衡前后信号波形如图 10-40 所示。

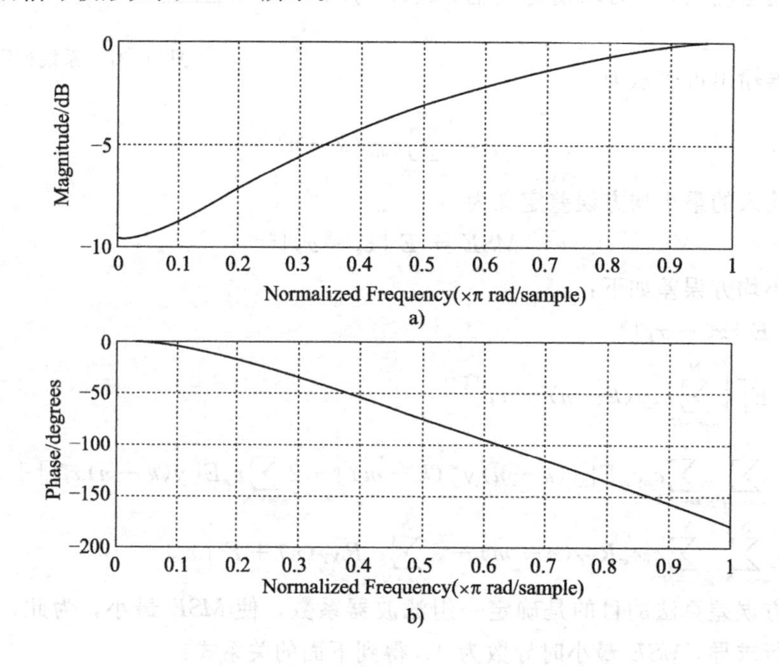

图 10-38　MSE 均衡器的频响特性曲线

利用最小均方误差算法确定均衡滤波器系数，得到的均衡器具有优良的抗噪声性能，因此该方法在调整 FFE 系数时是最常使用的方法。

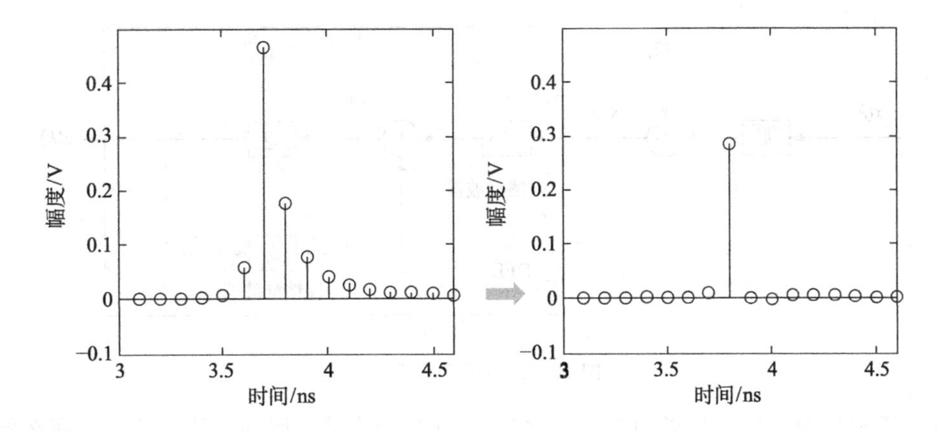

图 10-39　MSE 均衡前后对冲击响应的影响

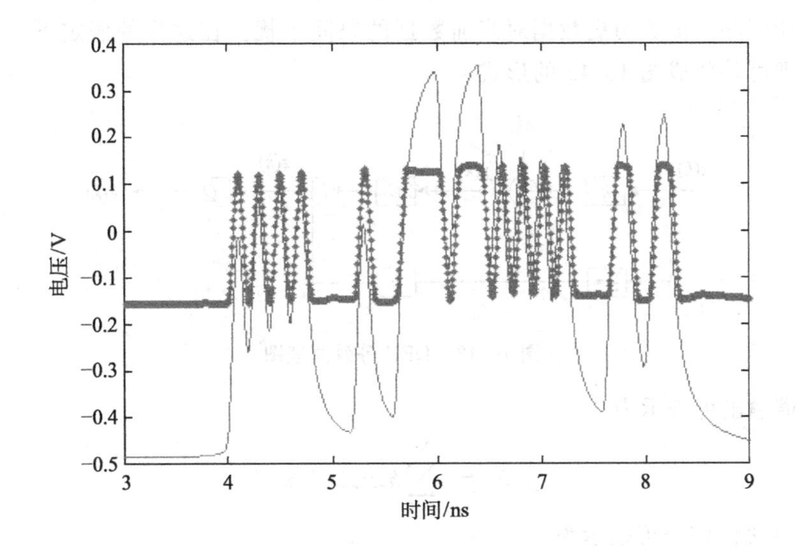

图 10-40　均衡前后信号波形的比较

10.12　反馈判决均衡

反馈判决均衡（Decision Feedback Equalizer，DFE）包含两个滤波器：一个前馈滤波器，一个反馈滤波器。由于引入了反馈通道，所以反馈判决均衡是一种非线性均衡。原理框图如图 10-41 所示。$x(k)$ 通过无源通道后，产生有码间干扰及加性噪声的输出信号 $y(k)$，$y(k)$ 经过 DFE 中的前馈滤波器后和反馈信号相减产生去除码间干扰的信号 $z(k)$，然后经过判决器 Q 输出 $x(k)$ 的估计值 $\hat{x}(k)$。

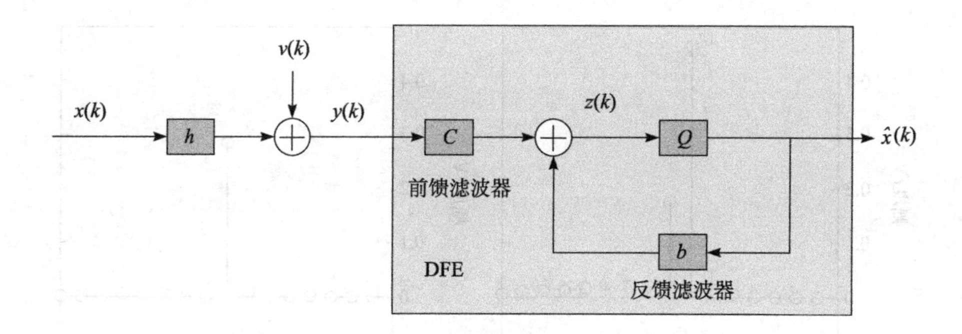

图 10-41　DFE 原理框图

观察原理框图可知，如果判决器 Q 之前 $z(k)$ 是完全消除码间干扰的信号，那么判决器 Q 输出是输入 $x(k)$ 的准确估计。反馈判决均衡器假定已经判决检测到的历史数据是正确的，通过反馈回路来消除历史数据对当前数据的码间干扰。在这样的假定下，为了分析方便，系统原理可等效成图 10-42 的形式。

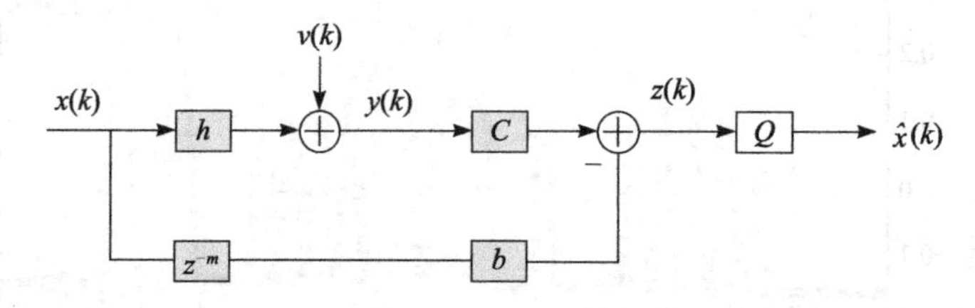

图 10-42　DFE 等效原理图

无源通道输出可表示为

$$y(k)=\sum_{n=0}^{N_h}h_n x_{k-n}+v_k \tag{10-25}$$

判决器 Q 之前信号可表示为

$$\begin{aligned}z(k)&=\sum_{n=0}^{N_f}c_n y_{k-n}-\sum_{n=1}^{N_b}b_n x_{k-n-m}\\&=\sum_{n=0}^{N_f}c_n\left(\sum_{j=0}^{N_h}h_j x_{k-n-j}+v_{k-n}\right)-\sum_{n=1}^{N_b}b_n x_{k-n-m}\\&=\sum_{n=0}^{N_f}c_n\sum_{j=0}^{N_h}h_j x_{k-n-j}-\sum_{n=1}^{N_b}b_n x_{k-n-m}+\sum_{n=0}^{N_f}c_n v_{k-n}\end{aligned} \tag{10-26}$$

定义系数卷积向量 $W=C\cdot H$，则 $z(k)$ 可表示如下：

$$z(k)=\sum_{n=0}^{N_f+N_b-1}w_n x_{k-n}-\sum_{n=1}^{N_b}b_n x_{k-n-m}+\sum_{n=0}^{N_f}c_n v_{k-n}$$

$$= \underbrace{w_m x_{k-m}}_{\text{当前数据}} + \underbrace{\sum_{n=0}^{m-1} w_n x_{k-n}}_{\text{precursor tap处残余码间干扰}} + \underbrace{\sum_{n=1}^{N_b} (w_{n+m} - b_n) x_{k-n-m}}_{\text{postcursor tap处建模的码间干扰}}$$

$$+ \underbrace{\sum_{n=N_b+m+1}^{N_f+N_b-1} w_n x_{k-n}}_{\text{postcursor tap 处残余码间干扰}} + \underbrace{\sum_{n=0}^{N_f} c_n v_{k-n}}_{\text{滤波后的噪声}} \tag{10-27}$$

从上面 $z(k)$ 的表达式可见，要使码间干扰最小，反馈判决均衡器需要具有以下特征。

1）对于前馈滤波器：

- 待检测的信号有大的增益，系数 C 与通道冲击响应 H 卷积后应有 $w_m \approx 1$。
- 剩余码间干扰尽量小，即 $w_i \approx 0\ (i \neq m)$。
- 使噪声的增益尽可能的小。

2）对于反馈滤波器。使系数精确匹配 $w_{n+m} = b_n (n = 1 \cdots N_b)$ 来抵消剩余的码间干扰。

反馈判决均衡器通过不断更新滤波器系数已适应信道及噪声变化，因此反馈判决均衡器是一种自适应均衡器。系数更新的典型方法是随机梯度算法，下面介绍这种算法的原理。由于最小均方误差准则具有更好的性能，反馈判决均衡器系数更新也是基于最小均方误差准则。

根据 10.11 节的讨论，基于最小均方误差准则的滤波器系数满足下述关系式(10-28)

$$\sum_{n=-N}^{N} c_n R_{YY}(n-m) = R_{XY}(n) \tag{10-28}$$

系数向量可表示为

$$C = \frac{R_{XY}}{R_{YY}} = R_{YY}{}^{-1} R_{XY} \tag{10-29}$$

系数每更新一次需要做一次自相关矩阵 R_{YY} 的求逆，而且还需要关于 R_{YY} 和 R_{XY} 的先验知识。为了回避上述问题，可使用迭代方法逐步更新系数向量。均方误差 MSE 表达式对系数向量求导，得到均方误差的梯度向量。

$$g_k = R_{YY} C_k - R_{XY} = -E(\varepsilon_k X_k) \tag{10-30}$$

系数可用下式来更新

$$C_{k+1} = C_k - \Delta g_k \tag{10-31}$$

其中，Δ 为迭代更新的步长参数，通常取一个小的正值。式（10-31）实际上就是基于最小均方误差的自适应估计算法（LMS）。梯度向量的第 K 次估计值可用瞬时值来代替期望值计算

$$g_k = -\varepsilon_k Y_k \tag{10-32}$$

其中，ε_k 为均衡器输出信号与输入信号差，即 $\varepsilon_k = Z_k - X_k$。最终，系数可表示为

$$C_{k+1} = C_k + \Delta \varepsilon_k Y_k \tag{10-33}$$

LMS 算法经过有限次迭代后可以达到很小的均方误差，均衡器能够得到输入信号的准

确估计。

根据上述 LMS 算法原理，反馈判决均衡器系数更新公式结果如下：

$$\begin{cases} C_{k+1} = C_k + \Delta\varepsilon_k y_s \\ B_{k+1} = B_k - \Delta\varepsilon_k d_s \end{cases} \tag{10-34}$$

其中，y_s 表示前馈滤波部分输出的历史数据，d_s 为反馈滤波部分输出的历史数据，C 为前馈滤波器系数向量，B 为反馈滤波器系数向量。

反馈判决均衡器是一种非线性均衡器，很难用频域方法来分析，只能通过时域方法观察均衡效果。图 10-43 显示了 DFE 均衡前后波形的对比。

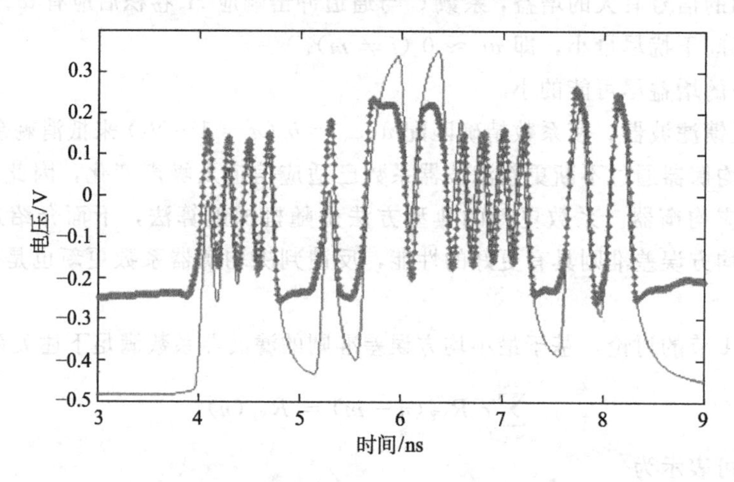

图 10-43　DFE 方法均衡前后波形的对比

10.13　小结

均衡是长距离高速串行互连中保证数据正确传输的必备措施，正确地调整好均衡参数可以大大减小数据传输的误码率。有时需要同时调整发送端和接收端的均衡器参数，才能把误码率减小到合理水平。均衡电路的具体实现方式多种多样，但起决定作用的还是均衡器幅频响应和相频响应特性。均衡参数配置中，如果只关注增益的值，很多现象都无法理解。只有抓住均衡器幅频响应和相频响应两个方面才能正确理解不同参数配置下的各种现象，找到合适的均衡参数。

第 11 章 电源完整性

对于负载芯片来说，实际有电流需求的节点位于封装内部 Die 上，所以完整的 PDN 系统既包含了 PCB 上的部分，又包含芯片封装上的部分。PDN 系统主要由以下几部分组成：VRM（电源芯片或电源模块）、PCB 上的电容、PCB 上的电源和地平面、芯片封装内的电容、封装内的电源和地网络、Die 上的电容，如图 11-1 所示。对于整个 PDN 系统来说，每一个部分都会对最终的性能产生影响。对于 PCB 板级设计来说，尽管可能得不到芯片内 PDN 系统详细信息，但是并不意味着它不起作用，如何将 PCB 和芯片内的 PDN 系统进行联合设计也是目前的难点之一。

电源分配系统（Power Distribution Network，PDN）在现代电路设计中占有越来越重要的作用。与低速时代相比，现代的电路对 PDN 系统要求更加苛刻，PDN 系统的设计越来越困难。一方面，芯片的开关速度不断提高，高频瞬态电流的需求越来越大。另一方面，芯片的功能不断增加，性能越来越强大，芯片的功耗也随之增加。而在很大的高频瞬态电流需求的情况下满足 PDN 系统的噪声要求，为设计提出了很大的挑战，现在的硬件工程师不得不小心处理 PDN 系统的设计。PDN 系统的作用主要包含两个方面：1）为负载提供干净的供电电压。2）为信号提供低噪声的参考路径（返回路径）。如何保证 PDN 系统满足负载芯片对电源的要求，就是电源完整性（Power Integrity，PI）所要解决的问题。

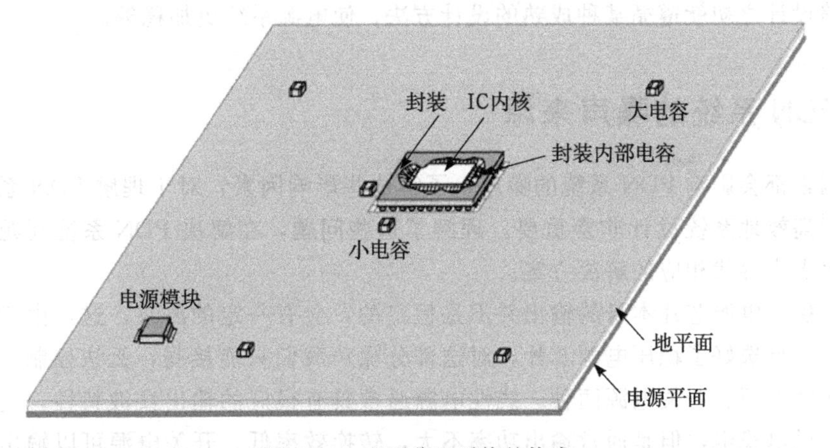

图 11-1　电源分配系统的构成

11.1 为什么要重视电源噪声问题

芯片内部有成千上万个晶体管，这些晶体管组成内部的门电路、组合逻辑、寄存器、计数器、延迟线、状态机以及其他逻辑功能电路。随着芯片的集成度越来越高，内部晶体管数量越来越大。芯片的外部引脚数量有限，为每一个晶体管提供单独的供电引脚是不现实的。芯片的外部电源引脚提供给内部晶体管一个公共的供电节点，因此内部晶体管状态的转换必然引起电源噪声在芯片内部的传递。

对内部各个晶体管的操作通常由内核时钟或片内外设时钟同步，但是由于内部延时的差别，各个晶体管的状态转换不可能是严格同步的，当某些晶体管已经完成了状态转换，另一些晶体管可能仍处于转换过程中。芯片内部处于高电平的门电路会把电源噪声传递到其他门电路的输入部分。如果接收电源噪声的门电路此时处于电平转换的不定态区域，那么电源噪声可能会被放大，并在门电路的输出端产生脉冲干扰，进而可能引起电路的逻辑错误。芯片外部电源引脚处的噪声通过芯片内部门电路的传播，还可能会触发内部寄存器产生状态转换。

除了对芯片本身工作状态产生影响外，电源噪声还会对其他方面性能产生影响。电源噪声会影响晶振、锁相环（PLL、DLL 等）的抖动特性。典型的基于锁相环的时钟芯片对电源噪声非常敏感，如果使用开关电源为锁相环供电，输出的时钟频谱会含有很大的频谱旁瓣，造成时钟信号含有很大的低频抖动。A/D 转换电路中的电源噪声可能淹没幅度很小的模拟信号，A/D 转换采样量化过程中，低位数字实际上采到的是噪声，并不包含信号的信息，使转换后的有效位数减小。对于幅度很小的模拟信号，由于淹没在噪声中，A/D 转换无法提取模拟信号的信息，造成 A/D 转换精度下降。

在实际的工程设计中，问题如果是由于电源系统产生的，电路调试将非常困难，因此最好在电路设计之初就遵循某种成熟的设计方法，使电源系统更加稳健。

11.2 PDN 系统的噪声来源

很多因素都会影响 PDN 系统的噪声，了解这些影响因素，对于理解 PDN 系统的设计方法，进行高效地系统设计非常重要。理解了这些问题，在解决 PDN 系统问题时就有了明确的着手点去寻找相应的解决方案。

第一，稳压电源芯片本身的输出并不是恒定的，会有一定的波纹。这是由稳压芯片自身决定的，一旦选好了稳压电源芯片，对这部分噪声我们只能接受，无法控制。稳压电源大体分为线性电源和开关电源两种。线性电源通常具有很好的输出纹波特性，电源本身输出噪声低，供电稳定，但是通常输出功率不大，转换效率低。开关电源可以输出很大的电流，转换效率高，但是通常输出纹波较大，不适合对电源非常敏感的模拟电路供电。图 11-2 显示了某开关电源输出端的纹波。

第二，稳压电源无法实时响应负载对于电流需求的快速变化。稳压电源芯片通过感知输出电压的变化，调整其输出电流，从而把输出电压调整回额定输出值。多数常用的稳压源调整电压的时间在微秒量级。因此，对于负载电流变化频率在直流到几百 kHz 之间时，稳压源可以很好地做出调整，保持输出电压的稳定。当负载瞬态电流变化频率超出这一范围时，稳压电源无法及时提供足够的电流，电压输出会出现跌落，从而产生电源噪声。

第三，负载瞬态电流在电源路径和地路径上产生的压降。PCB 板上任何电气路径都不可避免地会存在阻抗，不论是完整的电源平面还是电源引线。对于多层板，通常提供一个完整的电源平面和地平面，稳压电源输出首先接入电源平面，供电电流流经电源平面、过孔、封装引线、片内电源网络进入到 Die 供电节点。地路径和电源路径类似，只不过电流路径变成了地平面。负载瞬态电流是不断变化的，具有交流特性，供电路径由于存在电感和电容等寄生参数，表现出一定的交流阻抗。完整平面的阻抗很低，但确实存在，如果平面上打了很多过孔，会进一步增加平面的阻抗。如果不使用平面而使用引线，那么路径上的阻抗会更高。瞬态电流流经供电路径必然产生压降，因此负载的电压会随着瞬态电流的变化而波动，这就是阻抗产生的电源噪声。在电源路径表现为负载 Die 供电节点处的电压轨道塌陷，在地路径表现为 Die 上 GND 节点处的电位和参考地电位不同。

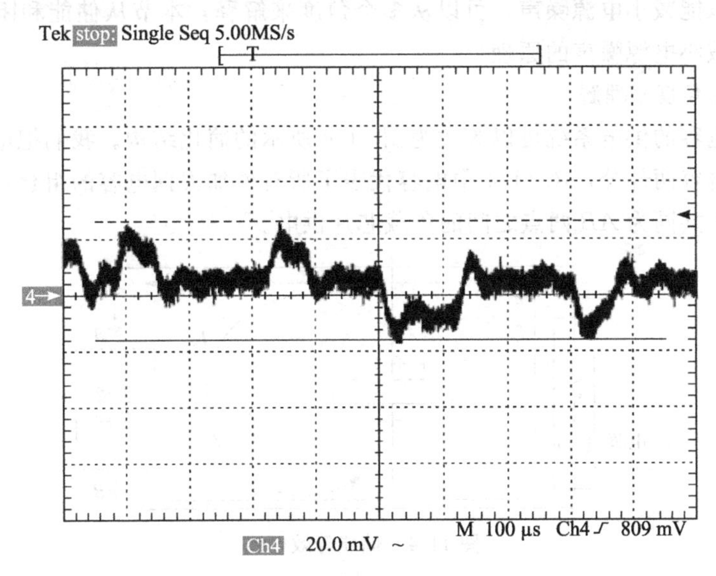

图 11-2　实测开关电源输出纹波

第四，信号通过过孔换层也会引起电源噪声，如图 11-3 所示。信号穿过电源平面和地平面时，返回路径在平面间转换，返回电流通过平面间的耦合才能由一个平面转移到另一个平面。尽管电源平面和地平面之间可能有去耦电容元件，但是电容只能让返回电流的低频部分通过，无法为高频部分提供回流路径。高频返回电流通过平面间的耦合通过换层所在区域，局部区域就像一个小电容充放电，引起局部电源噪声，这个噪声会在电源平面和地平面构成的腔体中传播。

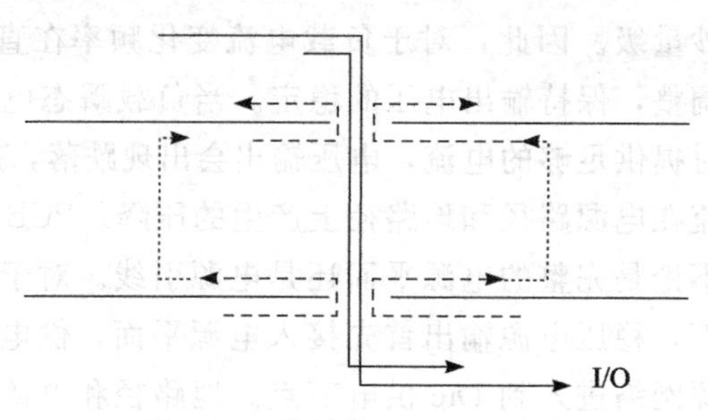

图 11-3 信号换层引起的噪声

11.3 电容去耦的两种解释

为了使负载芯片的供电满足要求，通常会在芯片的周围用很多电容连接到电压平面上，这些电容称为去耦电容。采用去耦电容是目前工程中解决电源噪声问题的主要方法。去耦电容之所以能减小电源噪声，可以从多个角度来解释，本节从储能和阻抗两个角度来说明去耦电容减小电源噪声的原理。

1. 从储能的角度来理解

带有去耦电容的供电系统可以等效为图 11-4 所示的简化结构。我们把电源系统分成电源模块和去耦电容两部分，图 11-4 中电容代表了所有外加去耦电容的组合，电源模块和去耦电容联合起来共同为 AB 两点之间的负载芯片供电。

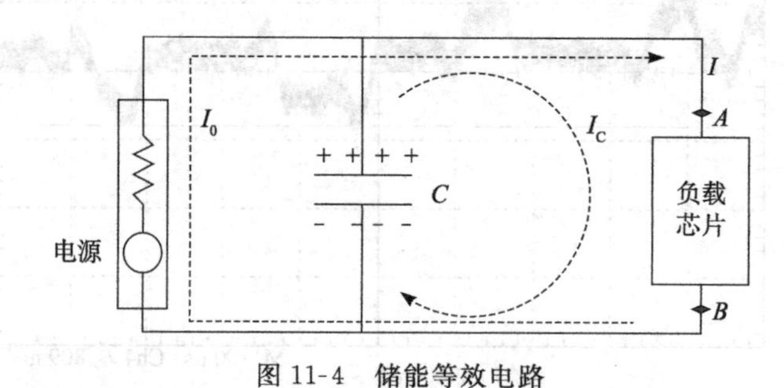

图 11-4 储能等效电路

当负载电流保持不变，稳态情况下，负载芯片处的电压是恒定的，因而电容两端电压也是恒定的，与负载两端电压一致，流经电容的电流 I_C 为 0，负载电流由电源模块提供，即图中的 I_0。此时电容两端存在电压，因此电容上存储了相当数量的电荷，其电荷数量和电容量有关。当负载电流发生瞬间变化时，由于负载芯片内部晶体管电平转换速度极快，必须在极短的时间内为负载芯片提供足够的电流。但是稳压电源无法很快响应负载电流的变化，电流 I_0 不会马上变化满足负载瞬态电流的要求，因此负载芯片感受到的电压会降低。去耦电容也同时感受到电压变化，对于电容来说电压变化必然产生电流，此时电容对负载放电，电流 I_C 不再为 0，为负载芯片提供电流。根据电容上电压和电流之间的关系：

$$I = C\frac{\mathrm{d}V}{\mathrm{d}t} \tag{11-1}$$

理想情况下，只要电容量 C 足够大，放电并为负载提供瞬态电流只会引起电容两端很小的电压变化，这样就保证了负载芯片电压的变化在容许的范围内。这里，相当于电容预先存储了一部分电能，在负载需要的时候释放出来，即电容是储能元件。储能电容的存在使负载消耗的能量得到快速补充，因此保证了负载两端电压不至于有太大变化，此时电容担负的是局部电源的角色。

从储能的角度来理解去耦电容的作用，非常直观易懂，对于理解电路元件的作用很有帮助，但是对电路设计帮助却不大。

2. 从阻抗的角度来理解

从阻抗的角度理解去耦电容的作用，能够得到设计去耦电容网络的实用方法，让我们在配置去耦电容时有章可循。实际上，在决定电源分配系统的去耦电容网络的时候，就是从阻抗的角度着手进行的。

在图 11-4 中我们去掉负载芯片，仅观察供电系统本身，如图 11-5 所示。从 AB 两点向左看过去，稳压电源以及去耦电容组合在一起，可以看成是一个复合的电源系统。对这个复合电源系统的要求是：不论 AB 两点间负载的瞬态电流如何变化，都能保证 AB 两点间的电压保持稳定，即 AB 两点间电压变化很小。

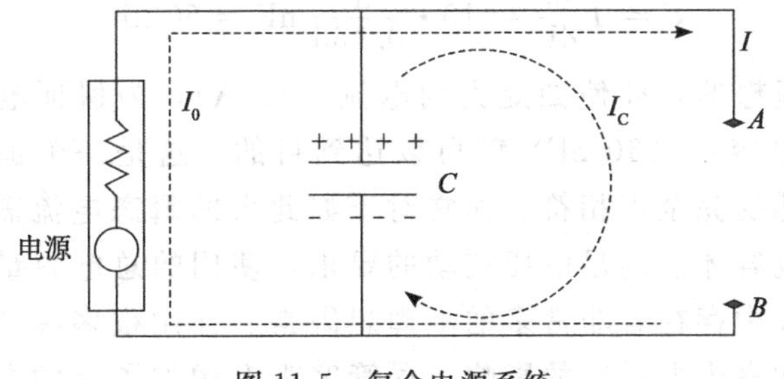

图 11-5　复合电源系统

我们可以用一个等效电源模型表示上面这个复合的电源系统，如图 11-6 所示。对于这个电路可写出如下等式：

$$\Delta V = Z \cdot \Delta I \tag{11-2}$$

我们的最终设计目标是，不论 AB 两点间负载瞬态电流如何变化，都要保持 AB 两点间电压变化范围很小，根据式（11-2），这要求电源系统的阻抗 Z 要足够小。在图 11-5 中，去耦电容和电源模块是并联关系，对于变化的瞬态电流，由于具有交流特性，去耦电容表现出低阻抗的特性（通交流，阻直流）。从端口看进去对交流成分表现出的阻抗很低。因此从等效的角度出发，可以说去耦电容降低了复合电源系统的阻抗。

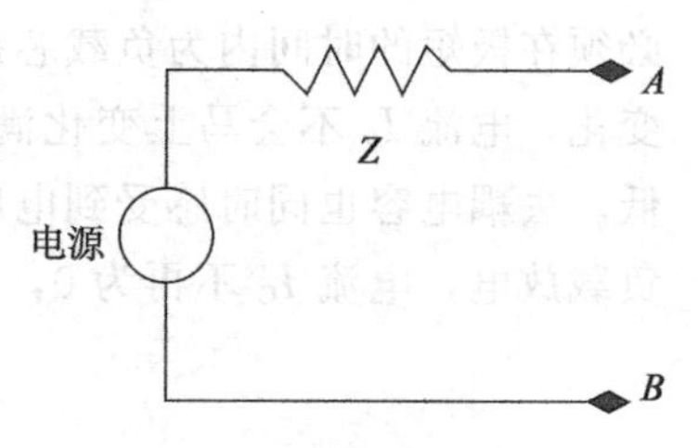

图 11-6　等效电源模型

从阻抗的角度理解去耦电容，可以给我们设计电源分配系统带来极大的方便。实际上，电源分配系统设计的最根本的原则就是使电源系统的阻抗不能超过某一个要求的值。最有效的设计方法就是在这个原则指导下产生的。

11.4　理想情况的去耦电容量

使用电容去耦，是否和总的电容量有关？我们先看理想情况需要多大的电容。负载芯片为了输出高电平信号，需要从电源吸收电流。假设信号上升时间为 1 ns，为完成信号转换需要从电源吸收 10 A 的瞬态电流，那么这个 10 A 的瞬态电流就要在 1 ns 内补充上来。去耦电容提供补偿电流过程中，电容放电，两端电压下降，负载芯片也会"感觉"到电压的下降。如果电压为 3.3 V，容许的电压波动为±5%，则电压波动最大不能超过 3.3 V×5%＝0.165 V。根据电容上电压和电流的关系式：

$$I = C\frac{\mathrm{d}V}{\mathrm{d}t} \tag{11-3}$$

经计算得满足要求的电容值为

$$C = I\frac{\mathrm{d}t}{\mathrm{d}V} = 10 \cdot \frac{1}{0.165}\ \mathrm{nF} = 60\ \mathrm{nF}$$

如果一切都是理想的，即使如此大的电流（10 A），为保证电压波动满足要求也仅仅需要如此小的电容量（60 nF）就可以达到目的。这是一个惊人的结论，和我们工程设计中直观的感受完全不相符。通常对于如此大的瞬态电流需求，工程实际中需要使用很多种类的电容才能满足电压波动的要求，使用的总电容量远远大于这里的计算值，原因在于实际中存在着非常多的不理想因素。使用很多种类的电容，是为了减小不理想因素（比如寄生电感）的影响，尽管客观上增加了总的电容量，但解决问题的手段并非电容量。

在去耦设计中，总电容量并不是主要考虑因素，甚至可以说去耦网络性能的好坏和总电容量基本没什么关系。去耦网络的设计关键是要做好电容种类及数量的搭配，而不是提高总的电容量。盲目增加总电容量，电路板上电的瞬间会有非常大的电流，可能会导致系统的不稳定。

11.5　实际电容的特性

实际工程中使用的去耦电容量都会远大于理想情况下的去耦电容量，原因在于电路板上的寄生参数和电容器的寄生参数影响了电容的去耦能力。正确使用电容进行电源去耦，必须了解实际电容的频率特性。理想电容器在实际中是不存在的，这就是为什么经常听到“电容不仅仅是电容”的原因。

实际的电容器可以使用如图 11-7 所示的简化模型表示。

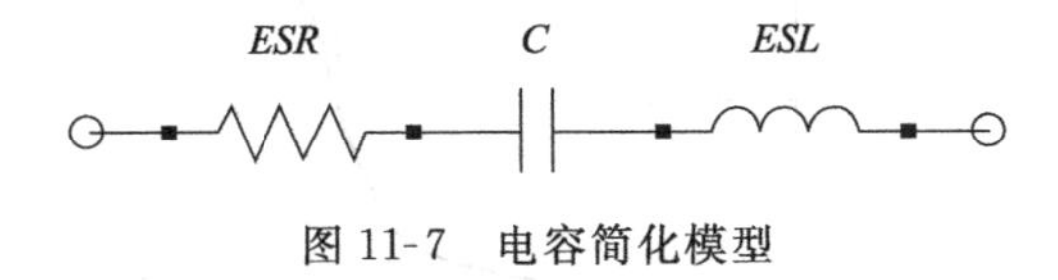

图 11-7　电容简化模型

ESR 代表等效串联电阻，ESL 代表等效串联电感或寄生电感，C 为理想电容。因此实际电容特性的阻抗可表示为

$$Z = ESR + \mathrm{j}2\pi fESL + \frac{1}{\mathrm{j}2\pi fC} = ESR + \mathrm{j}\left(2\pi fESL - \frac{1}{2\pi fC}\right) \tag{11-4}$$

图 11-8 显示了 0402 封装的 0.1 μF 电容，典型参数为 $ESR = 0.03\ \Omega$，$ESL = 0.4\ \mathrm{nH}$ 情况下电容阻抗的幅度和相位。当频率很低时，$2\pi fESL$ 远小于 $\frac{1}{2\pi fC}$，电容阻抗随频率增加而减小，复阻抗的相位为负值，说明电流超前于电压，典型的电容充电特性，因此低频时电容器表现为电容特性。当频率很高时，$2\pi fESL$ 大于 $\frac{1}{2\pi fC}$，电容阻抗随频率增加而增大，复阻抗的相位为正值，说明电压超前于电流，是典型的电感施加电压时的行为特征，因此高频时电容器表现为电感特性。“高频时电容不再是电容”，而呈现为电感。当 $f_0 = \frac{1}{2\pi\sqrt{ESL \cdot C}}$ 时，$2\pi fESL = \frac{1}{2\pi fC}$，容抗与感抗之差为 0，电容的总阻抗最小，复阻抗相位为 0，表现为纯电阻特性，该频率点就是电容的自谐振频率。自谐振频率可表示为

$$f_0 = \frac{1}{2\pi\sqrt{ESL \cdot C}} \tag{11-5}$$

图 11-8 中在给定参数下自谐振频率约为 25 MHz。自谐振频率点是区分电容器是容性还是感性的分界点，低于谐振频率时电容表现为电容特性，高于谐振频率时电容表现为电感特性。整个阻抗曲线呈现大 V 型，只有在自谐振频率点附近电容阻抗较低。因此，实际去耦电容都有一定的工作频率范围，只有在其自谐振频率点附近频段内，电容才具有很好的去耦作用，使用电容进行电源去耦时要特别关注这一点。

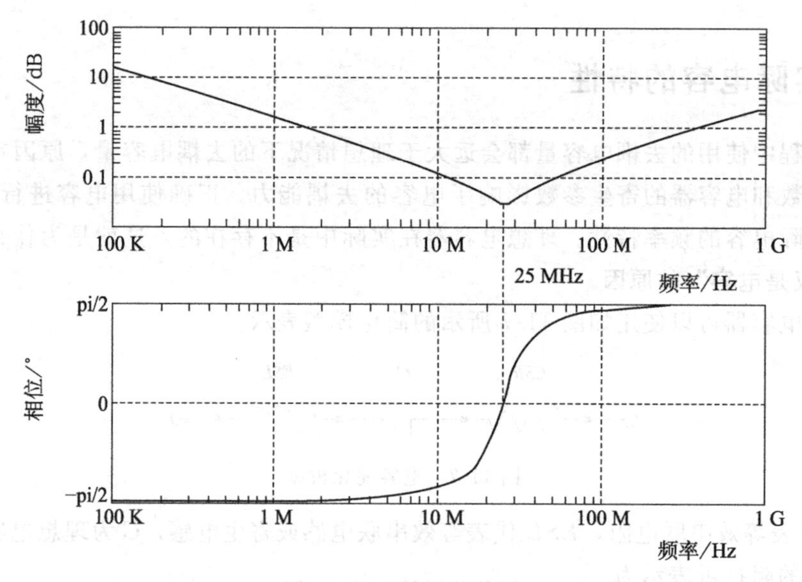

图 11-8　电容阻抗特性

既然电容可以等效为 *RLC* 串联电路，因此也会存在品质因数，即 Q 值，这也是在使用电容时的一个重要参数。电路在谐振时感抗和容抗相等，*RLC* 串联电路品质因数 Q 值定义为电路串联谐振时感抗（容抗）与串联电阻的比值。电路串联谐振角频率为

$$\omega_0 = \frac{1}{\sqrt{LC}} \tag{11-6}$$

谐振时感抗（或容抗）等于

$$X_L = \omega_0 L = \sqrt{\frac{L}{C}} \tag{11-7}$$

所以品质因数 Q 表示为

$$Q = \frac{\sqrt{\frac{L}{C}}}{R} \tag{11-8}$$

品质因数 Q 仅仅和电路参数有关，和电路的工作频率无关。

Q 值和电路的频率选择性有密切关系。*RLC* 串联电路谐振时，感抗和容抗互相抵消，阻抗最小，这时电路中的电流最大，当频率偏离谐振点时，因阻抗增大而使电流减小。我们用 $I/I_{\max}$ 表示电流与谐振时最大电流的比值，即电流相对变化率，用 ω/ω_0 表示频率偏离谐振频率的程度，可以得到如图 11-9 所示的关系曲线。Q 值越大，频率偏离谐振点时，电流变化速度越快。因此 Q 值越大，电路的频率选择性越好，允许通过的电流频段越窄。这种频率选择性在 PDN 系统的去耦电容中起到的是负面效应，使电容的去耦频段变窄。当负载芯片有瞬态电流需求时，去耦电容要立刻给予补偿，电容上流过补偿电流，如果电容

的 Q 值很大，可以流过电容的补偿电流频段就会很窄，因此影响电容的去耦能力。

电容 Q 值不同，阻抗曲线表现出不同的特征。Q 值越大，V 型阻抗曲线越陡峭，底部越尖锐。Q 值越小，V 型阻抗曲线越平缓。图 11-10 显示了两种电容的阻抗曲线和 Q 值，Q 为 0.2 的是一个 10 μF 的钽电容，Q 为 3.3 的是一个 0.01 μF 的陶瓷电容。可见，大容量的钽电容阻抗曲线非常平缓，而小容量的陶瓷电容阻抗曲线就很陡峭。通常电容值越小，Q 值越大。

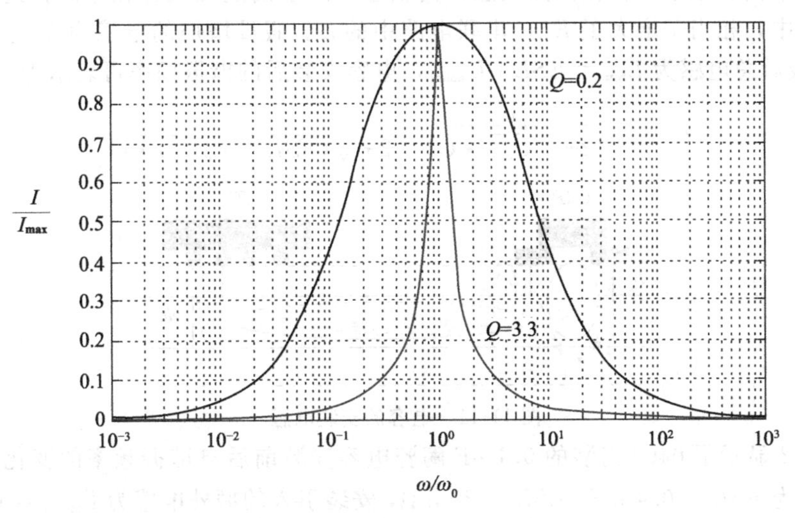

图 11-9 Q 值对电流的影响

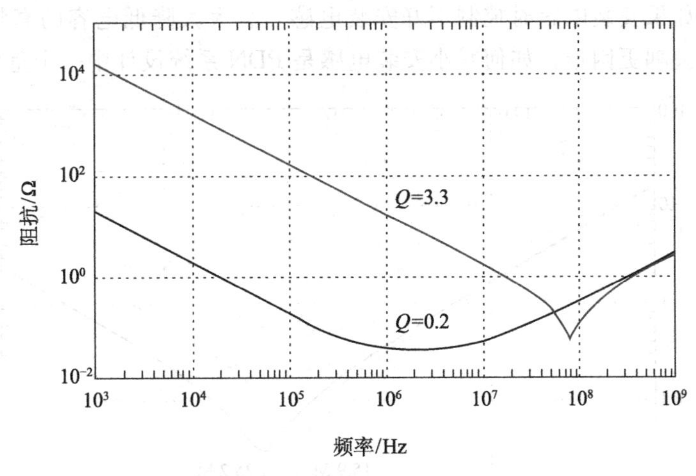

图 11-10 阻抗曲线与 Q 值

在电路板上通常都会放置一些大容量的钽电容或电解电容。这类电容 Q 值很低，具有很宽的有效去耦频率范围，非常适合板级电源滤波。

11.6　安装电感与自谐振频率

电容的自谐振频率点和寄生参数有关，如果寄生参数改变，电容的自谐振频率点也会改变。图 11-11 显示了安装到电路板上的去耦电容和负载芯片形成的电流回路。电容安装到电路板上后会引入额外的电感，电容的焊盘、引线、过孔等存在电感，电容与负载芯片之间的电源平面和地平面存在回路电感，负载芯片的扇出过孔也存在电感，这些电感串联在整个回路中，相当于增大了 RLC 串联电路中的 L。假设增加的电感为 L_{mount}，则电容安装到 PCB 板后总电感为 $L_{\text{total}}=ESL+L_{\text{mount}}$，电容安装后的谐振频率可表示为

$$f_{\text{mount}}=\frac{1}{2\pi\sqrt{L_{\text{total}}\cdot C}}=\frac{1}{2\pi\sqrt{(ESL+L_{\text{mount}})\cdot C}} \tag{11-9}$$

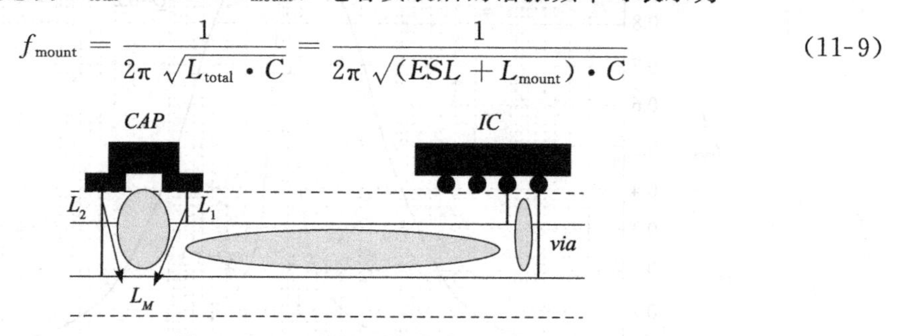

图 11-11　电容的安装电感

图 11-12 显示了 0402 封装的 0.1 μF 陶瓷电容安装前后自谐振频率的变化情况，所用电容的参数为 $ESL=0.4$ nH，$ESR=30$ mΩ，安装引入的额外电感为 $L_{\text{mount}}=600$ pH。自谐振频率由安装前电容本身的 25.2 MHz 减小到 15.9 MHz。可见电容的自谐振频率对安装电感很敏感，如果安装电容时控制不好安装电感，会大大降低电容的高频去耦能力，使频率较高范围内去耦更困难。如何减小安装电感是 PDN 系统设计中一个重要的内容。

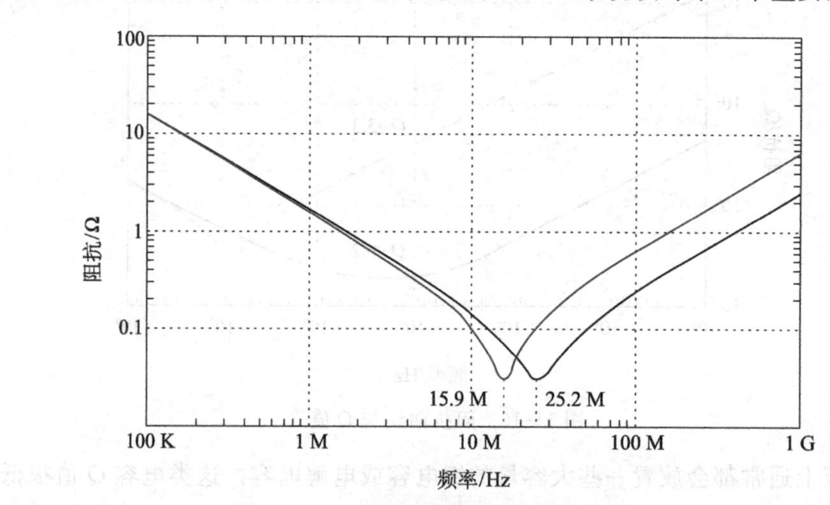

图 11-12　安装电感对自谐振频率的影响

11.7　目标阻抗的设计方法

目前最具有可操作性的 PDN 系统去耦网络设计方法，以控制 PDN 系统阻抗为出发点，设计及优化都针对 PDN 系统阻抗进行，这种方法称为“目标阻抗（Target Impedance)”的设计方法。这种方法的核心思想是利用电流变化量、阻抗、电压变化量之间的线性约束关系，在给定电流变化量的情况下，只要能控制 PDN 系统阻抗的最大值，就可以控制住电压变化的最大值。

如图 11-13 所示，PDN 系统可等效为恒压源和阻抗串联的简单模型，PDN 系统的各种因素都可归结到对阻抗的影响中。电流变化量、阻抗、电压变化量之间的线性约束关系表

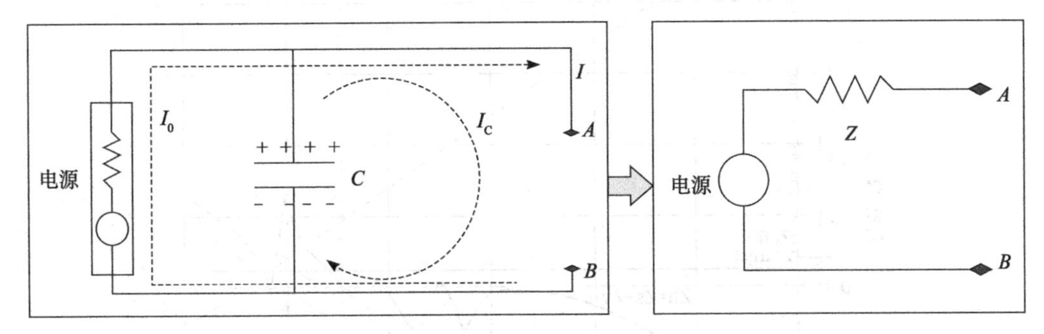

图 11-13　PDN 系统等效模型

示为 $\Delta V = Z \cdot \Delta I$，在 ΔI 一定的情况下，要想把 ΔV 控制在允许范围内，只要使 PDN 系统阻抗不超过 $\Delta V/\Delta I$ 即可，图 11-14 显示了这种关系。如果能确定负载芯片的最大瞬态电流变化量，就可以确定这个阻抗的最大值，这个最大阻抗值就是 PDN 系统的设计目标，最终 PDN 系统的阻抗必须小于这个阻抗最大值。这个最大阻抗值就是通常所说的目标阻抗。目标阻抗（Target Impedance）定义为

$$Z_{\text{target}} = \frac{V_{\text{CC}} \times Ripple}{\Delta I_{\max}} = \frac{\Delta V_{\text{CC}}}{\Delta I_{\max}} \tag{11-10}$$

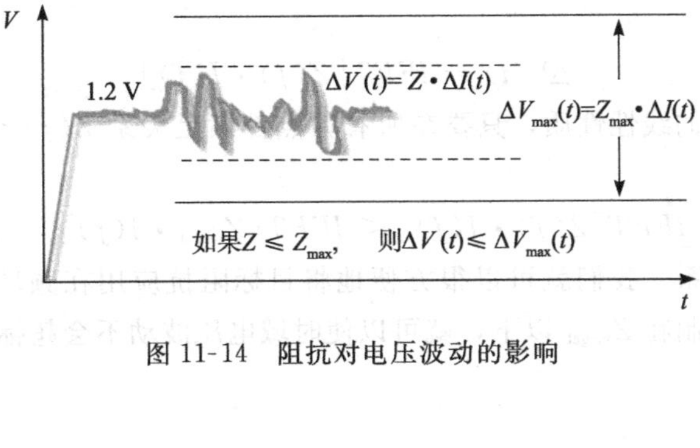

V

1.2 V

$\Delta V(t) = Z \cdot \Delta I(t)$

$\Delta V_{\max}(t) = Z_{\max} \cdot \Delta I(t)$

如果 $Z \leqslant Z_{\max}$，　则 $\Delta V(t) \leqslant \Delta V_{\max}(t)$

t

图 11-14　阻抗对电压波动的影响

其中，V_{CC} 表示要进行去耦的电源电压等级，如 5 V、3.3 V、1.8 V、1.2 V、0.9 V 等。*Ripple* 为允许的电压波动，典型值通常为 5%或 3%。ΔI_{max} 为负载芯片的最大瞬态电流变化量。

从阻抗入手，使 PDN 系统去耦设计变得非常简单，把复杂的 PDN 系统噪声问题转化为简单的阻抗控制问题。由式（11-10）可见，计算目标阻抗的参量都是在时域获得的，但是工程中通常在频域使用目标阻抗。去耦电容网络在不同频点表现出不同的阻抗值，只要在一定频率范围内，PDN 系统的阻抗值不超过目标阻抗，时域的电压波动就不会超过规定值。图 11-15 显示了一个 PDN 系统阻抗设计实例，较粗的曲线是 PDN 系统阻抗随频率的变化曲线，较粗的直线为目标阻抗。

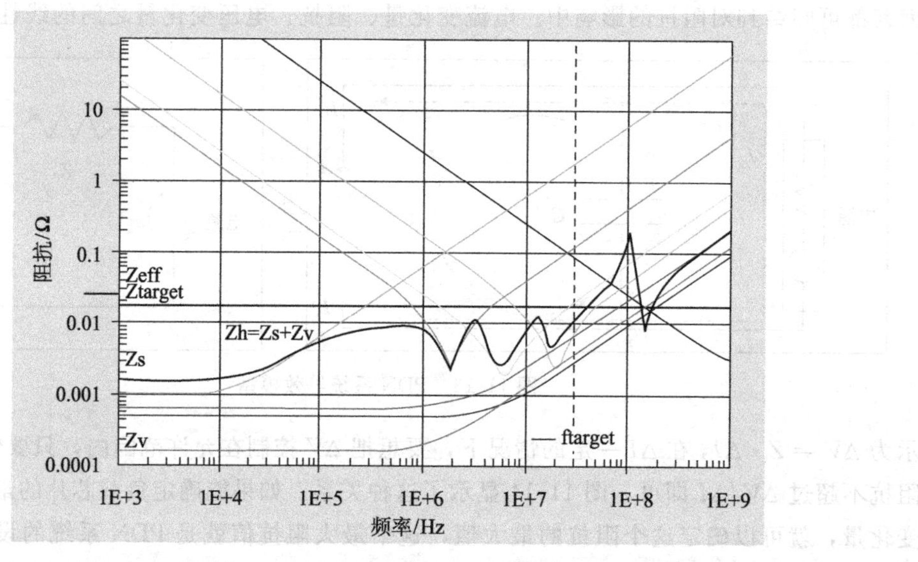

图 11-15　PDN 系统阻抗设计实例

为什么时域计算的阻抗最大值可以在频域中应用？这得益于傅里叶变换的线性特性。如图 11-16 所示，电流需求由很多频率成分 $I(f)$ 构成，PDN 系统对每一个频率成分都表现出一定的阻抗 $Z(f)$。频域中的电流、阻抗和时域中的电压波动之间的关系可表示为

$$\Delta V(t) = IFFT[Z(f) \cdot I(f)] \tag{11-11}$$

根据傅里叶变换的线性性质，只要在所有频点都满足关系 $Z(f) \leqslant Z_{target}$，则必然满足下面的关系式

$$\Delta V(t) = IFFT[Z(f) \cdot I(f)] \leqslant IFFT[Z_{target} \cdot I(f)] = \Delta V_{max}(t) \tag{11-12}$$

有了这种对应关系，我们就可以很方便地将目标阻抗应用在频域中，把 PDN 系统在各个频点的阻抗都控制在 Z_{target} 以下，就可以使时域电压波动不会超标。

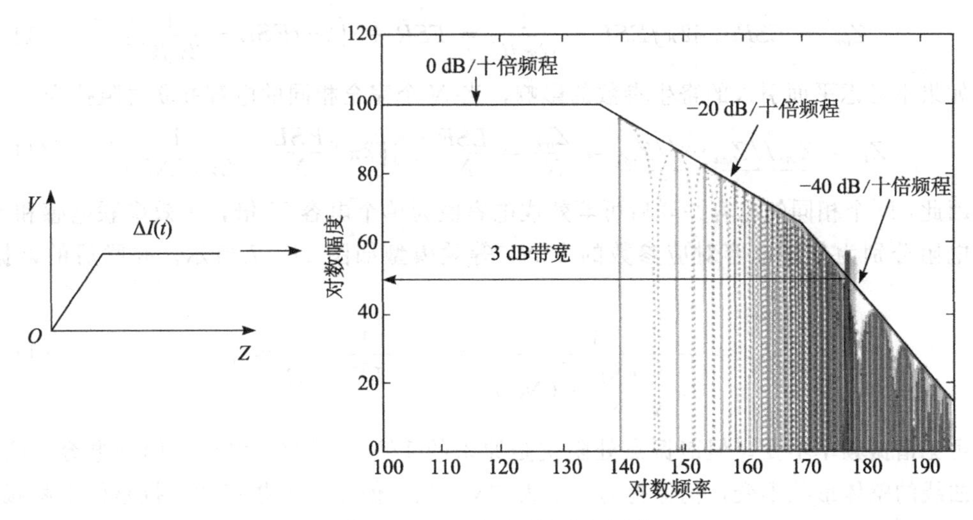

图 11-16 电流时域波形与频谱

应该指出，目标阻抗设计方法是一种保守的设计方法。在不同的频率点芯片的电流需求也不完全一样，极端情况假设芯片的电流需求是正弦波，在频域只有一个频点，那么 PDN 系统的阻抗只要在这个单一频点满足目标阻抗要求，时域电压波动就不会超标，PDN 系统在其他频率点处的阻抗没有必要限制在目标阻抗以下。而目标阻抗设计方法，要求从直流到某一频率范围内所有频率点都要满足目标阻抗要求，因而对于这个极端例子，目标阻抗设计方法冗余度非常大，是一种过度设计。但问题是我们无法准确地知道电流需求的频谱是什么样的，在哪个频率点电流需求较大，哪个频点电流需求较小。对于可编程器件，电流需求可能和芯片上运行的程序或逻辑代码有关，PDN 系统设计必须在最坏情况下也要满足电压波动要求。目标阻抗设计方法估计的就是最坏情况下的阻抗值，然后所有频点都做同样的要求，这样不论实际的电流需求频谱是什么样的，都可以达到控制电压波动的要求。尽管有些频点的阻抗在特定环境下可能要求过严了，但这样设计的系统适应性更强。因此，目标阻抗设计方法尽管对特定的电流需求频谱不是最优的，但却是最可靠的。目标阻抗设计方法由于其简单、可操作性强、稳健，因而在工程中得到了广泛的应用。

11.8 相同容值电容的并联

实际的 PDN 系统中都有很多电容连接在电源平面和地平面之间，这些电容是并联关系。许多电容并联在一起的阻抗特性决定了 PDN 系统的阻抗曲线形状。因此必须了解这些电容并联后对阻抗有什么影响。本节讨论相同电容值的电容并联后的对阻抗曲线的影响。

单一电容的阻抗用等效模型参数可表示为

$$Z_{one}=ESR+\mathrm{j}2\pi fESL+\frac{1}{\mathrm{j}2\pi fC}=ESR+\mathrm{j}\left(2\pi fESL-\frac{1}{2\pi fC}\right) \tag{11-13}$$

如果不考虑平面引入的寄生参数的影响，当 N 个完全相同的电容并联时阻抗为

$$Z_P=\underbrace{Z_{one}//Z_{one}\cdots//Z_{one}}_{N}=\frac{Z_{one}}{N}=\frac{ESR}{N}+\mathrm{j}\left(2\pi f\frac{ESL}{N}-\frac{1}{2\pi f(NC)}\right) \tag{11-14}$$

因此，N 个相同的电容并联后可等效成电容值为单个电容 N 倍，等效串联电感和等效串联电阻分别为单个电容对应参数的 $1/N$，等效模型如图 11-17 所示。并联后的谐振频率为

$$f_{p0}=\frac{1}{2\pi\sqrt{\frac{ESL}{N}\cdot(NC)}}=\frac{1}{2\pi\sqrt{ESL\cdot C}}=f_0 \tag{11-15}$$

可见谐振频率不变，但谐振点处阻抗是原来的 $1/N$。因此，多个相同的电容并联后，阻抗曲线的整体形状不变，仍保持为一个大“V”型，但是各个频点的阻抗整体下移减小，图 11-18 显示了 40 个 0.1 μF 并联后的阻抗曲线，单个电容的 ESR 为 30 mΩ，ESL 为 0.4 nH。

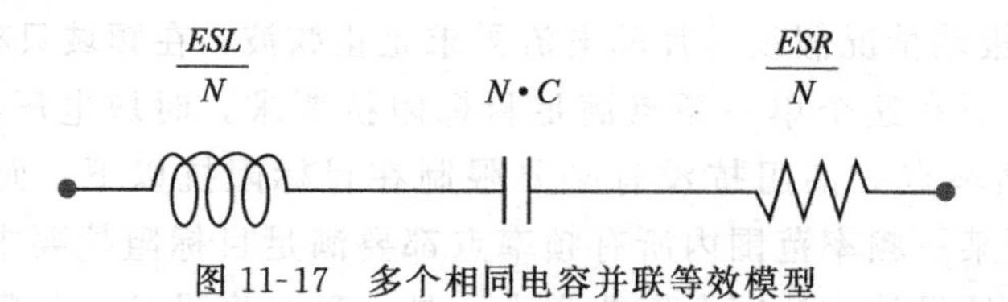

图 11-17　多个相同电容并联等效模型

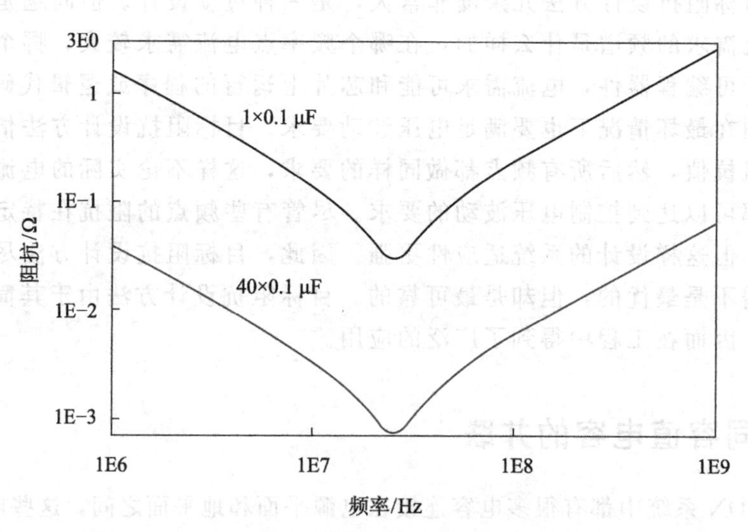

图 11-18　相同电容并联的阻抗

11.9　不同容值电容的并联

当并联电容的容值不同时，由于两个电容的自谐振点不同，不同频段内两个电容的行为特征存在差异。图 11-19 显示了容值分别为 0.47 μF、0.01 μF 的两个电容的阻抗曲线，谐振点分别为 f_1、f_2。在 f_1 的左侧，两个电容都表现为容性，在 f_2 的右侧，两个电容都表现为感性。这两个频段内由于两个电容行为特征类似，并联后总的阻抗曲线会保持原来的变化趋势，数值上会比任意一个电容稍小。在 f_1 和 f_2 之间，0.47 μF 表现为感性，0.01 μF 电容表现为容性，两个电容行为特征完全不同，并联后阻抗会有什么样的特征？

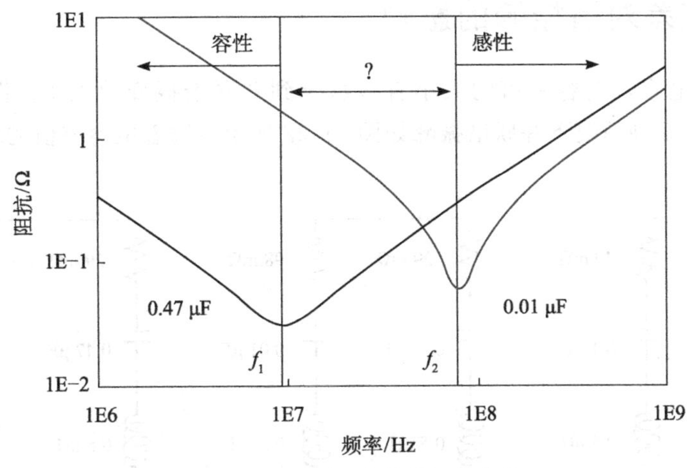

图 11-19　不同电容值的阻抗曲线

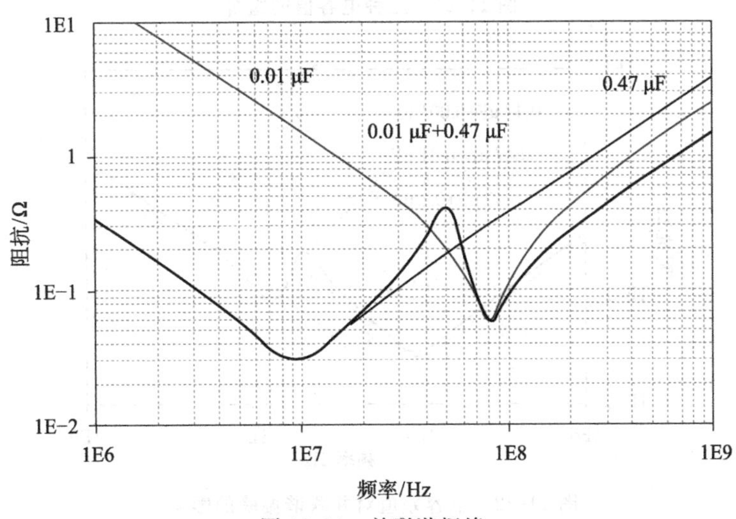

图 11-20　并联谐振峰

在 f_1 和 f_2 之间，两个电容组成的电路在此区间就像是一个电感和一个电容并联，构成 LC 并联谐振电路，在某一个频率点发生并联谐振。在谐振频点，LC 并联电路的阻抗非常高，因此在两个电容的自谐振频点之间阻抗曲线出现并联谐振峰，如图 11-20 所示。并联谐振频点位于两条阻抗曲线交叉点附近。

并联谐振峰是 PDN 系统去耦电容网络设计中关注的最重要的指标之一。为了使整个 PDN 系统的阻抗小于目标阻抗，必须严格控制并联谐振峰的大小。如果去耦网络设计不理想，并联谐振峰使 PDN 系统阻抗在谐振点附近的一段频率范围内超过目标阻抗，产生潜在的设计风险。如果负载芯片的电流需求刚好集中在这个范围内，电压波动就可能超标。

11.10 容值差对谐振峰的影响

两个并联的电容，电容差值的大小直接影响到并联谐振峰的大小，图 11-21 显示了 3 种电容的组合，3 种情况下并联谐振峰如图 11-22 所示。随着电容差值的增大，并联谐振峰也增大。

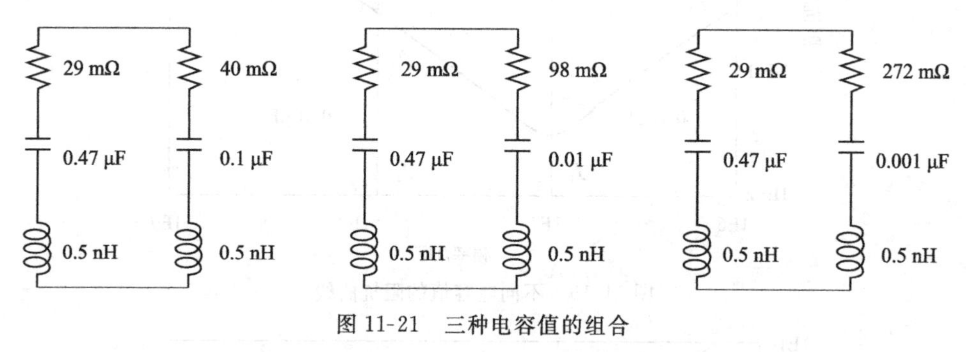

图 11-21 三种电容值的组合

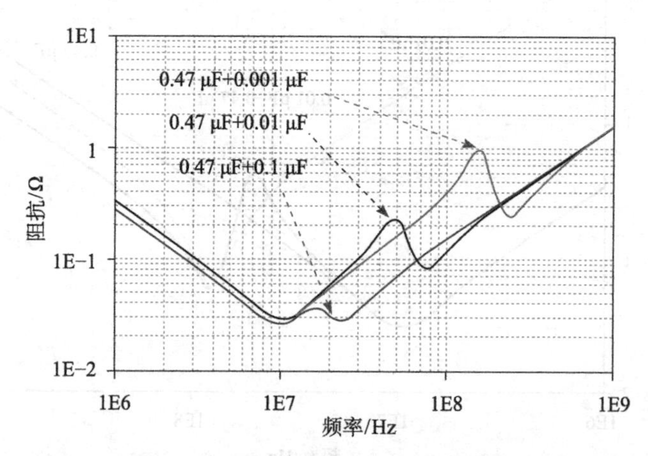

图 11-22 电容差值对并联谐振峰的影响

11.11　*ESR* 对谐振峰的影响

在并联谐振点附近，两个电容并联可近似等效为图 11-23 的电路结构。为了观察 *ESR* 的影响，我们假设两个电容的 *ESR* 相同，都等于 R，这种假设并不影响并联谐振峰值随 *ESR* 变化的趋势。并联谐振点阻抗可表示为

$$Z_{\mathrm{p}}=\frac{R^{2}+\dfrac{L}{C}}{2R} \tag{11-16}$$

假设两个电容值分别为 1 μF、0.1 μF，0603 封装。在谐振频点处 1 μF 电容表现为感性，0.1 μF 电容表现为容性，则图 11-23 中电感电容分别为 $L=0.5$ nH，$C=0.1$ μF，图 11-24 显示了并联谐振峰 Z_{p} 与 R 的关系。对于此特例，当 $ESR=70$ mΩ 时，Z_{p} 最小，$ESR<70$ mΩ 时，随着 *ESR* 减小，并联谐振峰值 Z_{p} 反而增大。

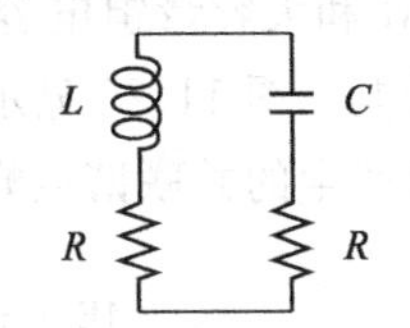

图 11-23　并联谐振点附近两个电容并联近似等效电路

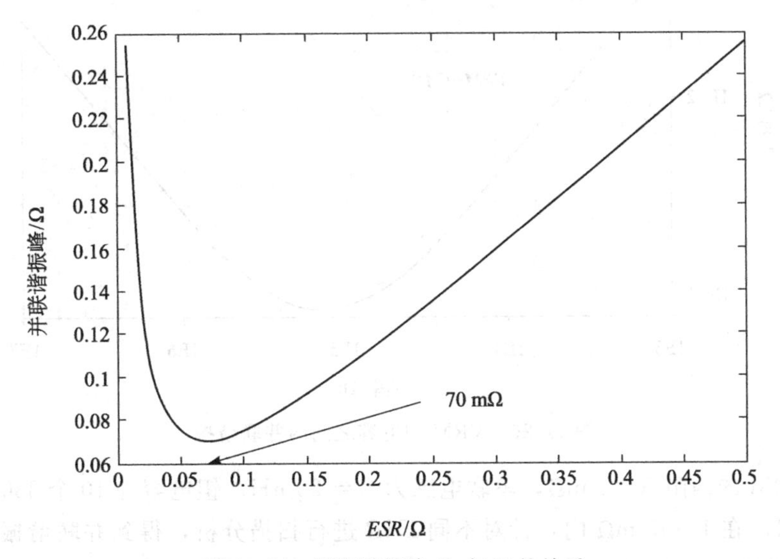

图 11-24　并联谐振峰 Z_{p} 与 R 的关系

可见，从减小并联谐振峰的角度来说，*ESR* 并非越小越好，如果可能优化设计时要选择合适的 *ESR*。对于电容值较小的陶瓷电容，*ESR* 几乎没有选择的余地，但幸运的是，去耦网络能用到的小电容值陶瓷电容，其 *ESR* 基本都在几十毫欧到一两百毫欧范围内。优化 *ESR* 基本上都是针对在几十微法到几百微法的大容量钽电容，因为在这个范围内的钽电容，可能存在具有不同 *ESR* 的多个型号，这样就提供了优化设计的空间。从控制电源纹波

的角度来看，优化这个范围内电容的 *ESR* 更有实际意义。小容值的 0402 陶瓷电容处理的是 PDN 系统的高频噪声，对电源纹波包络的影响相对较小。大容量钽电容处理的是 PDN 系统的低频噪声，而电源纹波包络更多的是受低频噪声的影响。从另一个角度来看，VRM 是一个反馈网络，过大的外接电容有可能影响反馈网络的稳定，进而产生电源模块的谐振，无法稳定提供电源。优化 *ESR* 值，可以用更少的电容量达到目标阻抗控制的要求，减小电源模块谐振的风险。

最简单的 VRM 近似模型是电阻和电感串联的两元件模型，如图 11-25 所示。从负载芯片向 PDN 系统看进去，VRM 和大容量钽电容之间也是并联关系，同样会产生并联谐振。图 11-26 显示了 VRM 阻抗曲线和大容量钽电容之间产生的并联谐振峰。

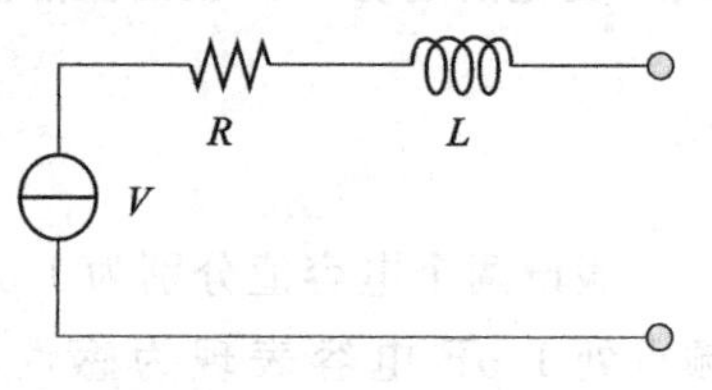

图 11-25　VRM 简化模型

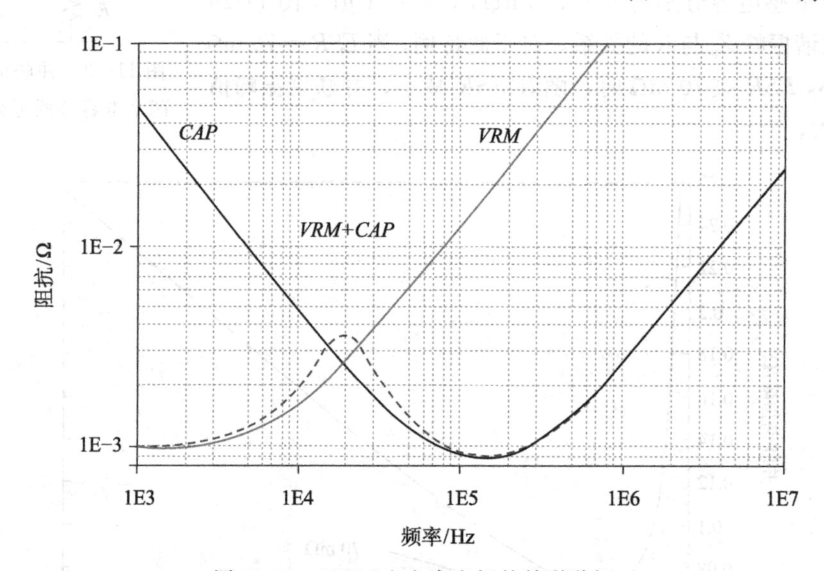

图 11-26　VRM 和电容之间的并联谐振

假设 VRM 的内阻 $R=1\ \text{m}\Omega$，串联电感为 $L=20\ \text{nH}$。钽电容为 10 个 330 μF 钽电容，$ESL=4\ \text{nH}$。在 1～50 mΩ 内，针对不同 *ESR* 进行扫描分析，得到并联谐振峰和钽电容 *ESR* 的关系曲线，如图 11-27 所示，并联谐振峰随 *ESR* 减小而增加。通过 SPICE 仿真，可以清晰地看到优化 *ESR* 的好处。图 11-28 为 VRM 和 10 个 330 μF 大容量钽电容并联情况下，用两种 *ESR* 值得到的阻抗包络，$ESR=18\ \text{m}\Omega$ 时可以满足目标阻抗要求，但是使用 $ESR=9\ \text{m}\Omega$ 的钽电容却使阻抗包络恶化。如果使用 $ESR=9\ \text{m}\Omega$ 的钽电容，要想达到目标阻抗的要求，需要并联更多个电容，由于大容量钽电容通常体积较大，增加电容数量在 PCB 板上空间紧张的情况下可能是无法接受的。

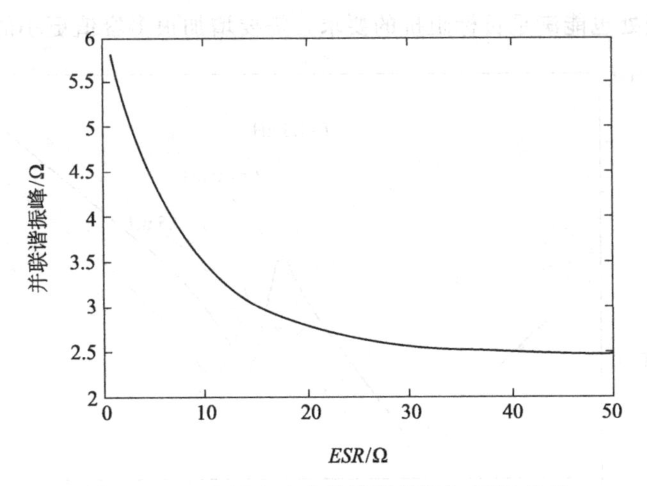

图 11-27　VRM 与电容并联谐振峰与 *ESR* 关系

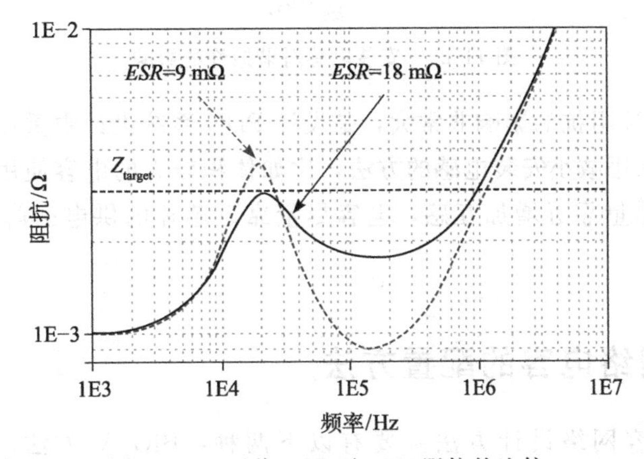

图 11-28　两种 *ESR* 下 PDN 阻抗的比较

11.12　安装电感对谐振峰的影响

安装电感不仅影响电容的自谐振频率，在电容并联时也会影响并联谐振峰的大小。安装电感增加了电容感受到的总电感大小，使电容阻抗在自谐振频率点之后增加得更快。安装后总的电感可表示为

$$L = ESL + L_{\text{mount}} \tag{11-17}$$

图 11-29 显示了总电感分别为 0.5 nH 、1 nH 、1.5 nH 3 种情况下并联谐振峰值变化情况，安装后总电感越大，并联谐振峰值越大，而且并联谐振频率越低。一方面，由于并联谐振峰增大，要想满足目标阻抗的要求，就需要更多的电容。另一方面，由于谐振点向低

频移动，为了高频处也能满足目标阻抗的要求，需要增加很多容值更小的电容。

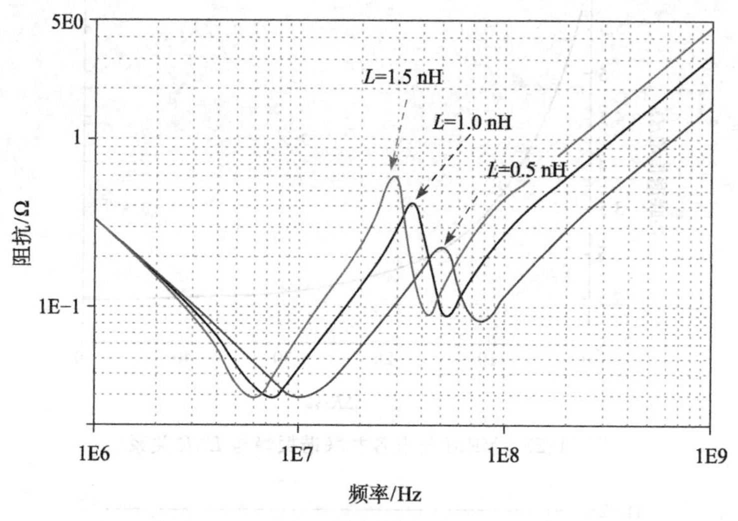

图 11-29　安装电感对谐振峰的影响

安装电感对 PDN 阻抗的影响非常大，是设计 PDN 系统设计中重点关注的影响因素之一。设计中应尽量采用减小安装电感的方法，比如体积较大的电容使用多个过孔并联，使电源过孔和地过孔尽量靠近增加互感，电容尽量靠近芯片的供电引脚减小平面的分布电感等。

11.13　去耦网络电容的配置方法

常用的去耦电容网络设计方法主要有以下两种：BIG-V 方法、Multi-Pole（MP）方法。

在低速设计时代，通常的做法就是在芯片的每个供电引脚上添加几个 0.1 μF 的电容，另外再加几个百微法级的板级滤波电容，这种方法就是 BIG-V 方法。由于去耦网络中的小电容都是同一种电容，这些小电容并联后自谐振频率处阻抗极低，整个阻抗曲线形状不变，仍然保持陡峭的“V”型，因此称为 BIG-V。

BIG-V 方法中电容种类单一，小电容和 VRM 或大电容之间很容易形成非常高的并联谐振峰。图 11-30 显示了 40 个容值为 0.1 μF 电容外加 2 个 100 μF 电容构成的去耦网络阻抗情况。如果该电源的目标阻抗为 30 mΩ，将有很宽的一段频率范围内阻抗超标，因而该设计存在风险。BIG-V 方法很难控制并联谐振峰，普通的大电容 *ESR* 在欧姆级，少量几个大电容对并联谐振峰的抑制作用非常有限。如果想把并联谐振峰压低到目标阻抗曲线以下，可能需要很多大电容，或者使用特殊的低 *ESR* 大电容，即使能够达到目的，成本也会急剧增加。很多时候由于 PCB 上空间限制可能无法放下如此多的大电容。因此 BIG-V 方法中阻抗控制存在困难。

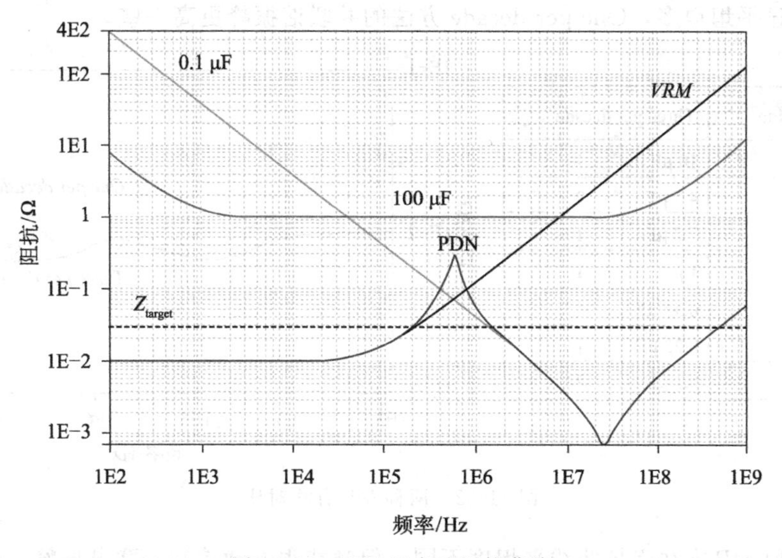

图 11-30　BIG-V 方法阻抗曲线

Multi-Pole（MP）方法是目前常用的设计方法，使用多种电容值组合起来，共同构建去耦网络。常用的有两种方式：One per decade 和 Three per decade，两种方法没有本质的区别，唯一的区别在于电容值的间距大小。One per decade 方法在每十倍程容值范围内选择一种电容值，而 Three per decade 在每十倍程容值范围内选择三种电容值。图 11-31 给出了一个电容值选择的示例，One per decade 方法在 10 ～ 1 μF 内只选择了 10 μF 一种电容值，Three per decade 方法在 10～1 μF 内选择了 10 μF、4.7 μF、2.2 μF 3 种电容值。

One per decade	Three per decade
10 μF	10 μF
1 μF	4.7 μF
0.1 μF	2.2 μF
0.01 μF	1 μF
0.001 μF	0.47 μF
	0.22 μF
	0.1 μF

图 11-31　电容值选择方法

两种 MP 方法的结果不同之处在于阻抗曲线平坦度不同，图 11-32 显示了两种方法电容配置及阻抗曲线的比较。总电容的数量相同，都是 9 个，但是 Three per decade 方法的阻抗曲线明显平坦得多，One per decade 方法的并联谐振峰更高一些。

One per decade		Three per decade	
10 μF	2	10 μF	1
		4.7 μF	2
		2.2 μF	1
1 μF	3	1 μF	1
		0.47 μF	1
		0.22 μF	1
0.1 μF	4	0.1 μF	2

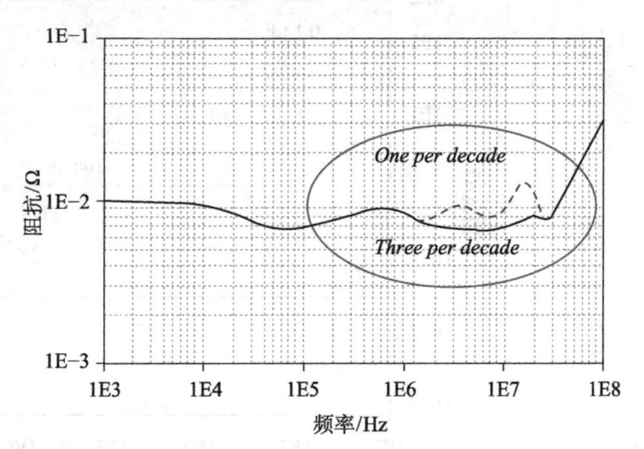

图 11-32　两种 MP 方法对比

尽管两种 MP 方法阻抗曲线平坦度不同，但都能很好地控制并联谐振峰。One per decade 方法电容种类少，易于加工，Three per decade 方法电容种类多，阻抗控制更容易。两种方法各有优势，工程中都比较常用。

11.14　阻抗曲线形状与电源噪声

BIG-V 方法和 MP 方法阻抗曲线特征不同，PDN 系统的噪声性能也不同。了解阻抗曲线对电源噪声的影响，是设计 PDN 系统去耦电容的重要依据，决定了我们在综合去耦网络的时候该向哪个方向努力。

根据 PDN 系统对阶跃信号的响应，能估计出最坏情况下会产生多大的电压波动。例如，如果 PDN 系统对下降沿信号的阶跃响应如图 11-33 所示，那么最坏情况下电压可能达到的最大值可用阶跃响应中的 3 个极值点得到：

$$V_p = V_0 - V_1 + V_2 \tag{11-18}$$

同理，最坏情况下电压可能达到的最小值可以用 PDN 系统对上升沿信号的阶跃响应得到。有了电压可能达到的最大、最小值就可以计算出最坏情况下电压波动的峰峰值。

$$V_{p-p} = 2V_p - V_{DC} \tag{11-19}$$

使用这种方法，可以计算出 PDN 系统阻抗曲线不同情况下可能的最大电压波动。以下评估中我们假设目标阻抗在 10 MHz 范围内控制在 10 mΩ，电流需求为阶越波形，幅度为 1 A，电流需求波形的上升时间为 10 ns。作为对比，首先假设存在这样一个理想 PDN

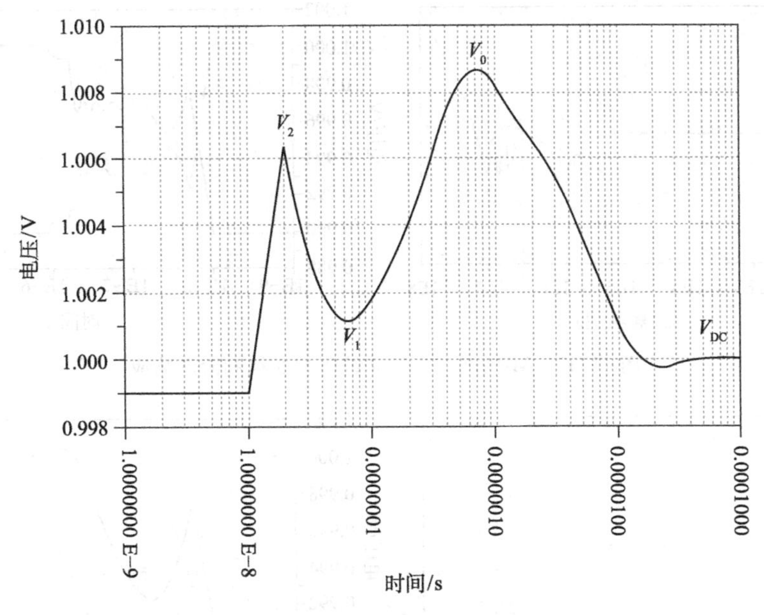

图 11-33 PDN 系统阶跃响应

系统，在 10 MHz 范围内阻抗均为 10 mΩ，阻抗曲线和阶跃响应（包含上升沿和下降沿阶跃响应）如图 11-34 所示。这个系统最大可能的电压波动峰峰值为 $V_{p-p}=10\ mV$。

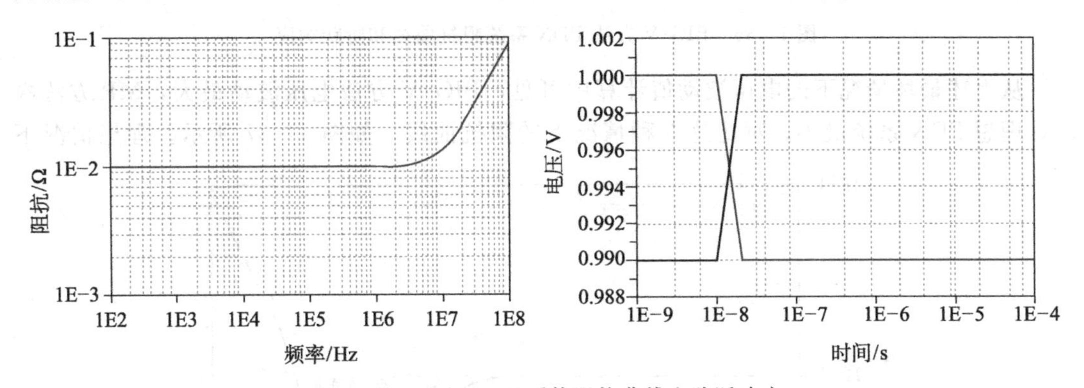

图 11-34 理想 PDN 系统阻抗曲线和阶跃响应

使用 MP 方法设计去耦网络，PDN 系统阻抗曲线和阶跃响应如图 11-35 所示。PDN 系统阶跃响应电压多次小幅度的波动，因而最坏情况下的电压波动也必然比图 11-34 所示的理想 PDN 系统大，该系统最大可能的电压波动峰峰值为 $V_{p-p}=16\ mV$。

使用 BIG-V 方法设计去耦网络，PDN 系统阻抗曲线和阶跃响应如图 11-36 所示。PDN 系统阶跃响应电压大幅度地波动，因而最坏情况下的电压波动也必然很大，该系统最大可能的电压波动峰峰值为 $V_{p-p}=20\ mV$。

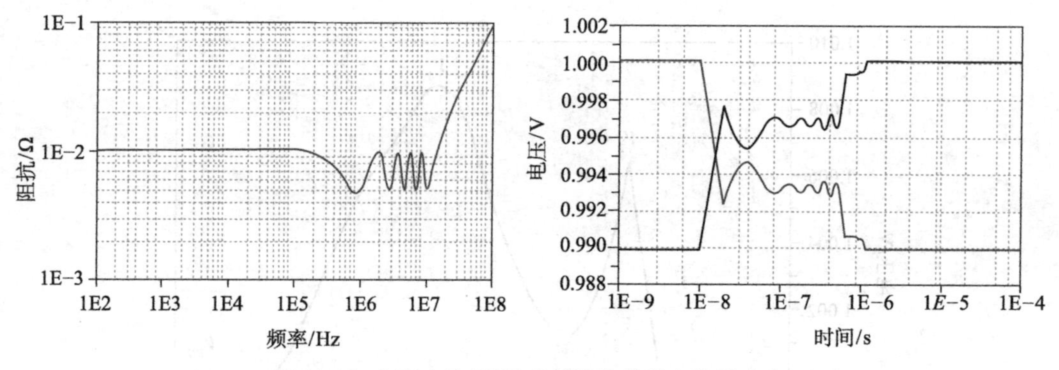

图 11-35　MP 方法 PDN 系统阻抗曲线和阶跃响应

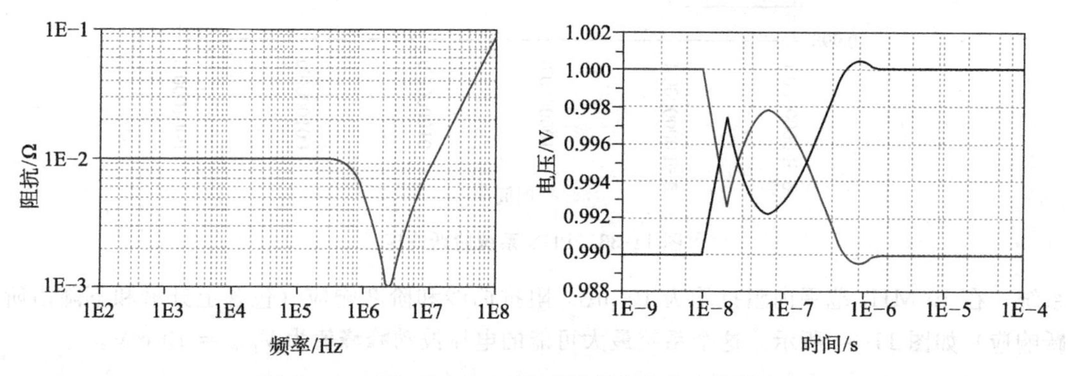

图 11-36　BIG-V 方法 PDN 系统阻抗曲线和阶跃响应

从上述最坏情况下的电压波动值计算中可见，BIG-V 方法电压波动最大，MP 方法次之，理想 PDN 系统最小。对比这 3 种情况下的阻抗曲线，如图 11-37 所示。理想情况下

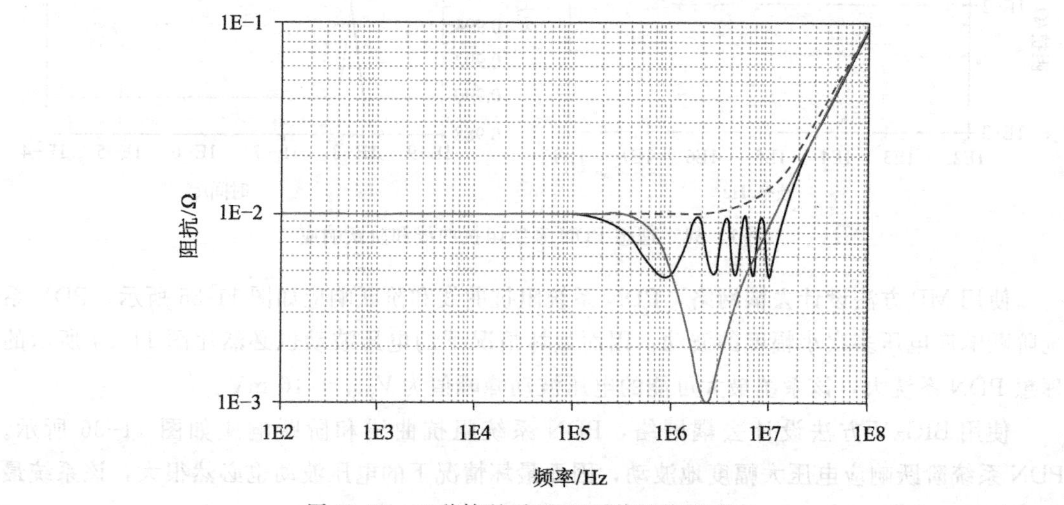

图 11-37　三种情况下 PDN 系统阻抗的对比

的阻抗在整个 DC 至 10 MHz 范围内处处都是最高的，等于目标阻抗，但是这个系统的噪声反而最小。而 BIG-V 方法设计的 PDN 系统阻抗在很宽一段频率范围内都最小，远小于目标阻抗，但是噪声却最大。MP 方法阻抗也有波动，但波动幅度不大，系统噪声也居中。由此可见，PDN 系统阻抗曲线的局部区域出现很深的低谷并不是好事，局部阻抗远低于其他频段的阻抗会使电源电压波动更大。实际上影响电压波动值大小的因素是 PDN 系统阻抗的平坦度，阻抗曲线越平坦，电压波动就越小。因此，在设计 PDN 系统去耦电容网络时，优化的目标应该是在小于目标阻抗的前提下使阻抗曲线更平坦。

11.15 在多大频率范围内去耦

目标阻抗设计方法要求在一定频率范围内 PDN 系统阻抗小于目标阻抗，那么这个频率范围该有多大？要想回答这个问题，我们必须从完整的 PDN 系统入手，完整的 PDN 系统包括了 PCB 上的 PDN、封装上的 PDN 和 Die 电容等。图 11-38 显示了从 Die 看 PDN 系统时的系统模型，由于真正有电流需求的是 Die 上的供电节点，即图 11-38 中的节点 3，因此，节点 3 所看到的 PDN 系统阻抗才是最有意义的。

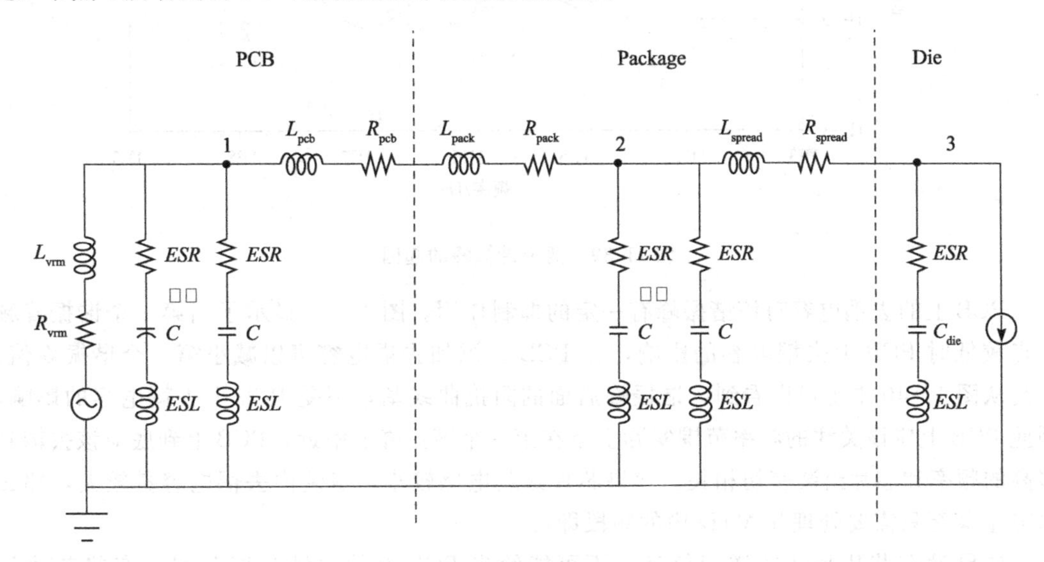

图 11-38 PDN 系统模型

从 Die（节点 3）看向整个 PDN 系统，阻抗呈现两个典型的并联谐振峰，如图 11-39 所示。第一个并联谐振峰是由封装内电容和封装引线电感引起的，第二个谐振峰是由 Die 电容和封装内分布电感引起的。封装引线电感和封装内电容共同决定了第一个谐振峰的位置的大小，封装电感越大，第一个并联谐振峰就越高，在第一个谐振峰之后的阻抗值由封装内的电容决定。

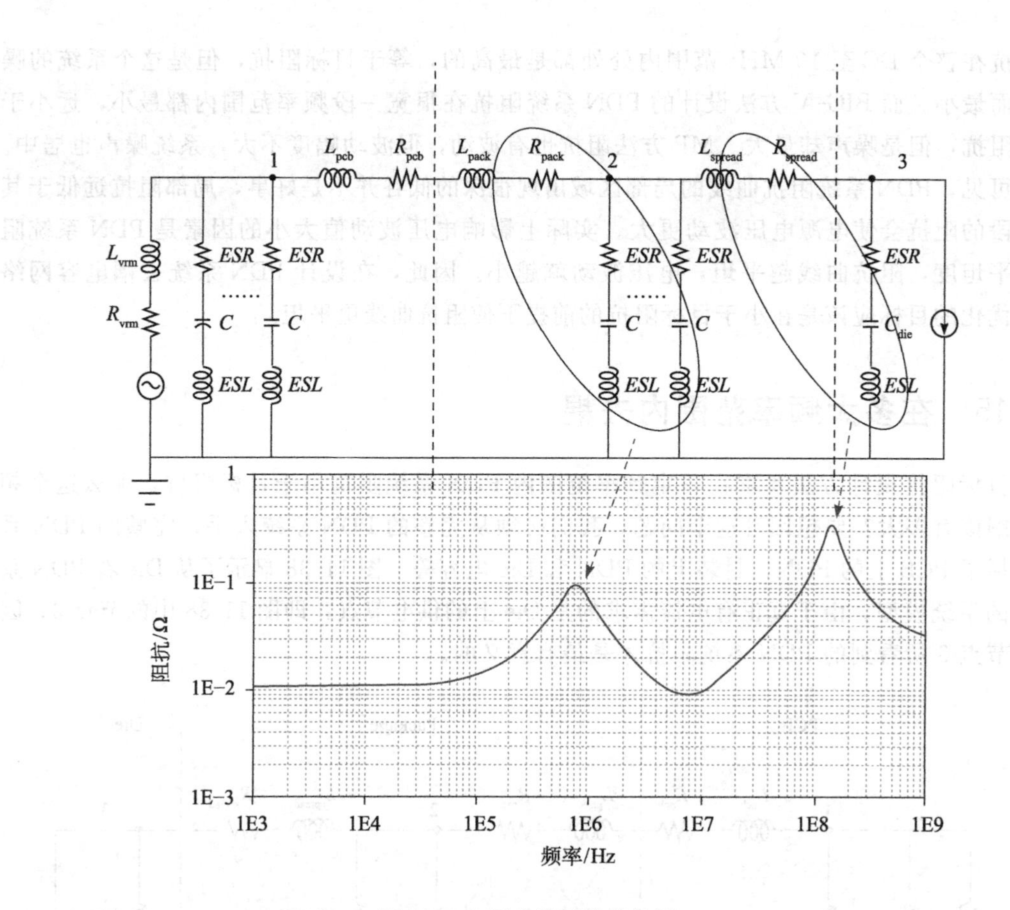

图 11-39　两个谐振峰的起因

PCB 上的去耦电容对该谐振峰有一定的抑制作用。图 11-40 显示了当第一个谐振峰频率点较低时 PCB 上去耦电容的影响，在 PCB 上添加去耦电容可以减小第一个谐振峰值。但是从图 11-40 中也可以看到，谐振峰后面的阻抗曲线基本不受 PCB 上去耦电容的影响，因此 PCB 上应该关注的频率范围实际上就在第一个谐振峰的附近，PCB 上到底应该去耦到多高的频率和芯片封装密切相关。如果芯片封装电感较小，封装内去耦电容量较大，那么 PCB 上甚至只需要处理几 MHz 内的频段即可。

如果没有芯片封装的详细信息，不可能给出 PCB 上的去耦频率范围，有些芯片只需要关注几 MHz 内的频段，有些芯片可能需要关注到几十 MHz 的频段，但很少有需要关注到超过 100 MHz 频率的。另一方面 PCB 上进行高频去耦非常困难，尤其是目标阻抗很小的场合，在百 MHz 级进行去耦需要非常多的小电容才能完成，很多时候是不可实现的。

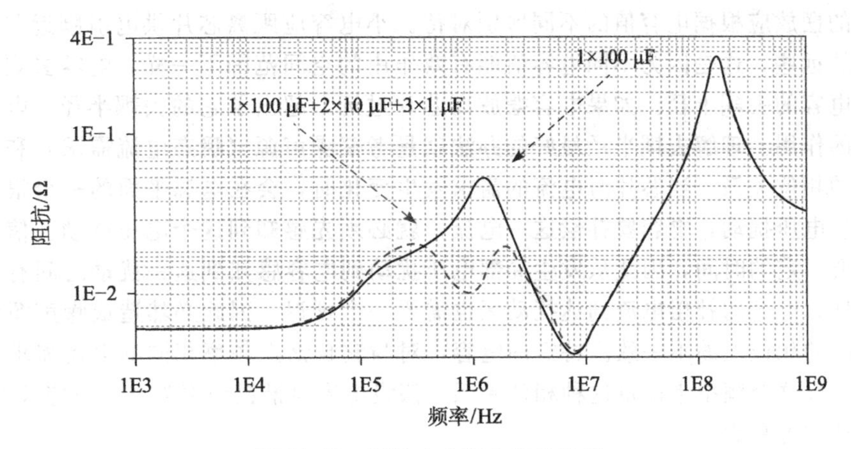

图 11-40　PCB 上去耦电容的作用

11.16　去耦电容的摆放

去耦电容和芯片之间的连接可以使用图 11-41 所示的两种方式。图 11-41a 中去耦电容通过引线直接连到芯片的电源和地引脚上，这是一种引脚去耦方式。引脚去耦适用于芯片引脚较少，电源和地引脚距离较近，且芯片工作速率不高的场合，引线通常会引入很大的寄生电感，影响电容去耦效果。图 11-41b 中去耦电容并不直接和芯片的电源引脚相连，去耦电容和芯片都通过过孔连接到内部的电源平面和地平面，通过两个平面把二者连接起来，这是一种平面去耦方式，平面去耦适用于电源地引脚数量较多，且布局分散的场合。目前较复杂的芯片通常有很多的电源和地引脚，而且瞬态电流需求较大，需要的去耦电容数量很多，不可能每个电容都连接到引脚上，此时通常采用平面去耦方式。平面去耦方式中，去耦电容分布在芯片周围一定空间区域内，该区域内电压波动引发电容的充放电，所有去耦电容一块维持这个区域内的电压波动不超过规定值，因而同样可以满足负载芯片对电压波动的要求。

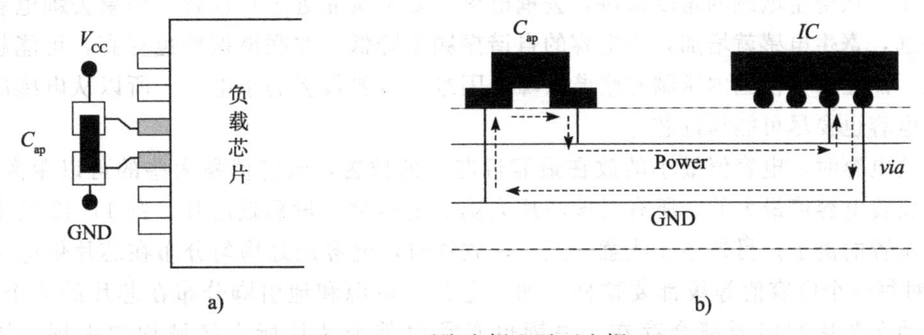

图 11-41　引脚去耦和平面去耦

电容的摆放应根据电容值的不同区别对待。小电容应距离芯片供电引脚近些，大电容可以适当放远些，这是因为不同电容值能有效作用的空间范围不一样。电容去耦的一个重要问题是电容的去耦半径。如果电容摆放离芯片过远，超出了它的去耦半径，电容将失去它的去耦的作用。理解去耦半径最好的办法就是考察噪声源（瞬态电流需求）和电容补偿电流之间的相位关系。当芯片对电流的需求发生变化时，会在电源平面的一个很小的局部区域内产生电压扰动，电容要补偿这一电流，就必须先感知到这个电压扰动。信号在介质中传播需要一定的时间，因此从发生局部电压扰动到电容感知到这一扰动之间有一个时间延迟。同样，电容的补偿电流到达扰动区也需要一个延迟。因此必然造成噪声源和电容补偿电流之间的相位上的不一致。特定的电容，对与它自谐振频率相同的电流需求补偿效果最好，我们以这个频率来衡量这种相位关系。假设电容自谐振频率为 f_0，对应波长为 λ，补偿电流表达式可写为

$$I = A\mathrm{e}^{\mathrm{j}2\pi f \frac{2r}{v_\mathrm{p}}} = A\mathrm{e}^{\mathrm{j}2\pi \frac{2r}{Tv_\mathrm{p}}} = A\mathrm{e}^{\mathrm{j}\pi \frac{4r}{\lambda}} \tag{11-20}$$

其中，A 是电流幅度，r 为需要补偿的区域到电容的距离，v_p 为信号传播速度。当扰动区到电容的距离达到 $\lambda/4$ 时，补偿电流和噪声源相位刚好差 180°，即完全反相。此时补偿电流不再起作用，去耦作用失效，补偿的能量无法及时送达。为了能有效传递补偿能量，应使噪声源和补偿电流的相位差尽可能的小，最好是同相位的。距离越近，相位差越小，补偿能量传递越多，如果距离为 0，则补偿能量百分之百传递到扰动区。这就要求噪声源距离电容尽可能的近，要远小于 $\lambda/4$。实际应用中，这一距离最好控制在 $\lambda/40 \sim \lambda/50$ 之间。例如，0.001 μF 陶瓷电容，如果安装到电路板上后总的寄生电感为 1.6 nH，那么其安装后的谐振频率为 125.8 MHz，谐振周期为 7.95 ps。假设信号在电路板上的传播速度为 166 ps/inch，则波长为 47.9 英寸。电容去耦半径为 47.9/50＝0.958 英寸，大约等于 2.4 cm。本例中的电容只能对它周围 2.4 cm 范围内的电源噪声进行补偿，即它的去耦半径为 2.4 cm。不同的电容，谐振频率不同，去耦半径也不同。对于大电容，因为其谐振频率很低，对应的波长非常长，因而去耦半径很大，这也是为什么我们不太关注大电容在电路板上放置位置的原因。对于小电容，因去耦半径很小，应尽可能地靠近需要去耦的芯片，这正是为什么小电容要尽可能近地靠近芯片放置的原因。

当然，从寄生电感的角度来讲，去耦电容也要尽量靠近芯片放置，如果去耦电容距离芯片很远，寄生电感就增加，小电容的自谐振频率降低，并联谐振峰也更高，可能超出目标阻抗。而在高频范围内压制并联谐振峰很困难，需要很多的小电容。所以从电感的角度来说小电容也要尽可能靠近芯片。

摆放电容时，电容值最小的放在最靠近芯片的位置，电容值稍大些的可以距离稍远，最外层放置电容值最大的。所有对该芯片去耦的电容都尽量靠近芯片。图 11-42 给出了一个摆放位置的例子。另外还要注意一点，在放置时，电容最好均匀分布在芯片供电引脚的 4 周，对每一个电容值等级都要这样。如果芯片的电源和地引脚分布在芯片的 4 个边上，电压扰动在芯片的四周都会存在，去耦也必须对整个芯片所在区域均匀去耦。如果把

图 11-42 中 680 pF 的电容都放在芯片的上部，由于存在去耦半径问题，那么就不能对芯片下部的电压扰动很好地去耦。

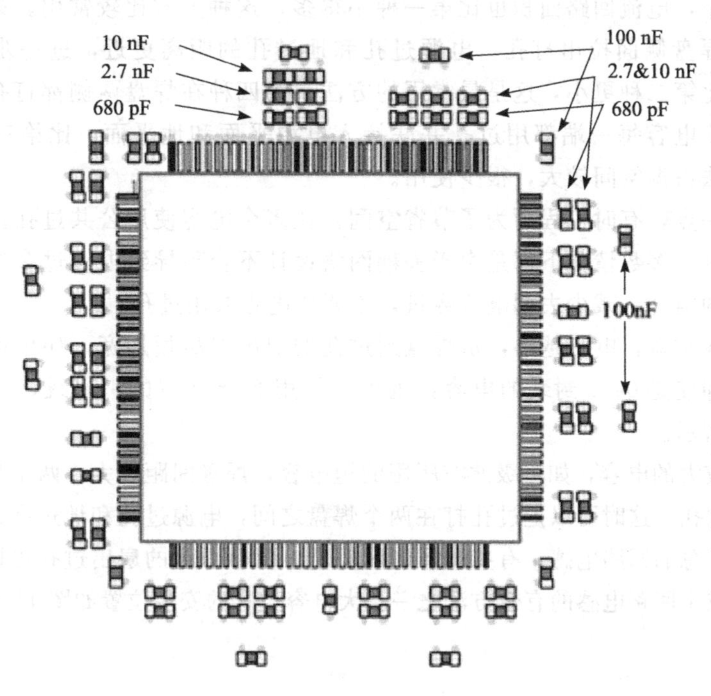

图 11-42 电容摆放位置示例

11.17 去耦电容的安装

从电源完整性角度来说，去耦电容安装的核心问题是减小安装电感。图 11-43 显示了几种过孔放置方法。

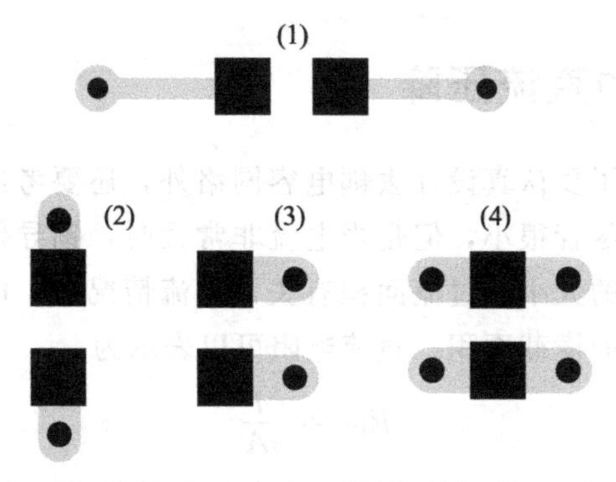

图 11-43 高频电容过孔放置方法

第一种方法从焊盘拉出又细又长的引出线然后连接过孔，这会引入很大的寄生电感，必须避免这样做，这是最糟糕的安装方式。第二种方法在焊盘的两端使用较宽引线拉出打孔，引线电感小，电流回路面积也比第一种小得多，这种方式比较常用。第三种方法使用宽引线在电容焊盘侧面拉出打孔，电源过孔和地过孔的距离更近，进一步减小了回路面积，回路电感比第二种更小，这是最常用的方法。第四种在焊盘两侧都打孔，和第三种方法相比，相当于电容每一端都用过孔并联接入电源平面和地平面，比第三种回路电感更小，但这种方法占据空间较大，很少使用。

需要强调一点，有时工程师为了节省空间，让多个电容使用公共过孔。如果布线空间紧张到这种程度，多数情况下都是由于去耦网络设计不合理导致电容过多造成的。最好想办法优化电容的组合，减少去耦电容数量，不要让电容共用过孔。

由于印制线越宽，电感越小，从焊盘到过孔的引出线尽量加宽，如果可能，尽量和焊盘宽度相同。即使是 0402 封装的电容，也可以使用 20 mil 宽的引出线，引出线和过孔安装如图 11-44 所示。

对于封装较大的电容，如板级滤波所用的钽电容，焊盘间距较大，两个焊盘之间的空间可以容纳扇出过孔，这时可以把过孔打在两个焊盘之间，电源过孔和地过孔靠近，增加了互感，进而减小了总的回路电感。有些电容焊盘较宽，每个焊盘的扇出过孔可以有多个，使用并联过孔也是减小回路电感的有效方法之一。大电容过孔的安装位置如图 11-45 所示。

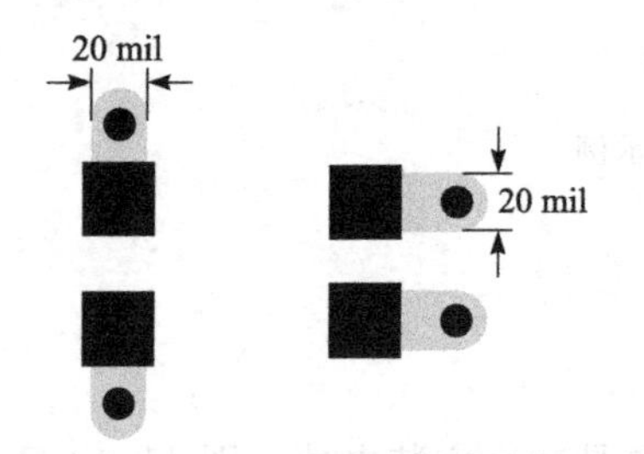

图 11-44 推荐的高频电容过孔放置方法

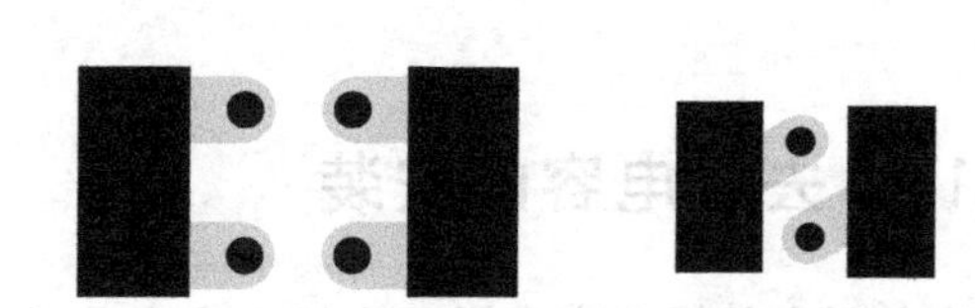

图 11-45 大电容过孔的安装位置

11.18 PDN 系统的直流压降

在高功耗电路中，除了要认真设计去耦电容网络外，还要考虑整个供电回路上的直流压降。铜导体的直流电阻尽管很小，但是当电流非常大时，铜导体上的压降就可能成为一个严峻的问题。导体电阻的大小和过流面积有关，直流情况下，电流均匀分布在导体的横截面内，过流面积即导体的横截面积，直流电阻可以表示为

$$R_{DC} = \frac{d}{\sigma A} \tag{11-21}$$

其中，σ 表示电导率，A 表示过流面积，d 表示导体长度。铜的电导率为 $\sigma = 5.8 \times$

10^7 S/m，铜厚度 0.5 盎司，宽度 1 英寸，长度为 1 英寸的铜平面，直流电阻约为 1 mΩ，如果电流为 10 A，那么这块铜平面上就会有 10 mV 的直流压降。PCB 上完整的平面，由于宽度较大，压降一般很小，但是要注意平面上通孔密集的区域，如图 11-46 所示，这样的区域直流压降通常较大。

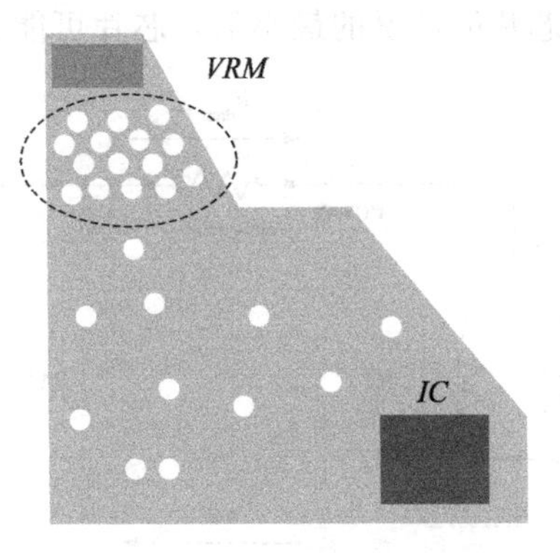

图 11-46　平面上的过流瓶颈

过孔也是限制过流的瓶颈之一，尽管过孔很短，但过流面积小，压降也会较大。过孔的过流面积为孔壁的横截面积，形状为环形，如图 11-47a 所示。对于 10 mil 过孔，钻孔可能达到 12 mil 左右，过流面积可表示为

$$S = \pi[R_1^2 - R_2^2] = 11 \cdot \pi$$

如果过流长度为 1 mm，过孔的直流电阻约为

$$R_{DC\_via} = \frac{40}{\sigma \cdot 11\pi \cdot 0.0254 \times 10^{-3}} \approx 0.8 \text{ m}\Omega$$

仅仅一个过孔的直流电阻就和 1 平方英寸的平面直流电阻相当，因此在负载电流较大情况下，通常都会使用很多过孔来通流。与通孔有关的另外一个过流瓶颈是过孔与内层的电源平面或地平面连接处的花焊盘，如图 11-47b 所示，这里大片的铜被蚀刻掉，过流面积变小。这些位置由于 PCB 加工或焊接要求的限制，可调整余地不大，一般采用增加过孔的数量来解决压降问题。

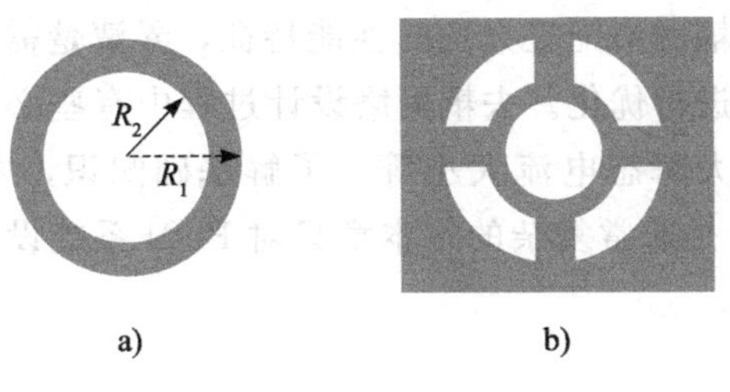

图 11-47　过孔及其与平面的连接

在考虑直流压降问题时，不论是“电源路径”还是“地路径”都要考虑，两个路径上

的压降都会影响到 IC 感受到的电压，图 11-48 清楚地说明了这一点，IC 两端的电压为

$$V_{IC} = V_{CC} - V_{drop\_1} - V_{drop\_2} \tag{11-22}$$

假设，$V_{CC} = 0.95$ V，芯片要求电压波动范围为±3%，那么芯片上的电压所能容忍的最小值为 0.9215 V。如果电源路径上有 22 mV 的压降，地路径上有 8 mV 的压降，芯片上感受到的电压为 0.92 V，超过了芯片能容忍的最小值，芯片可能无法稳定工作。

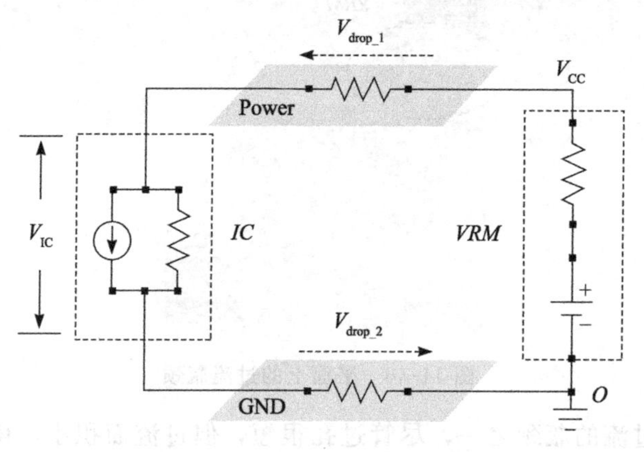

图 11-48　回路的直流压降模型

解决直流压降问题的核心原则就是尽量增大供电路径上的过流面积，尤其对于过流瓶颈位置要仔细识别并认真处理，常用的措施有：加宽电、地平面的宽度、使用更多的过孔、在其他层添加铜皮并用通孔相连、使用 1 盎司或 2 盎司等更厚的铜箔、减小电源到芯片的距离等。

11.19　小结

本章阐述了 PDN 系统去耦设计一些最基本的问题，这些问题包括：PDN 系统噪声危害、噪声来源、去耦原理、电容特性、目标阻抗设计方法、并联谐振峰的产生、影响并联谐振峰的因素、配置去耦网络的几种常用方法及比较、去耦频段问题、电容的安装及摆放等。关键是要掌握几种去耦网络配置方法的性能特征，弄清楚需要什么样的阻抗曲线，这样才能在工程中有意识地进行优化。去耦网络设计过程中有些必备的信息必须由芯片厂商提供，比如去耦频段、最大瞬态电流大小等，了解基础知识，才能知道需要收集哪些信息。PDN 系统分析与设计是非常复杂的，本章只对 PDN 系统设计中最基本的也是最常用的一些知识点进行了总结。

推荐阅读

国外电子与电气工程技术丛书
射频微电子学
（原书第2版·精编版）
RF Microelectronics
Second Edition

国外电子与电气工程技术丛书
微波电路设计
使用ADS的方法与途径
Microwave Circuit Design
A Practical Approach Using ADS

国外电子与电气工程技术丛书
现代电子通信
系统方法
Electronic Communications
A Systems Approach

国外电子与电气工程技术丛书
通信技术导论
（原书第5版）
The Essential Guide to Telecommunications
Fifth Edition

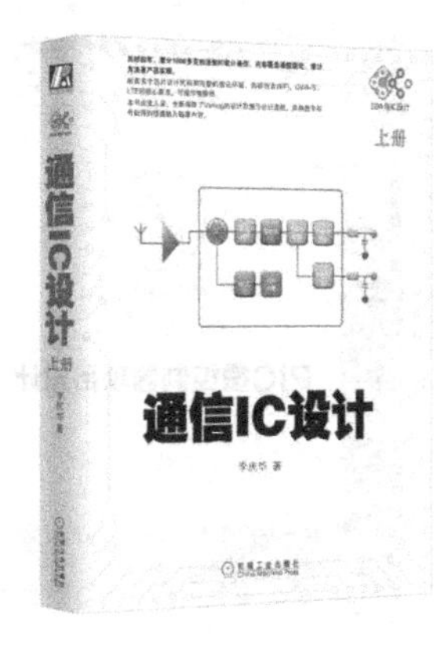
上册
通信IC设计

标准库
STM32库
开发实战指南
基于STM32F103
（第2版）

推荐阅读

DESIGN AND SIMULATION OF
FPGA APPLICATIONS
FPGA应用开发和仿真
王贞炎 编著

CMOS AND BEYOND
CMOS及其他先导技术
特大规模集成电路设计

FFmpeg
从入门到精通

DEVELOPMENT PRACTICE OF
MSP432 MCU BASED
ON ARM CORTEX-M4F
基于ARM Cortex-M4F内核的
MSP432 MCU开发实践

DSP FOR EMBEDDED
AND REAL-TIME
SYSTEMS
DSP嵌入式实时系统
权威指南

PIC MICROCONTROLLER
PROJECTS IN C
PIC微控制器项目设计
C语言实现
（原书第2版）